北京大学教材

大学文科基础数学

第一册

姚孟臣 编

北京大学出版社

内 容 提 要

本书是大学文科基础数学教材.全书共分三册.第一册包括一元微积分、多元微积分、无穷级数与常微分方程等内容;第二册包括矩阵、线性方程组、概率统计与数量化方法等内容;第三册包括线性规划与模糊数学简介等内容.

本书总结了作者多年来为北京大学等院校文科类各专业讲授高等数学课的教学经验.叙述由浅入深,注重实用性、易于读者理解与掌握,全书采用"模块式"结构,便于不同专业灵活选用.为适应经济管理类各专业的需要,在附录中还介绍了经济数量分析中的常用概念及有关数学方法.书中配有适量习题,书后附有答案.

本书可作为大学文科类各专业数学教材或参考书,又可供广播电视大学及自学考试学生使用.对于社会科学工作者来说,本书也是一本较好的数学参考书.

书　　　名:大学文科基础数学(第一册)
著作责任者:姚孟臣　编
责 任 编 辑:刘　勇
标 准 书 号:ISBN 978-7-301-01075-4/O·0178
出 版 发 行:北京大学出版社
地　　　址:北京市海淀区成府路 205 号　100871
网　　　址:http://www.pup.cn
电　　　话:邮购部 62752015　发行部 62750672　编辑部 62752021
出版部 62754962
电 子 邮 箱:zpup@pup.pku.edu.cn
印　刷　者:北京大学印刷厂
经　销　者:新华书店
850×1168　32 开本　12.5 印张　325 千字
1990 年 3 月第 1 版　2012 年 7 月第 19 次印刷
印　　　数:82801—85800 册
定　　　价:16.50 元

前　言

本书是根据作者多年来为北京大学等院校文科各专业讲授高等数学时所用的讲义编写而成的.内容包括:一元、多元微积分;无穷级数与常微分方程;线性代数与概率统计;线性规划与模糊数学简介等.讲授以上的全部内容约需 180 学时.

作为一本针对文科各专业的通用性较强的教材,本书力图在学时不多的情况下,让学生了解高等数学中一些最基本的概念、理论及方法,从而建立正确的数学概念,并逐步学会使用数学方法来分析、解决自然科学及社会科学中的一些实际问题.

为此,本书在内容安排上作了以下一些尝试:

在预备知识中,对于平面区域着重讲述了联立不等式表示法,为二重积分计算作了必要的准备;对空间解析几何的内容作了较多的删减,在不引入向量代数的情况下,通过例题分析了平面及球面的特性,在此基础上直接给出了平面及二次曲面的定义,这部分内容可放在有关章、节前面讲述.

在一元函数极限部分,为了便于学生理解极限的概念,除了给出极限的严格定义外,还引入了变量极限的一种直观形象的描述,并以此对各种极限过程进行了概括总结.

在线性代数部分,删去了 n 维向量的有关内容,以矩阵为主要概念及工具,介绍行列式及线性方程组等内容.

鉴于目前国内文科各专业在研究对象及方法上发生的变化,本书还增加了概率统计、线性规划、模糊数学等方面的基本内容,并在回归分析基础上介绍了数量化方法.为了适应经济管理类专业的需要,在第一册的附录中,又介绍了经济数量分析中常用的概念及有关的数学方法.

考虑到文科各专业的不同需要，本书采用了“模块式”结构.这样，在使用本书时可以灵活地进行选择或组合.

北京大学数学系方企勤副教授、胡德焜副教授、丘维声副教授和北京理工大学应用数学系汪诚义副教授仔细审阅了有关部分，并对本书提出了许多宝贵的意见.在讲授和编写本书过程中，得到了北京大学数学系主任李忠教授、副主任刘西垣副教授的支持与帮助，在此一并致谢.

由于作者水平有限，书中的错误及不妥之处在所难免，敬请读者不吝指正.

姚孟臣

一九八九年五月于北京大学

目　录

预 备 知 识

本书要用到集合论与逻辑理论中的一些基本概念，作为预备知识，在这里我们作一简单介绍.

一、量词与逻辑符号

为了叙述方便，我们将采用下面的量词与逻辑符号.

符号 $$\forall$$
表示"一切"或"任给"，称为全称量词. 例如，$\forall x \geqslant 0$ 表示"对于一切非负的 x".

符号 $$\exists$$
表示"存在"或"找到"，称为存在量词. 例如，$\exists n \in \boldsymbol{N}$ 表示"在自然数集合 $\boldsymbol{N}$ 中存在着这样的数 n".

符号 $$\Rightarrow$$
表示逻辑结果. 用 $A \Rightarrow B$ 表示"从命题(或条件) A 得到命题(或条件) B"或"若实现 A，则 B 成立".

符号 $$\Leftrightarrow$$
表示逻辑上的等价性. 用 $A \Leftrightarrow B$ 表示"从 A 得到 B，反之从 B 得到 A"或"A 与 B 等价". 例如

$$|x-a| \leqslant r \Leftrightarrow a-r \leqslant x \leqslant a+r$$

表示"$|x-a| \leqslant r$ 等价于 $a-r \leqslant x \leqslant a+r$".

本书常用符号

$\boldsymbol{N}$——一切自然数的集合；

$\boldsymbol{Z}$——一切整数的集合；

$\boldsymbol{Q}$——一切有理数的集合；

$\boldsymbol{I}$——一切无理数的集合；

$\boldsymbol{R}$——一切实数的集合，数直线；

$\varnothing$——空集；

$\boldsymbol{\Omega}$——全集(样本空间)；

$\in$——属于；

$\supset$——包含；

$\cup$——(集合或事件)并；

$\boldsymbol{R}^2$——数平面上一切点的集合；

$\forall$ ——一切(任给)；

$\exists$ ——存在(找到)；

$\triangleq$——定义为；

U——必然事件；

$\sum$ ——求和；

$\ni$ ——使得；

$\cap$——(集合或事件)交；

$\Rightarrow$——推出(隐含)；

$\Leftrightarrow$——当且仅当(等价)；

$\leftrightarrow$——对应；

V——不可能事件；

$\prod$——求积；

$\vee(\wedge)$——取大(小)运算.

二、集合初步

集合是一个不能给出数学定义的概念，尽管如此，我们仍然可以给它一个定性描述. 所谓集合就是按照某些规定能够识别的一些具体对象或事物的全体. 构成集合的每一个对象或事物叫做集合的元素. 例如：

(1) 所有北京大学在校生的全体为一集合；

(2) 方程 $x^3-2x^2-5x+6=0$ 的根的全体为一集合；

(3) 所有自然数的全体为一集合；

(4) 一直线上所有点的全体为一集合.

在上述前两个例子中，每个集合只有有限多个元素，这种集合叫做有限集. 后两个例子中所给出的集合不是由有限个元素组成，这种集合叫做无限集.

通常集合用大写字母 A,B,C 表示，其元素用小写字母 a,b,c 表示.

设 A 是一个集合，如果 a 是 A 的元素，记作

$$a\in A;$$

如果 a 不是 A 的 元素，记作

$$a\overline{\in}A(\text{或 } a\notin A).$$

例如，变量 x 的取值范围构成的集合 X 叫做变化域，有 $x\in X$.

集合一般有两种表示法：**列举法**和**示性法**. 所谓列举法就是把

集合的元素都列举出来. 例如, A 是由 1,3,5,7,9 这五个数组成的集合,记作

$$A=\{1,3,5,7,9\}.$$

也就是说{ }中将 A 的元素都一一列举出来了. 所谓示性法就是给出集合元素的特性. 一般用

$$A=\{a \mid a \text{ 具有的性质}\}$$

来表示具有某种性质的全体元素 a 构成的集合. 如上述的集合 A 也可以记作

$$A=\{2n-1 \mid n<6, n \in \boldsymbol{N}\}.$$

由此可见同一个集合可以有不同的表示法,也就是说一个集合的表示法不是唯一的.

只含有一个元素 a 的集合叫做**单元集合**,记为$\{a\}$. 例如常数 c 的变化域就是单元集合$\{c\}$. 换句话说,若变量 x 的变化域是单元集合,则 x 是常量.

不含有任何元素的集合叫做**空集**,记为$\varnothing$. 例如方程 $x^2+1=0$ 的实数解的解集合就是空集. 把空集合也视为集合,正如我们把 0 也看作数一样,在数学上是方便的. 但要注意空集$\varnothing$与单元集合$\{0\}$不是一回事.

由所研究对象的全体构成的集合称为**全集**,记作 $\boldsymbol{\Omega}$. 例如当讨论一元线性方程

$$ax+b=0(a \neq 0 \text{ 且 } a \subset \boldsymbol{N}, \mathrm{b} \in \boldsymbol{Q})$$

的有理解集合时,有理数集 $\boldsymbol{Q}$ 是一个全集. 需要指出的是全集是相对的. 在一种条件下是全集的集合,在另一种条件下可能就不是全集. 前例中,如果在实数范围内讨论一元线性方程 $ax+b=0$ $(a \neq 0)$ 的解集合时,那么 $\boldsymbol{Q}$ 就不是全集了.

设 A,B 是两个集合. 如果集合 A 的元素都是集合 B 的元素,即 $a\in A$ 必有 $a\in B$,那么称 A 为 B 的**子集合**,记作

$$A \subset B \text{ 或 } B \supset A,$$

读作 A 包含于 B 或 B 包含 A. 如果 $A\subset B, B\subset C$,那么 $A\subset C$. 这说

明了包含具有传递性，例如 $\boldsymbol{N}\subset\boldsymbol{Q}$，$\boldsymbol{Q}\subset\boldsymbol{R}$，于是有 $\boldsymbol{N}\subset\boldsymbol{R}$. 容易看出，对于任意的集合 A，总有 $A\subset A$，$\varnothing\subset A$，$A\subset\boldsymbol{\Omega}$ 成立.

例 1 设 $A=\{2,4,8\}$，则集合 A 的所有子集是 $\varnothing$，$\{2\}$，$\{4\}$，$\{8\}$，$\{2,4\}$，$\{2,8\}$，$\{4,8\}$，$\{2,4,8\}$. 注意，在考虑集合 A 的所有子集时，不要把空集 $\varnothing$ 和它本身忘掉.

设 A,B 是两个集合. 如果 $A\subset B$，$B\subset A$，那么称集合 A 与 B **相等**，记作

$$A=B.$$

很明显，含有相同元素的两个集合相等.

例 2 设 $A=\{0,2,3\}$，$B=\{x\mid x$ 为方程 $x^3-5x^2+6x=0$ 的解$\}$，则 $A=B$.

设 A,B 是两个集合. 称集合 $\{x\mid x\in A$ 或 $x\in B\}$ 为 A 与 B 的**并集**，即由 A 与 B 的全体元素构成的集合，记作 $A\cup B$.

例 3 $\{1,2,3,4,5,\}\cup\{1,3,5,7,9\}=\{1,2,3,4,5,7,9\}$.

并集具有以下的简单性质：

(1) $(A\cup B)\supset A$；

(2) $(A\cup B)\supset B$.

设 A,B 是两个集合. 称集合 $\{x\mid x\in A$ 且 $x\in B\}$ 为 A 与 B 的**交集**，即由 A 与 B 的公共元素构成的集合，记作 $A\cap B$. 若 $A\cap B=\varnothing$，则称 A 与 B **互不相交**.

例 4 $\{1,2,3,4,5\}\cap\{1,3,5,7,9\}=\{1,3,5\}$；$\{1,3,5\}\cap\{2,4,6\}=\varnothing$.

交集具有以下的简单性质：

(1) $(A\cap B)\subset A$；

(2) $(A\cap B)\subset B$.

设 A,B 是两个集合. 如果 B 的每一个元素对应于 A 的唯一的元素，反之 A 的每一个元素对应于 B 的唯一的元素，那么就说在 A 和 B 的元素之间建立了一一对应关系，并称 A 与 B **等价**，记作

$$A\sim B.$$

与自然数集 $\boldsymbol{N}$ 等价的任何集合，称为**可列集**. 显然，一切可列集彼此都是等价的. 今后我们常称这类集合中元素的个数为可列个（或可数个），并把有限个或可列个统称为**至多可列个**（或**至多可数个**）.

例 5 设 $A=\{a|a=2n,n\in\boldsymbol{N}\}$，$B=\{b|b=n^2+1,n\in\boldsymbol{N}\}$，则 $A\sim B$.

三、实数集

高等数学主要是在实数范围内讨论问题的，因此在这里我们有必要简单地回顾一下实数的一些属性.

人们对数的认识是逐步发展的，首先是自然数 1,2,3,…. 由自然数构成的集合叫做自然数集，记为 $\boldsymbol{N}$，在 $\boldsymbol{N}$ 中我们可以定义加法和乘法的运算. 其后发展到有理数，它包括一切整数（整数的集合用 $\boldsymbol{Z}$ 表示）与分数，每一个有理数都可以表示成 $\frac{p}{q}$（其中 $p,q\in\boldsymbol{Z}$ 且 $q\neq 0$）. 我们把有理数构成的集合叫做有理数集，记为 $\boldsymbol{Q}$，在 $\boldsymbol{Q}$ 中我们可以定义四则运算. 下面我们先来介绍有理数的两个性质.

在数轴上，每一个有理数都可以找到一个点表示它. 例如，图 0-1 中的点 A_1,A_2,A_3,A_4,A_5 等就可以分别代表有理数 $-4,-\frac{3}{2},\frac{1}{2},3,5$ 等. 我们把代表有理数 x 的点叫做有理点 x. 由图可见，有理数集 $\boldsymbol{Q}$ 除了可以在其中定义四则运算外，还具有**有序性**（即在数轴上有理点是从左向右按大小次序排列的）和**稠密性**（即在任意两个有理点之间有无穷多个有理点）.

虽然有理点在数轴上是处处稠密的，但是它并没有充满整个数轴. 例如边长为 1 的正方形，其对角线长为 x（见图 0-2），由勾股定理可知 $x^2=2$. 设在数轴上的点 x 代表的数为 $\sqrt{2}$，容易证明它

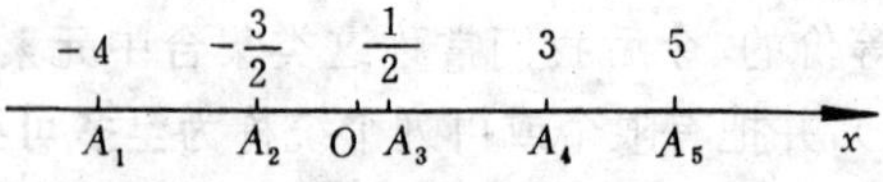

图 0-1

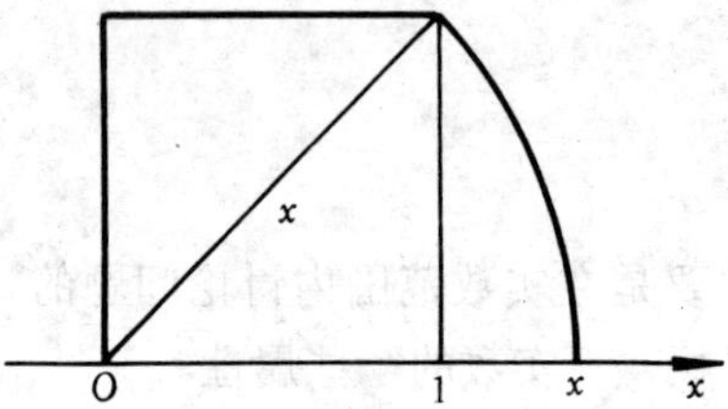

图 0-2

不能表示成 $\frac{p}{q}$ $(p,q\in\mathbf{Z},q\neq0)$的形式,因此它不是有理数.这说明在数轴上除了有理点以外还有许多空隙.这些空隙处的点我们称之为**无理点**,无理点代表的数称为**无理数**.无理数是无限不循环的小数,如$\sqrt{2}$,$-\sqrt{3}$,π 等,由它们所构成的集合叫做无理数集,记为 $\boldsymbol{I}$.我们把有理数与无理数统称为**实数**,全体实数构成的集合叫做实数集,记为 $\boldsymbol{R}$.与有理数集 $\boldsymbol{Q}$ 一样,实数集 $\boldsymbol{R}$ 也具有在其中可以定义四则运算,有序的以及处处稠密的等性质,而且还具有一个与 $\boldsymbol{Q}$ 不同的特性,这就是实数的连续性(即实数点充满了整个数轴).

由于任给一个实数,数轴上就有唯一的点与它对应;反之,数轴上的任意一个点也对应着唯一的实数,可见实数集合等价于数轴上的点集.因此在以后的讨论中,我们可以把点与实数不加区分.

在 $\boldsymbol{R}$ 的子集中,我们今后经常遇到的是各种各样的区间.所谓**区间**就是介于某两点之间的一切点所构成的集合,这两个点称为区间的**端点**.如果两个端点都是定数,称此区间为有限的,否则称为无限的.常见的区间有:设 $a\in\boldsymbol{R}$,$b\in\boldsymbol{R}$ 且 $a<b$,我们把集合

$\{x|a<x<b\}$称为开区间,记作(a,b);把集合$\{x|a\leqslant x\leqslant b\}$称为闭区间,记作$[a,b]$;把集合$\{x|a<x\leqslant b\}$和$\{x|a\leqslant x<b\}$称为半开半闭区间,分别记作$(a,b]$和$[a,b)$. 以上各种有限区间在数轴上都可以用一条线段来表示它们. 对于无限区间,例如$\{x|x>a\}$,记作$(a,+\infty)$;$\{x|x<a\}$,记作$(-\infty,a)$;$\{a|a\in \boldsymbol{R}\}$,记作$(-\infty,+\infty)$. 类似地,还有$[a,+\infty)$和$(-\infty,a]$(注意,这里的$+\infty$,$-\infty$以及$\infty$只是一种符号,既不能把它们视为实数,也不能对它们进行运算).

设$x\in \boldsymbol{R}$,x的绝对值是一个非负实数,记为$|x|$,其定义为

$$|x|\triangleq\begin{cases} x, & x\geqslant 0;\\ -x, & x<0.\end{cases}$$

例如,$|4|=4$,$|0|=0$,$|-3.2|=-(-3.2)=3.2$.

根据绝对值的定义,可知

$$-|x|\leqslant x\leqslant |x|,$$

因此,当$|x|\leqslant r(r>0)$时,又可以把它写成

$$-r\leqslant x\leqslant r$$

或用闭区间$[-r,r]$来表示. 下面给出绝对值的几个性质:

(1) $|x\cdot y|=|x|\cdot|y|$;

(2) $\left|\dfrac{x}{y}\right|=\dfrac{|x|}{|y|}$, $y\neq 0$;

(3) $|x+y|\leqslant|x|+|y|$;

(4) $|x-y|\geqslant|x|-|y|$.

性质(1),(2)由绝对值定义可以直接得到,这里我们只证明性质(3),性质(4)留给读者作为练习.

证明 (3) 由绝对值定义,有

$$-|x|\leqslant x\leqslant|x|,\ -|y|\leqslant y\leqslant|y|,$$

将上述两式逐项相加,得到

$$-(|x|+|y|)\leqslant x+y\leqslant(|x|+|y|),$$

故有

$$|x+y|\leqslant|x|+|y|.$$

下面我们介绍邻域的概念.

设 $a \in \boldsymbol{R}, h \in \boldsymbol{R}$ 且 $h > 0$. 称集合

$$\{x \mid |x-a| < h\}$$

为 a 的一个**邻域**,记作 $N_h(a)$,其中 h 为邻域半径;称集合

$$\{x \mid 0 < |x-a| < h\}$$

为 a 的一个空心邻域,记作 $N_h(\bar{a})$. 当不必指明邻域半径时,我们用 $N(a)$,$N(\bar{a})$表示 a 的邻域和 a 的空心邻域. 称集合

$$\{x \mid a \leqslant x < a+h\} \text{ 和 } \{x \mid a-h < x \leqslant a\}$$

为 a 的右邻域和左邻域,记作 $N_h^+(a)$和 $N_h^-(a)$. 若上述集合除去 a 点,就称为 a 的空心右邻域和空心左邻域,记作 $N_h^+(\bar{a})$和 $N_h^-(\bar{a})$. 不必指明邻域半径时,记号中可省略 h.

四、平面区域

上面我们用 $\boldsymbol{R}$ 表示实数集,以后我们将用 $\boldsymbol{R}^2$(或 $\boldsymbol{R} \times \boldsymbol{R}$)表示由所有有序的实数对$(x,y)$组成的集合,称为 $\boldsymbol{R}^2$ 空间(或二维空间),即

$$\boldsymbol{R}^2 \triangleq \{(x,y) \mid x \in \boldsymbol{R}, y \in \boldsymbol{R}\}.$$

由于一切实数对$(x,y) \in \boldsymbol{R}^2$ 与坐标平面(或数平面)的一切点一一对应,也就是说实数对(x,y)的集合与平面点集是等价的,因此在以后的讨论中,我们可以把平面上的点与实数对(x,y)不加区分,并把实数对(x,y),(x_0,y_0)和(x_n,y_n)常用点 P,P_0 和 P_n 表示.

例如集合

$$E_1 = \{(x,y) \mid x^2 + y^2 < 1\}$$

表示在坐标平面上不包括圆周 $x^2+y^2=1$ 的圆内一切点的集合(见图 0-3);集合

$$E_2 = \{(x,y) \mid |x-1| \leqslant 2, |y-1| \leqslant 2\}$$

表示在坐标平面上由直线 $x=3$,$x=-1$,$y=3$ 和 $y=-1$ 所围成的正方形上一切点的集合(见图 0-4);而数轴也可用集合

$$\{(x,0)\,|\,x \in \boldsymbol{R}\}$$

表示.

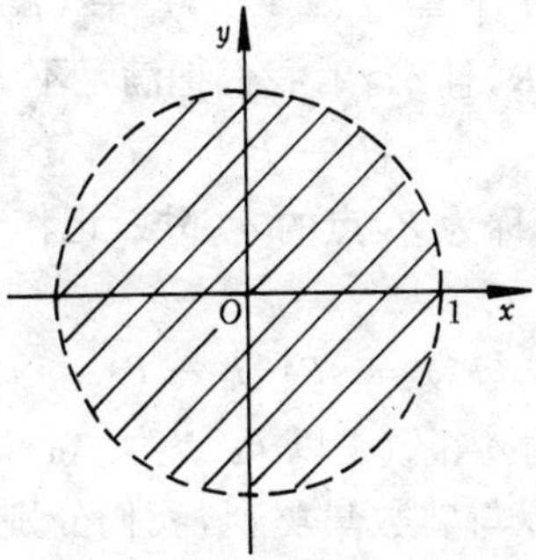

图 0-3

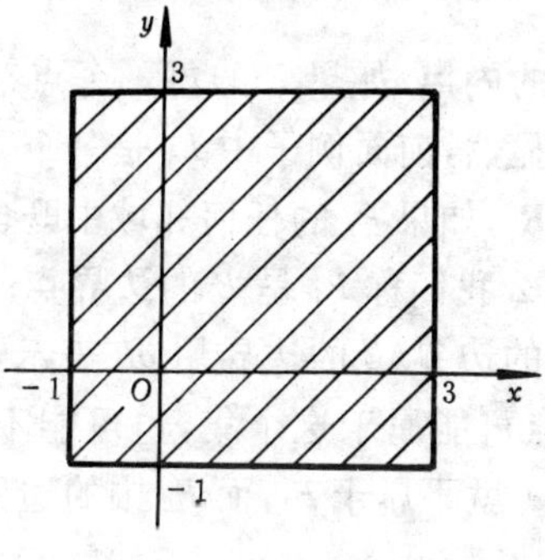

图 0-4

设 $P_1=(x_1,y_1)$, $P_2=(x_2,y_2)$, $P=(x,y)$, λ 为一实数. 在 $\boldsymbol{R}^2$ 中我们可以定义点与点之间的加减法,数乘以及模数,即

$$P_1 \pm P_2 \triangleq (x_1 \pm x_2, y_1 \pm y_2),$$

$$\lambda P_1 \triangleq (\lambda x_1, \lambda y_1),$$

$$|P| \triangleq \sqrt{x^2+y^2},$$

这些定义与几何中的向量的有关定义完全相仿. 于是 P_1 与 P_2 之间距离就可以写成

$$|P_1 - P_2| \triangleq \sqrt{(x_1 - x_2)^2 + (y_1 - y_2)^2}.$$

设 $P_0 \in \boldsymbol{R}^2, \delta \in \boldsymbol{R}$, 且 $\delta > 0$, 我们把满足不等式

$$|P - P_0| < \delta$$

的一切点 P 的全体称为 P_0 点的 δ **邻域**, 记作 $N_\delta(P_0)$, 其中 δ 为邻域半径, 即

$$N_\delta(P_0) = \{P \big| |P - P_0| < \delta\}.$$

可见平面上 P_0 点的 δ 邻域是以 P_0 点为中心半径为 δ 的不包括圆周在内的圆的内部. 与实数集类似, 我们分别用 $N_\delta(\overline{P}_0)$, $N(P_0)$ 以及 $N(\overline{P}_0)$ 分别表示 P_0 点的 δ 空心邻域, 不指明邻域半径的邻域及空心邻域.

设 E 为一平面点集, 点 $P_0 \in E$. 如果 $\exists\ \delta > 0$, $\ni\ N_\delta(P_0) \subset E$, 那么我们称 P_0 是 E 的**内点**; 如果 E 的每一个点都是它的内点, 那么我们称 E 是**开集**. 显然, 前面例子中 E_1 是一个开集, 通常称之为开圆. 进一步设 $P_1 \in \boldsymbol{R}^2$, 如果 P_1 的任何邻域中既含有 E 的点, 也含有不属于 E 的点, 那么我们称 P_1 是 E 的**边界点**. E 的全部边界点构成的集合, 叫做 E 的**边界**(E 的边界用 ∂E 表示, 读作"偏 E"). 一个平面点集的边界点可能属于这个集, 也可能不属于这个集. 例 E_1 中的边界 $x^2 + y^2 = 1$ 就不属于 E_1, 而 E_2 中的边界是由直线段构成, 它们属于 E_2.

下面我们讨论平面区域及其联立不等式表示法.

设 D 是一个开集. 如果 D 中的任意两点都可以用一条位于 D 内的折线(由有限个相衔接线段组成)连接, 那么我们称 D 为一**开区域**, 开区域也称为区域. 这种可以用位于 D 内折线把 D 中任意两点连接起来的性质称为连通性, 因此区域是只含有内点的连通集. 一个区域 D 和它的边界 ∂D 构成的集合称为**闭区域**, 记为 $\overline{D}$. 显然

$$\overline{D} = D \cup \partial D.$$

由上述定义可知，前面例子中集合 E_1 是一个区域，而 E_2 是一个闭区域. 通常我们把点集 $\boldsymbol{R}^2$ 也称为全平面，因为全平面没有边界点，所以我们可以说它包含了全部边界点，也可以说它不包含边界点. 因此全平面既是闭区域又是开区域.

为了叙述方便，本书把开区域和闭区域统称为平面区域(以后也简称为**区域**仍用 D 表示). 这里我们介绍一种非常有用的表示区域的方法——联立不等式表示法. 在讨论重积分时，它有着特别重要的意义. 下面我们分别在直角坐标系和极坐标系中进行讨论.

1. 平面区域在直角坐标系中的表示法

我们先来讨论 xOy 平面上的一类简单区域 D：对于任何平行于 x 轴或 y 轴的直线与该区域 D 的边界的交点不多于两个，但是容许它的边界包含平行于坐标轴的线段(见图 0-5、图 0-6 和图 0-7).

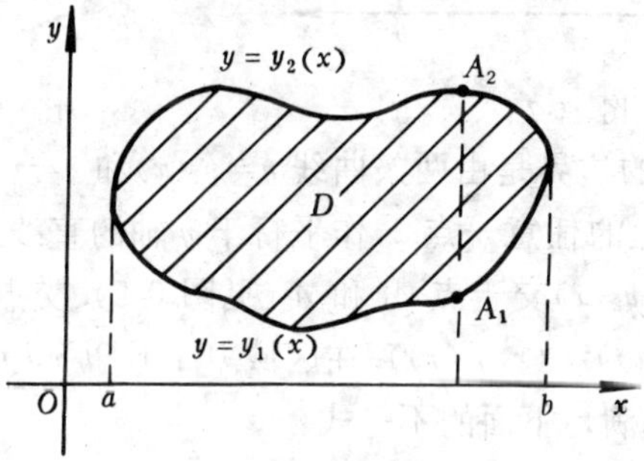

图 0-5

这样一来，对于一般常见的平面区域我们都可以把它们看成是由若干个这种简单的区域组成的. 例如图 0-8 中的平面区域 D 可以由三个这种简单的区域 D_1, D_2, D_3 组成. 因此我们只给出这种简单区域的表示法就够了.

由图 0-5 可见，平面区域 D 上的点的横坐标的变化范围为闭

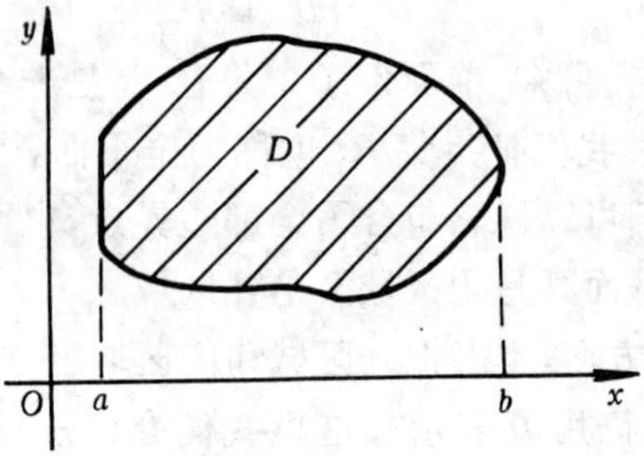

图 0-6

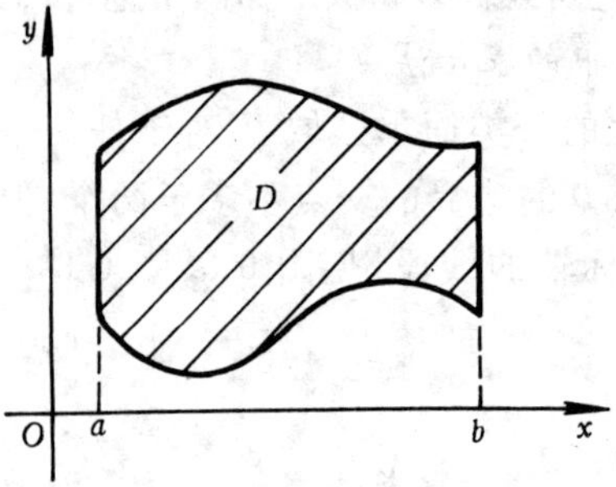

图 0-7

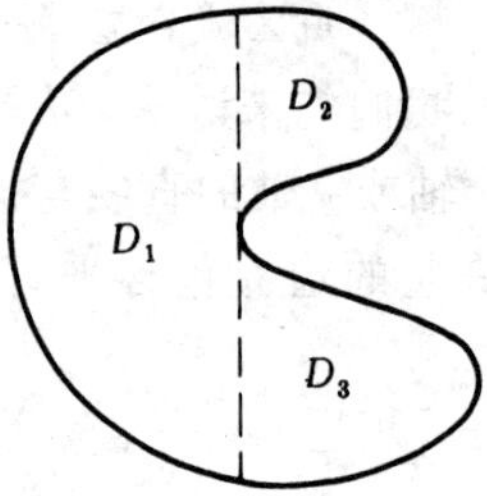

图 0-8

区间$[a,b]$,D 的边界是由两条曲线 $y=y_1(x)$和 $y=y_2(x)$组成的. 过闭区间$[a,b]$上的任意一点 x,作平行于 y 轴的直线,分别与曲线 $y=y_1(x)$和 $y=y_2(x)$交于点 A_1 和 A_2(见图 0-5). 交点 A_1,A_2 的坐标分别为$(x,y_1(x))$和$(x,y_2(x))$. 在区域 D 上凡以 x 为横坐标的一切点的纵坐标都满足下面的不等式:

$$y_1(x) \leqslant y \leqslant y_2(x).$$

由于点 x 在闭区间$[a,b]$上是任意的,所以我们可用联立不等式

$$\begin{cases} a \leqslant x \leqslant b, \\ y_1(x) \leqslant y \leqslant y_2(x) \end{cases}$$

来表示平面区域 D,记为 $D=\{(x,y)\,|\,a\leqslant x\leqslant b, y_1(x)\leqslant y\leqslant y_2(x)\}$. 有时我们可以简记为 $a\leqslant x\leqslant b, y_1(x)\leqslant y\leqslant y_2(x)$.

对于图 0-6 和图 0-7 所表示的平面区域;也可以用上述的方

法来表示.

类似地,也可以确定平面区域 D 上的点的纵坐标的变化范围是区间$[c,d]$,其边界是由曲线 $x=x_1(y)$,$x=x_2(y)$组成.过区间$[c,d]$上任意一点 y,作平行于 x 轴的直线,分别交曲线 $x=x_1(y)$,$x=x_2(y)$于点 B_1,B_2(见图 0-9).点 B_1,B_2 的坐标分别为$(x_1(y),y)$和$(x_2(y),y)$.由此可见区域 D 上以 y 为纵坐标的一切点的横坐标都满足下面的不等式:

$$x_1(y)\leqslant x\leqslant x_2(y).$$

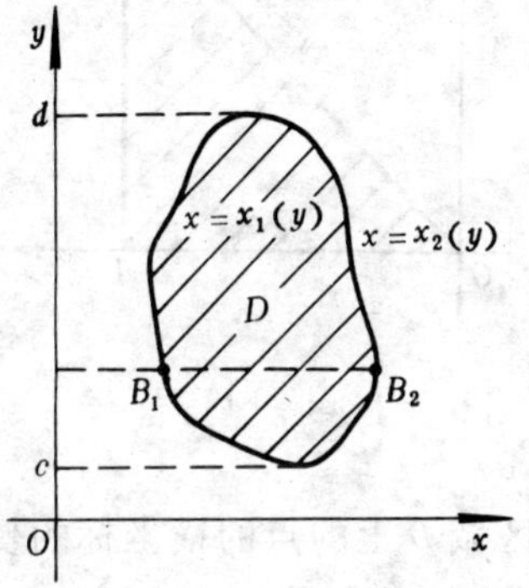

图 0-9

由于点 y 在区间$[c,d]$上是任意的,所以平面区域 D 也可以用下面的联立不等式来表示:

$$\begin{cases}c\leqslant y\leqslant d,\\ x_1(y)\leqslant x\leqslant x_2(y).\end{cases}$$

例如前面例子中的开圆 $x^2+y^2<1$,可以用

$$\begin{cases}-1<x<1,\\ -\sqrt{1-x^2}<y<\sqrt{1-x^2}\end{cases}$$

或
$$\begin{cases}-1<y<1,\\ -\sqrt{1-y^2}<x<\sqrt{1-y^2}\end{cases}$$
来表示.

例 6 设 D 是由曲线 $y=x, x=1, y=0$ 所围成的区域,试用联立不等式表示这个区域(图 0-10).

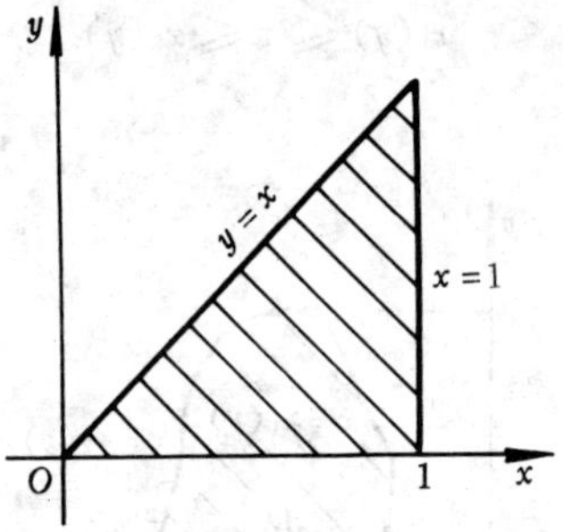

图 0-10

解 首先确定区域 D 上的点的横坐标的变化范围为区间$[0,1]$. 对于区间$[0,1]$上的任意的值 x,D 上以 x 为横坐标的点的纵坐标介于 $y=0$ 与 $y=x$ 之间,所以我们可以用联立不等式
$$\begin{cases}0\leqslant x\leqslant 1,\\ 0\leqslant y\leqslant x\end{cases}$$
来表示区域 D.

例 7 设 D 是由曲线 $x^2+y^2=1, y=x, y=0$ 在第一象限所围成的区域(见图 0-11). 试用联立不等式表示这个区域 D.

解 D 上的点的横坐标的变化范围是区间$[0,1]$. 直线 $y=x$ 与曲线 $y=\sqrt{1-x^2}$的交点的横坐标为
$$\begin{cases}y=x,\\ y=\sqrt{1-x^2},\end{cases}$$

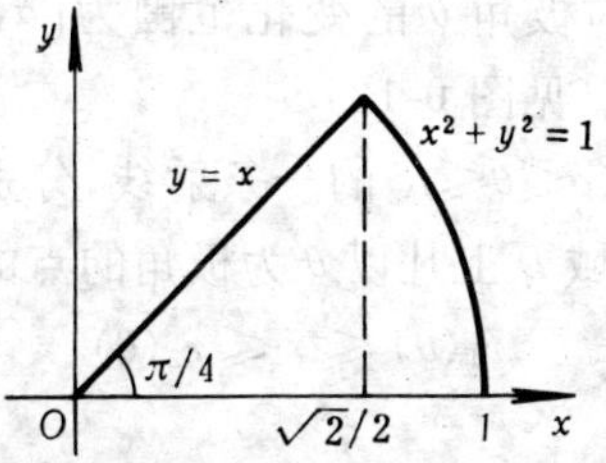

图 0-11

解得

$$x=\sqrt{2}/2.$$

从图上容易看出，对于在区间$[0,\sqrt{2}/2]$上的任意值 x，其纵坐标介于 $y=0$ 与 $y=x$ 之间；而对于区间$[\sqrt{2}/2,1]$上的任意值 x，其纵坐标介于 $y=0$ 与 $y=\sqrt{1-x^2}$之间，这样一来，要用两组联立不等式

$$\begin{cases}0\leqslant x\leqslant\dfrac{\sqrt{2}}{2},\\ 0\leqslant y\leqslant x;\end{cases}\quad 及\quad \begin{cases}\dfrac{\sqrt{2}}{2}\leqslant x\leqslant 1,\\ 0\leqslant y\leqslant\sqrt{1-x^2}\end{cases}$$

才能表示这个平面区域 D.

同理，我们也可以用一组联立不等式

$$\begin{cases}0\leqslant y\leqslant\sqrt{2}/2,\\ y\leqslant x\leqslant\sqrt{1-y^2}\end{cases}$$

来表示这个平面区域 D. 显然这比用两组联立不等式表示区域 D 来得简单些.

2. 平面区域在极坐标系中的表示法

有些平面区域(例如由圆弧和从圆心出发的射线所围成的区域)用极坐标表示更为方便一些.

在平面上建立极坐标系. 设平面区域 D 是这样一类简单的区域：从极点出发的任意一条射线与区域 D 的边界的交点不多于两

个．但是容许它的边界包含从极点出发的射线线段．

假设 D 上点的极角 θ 的变化范围为 $[\alpha,\beta]$，D 的边界由 $r=r_1(\theta)$，$r=r_2(\theta)$ 组成(见图 0-12)．

任作极角为 $\theta(\alpha\leqslant\theta\leqslant\beta)$ 的一条射线，分别交曲线 $r_1(\theta)$，$r_2(\theta)$ 于点 M 和 N．在区域 D 上凡以 θ 为极角的点的极径都满足

$$r_1(\theta)\leqslant r\leqslant r_2(\theta).$$

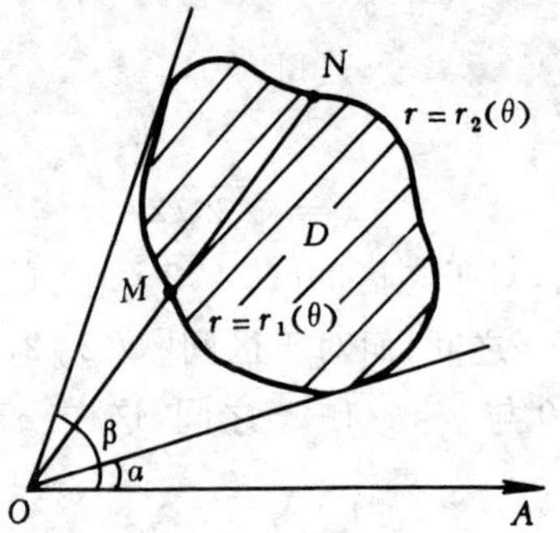

图 0-12

因此 D 就可以用联立不等式

$$\begin{cases}\alpha\leqslant\theta\leqslant\beta,\\ r_1(\theta)\leqslant r\leqslant r_2(\theta)\end{cases}$$

来表示．

特别当极点 O 在区域 D 内时(见图 0-13)，这时极角变化范围为 $[0,2\pi]$，而极径都满足 $0\leqslant r\leqslant r(\theta)$．因此 D 可以用联立不等式

$$\begin{cases}0\leqslant\theta\leqslant 2\pi,\\ 0\leqslant r\leqslant r(\theta)\end{cases}$$

来表示．

例如前面例子中的开圆 $x^2+y^2<1$，也可以用

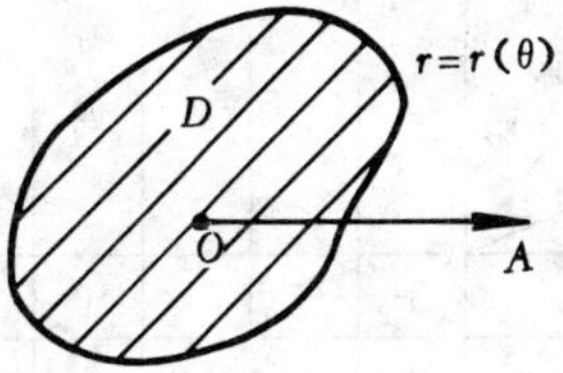

图　0-13

$$\begin{cases}0\leqslant\theta\leqslant 2\pi,\\0\leqslant r<1\end{cases}$$

来表示. 而例 7 中的区域 D,也可以用

$$\begin{cases}0\leqslant\theta\leqslant\pi/4,\\0\leqslant r\leqslant 1\end{cases}$$

来表示.

五、空间曲面简介

与 $\boldsymbol{R}^2$ 空间类似,我们也可以定义 $\boldsymbol{R}^3$ 空间

$$\boldsymbol{R}^3\triangleq\{(x,y,z)\,|\,x\in\boldsymbol{R},y\in\boldsymbol{R},z\in\boldsymbol{R}\}$$

即由所有有序的实数组 (x,y,z) 构成的集合.

为了讨论 $\boldsymbol{R}^3$ 空间的几何意义,我们先来建立空间直角坐标系. 首先在空间任选定一点 O,以 O 为公共原点,作三条两两垂直的数轴 Ox,Oy,Oz;其方向规定如下:以右手的大姆指,食指和中指伸向三个互相垂直的方向时,如果大姆指、食指的方向分别代表 Ox 轴和 Oy 轴的正方向,那么中指的方向就是 Oz 轴的正方向. 习惯上又常常把 Ox 轴和 Oy 轴放在水平面上,而 Oz 轴则是铅直线(见图 0-14),其中 O 称为坐标原点,数轴 Ox,Oy,Oz,分别简称为 x 轴,y 轴,z 轴,并统称为**坐标轴**;每两个轴可以确定一张平面. 由 x,y,z 轴所确定的三张互相垂直的平面 xOy,yOz,zOx 都称为**坐标平面**. 这三个平面把整个空间分成八个区域,每一个区域称为一个**卦**

限，它们的顺序规定如下：

坐标轴 \ 坐标符号 \ 卦限	一	二	三	四	五	六	七	八
x	+	−	−	+	+	−	−	+
y	+	+	−	−	+	+	−	−
z	+	+	+	+	−	−	−	−

我们确定了一个空间直角坐标系 $Oxyz$ 以后，对于空间中的任

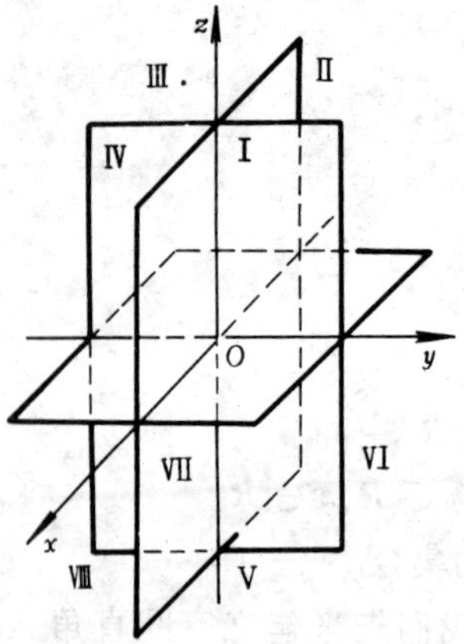

图 0-14

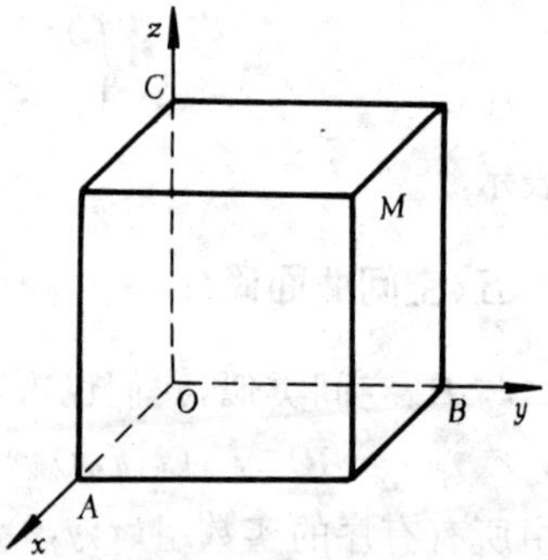

图 0-15

一点 M，过 M 可以作三个分别平行于坐标平面的平面，它们分别与 x,y,z 轴交于 A,B,C 三点．令 a,b,c 分别表示 A,B,C 在 x,y,z 轴上的坐标(见图 0-15)．于是对于空间中的任意一点 M 都有三个有序实数 a,b,c 与之对应．反之，对于任意给定的三个有序实数 a,b,c，用同样方法，可以找到空间中的一点 M 与之对应．这样，空间中的点就与三个有序实数之间建立起一一对应的关系．我们称 a,b,c 分别为点 M 的横坐标，纵坐标，立坐标．用 (a,b,c) 表示点 M，简称 (a,b,c) 为点 M 的坐标．例如原点 O 的坐标是 $(0,0,0)$；x 轴上任意

一点的坐标是$(a,0,0)$;xOy平面上任意一点的坐标是$(a,b,0)$. 同理我们可以看出位于其它坐标轴上与坐标平面上的点的坐标特征.

由于一切实数组$(x,y,z)\in \boldsymbol{R}^3$与坐标空间(或数空间)的一切点一一对应,也就是说实数组(x,y,z)的集合与空间点集是等价的,因此在以后的讨论中,我们可以把空间上的点与实数组(x,y,z)不加区分.

例如集合

$$V_1 = \{(x,y,z)\,|\,x^2+y^2+z^2\leqslant 1\}$$

表示在坐标空间中球心在原点O、半径为1的圆球上一切点的集合;而集合

$$S_1 = \{(x,y,z)\,|\,x^2+y^2+z^2=1\}$$

表示这个球面上一切点的集合,以后我们把这个集合简记为一个三元方程$x^2+y^2+z^2=1$.

在一个取定的空间直角坐标系中,坐标满足方程$F(x,y,z)=0$的一切点,一般说来构成一张曲面,我们称它为此方程的图形. 这就是说,一张空间曲面可以用一个三元方程来表示,而一个三元方程的图形一般地是一张空间曲面. 把三元方程$F(x,y,z)=0$用一张曲面形象地表示出来,使我们能够直观地看到方程的一些性质;反之,我们也可以在取定的坐标系下,为曲面建立一个方程,通过对方程的讨论来研究曲面的性质.

如同最简单的曲线是直线一样,最简单的曲面当然是平面. 平面可以用一个三元一次方程

$$Ax+By+Cz+D=0$$

来表示,所以平面也叫做**一次曲面**. 一个三元二次方程

$$\begin{aligned}Ax^2+By^2+Cz^2+D\,xy+E\,yz+F\,zx+Gx\\+Hy+Iz+K=0\end{aligned}$$

所表示的曲面叫做**二次曲面**. 平面和二次曲面在曲面中占有重要的地位,这不仅是因为它们比较常见,而且是因为常常可以用它们

来近似地表示一些比较复杂的曲面的缘故. 因此,我们有必要了解它们. 与平面解析几何中的讨论类似,我们可以适当地选取坐标系找出曲面的标准形,并给出它们的图形. 为了使讨论得到简化,我们都从曲面的标准方程来讨论它们的图形.

1. 一次曲面(平面)

一般说来,方程 $Ax+By+Cz+D=0$(其中系数 A,B,C 不全为 0)表示一个平面. 设 $A\neq 0$,方程可以写成 $x+B_1y+C_1z+D_1=0$ 的形式,其中 $B_1=B/A, C_1=C/A, D_1=D/A$. 由此可见,它有三个独立的系数. 这意味着确定一个平面需要有三个独立的条件. 例如,由不在同一条直线上的三个点能够确定一个平面,而且只能确定一个平面.

下面我们给出六个平面方程的图形. 它们分别是

(1) $z=0$($A=0,B=0,C=1,D=0$;即 xOy 平面);

(2) $z=1$($A=0,B=0,C=1,D=-1$;即平行于 xOy 平面,在 z 轴上的截距为 1 的平面);

(3) $x-y=0$($A=1,B=-1,C=0,D=0$;即过 z 轴,并与 x 轴及 y 轴正方向夹角都是$\frac{\pi}{4}$的平面);

(4) $x+y=1$($A=1,B=1,C=0,D=-1$;即平行于 z 轴,并在 x 轴与 y 轴上的截距都为 1 的平面);

(5) $x+y-z=0$($A=1,B=1,C=-1,D=0$;即通过坐标原点及两条直线 $x=z, y=z$ 的平面);

(6) $x+y+z=1$($A=B=C=1,D=-1$;即与 x,y,z 轴的截距都为 1 的平面).

分别见图 0-16 的(a),(b),(c),(d),(e),(f). 有了这六个基本图形以后,任何一个平面方程的图形都容易从它们经过简单的变换作出来.

2. 二次曲面简介

(1) 球面

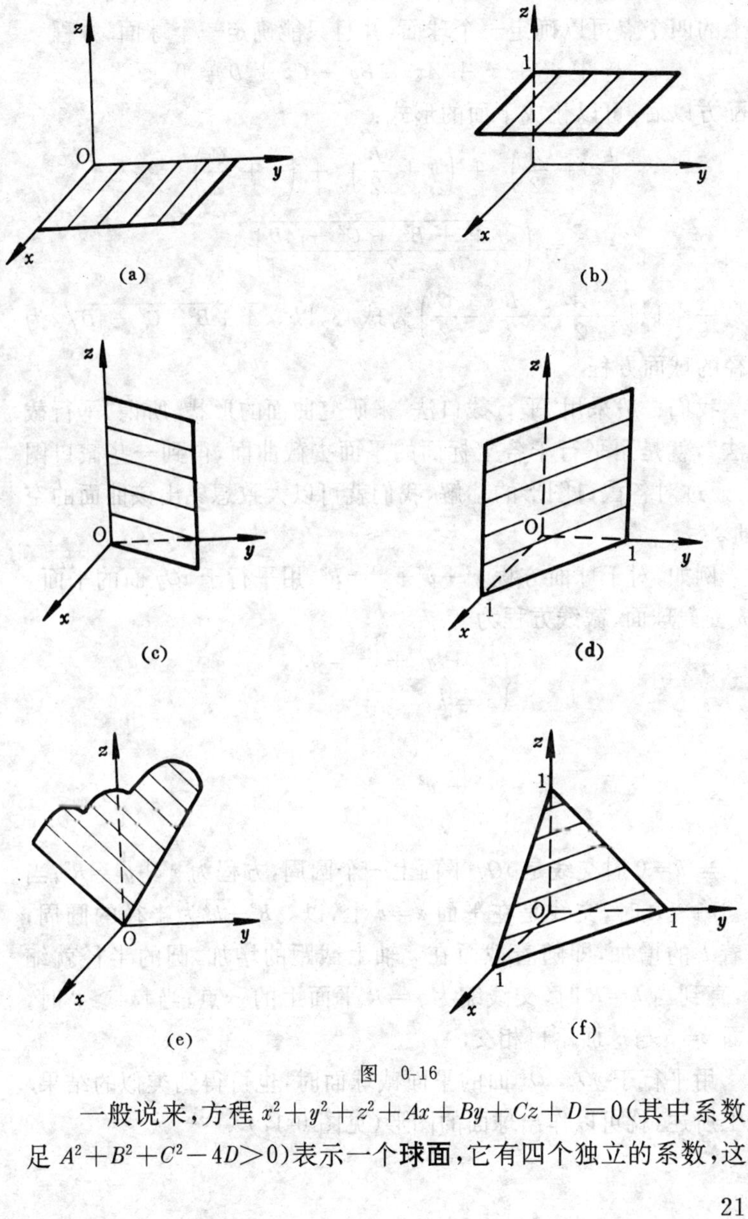

图 0-16

一般说来，方程 $x^2+y^2+z^2+Ax+By+Cz+D=0$(其中系数满足 $A^2+B^2+C^2-4D>0$)表示一个**球面**，它有四个独立的系数，这意

味着确定一个球面需要有四个独立的条件. 例如,由不在同一个平面上的四个点可以确定一个球面,并且只能确定一个球面. 方程

$$x^2+y^2+z^2+Ax+By+Cz+D=0$$

经配方以后,可以化成下面的形式:

$$\left(x+\frac{A}{2}\right)^2+\left(y+\frac{B}{2}\right)^2+\left(z+\frac{C}{2}\right)^2 = \left(\frac{\sqrt{A^2+B^2+C^2-4D}}{2}\right)^2.$$

这是一个以$\left(-\frac{A}{2},-\frac{B}{2},-\frac{C}{2}\right)$为球心,以$\sqrt{A^2+B^2+C^2-4D}/2$为半径的球面方程.

我们一般采用"平行截口法"来研究曲面的形状. 所谓"平行截口法",就是用平行于各坐标面的平面去截曲面,得到一些截口图形,通过对各截口图形的了解,我们就可以大致想象出该曲面的空间形状.

例如,对于球面方程 $x^2+y^2+z^2=R^2$,用平行于 xOy 面的平面 $z=h$ 去截球面,截线方程为

$$\begin{cases}x^2+y^2+z^2=R^2,\\ z=h,\end{cases}$$

即

$$\begin{cases}x^2+y^2=R^2-h^2,\\ z=h.\end{cases}$$

当 $h=0$ 时交线是 xOy 平面上一个圆周,方程为 $x^2+y^2=R^2$;当 $0\leqslant|h|\leqslant R$ 时,交线是在平面 $z=h$ 上,以 $\sqrt{R^2-h^2}$ 为半径的圆周;随着 h 的增加,即随着截面在 z 轴上截距的增加,圆的半径就缩小,直到当 $h=R$ 时,交线缩为 $z=R$ 平面上的一点;当 $|h|>R$ 时,平面 $z=h$ 与球面不再相交.

用平行于 yOz, zOx 面的平面截球面时,也可得到类似的结果. 综上所述,就可以作出球面的图形(见图 0-17).

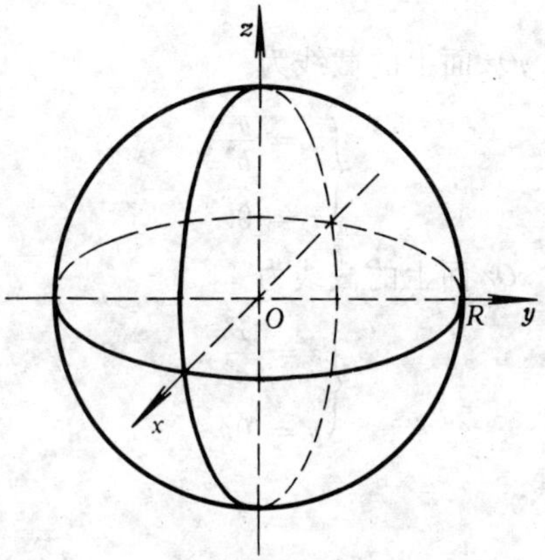

图 0-17

(2) 椭球面

方程$\frac{x^2}{a^2}+\frac{y^2}{b^2}+\frac{z^2}{c^2}=1(a\geqslant b\geqslant c>0)$表示以原点 O 为中心，以 a，b，c 分别为长半轴，中半轴和短半轴的**椭球面**. 当 $a=b=c>0$ 时，方程可以化为 $x^2+y^2+z^2=a^2$. 这就是上面所讨论过的球面方程. 用平面截口法对椭球面的图形的讨论与对球面图形的讨论相类似，把它留给读者作为练习.

(3) 椭圆抛物面

方程

$$\frac{x^2}{a^2}+\frac{y^2}{b^2}=z \quad (a>0,b>0)$$

表示一个顶点在原点的**椭圆抛物面**. 用平行于 xOy 面的平面 $z=h$ 去截曲面，得到的截线方程为

$$\begin{cases}\dfrac{x^2}{a^2}+\dfrac{y^2}{b^2}=h,\\ z=h.\end{cases}$$

当 $h<0$ 时，上式无意义，说明这时平面 $z=h$ 与曲面不相交；当 $h=$

0 时，截线是一个点；当 $h>0$ 时，截线是一个椭圆；随着 h 的增加椭圆也逐渐增大.

令 $x=0$，在 yOz 面上的截线为

$$\begin{cases} z = \dfrac{y^2}{b^2}, \\ x = 0. \end{cases}$$

令 $y=0$，在 xOz 面上的截线为

$$\begin{cases} z = \dfrac{x^2}{a^2}, \\ y = 0. \end{cases}$$

这是两条抛物线.

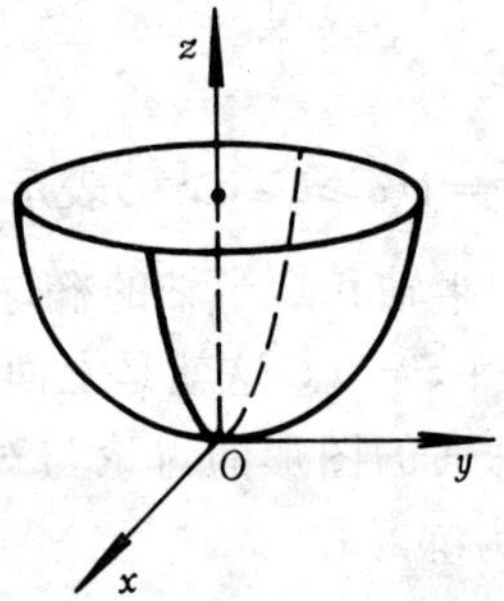

图 0-18

综上所述，即可想象椭圆抛物面的图形（见图 0-18）.

在椭圆抛物面的方程中，若 $a=b$，则方程化为 $z=\dfrac{1}{a^2}(x^2+y^2)$ 的形式. 用类似的讨论方法可知，曲面可以看作是 yOz 平面上的抛物线 $a^2z=y^2$ 绕 z 轴旋转而产生的旋转抛物面.

（4）单叶双曲面与双叶双曲面

方程

$$\frac{x^2}{a^2}+\frac{y^2}{b^2}-\frac{z^2}{c^2}=1 \quad (a>0, b>0, c>0)$$

表示**单叶双曲面**(见图 0-19).

方程

$$\frac{x^2}{a^2}+\frac{y^2}{b^2}-\frac{z^2}{c^2}=-1 \quad (a>0,b>0,c>0)$$

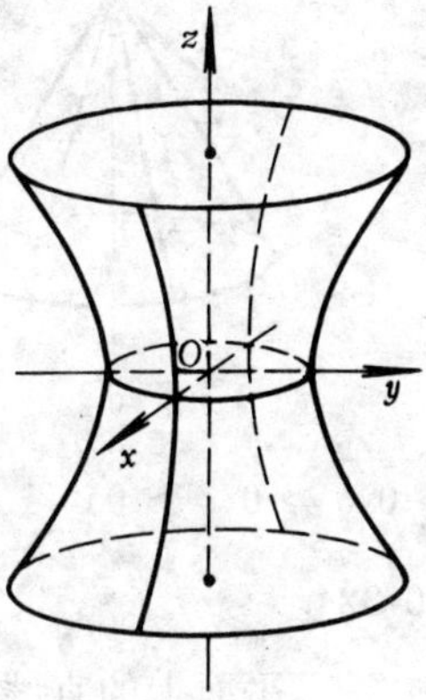

图 0-19

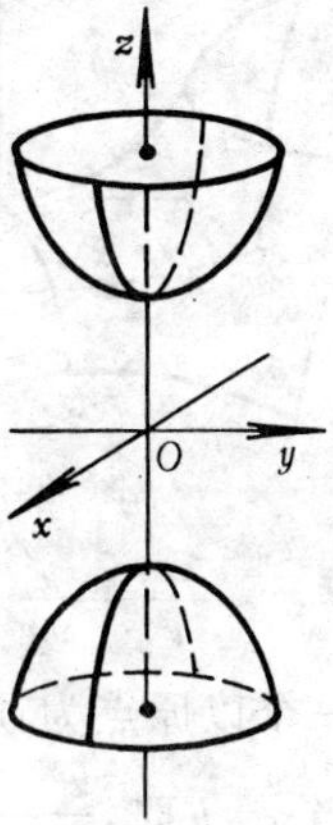

图 0-20

表示**双叶双曲面**(见图 0-20).

当 $a=b$ 时,$\frac{x^2}{a^2}+\frac{y^2}{b^2}-\frac{z^2}{c^2}=\pm 1$ 表示在 yOz 平面上的双曲线$\frac{y^2}{b^2}-\frac{z^2}{c^2}=\pm 1$ 绕 z 轴旋转产生的曲面.分别称之为单叶旋转双曲面和双叶旋转双曲面.

(5) 双曲抛物面

方程

$$\frac{y^2}{b^2}-\frac{x^2}{a^2}=z \quad (a>0,b>0)$$

表示一个过原点的**双曲抛物面**(又称为马鞍面)(见图 0-21).

(6) 锥面

方程

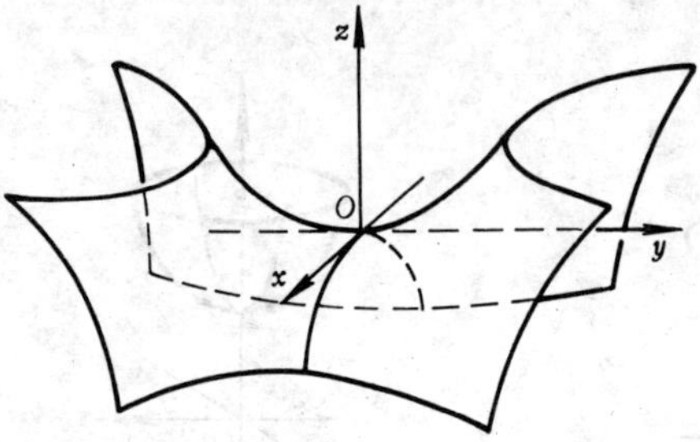

图 0-21

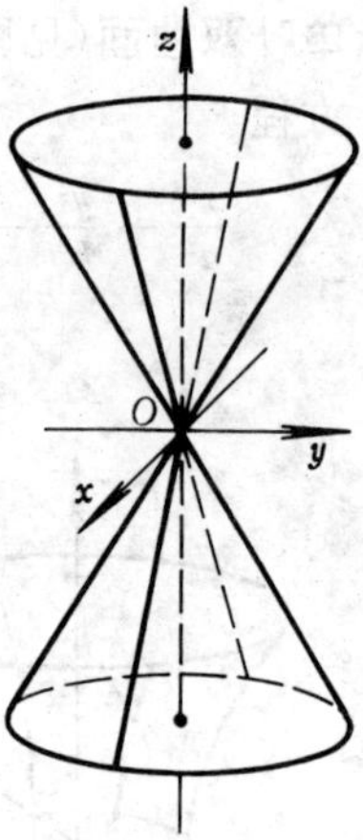

图 0-22

$$\frac{x^2}{a^2} + \frac{y^2}{b^2} - \frac{z^2}{c^2} = 0 \quad (a > 0, b > 0, c > 0)$$

表示一个以原点为顶点的**锥面**(见图 0-22).

当 $a=b$ 时,$\frac{x^2}{a^2}+\frac{y^2}{b^2}-\frac{z^2}{c^2}=0$ 表示在 yOz 平面上的直线 $z=\frac{c}{a}y$ 绕 z 轴旋转产生的曲面.我们称之为旋转锥面.

(7) 柱面

设一个方程中不包含 z,如

$$F(x,y) = 0.$$

$F(x,y)=0$ 在 xOy 面上表示一条曲线 L,在 $Oxyz$ 空间表示一张曲面.曲面上的点在 xOy 面上的坐标都满足方程 $F(x,y)=0$.它是由平行于 z 轴的直线沿曲线 L 移动而产生的曲面,这个曲面叫做**柱面**.曲线 L 叫做**准线**;平行于 z 轴而沿 L 移动的直线叫做**母线**.

同样地,$F(y,z)=0$ 及 $F(x,z)=0$ 在空间都表示柱面.它们的母线分别平行于 x 轴和 y 轴.

常见的柱面有:

圆柱面 $x^2+y^2=a^2$ (见图 0-23);

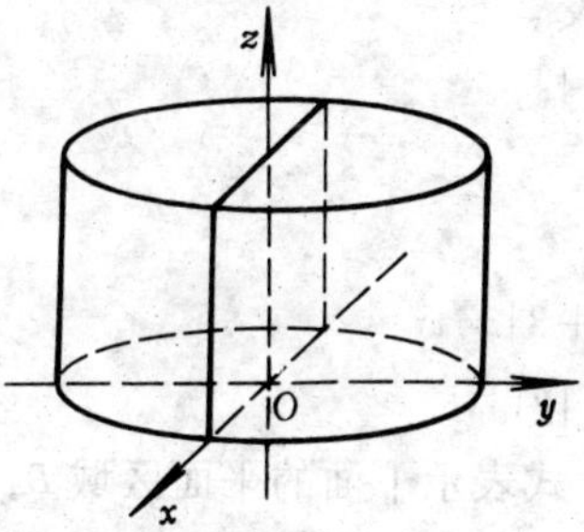

图 0-23

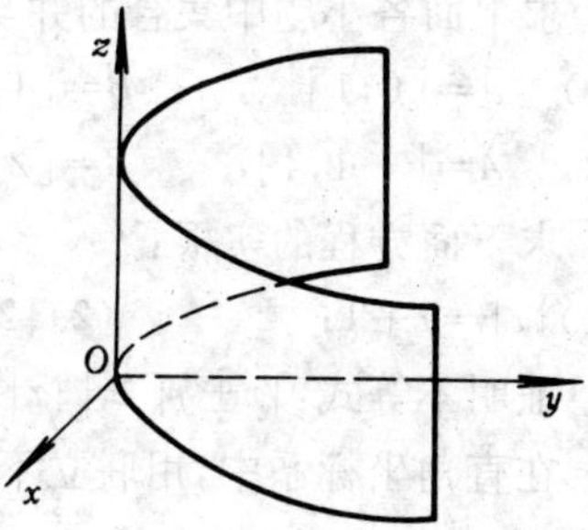

图 0-24

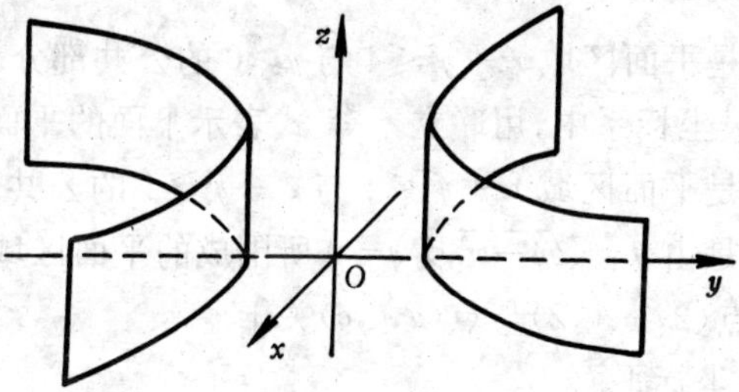

图 0-25

椭圆柱面 $\frac{x^2}{a^2}+\frac{y^2}{b^2}=1$ (见图 0-23);

双曲柱面 $\frac{x^2}{a^2}-\frac{y^2}{b^2}=1$ (见图 0-25);

抛物柱面 $x^2-2py=0$ (见图 0-24).

习 题 一

1. 各举出两个无限集,有限集,可列集及空集的例子.
2. 写出集合$\{1,2,3\}$的所有的子集.
3. 设 $A=\{1,2,3\}$,$B=\{1,3,5\}$,$C=\{2,4,6\}$,求

(1) $A\bigcup B$；　　　(2) $A\bigcap B$；

(3) $A\bigcup B\bigcup C$；　　　(4) $A\bigcap B\bigcap C$.

4. 求下面各小题中集合的并与交：

(1) $A=[0,1]$，　　$B=[1,3]$；

(2) $A=[-1,4]$，　　$B=[2,4]$.

5. 求下面方程的实根：

(1) $|x|=x+1$；　　　(2) $|2x+3|=x^2$.

6. 证明不等式：$|x\pm y|\geqslant\big||x|-|y|\big|$.

7. 在直角坐标系中，用联立不等式表示下面的平面区域 D：

(1) D 是由 $x=0,y=0$ 及 $x+y=1$ 所围成的平面区域；

(2) D 是由 $y=x,x=1,x=2$ 及 $y=2x$ 所围成的平面区域；

(3) D 是由 $y=\dfrac{1}{x},x=1,x=2$ 及 $y=2$ 所围成的平面区域；

(4) D 是平面区域 $x^2+y^2\leqslant 4$ 与 $y\geqslant 0$ 的公共部分.

8. 在极坐标系中，用联立不等 式表示下面的平面区域 D：

(1) D 是平面区域 $x^2+y^2\leqslant 4$ 与 $x^2+y^2\geqslant 1$ 的公共部分；

(2) D 是由 $y=\sqrt{4-x^2}$ 及 $y=0$ 所围成的平面区域.

9. 求点 $(2,-1,2)$ 与点 (a,b,c) 关于

(1) 各坐标平面；

(2) 各坐标轴；

(3) 坐标原点

的对称点的坐标.

10. 求顶点分别为 $A(2,1,4)$，$B(3,-1,2)$，$C(5,0,6)$ 的三角形各边的边长.

11. 指出下面各方程所表示的曲面的名称：

(1) $x^2+y^2=25$；　　　(2) $4x^2+9y^2+16z^2=144$；

(3) $x^2+2y^2-z=0$；　　　(4) $y^2+2y-6x+1=0$；

(5) $16x^2-64y+z^2=0$；　　　(6) $x^2+4x+y^2+3=0$；

(7) $x^2-2y^2+z^2=0$；　　　(8) $x^2+4y^2-z^2-1=0$；

(9) $x^2-y^2-z^2-16=0$；　　(10) $x^2+y^2-z^2+2z-1=0$.

12. 指出下面各方程所表示的曲线的名称：

(1) $\begin{cases} x^2+y^2+z^2=25, \\ z=3; \end{cases}$　　(2) $\begin{cases} z=\sqrt{x^2+y^2}, \\ x^2+y^2+z^2=2; \end{cases}$

(3) $\begin{cases} z=x^2+4y^2, \\ x=0; \end{cases}$　　(4) $\begin{cases} x^2+y^2=49, \\ x+y+z=1. \end{cases}$

第一章　函数与极限

高等数学与初等数学的区别在于研究的对象和研究方法的不同.在高等数学中研究的对象主要是变量,所使用的方法主要是极限方法.本章将在初等数学的基础上,进一步讨论变量之间的相互依存关系和变量在其变化过程中的变化趋势,从而引出高等数学中的两个重要的基本概念——函数与极限.

§1　函　　数

1.1　函数的概念

在初等数学中,我们通过讨论变量之间的依赖关系,给出了函数概念的一个直观的描述:

设在某变化过程中有两个变量 x 和 y,变量 y 依赖于 x.如果对于 x 的每一个确定的值,按照某个对应关系,y 都有唯一的值和它对应,y 就叫做 x 的函数,x 叫做自变量.x 的取值范围叫做函数的定义域.和 x 的值相对应的 y 的值叫做函数值,函数值的集合叫做函数的值域.

例 1　在真空中,物体在重力的作用下,从高度为 h 米处自由下落,下落的路程 S 是下落时间 t 的函数.这个函数可以通过关系式:

$$S=\frac{1}{2}gt^2,\quad t\in\left[0,\sqrt{\frac{2h}{g}}\right]$$

给出,其中 g 为重力加速度,它是一个常数.

历史上，"函数"一词是由著名的德国数学家莱布尼兹(Leibniz)首先引入数学的. 他是针对某种类型的数学公式来使用这一术语的，尽管当时他已经考虑到变量 x 以及和 x 同时变化的变量 y 之间的依赖关系，但还是没有能够给出一个明确的函数定义. 其后经欧拉(Euler)等人不断修正、扩充才逐步形成一个较为完整的函数概念.

从本质上讲，函数是从一个集合到另一个集合的映射. 即给定两个集合 A 和 B，若对于 A 中的每个元素 a，按照某一对应关系 f，在 B 中都有唯一确定的一个元素 b 与它对应，则称 f 为 A 上的一个函数，记作

$$f: A \to B.$$

集合 A 称为函数的定义域，与 A 中元素对应的 B 中元素 b 构成的集合称为函数的值域.

在函数定义中对定义域 A 和集合 B 中的元素的性质没有加以限制①，但在微积分中我们感兴趣的是一些定义域和值域均为实数集的函数，这类函数称为实变数的实值函数，简称为实函数. 下面给出它的定义：

设 X 是一个给定的数集，f 是一个确定的对应关系. 如果对于 X 中的每一个元素 x，通过 f 都有 $\boldsymbol{R}$ 内的唯一确定的一个元素 y 与之对应，那么这个关系 f 就叫做从 X 到 $\boldsymbol{R}$ 的**函数关系**，简称为**函数**，记为

$$f: X \to \boldsymbol{R} \text{ 或 } f(x) = y.$$

我们把按照函数 f 与 $x \in X$ 所对应的 $y \in \boldsymbol{R}$ 叫做 f 在 x 处的**函数值**，记作 $y=f(x)$. 并把 X 叫做函数 f 的**定义域**，而 f 的全体函数值的集合

$$\{f(x) \mid x \in X\}$$

---

① 对于定义域不是数集的函数，我们将在第二册初等概率论中遇到.

叫做函数 f 的**值域**,通常用 Y 来表示,即

$$Y=\{f(x)\,|\,x\in X\}.$$

今后我们把函数用

$$y=f(x),\quad x\in X$$

来表示.并说 y 是 x 的函数,其中 x 叫做**自变量**,y 叫做**因变量**.由于在我们讨论的范围内,函数 f 和函数值 $f(x)$ (即 y)没有区分的必要,因此通常把 y 叫做 x 的函数.

在例 1 中对应关系 f 为:

$$f(\ )=\frac{1}{2}g(\ )^2,$$

即先对自变量作平方运算,然后再乘以 $\frac{1}{2}g$;其定义域为

$$\left[0,\sqrt{\frac{2h}{g}}\right].$$

例 1 中的函数我们也可以用

$$y=\frac{1}{2}gx^2,\quad x\in\left[0,\sqrt{\frac{2h}{g}}\right]$$

表示.

通过上面的讨论可以看出,一个函数主要是由函数关系和其定义域 X 所确定的,而与其自变量和因变量所选用的符号没有关系.

例 2 圆的面积 S 是半径 r 的函数.用

$$S=\pi r^2,\quad r\in[0,+\infty)$$

来表示,其中

$$X=\{r\,|\,0\leqslant r<+\infty\}$$

是 f 的定义域.如果不考虑这个问题的具体内容,则函数 $S=\pi r^2$ 的定义域为

$$X=\{r\,|\,-\infty<x<+\infty\}.$$

一般地,当 $f(x)$ 是用 x 的表达式给出时,如果不特别声明,那

么函数的定义域就是使 $f(x)$ 有意义的全体 x 的集合，通常称它为**自然定义域**.

例如函数 $y=\frac{1}{2}gx^2$ 的自然定义域为$(-\infty,+\infty)$.

除了用字母"f"表示函数以外，当然也可以用其它的字母，例如，用"F"，"φ"等等来表示函数，甚至可以用 $y=y(x)$ 来表示一个函数. 但在同一个问题中不同的函数一定要用不同的符号来表示.

在定义中，我们用"唯一确定"来表明所讨论的函数都是单值的. 所谓**单值函数**就是对于 X 中的每一个值 x，都有一个而且只有一个 y 的值与之对应的函数. 对于 X 中的某个 x 值有多于一个 y 的值与之对应的函数，叫做**多值函数**. 本书我们只讨论单值函数.

下面再举三个常用函数的例子.

例 3 绝对值函数

$$y=|x|\triangleq\begin{cases}x, & x\geqslant 0,\\ -x, & x<0.\end{cases}$$

这个函数在 $x\geqslant 0$ 时分析表达式为 $y=x$，在 $x<0$ 时为 $y=-x$. 这种由两个或两个以上的分析表达式表示的函数，称为分段定义函数，简称为**分段函数**. 需要注意的是，在一般情况下，对于同一个自变量，函数不能同时有两个不同的分析表达式.

例 4 符号函数

$$y=\operatorname{sgn}x\triangleq\begin{cases}-1, & x<0,\\ 0, & x=0,\\ 1, & x>0.\end{cases}$$

这也是一个分段函数. 例 3 的绝对值函数 $|x|$ 可由它和 x 表示：$|x|$

$=x \cdot \operatorname{sgn}x$，可见 $\operatorname{sgn}x$ 起了 x 的符号作用，故称它为符号函数. 需要指出的是，有些函数如 $y=\sin x$，它的对应关系是通过函数符号 sin 表示的. 这里的 sgn 是符号函数的函数符号.

例 5 取整函数

$$y=[x] \triangleq n \ (x=n+r, n \in \mathbf{Z}, 0 \leqslant r<1, x \in \boldsymbol{R})$$

可见，记号[ ]表示不超过 x 的最大整数. 例如 $[2.1]=2$，$[0.3]=0$，$[-0.6]=[-1+0.4]=-1$，$[-3.5]=-4$，一般有

$$[x] \leqslant x<[x]+1.$$

函数 $y=f(x), x \in X$ 一般可以用坐标平面上的图形给予几何说明. 所谓函数图形是指以 x 为横坐标，以 $f(x)$ 为纵坐标，由点 $(x, f(x))$ 所构成的一个平面点集 E，即

$$E=\{(x, f(x)) \mid x \in X\}.$$

图 1-1，图 1-2 与图 1-3 分别给出了例 3，例 4 与例 5 中函数的

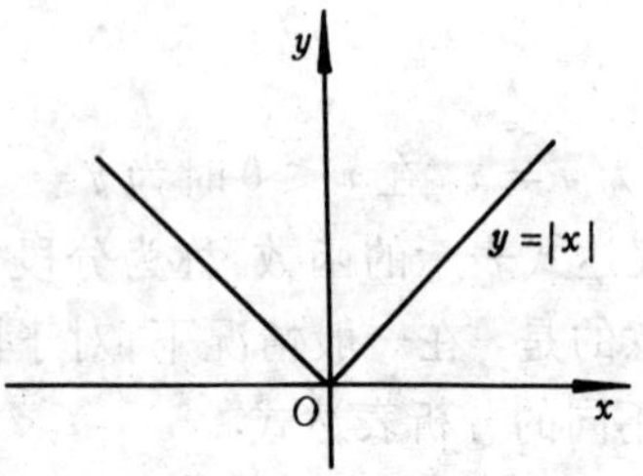

图 1-1

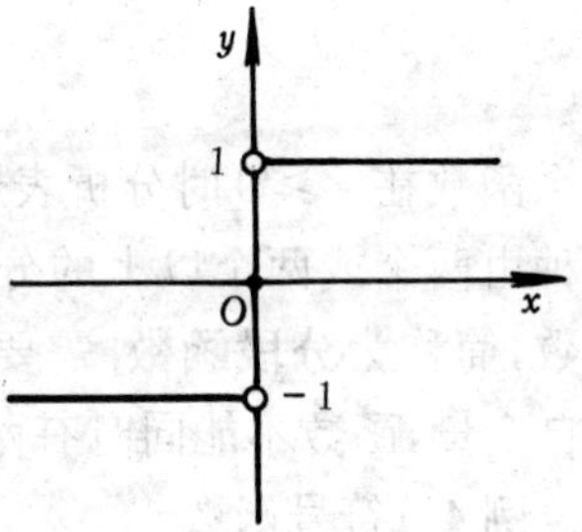

图 1-2

图形，从函数图形上我们往往可以看出函数的某些特性. 应该指出的是：并不是每一个函数的图形都可以画出来，例如狄利克雷(Dirichlet)函数就是如此，其定义如下：

$$D(x)=\begin{cases}1, & \text{当 } x \text{ 为有理数时}, \\ 0, & \text{当 } x \text{ 为无理数时}.\end{cases}$$

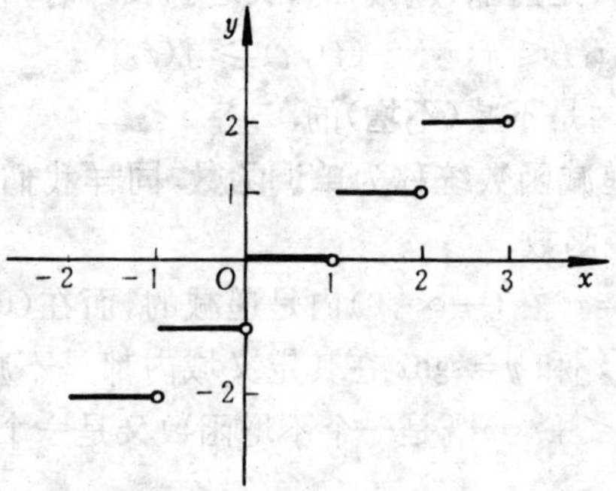

图 1-3

1.2 函数的性质

研究函数的目的是为了了解它所具有的特性，以便掌握它的变化规律. 下面我们列出函数的几个简单性质.

1. 奇偶性

设函数 $y=f(x)$ 的定义域 X 为一个对称数集，即 $x\in X$ 时，有 $-x\in X$. 若函数满足

$$f(-x)=-f(x),\ \forall\ x\in X,$$

则称 $f(x)$ 为**奇函数**；若函数满足

$$f(-x)=f(x),\ \forall\ x\in X,$$

则称 $f(x)$ 为**偶函数**.

例如，函数 $y=x^3$，$y=\sin x$ 和 $y=\operatorname{sgn}x$ 都是奇函数；$y=x^2$，$y=|x|$ 和 $y=\cos x$ 都是偶函数，而 $y=x^3+x^2$ 是一个非奇非偶函数. 不难看出，奇函数的图形关于原点是对称的，偶函数的图形关于 y 轴是对称的.

2. 单调性

设函数 $y=f(x)$，$x\in X$，$\forall\ x_1,x_2\in(a,b)$ 且 $(a,b)\subset X$. 若 $x_1<x_2$ 时，有

$$f(x_1) < f(x_2) \quad (f(x_1) > f(x_2)),$$

则称 $f(x)$ 在 (a,b) 内是**递增**(**递减**)的;又若 $x_1 < x_2$ 时,有

$$f(x_1) \leqslant f(x_2) \quad (f(x_1) \geqslant f(x_2)),$$

则称 $f(x)$ 在 (a,b) 内是**不减**(**不增**)的.

递增函数或递减函数统称为**单调函数**.同样我们可以定义在无限区间上的单调函数.

例如,函数 $y=x^2$ 在 $(-\infty,0)$ 内是递减的,而在 $(0,+\infty)$ 内是递增的;函数 $y=[x]$ 和 $y=\operatorname{sgn}x$ 在其定义域内都是不减的.常数函数 $y=C$ $(-\infty<x<+\infty)$ 既是一个不增函数又是一个不减函数.

3. 有界性

设函数 $y=f(x)$ 在 X 上有定义,若 $\exists\ M_0>0, \forall x\in X \ni |f(x)| \leqslant M_0$,则称 $f(x)$ 在 X 上是**有界的**;否则称 $f(x)$ 在 X 上是**无界**①**的**.

例如,$y=\sin x$ 在 $(-\infty,+\infty)$ 内是有界的,因为 $|\sin x|\leqslant 1$;而 $y=1/x$ 在 $(0,1]$ 上是无界的,但在 $[1,+\infty)$ 上是有界的.有界函数的界不是唯一的.例如对于 $y=\sin x$,不仅 1 是它的界,而且任何一个大于 1 的数都是它的界.不难看出,有界函数的图形总是位于平行于 x 轴的直线 $y=-M_0$ 与 $y=M_0$ 之间.

4. 周期性

设函数 $y=f(x)$,$x\in \mathbf{R}$.若 $\exists\ T_0>0, \forall\ x\in \mathbf{R} \ni f(x+T_0)=f(x)$,则称 $f(x)$ 是**周期函数**,T_0 **为其周期**.

由定义可知,$kT_0(k\in \mathbf{N})$ 都是它的周期,可见一个周期函数有无穷多个周期.若在无穷多个周期中,存在最小的正数 T,则称 T 为 $f(x)$ 的最小周期,简称周期.

例如,$y=\sin x$,$y=\sin 2x$ 和 $y=\sin \pi x$ 等都是周期函数,它们的周

① 函数 $f(x)$ 在 X 上无界定义应叙述为:$\forall\ M>0, \exists x_0\in X \ni |f(x_0)|>M$.读者不难发现这样一个规律,只要把有界定义中的全称量词 $\forall$ 与存在量词 $\exists$ 对换,并把"$\leqslant$"换成"$>$"就是无界的定义了.

期分别是 $2\pi,\pi$ 和 2；而 $y=\sin x^2$ 和 $y=\sin 2x+\sin \pi x$ 就不是周期函数了. 对于常数函数 $y=C$ 来说，任何正实数都是它的周期，由于最小的正数是不存在的，所以它没有最小周期.

不在整个实轴上定义的函数，也可以讨论它的周期性. 例如 $\mathrm{tg}x(x\in \boldsymbol{R},x\neq k\pi+\pi/2,k\in \mathbf{Z})$，由于

$$\mathrm{tg}(x+\pi)=\mathrm{tg}x,$$

所以它是一个周期为 π 的周期函数.

1.3 反函数·复合函数与初等函数

1. 反函数

在初等数学中，我们已经知道对数函数 $y=\log_a x$ $(x>0,a>0$ 且 $a\neq 1)$ 与指数函数 $y=a^x(a>0$ 且 $a\neq 1)$ 互为反函数；正弦函数 $y=\sin x\left(-\dfrac{\pi}{2}\leqslant x\leqslant \dfrac{\pi}{2}\right)$ 与反正弦函数 $y=\arcsin x$ 也互为反函数. 一般来说，在函数关系中，自变量与因变量都是相对而言. 例如我们可以把圆的面积 S 表示为半径 r 的函数：$S=\pi r^2(r\geqslant 0)$，也可以把半径 r 表示为面积的函数：$r=\sqrt{S/\pi}(S\geqslant 0)$. 就这两个函数来说，我们可以把后一个函数看作是前一个函数的反函数，也可以把前一个函数看作是后一个函数的反函数. 下面我们给出反函数的定义：

定义 给定函数 $y=f(x)(x\in X,y\in Y)$. 如果对于 Y 中的每一个值 $y=y_0$ 都有 X 中唯一的一个值 $x=x_0$，使得 $f(x_0)=y_0$，那么我们就说在 Y 上确定了 $y=f(x)$ 的**反函数**，记作

$$x=f^{-1}(y)(y\in Y).$$

通常我们称函数 $y=f(x)$ 为直接函数，而用符号"f^{-1}"表示新的函数关系. 例如，若直接函数 $S=f(r)=\pi r^2(0\leqslant r<+\infty)$，则其反函数为 $r=f^{-1}(S)=\sqrt{S/\pi}(0\leqslant S<+\infty)$. 一般地，直接函数与反函数的对应关系、定义域与值域是不相同的，反函数的定义域和值域，恰好是直接函数的值域和定义域，即若

$$f: X \to Y,$$

则

$$f^{-1}: Y \to X.$$

习惯上我们用 x 表示自变量，用 y 表示因变量，因而常把函数 $y=f(x)$ 的反函数写成 $y=f^{-1}(x)$ 的形式. 从而 $y=f(x)$ 与 $y=f^{-1}(x)$ 的图形是关于直线 $y=x$ 对称的，这是因为这两个函数因变量与自变量互换的缘故.

对于一个给定的函数 $y=f(x), x\in X, y\in Y$ 来说，它在 X 上有反函数存在的充要条件是 $X\sim Y$(即 $f(x)$ 在 X 上是一一对应的). 因为单调函数是一一对应的，所以单调函数一定有反函数存在. 例如，$y=2x+1$ 是一个递增函数，它的反函数为 $y=\frac{x}{2}-\frac{1}{2}$ 也是一个递增函数；而 $y=x^2$ 在 $\boldsymbol{R}$ 上不是一一对应的，所以它没有反函数，但是当 $y=x^2$ 定义在 $(-\infty,0)$ 或 $(0,+\infty)$ 上时，其反函数分别为 $y=-\sqrt{x}$ 和 $y=\sqrt{x}$.

2. 复合函数

对于一些函数，例如 $y=\lg(x^2+1)$，我们可以把它看成是将 $u=x^2+1$ 代入到 $y=\lg u$ 之中而得到的. 象这样在一定条件下，将一个函数"代入"到另一个函数中的运算称为函数的复合运算，而得到的函数称为复合函数. 一般有下面的定义：

定义 设 $y=f(u)\,(u\in U)$，$u=g(x)\,(x\in X, u\in U_1)$. 若 $U_1\subset U$，则称 $y=f[g(x)]\,(x\in X)$ 为 $y=f(u)$ 和 $u=g(x)$ 的**复合函数**，有时记为 $f\circ g$，并称 u 为中间变量.

例如，对于函数 $f(x)=\mathrm{e}^x$ 和 $g(x)=-x^2$. 当自变量 $x\in \boldsymbol{R}$ 时，我们可以通过对应关系 g，确定出中间变量 u(其变化域为 $(-\infty,0]$)，再通过对应关系 f，确定出因变量 y. 这样就建立起自变量 x 与因变量 y 之间的对应关系 $f\circ g$，即

$$f\circ g(x)=\mathrm{e}^{-x^2}, \quad x\in \boldsymbol{R}.$$

两个以上的函数也可以进行复合运算，并且满足结合律，即

$$f\circ(g\circ h)=(f\circ g)\circ h.$$

需要指出的是，复合运算与四则运算不同，它没有交换律，即若 $f\circ g$ 与 $g\circ f$ 都存在，一般来说

$$f\circ g\neq g\circ f.$$

上例中 $g\circ f(x)=-\mathrm{e}^{2x}$，显然有

$$\mathrm{e}^{-x^2}\neq-\mathrm{e}^{2x}.$$

3. 初等函数

我们所研究的各种函数，特别是一些常见的函数都是由几种最简单的函数构成的，这些最简单的函数就是在初等数学中学过的基本初等函数：常数函数，幂函数，指数函数，对数函数，三角函数和反三角函数. 为了今后学习和查阅方便，现将它们的表达式、图形和简单性质列表如下：

名称	表达式	图形	简单性质
常数函数	$y=C$	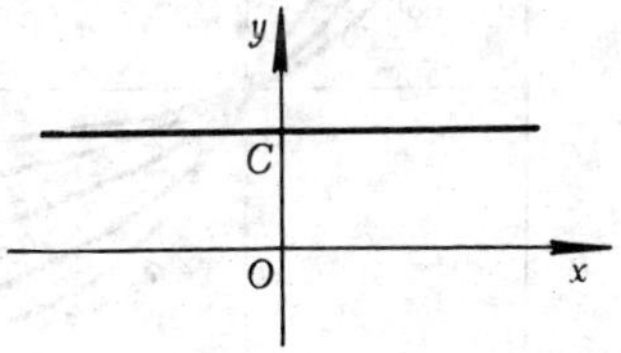	定义域为：$-\infty<x<+\infty$

表（续）

名称	表达式	图形	简单性质
幂函数	$y=x^{\alpha}$	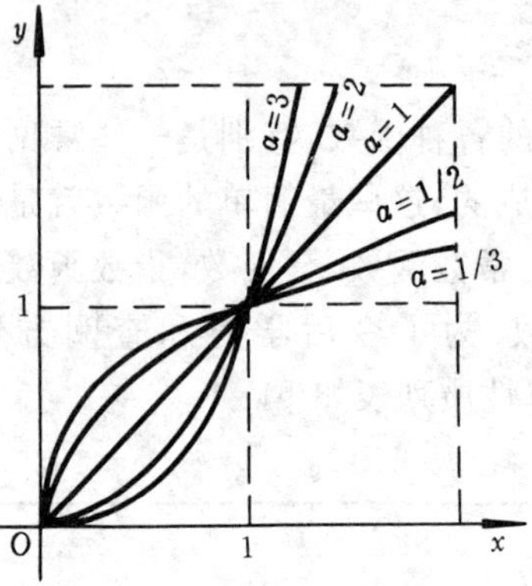 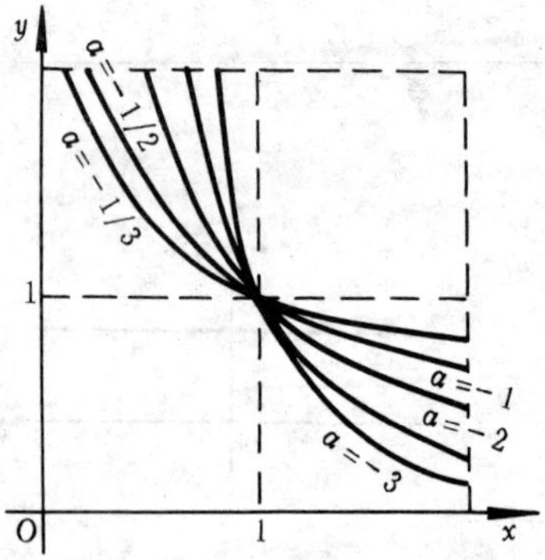	α 为任意实数时，其定义域视 α 不同而异，但其公共部分为： $0<x<+\infty$ 其性质在 $\alpha>0$ 时与 $\alpha<0$ 时根本不同，前者的图形叫做 α 次抛物线，后者的图形叫做 β 次双曲线 $(\beta=-\alpha)$

表（续）

<table>
<tr><th>名称</th><th>表达式</th><th>图形</th><th>简单性质</th></tr>
<tr><td>指数函数</td><td>$y=a^x$
$(a>0,$
$a\neq1)$</td><td>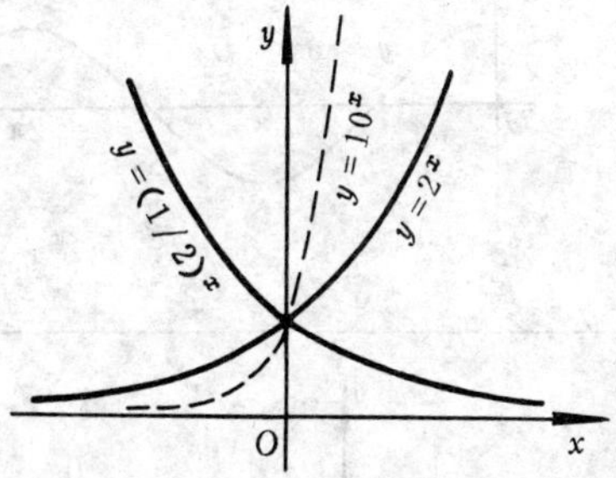
</td><td>定义域为：
$-\infty<x<+\infty$，单调函数，其图形在 x 轴的上方，过(0,1)点</td></tr>
<tr><td>对数函数</td><td>$y=\log_a x$
$(a>0,$
$a\neq1)$</td><td>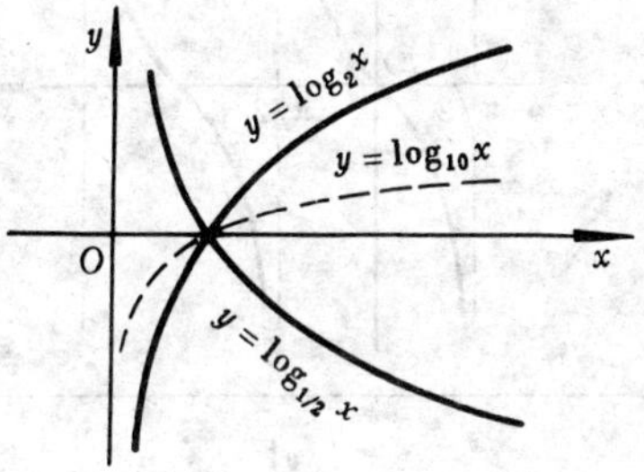
</td><td>定义域为：
$0<x<+\infty$，单调函数，其图形在 y 轴的右方，过(1,0)点</td></tr>
<tr><td>三角函数</td><td>$y=\sin x$</td><td>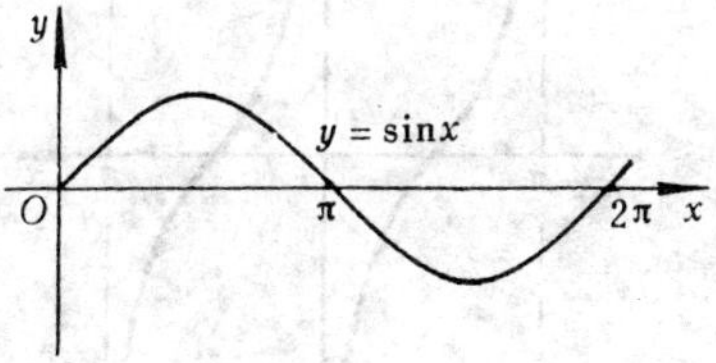
</td><td>定义域为：
$-\infty<x<+\infty$，奇函数，其图形关于原点对称；周期是 2π</td></tr>
</table>

表（续）

名称	表达式	图形	简单性质
三角函数	$y=\cos x$	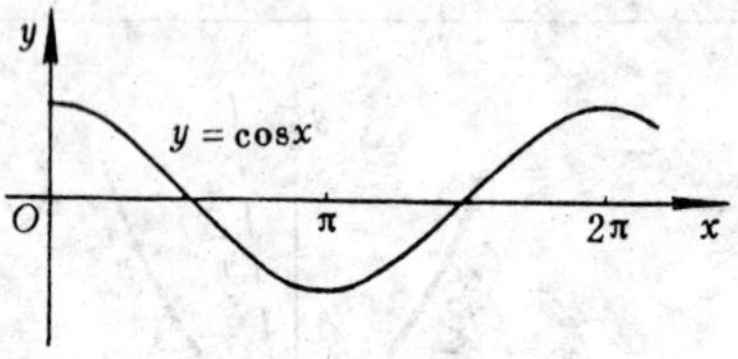	定义域为：$-\infty<x<+\infty$，偶函数，其图形关于 y 轴对称；周期是 2π
	$y=\mathrm{tg}x$	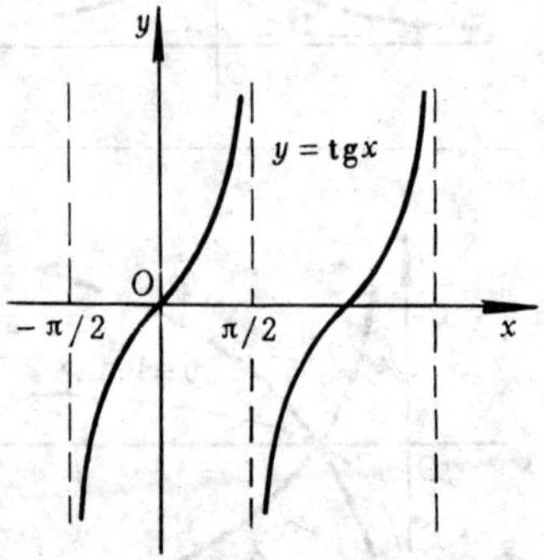	定义域为：$x\neq(2k+1)\frac{\pi}{2}(k=0,\pm1,\pm2,\cdots)$ 奇函数，其图形关于原点对称；周期是 π
	$y=\mathrm{ctg}x$	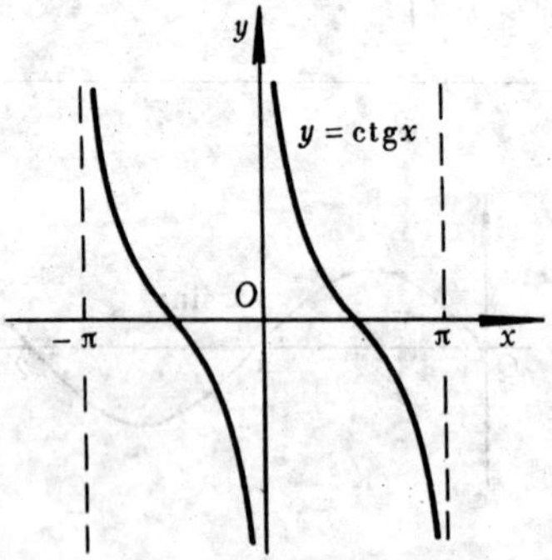	定义域为：$x\neq k\pi(k=0,\pm1,\pm2,\cdots)$ 奇函数，其图形关于原点对称；周期是 π

表 （续）

<table>
<tr><th>名称</th><th>表达式</th><th>图　形</th><th>简单性质</th></tr>
<tr><td rowspan="4">反三角函数</td><td>$y=\text{arc sin}x$</td><td>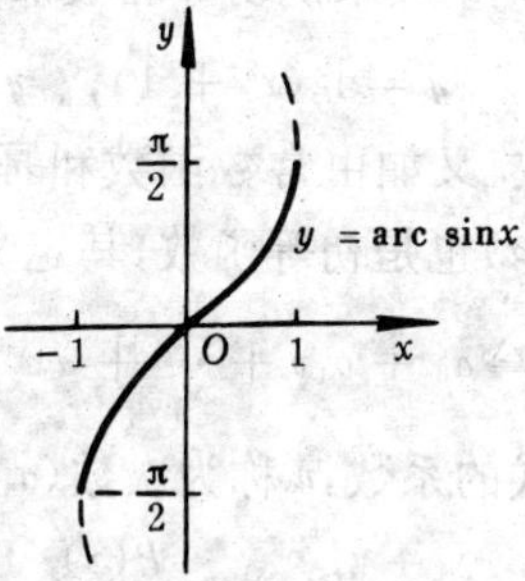
</td><td>定义域为：
$-1\leqslant x\leqslant 1$
奇函数，图形关于原点对称</td></tr>
<tr><td>$y=\text{arc cos}x$</td><td>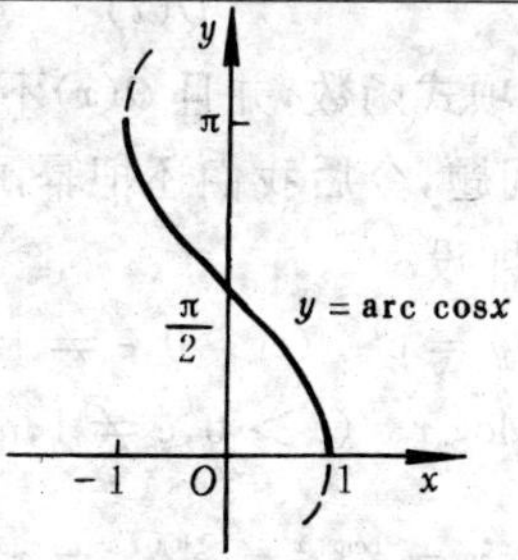
</td><td>定义域为：
$-1\leqslant x\leqslant 1$
图形在 x 轴上方</td></tr>
<tr><td>$y=\text{arc tg}x$</td><td>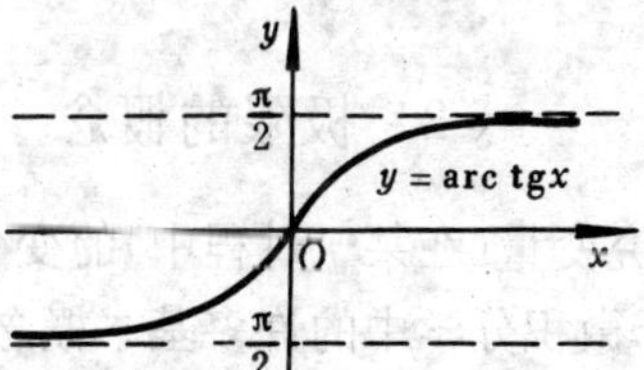
</td><td>定义域为：
$-\infty<x<+\infty$
奇函数，图形关于原点对称</td></tr>
<tr><td>$y=\text{arc ctg}x$</td><td>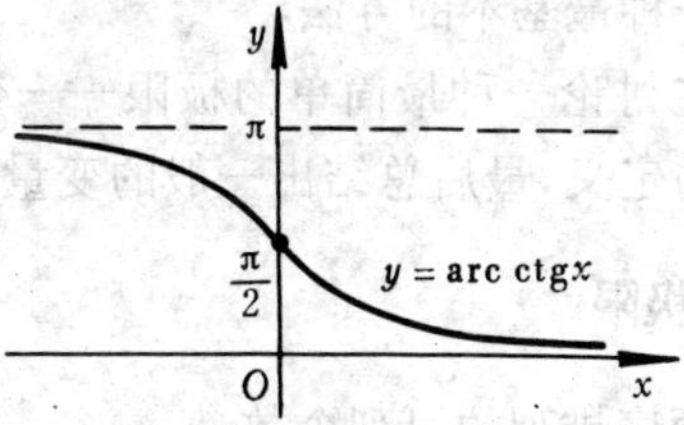
</td><td>定义域为：
$-\infty<x<+\infty$
图形在 x 轴上方</td></tr>
</table>

基本初等函数经过有限次加、减、乘、除、复合运算所得到的函数，称为**初等函数**．一般来说初等函数都有一个分析表达式．例如

$$y = e^{-x^2}, \quad y = \lg(x^2 + 1), \quad y = \sqrt{\cos x - 1}$$

等等都是初等函数．又如由常数函数和幂函数构成的多项式函数 $P(x)$、有理函数 $R(x)$ 也是初等函数，其定义如下：

$$P(x) \triangleq a_0 + a_1 x + \cdots + a_n x^n = \sum_{k=0}^{n} a_k x^k,$$

其中 a_k 称为多项式的系数，n 称为次数（$a_n \neq 0$）；

$$R(x) \triangleq \frac{P(x)}{Q(x)},$$

其中 $P(x)$，$Q(x)$ 为多项式函数，并且 $Q(x)$ 不恒为 0.

为了便于讨论问题，今后我们还把幂函数看作由指数函数与对数函数复合而成，即设

$$y = e^u \quad (e > 0, e \neq 1),$$

$$u = \alpha \log_e x \quad (e > 0, e \neq 1, \alpha \in \boldsymbol{R}),$$

则

$$y = e^{\alpha \log_e x} = e^{\log_e x^\alpha} = x^\alpha.$$

§2 极限的概念

极限是在研究变量（在某一过程中）的变化趋势时所引出一个非常重要的概念．微积分学中的许多基本概念，例如连续、导数、定积分、无穷级数等等都是建立在极限的基础上，而极限方法又是我们研究函数的一种最基本的方法．

下面我们先讨论一种最简单的极限——数列极限，然后给出一般函数极限的定义，最后总结出一般的变量极限．

2.1 数列极限

按照一定顺序排列的可列个数：

$$x_1, x_2, \cdots, x_n, \cdots$$

称为**数列**,记为$\{x_n\}$,其中x_n称为第n项或通项,n称为x_n的序号.例如

$$1, \frac{1}{2}, \frac{1}{3}, \cdots, \frac{1}{n}, \cdots;$$

$$1, 2, 3, \cdots, n, \cdots;$$

$$0, 1, 0, 2, \cdots, 0, n, \cdots$$

都是数列.为了研究当n无限增大(用符号$n \to \infty$表示,读作n趋于无穷)过程中数列x_n的变化趋势,先来看两个例子.

例 1 在我国春秋战国时期的《庄子·天下篇》中载有这样一段话"一尺之棰,日取其半,万世不竭."这就是说,一尺长的木棍,每天取下它的一半,永远也取不完.这里我们可以看出,每天取下的长度

$$\frac{1}{2}, \frac{1}{4}, \frac{1}{8}, \cdots, \frac{1}{2^n}, \cdots$$

是一个数列,通项为

$$x_n = \frac{1}{2^n} \quad (n \in \boldsymbol{N}).$$

当n无限增大时,$\frac{1}{n}$就会无限地变小,并且无限地接近常数0(用符号$\frac{1}{n} \to 0$表示,读作$\frac{1}{n}$趋于0).由于

$$2^n \geqslant n \ (\forall\, n \in \boldsymbol{N}),$$

有

$$0 < \frac{1}{2^n} \leqslant \frac{1}{n},$$

因此,当$n \to \infty$时,$\frac{1}{2^n} \to 0$.一般地,用

$$x_n \to A \ (n \to \infty)$$

表示当n趋于无穷时,x_n趋向于常数A.

需要指出的是"万世不竭"表示:虽然$\frac{1}{2^n}$趋于0,但永远不等

于 0. 这说明在我国古代就已经具有无限细分的思想，并对极限过程有了初步的描述.

例 2　计算由抛物线 $y=x^2$，直线 $x=1$ 以及 x 轴所围成的曲边

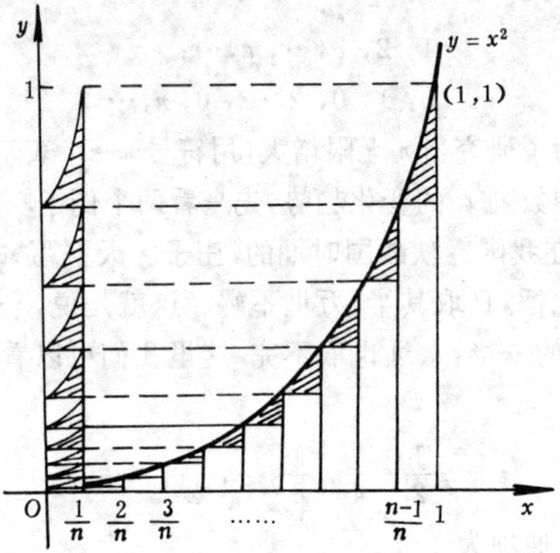

图　1-4

三角形的面积 S(见图 1-4).

在平面几何中，我们只会计算直边形(如矩形、三角形等)的面积，为了计算一些曲边形的面积，我们可以先找出它的由直边形面积表示的近似值，然后用极限方法确定出它的准确值. 为此，我们用分点

$$x_0=0,\ x_1=\frac{1}{n},\ x_2=\frac{2}{n},\ \cdots,\ x_n=1$$

把区间[0,1]分成 n 个等长的小区间 $[x_{i-1},x_i]$ $(i=1,2,\cdots,n)$，过每个分点 $x_i(i=1,2,\cdots,n)$ 作 y 轴的平行线，便把这个曲边三角形分

成了 n 个小的曲边梯形①，并用 ΔS_i 表示第 i 个小曲边梯形及其面积. 对于每个 ΔS_i，我们用相应的小矩形面积来近似代替. 为了方便起见，取每个小区间 $[x_{i-1}, x_i]$ 的左端点所对应的值 x_{i-1}^2 为相应小矩形的高，因此 n 个小矩形的高分别为

$$0, \left(\frac{1}{n}\right)^2, \left(\frac{2}{n}\right)^2, \cdots, \left(\frac{n-1}{n}\right)^2.$$

每个小矩形的底边都是 $\Delta x_i = x_i - x_{i-1} = \dfrac{1}{n}$，所以

$$\Delta S_i \doteq x_{i-1}^2 \cdot \Delta x_i = \left(\frac{i-1}{n}\right)^2 \cdot \frac{1}{n} \ (i = 1, 2, \cdots, n).$$

把这 n 个小矩形面积加起来就得到 S 的一个近似值：

$$S_n = \sum_{i=1}^{n}\left(\frac{i-1}{n}\right)^2 \cdot \frac{1}{n} = \frac{1}{n^3}\sum_{i=1}^{n}(i-1)^2$$

$$= \frac{1}{n^3}\frac{(n-1)n(2n-1)}{6} = \frac{1}{3} - \left(\frac{1}{2n} - \frac{1}{6n^2}\right),$$

而且，随着 n 的增大，这个近似值的精度也不断提高. 从图 1-4 中可以看出：S_n 与 S 之差 $|S_n - S| < \dfrac{1}{n}$（图中左侧把每个小块之差集中起来，它们面积之和小于一个长条的面积）. 当 n 无限地变大时，$\dfrac{1}{n}$ 就无限地变小，因此 $|S_n - S|$ 也无限地变小. 这就是说，当 n 无限变大时，S_n 和 S 是无限接近的.

从上面的式子也可以看出：对于每一个固定的 n，不论它是多么大，S_n 都是 S 的一个近似值，但是当 $n \to \infty$ 时，有 $\dfrac{1}{n} \to 0$，考虑到

$$\frac{1}{2n} - \frac{1}{6n^2} < \frac{1}{n},$$

---

① 所谓曲边梯形，是指这样的图形，它有三条边是直线，其中两条互相平行，第三条与前两条互相垂直，第四条边是一段曲线弧，它与任意一条平行于其邻边的直线至多交于一点. 曲边三角形是曲边梯形的特例，即两条平行的边中，有一条缩成了一点.

所以有$\frac{1}{2n}-\frac{1}{6n^2}\to 0$,因此$S_n\to\frac{1}{3}(n\to\infty)$.于是我们就可以把$S$定为$\frac{1}{3}$,并把$\frac{1}{3}$称为$S_n$的极限.

一般来说,给定数列$\{x_n\}$,如果当n无限增大时,x_n无限地趋向于某一个常数A,那么我们就称A为n趋于无穷时数列$\{x_n\}$的极限,记作

$$\lim_{n\to\infty} x_n = A \text{ 或 } x_n \to A(n\to\infty)$$

(这里的 lim 是 limit 的缩写).

上面给出了数列极限的定性描述.定义中"当n无限增大时,x_n无限地趋向于某一个常数A",意思是说:当n充分大时,x_n与A可以任意地靠近,而且要多么靠近就能多么靠近.可见这是一种直观的描述.通常我们用$|x_n-A|$来衡量x_n趋向于A的程度,例如在例1、例2中我们所涉及到的数列$x_n=\frac{1}{n}$,当n无限增大时,它与0可以任意地靠近.这就是说,$\frac{1}{n}$与0的误差$\left|\frac{1}{n}-0\right|$可以任意地小,只要$n$充分地大.具体来说,给定误差0.1,要使$|x_n-0|<0.1$,即

$$\left|\frac{1}{n}-0\right|=\frac{1}{n}<0.1=\frac{1}{10},$$

只要$n>10$即可.换句话说,当$n>10$时,就有不等式

$$\left|\frac{1}{n}-0\right|<0.1$$

成立;若给定误差0.01,要使$|x_n-0|<0.01$,即

$$\left|\frac{1}{n}-0\right|=\frac{1}{n}<0.01=\frac{1}{100},$$

只要$n>100$即可.同理,对于给定的误差0.001,当$n>1000$时,就有不等式

$$\left|\frac{1}{n}-0\right|<0.001$$

成立.上面我们给出了一些小的正数(误差),对n充分大与

$\left|\frac{1}{n}-0\right|$任意小作了一些具体的数量关系的分析. 由于最小的正数是不存在的,为了给出数列极限的定量描述,通常我们用“ε”表示任意小的正数,并认为它是事先给定的. 对于任意给定的$\varepsilon>0$,要使$|x_n-0|<\varepsilon$,即

$$\left|\frac{1}{n}-0\right|=\frac{1}{n}<\varepsilon,$$

只要$n>\frac{1}{\varepsilon}$即可. 换句话说,对于任意给定的小正数ε,当$n>\frac{1}{\varepsilon}$时,就有不等式

$$\left|\frac{1}{n}-0\right|<\varepsilon$$

成立. 这样在“$|x_n-A|$任意小”与“n充分大”之间就有了明确的数量关系. 需要指出的是,这里我们是用一个条件不等式来描述这种关系的;并且由于ε的任意性,$\frac{1}{\varepsilon}$不一定是正整数. 注意到我们现在讨论的是数列的变化趋势,在一般情况下,为了叙述方便,我们先取一个非负整数N,例如取$N=\left[\frac{1}{\varepsilon}\right]$,于是当$n>N$时,就有$\left|\frac{1}{n}-0\right|<\varepsilon$. 由此可见,$N$是依赖于$\varepsilon$的,当$\varepsilon$给得越小,一般来说找到的$N$就越大,所以有时记作$N=N(\varepsilon)$,以此表示$N$依赖于$\varepsilon$. 下面给出数列极限的定量描述,通常称为用《$\varepsilon$-$N$》语言叙述极限.

定义(数列极限)　给定数列$\{x_n\}$. 如果对于任意给定的正数ε,不论它怎样小,都存在着这样一个非负整数N,使得当$n>N$时,不等式$|x_n-A|<\varepsilon$都成立,那么我们就称A**为**n**趋于无穷时**$\{x_n\}$**的极限**,并称$\{x_n\}$**收敛于**A. 记作

$$\lim_{n\to\infty}x_n=A \text{ 或 } x_n\to A\ (n\to\infty).$$

如果数列$\{x_n\}$没有极限,那么我们就称$\{x_n\}$是**发散**的.

例如，当 $n\to\infty$ 时，$x_n=\frac{1}{2^n}$收敛于 0；$x_n=\frac{2n^2}{n^2+1}$收敛于 2；而 $x_n=3n$ 和 $x_n=\frac{1+(-1)^n}{2}$都是发散的.

上述定义用数学符号可以写成

$$\text{“}\forall\ \varepsilon>0,\exists\ N\geqslant 0\ ,\forall n>N\ \ni |x_n-A|<\varepsilon\text{”}.$$

数列极限的几何意义是：如果我们用数轴上的点表示$\{x_n\}$的值，则对于任意给定的 $\varepsilon>0$，总存在着一个非负整数 N，使得数列从第 $N+1$ 项以后的一切 x_n 的值 $x_{N+1},x_{N+2},\cdots,x_n,\cdots$都落在 A 的 ε 邻域 $N_\varepsilon(A)$ 内（见图 1-5）. 这就是说，尽管邻域半径 ε 可以任意地小，但是 x_n 大都落在 $N_\varepsilon(A)$ 这个邻域内，而最多只有有限个点（不会超过 N 个）在 $N_\varepsilon(A)$ 的外面. 换句话说，x_n 几乎都“聚集”在 A 点附近.

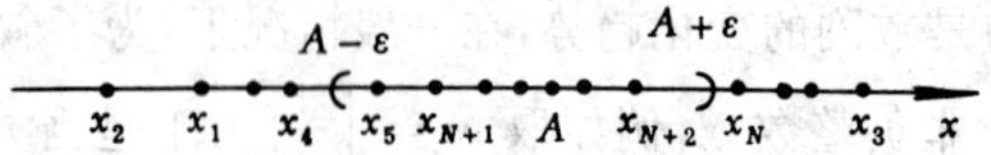

图 1-5

下面我们利用极限的《ε-N》语言，采用分析法来证明数列极限的存在问题.

例 3 用极限定义证明$\lim\limits_{n\to\infty}\frac{1}{2^n}=0$.

证明 $\forall\varepsilon>0$，若要

$$\left|\frac{1}{2^n}-0\right|=\frac{1}{2^n}<\varepsilon,$$

由于$\frac{1}{2^n}<\frac{1}{n}$，只要

$$\frac{1}{n}<\varepsilon,$$

即

$$n > \frac{1}{\varepsilon}.$$

取 $N=\left[\frac{1}{\varepsilon}\right]$,则当 $n>N$ 时,就有

$$\left|\frac{1}{2^n}-0\right|<\varepsilon.$$

根据数列极限的定义可知

$$\lim_{n\to\infty}\frac{1}{2^n}=0.$$

例 4 用极限定义证明 $\lim\limits_{n\to\infty}\frac{2n^2}{n^2+1}=2$.

证明 $\forall\ \varepsilon>0$,若要

$$\left|\frac{2n^2}{n^2+1}-2\right|=\frac{2}{n^2+1}<\varepsilon,$$

由于 $\frac{2}{n^2+1}<\frac{2}{n}$,只要

$$\frac{2}{n}<\varepsilon,$$

即

$$n>\frac{2}{\varepsilon}.$$

取 $N=\left[\frac{2}{\varepsilon}\right]$,则当 $n>N$ 时,就有

$$\left|\frac{2n^2}{n^2+1}-2\right|<\varepsilon.$$

根据数列极限的定义可知

$$\lim_{n\to\infty}\frac{2n^2}{n^2+1}=2.$$

在例 4 中,我们也可以考虑让

$$\frac{2}{n^2+1}\leqslant\frac{1}{n},$$

这样一来,取 $N=\left[\frac{1}{\varepsilon}\right]$ 即可. 由此可见,当 ε 给定以后,N 的取法不是唯一的. 这里 N 不一定取大于等于 $\left[\frac{1}{\varepsilon}\right]$ 的最小值. 因为在数列极限中只要求(对于任意给定的 $\varepsilon>0$)N 是存在的,所以 N 的大小是无关紧要的. 因此只要找到一个就可以了.

2.2 函数极限

数列 $\{x_n\}$ 可以看作是定义在自然数集上的函数,它的极限只是一种特殊函数的极限. 下面我们来讨论定义在实数集上自变量连续取值的函数 $y=f(x)$ 的极限. 首先讨论当 x 无限增大(记作 $x\to+\infty$)时函数 $f(x)$ 的变化趋势.

例如 $f(x)=\frac{1}{x}$,当 $x\to+\infty$ 时 $\frac{1}{x}$ 就会无限地变小,并且无限地接近于常数 0,这时我们就把 0 称为函数 $f(x)=\frac{1}{x}$ 当 $x\to+\infty$ 时的极限. 同样地,我们可以把 1 称为函数 $f(x)=\frac{x}{x+1}$ 当 $x\to+\infty$ 时的极限.

一般说来,给定函数 $f(x)$,如果当 x 无限增大时,$f(x)$ 无限地趋向于某一个常数 A,那么我们就称 A 为 x 趋于无穷时函数 $f(x)$ 的极限,记作

$$\lim_{x\to+\infty} f(x)=A \text{ 或 } f(x)\to A(x\to+\infty).$$

与数列极限类似,我们也可以用《 ε-X 》语言来叙述这个极限.

定义($x\to+\infty$ 时的函数极限) 给定函数 $f(x)$. 如果对于任意给定的正数 ε,不论它怎样小,都存在着这样一个正数 X,使得当 $x>X$ 时,不等式 $|f(x)-A|<\varepsilon$ 都成立,那么我们就称 A **为** x **趋于正无穷时** $f(x)$ **的极限**,并称 $f(x)$ **收敛于** A. 如果函数 $f(x)$ 没有极限,那么我们就称 $f(x)$ 是**发散**的.

上述定义用数学符号可以写成

$$“\forall\ \varepsilon > 0,\quad \exists\ X > 0,\quad \forall x > X \ni\ |f(x) - A| < \varepsilon”.$$

$x\to+\infty$时的函数极限的几何意义是：对于任意给定$\varepsilon>0$，总存在着一个正实数X，使得横坐标大于X的一切点$(x,f(x))$都落在两条直线$y=A+\varepsilon$与$y=A-\varepsilon$之间. 这就是说，尽管两条直线之间距离2ε可以任意地小，但在直线$x=X$右面的曲线$y=f(x)$都被夹在这两条平行线之间. 换句话说，曲线$y=f(x)$几乎与直线$y=A$“重合”在一起了(见图1-6).

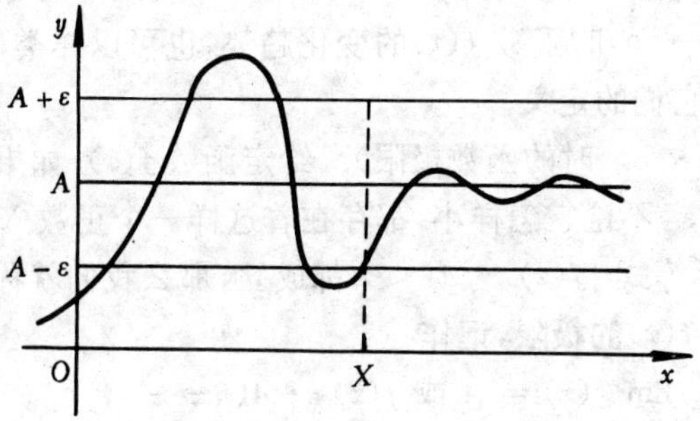

图 1-6

例 5 用函数极限定义证明$\lim\limits_{x\to+\infty}\dfrac{2x+3}{4x+5}=\dfrac{1}{2}$.

证明 $\forall\ \varepsilon>0$，若要

$$\left|\frac{2x+3}{4x+5}-\frac{1}{2}\right|<\varepsilon,$$

由于

$$\left|\frac{2x+3}{4x+5}-\frac{1}{2}\right|=\frac{1}{2(4x+5)}<\frac{1}{8x}<\frac{1}{x},$$

只要

$$\frac{1}{x}<\varepsilon,$$

即

$$x > \frac{1}{\varepsilon}.$$

取 $X = \frac{1}{\varepsilon}$，则当 $x > X$ 时，就有

$$\left|\frac{2x+3}{4x+5} - \frac{1}{2}\right| < \varepsilon.$$

根据函数极限的定义可知

$$\lim_{x\to+\infty} \frac{2x+3}{4x+5} = \frac{1}{2}.$$

对于自变量 x 无限减小（记作 $x\to-\infty$）时或 x 的绝对值无限增大（记作 $x\to\infty$）时函数 $f(x)$ 的变化趋势，也可以作类似的讨论，下面仅给出它们的定义.

定义（$x\to-\infty$ 时的函数极限） 给定函数 $f(x)$. 如果对于任意给定的正数 ε，不论它怎样小，都存在着这样一个正数 X，使得当 $x<-X$ 时，不等式 $|f(x)-A|<\varepsilon$ 都成立，那么我们就称 A **为** x **趋于负无穷时** $f(x)$ **的极限**，记作

$$\lim_{x\to-\infty} f(x) = A \text{ 或 } f(x)\to A(x\to-\infty).$$

用符号表示为

$$\text{“}\forall\varepsilon>0,\quad \exists X>0,\quad \forall x<-X \ni |f(x)-A|<\varepsilon\text{”}.$$

定义（$x\to\infty$ 时的函数极限） 给定函数 $f(x)$. 如果对于任意给定的正数 ε，不论它怎样小，都存在着这样一个正数 X，使得当 $|x|>X$ 时，不等式 $|f(x)-A|<\varepsilon$ 都成立，那么我们就称 A **为** x **趋于无穷时** $f(x)$ **的极限**，记作

$$\lim_{x\to\infty} f(x) = A \text{ 或 } f(x)\to A\ (x\to\infty).$$

用符号表示为

$$\text{“}\forall\varepsilon>0,\quad \exists X>0,\quad \forall |x|>X \ni |f(x)-A|<\varepsilon\text{”}.$$

例 6 用函数极限定义证明 $\lim\limits_{x\to\infty}\frac{\sin x}{x}=0$.

证明 $\forall\ \varepsilon>0$，若要

$$\left|\frac{\sin x}{x}-0\right|<\varepsilon,$$

由于$|\sin x|\leqslant 1$,只要

$$\left|\frac{\sin x}{x}\right|\leqslant\frac{1}{|x|}<\varepsilon,$$

即

$$|x|>\frac{1}{\varepsilon}.$$

取 $X=\frac{1}{\varepsilon}$,则当$|x|>X$ 时,就有

$$\left|\frac{\sin x}{x}-0\right|<\varepsilon.$$

根据函数极限的定义可知

$$\lim_{x\to\infty}\frac{\sin x}{x}=0.$$

最后我们来讨论当 x 无限趋向于某个常数 a(记作 $x\to a$)时函数的变化趋势. 先考察一实例.

求抛物线 $y=2x^2$ 在点$(a,2a^2)$处的切线的斜率.

在抛物线 $y=y(x)=2x^2$ 上点 $P_0(a,2a^2)$附近任取一点 $P(x,2x^2)$,联结 P_0P. 当点 P 沿着抛物线趋向于 P_0 时,割线 P_0P 就无限地趋向于一个位置 P_0T. 我们把 P_0T 称为抛物线 $y=2x^2$ 在点 P_0 处的切线(见图 1-7). 为了求出切线 P_0T 的斜率 k_{P_0T},我们先来找出割线 P_0P 的斜率 k_{P_0P}. 为此,过点 P_0 作平行于 x 轴的直线 P_0N,交直线 PT 于点 N. 由图可见:

$$\begin{aligned}k_{P_0P}&=\mathrm{tg}\angle PP_0N=\frac{y(x)-y(a)}{x-a}\\&=\frac{2x^2-2a^2}{x-a}=2(x+a).\end{aligned}$$

于是,当点 P 沿抛物线趋向于 P_0 时,割线 P_0P 就趋向于 P_0T 的位置. 相应地,当 x 沿 x 轴趋向于 a 时,k_{P_0P}趋向于 k_{P_0T}. 从 k_{P_0P}的表达

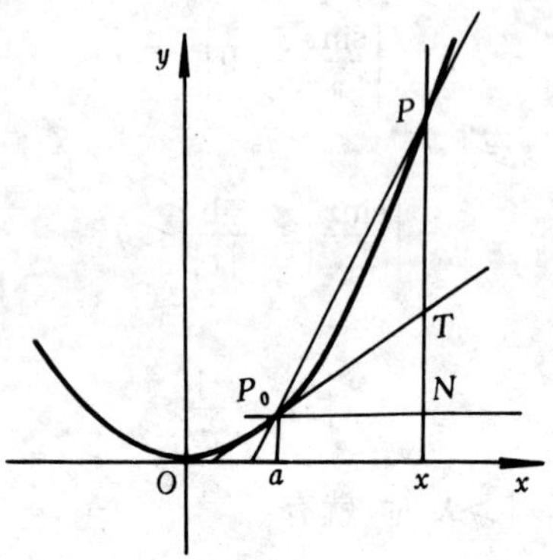

图 1-7

式容易看出：当 $x\to a$ 时，$k_{P_0P}\to 4a$，我们就说割线 P_0P 的斜率（当 $x\to a$ 时）以 $4a$ 为极限，并把切线斜率 k_{P_0T} 定为 $4a$.

一般来说，设函数 $f(x)$ 在 $N(\bar{a})$ 上有定义，如果当 x 无限地趋向于 a 时，$f(x)$ 无限地趋 向于某一个常数 A，那么我们就称 A 为 x 趋于 a 时（或在 a 点处）函数 $f(x)$ 的极限，记作

$$\lim_{x\to a} f(x) = A \text{ 或 } f(x) \to A\ (x\to a).$$

由此可见，上述问题就是函数

$$f(x) = \frac{2x^2 - 2a^2}{x - a}$$

当 $x\to a$ 时，以 $4a$ 为极限，即

$$\lim_{x\to a} f(x) = 4a.$$

这就是说，当 x 无限地接近于 a 时，$f(x)$ 就无限地接近于 $4a$. 换句话说，$f(x)$ 与 $4a$ 的误差 $|f(x)-4a|$ 可以任意地小，只要 x 与 a 的误差 $|x-a|$ 充分地小. 例如，要使

$$|f(x) - 4a| = 2|x - a| < 0.01,$$

只要 $|x-a|<0.005$ 即可；要使

$$|f(x) - 4a| = 2|x - a| < 0.001,$$

只要 $|x-a|<0.0005$ 即可.

我们知道小的正数是无穷无尽的，不能无止境地列举下去. 因

此，对于上述的数量关系，我们给出一个一般的说法：对于任意给定的正数 ε，要使

$$|f(x)-4a|=2|x-a|<\varepsilon,$$

只要 $|x-a|<\frac{\varepsilon}{2}$ 即可. 这就是说，对于任给的 $\varepsilon>0$，都存在着这样一个正数 $\delta\ (=\varepsilon/2)$，使得当 $x\in N_\delta(\bar{a})$ 时，就有不等式

$$|f(x)-4a|=2|x-a|<\varepsilon$$

成立.

这里需要说明的是，由于函数

$$f(x)=\frac{2x^2-2a^2}{x-a}$$

在 $x=a$ 点没有定义，所以这里 x 的变化范围要从邻域 $N_\delta(a)$ 中挖去 a 成为空心邻域 $N_\delta(\bar{a})$. 即使有的在 a 点处有定义，但在讨论它在 $x\to a$ 过程的极限时，我们仍在 $N_\delta(\bar{a})$ 中考虑问题. 因为我们只关心函数 $f(x)$ 在 a 点附近的变化趋势，而与它在 a 点处有无定义是无关的. 下面我们给出当 $x\to a$ 时，函数 $f(x)$ 极限的定量描述，即用《ε-δ》的语言来描述.

定义（$x\to a$ 时函数的极限） 给定函数 $f(x)$. 如果对于任意给定的正数 ε，不论它怎样小，都存在着这样一个正数 δ，使得 $x\in N_\delta(\bar{a})$ 时，不等式 $|f(x)-A|<\varepsilon$ 都成立，那么我们就称 A 为 x 趋于 a 时（或在 a 点处）$f(x)$ 的极限，并称 $f(x)$ **在 a 点收敛于** A. 如果函数 $f(x)$ 在 a 点没有极限，那么我们就称 $f(x)$ **在 a 点是发散的**.

上述定义用数学符号可以写成

“$\forall\ \varepsilon>0,\quad \exists\ \delta>0,\quad \forall\ x\in N_\delta(\bar{a})\ \ni |f(x)-A|<\varepsilon$”.

$x\to a$ 时的函数极限的几何意义是：对于任意给定的一个以 A 为中心的 ε 邻域，总存在着以 a 为中心的 δ 空心邻域，当自变量 x 在 $N_\delta(\bar{a})$ 内变化时，其函数值 $f(x)$ 都落在 $N_\varepsilon(A)$ 内（见图1-8）.

例 7 用极限定义证明 $\lim\limits_{x\to1}(4x+2)=6$.

证明 $\forall\ \varepsilon>0$，若要

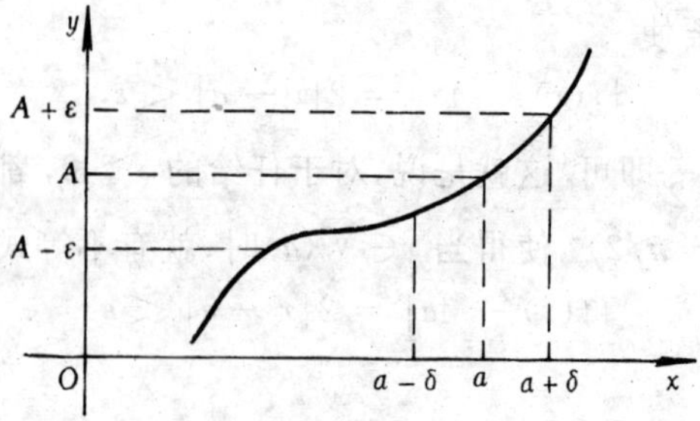

图 1-8

$$|(4x+2)-6| = 4|x-1| < \varepsilon,$$

只要

$$|x-1| < \frac{\varepsilon}{4},$$

取 $\delta = \varepsilon/4$，则当 $x \in N_\delta(1)$时，就有

$$|(4x+2)-6| < \varepsilon.$$

根据函数极限定义可知

$$\lim_{x\to 1}(4x+2) = 6.$$

例 8 用极限定义证明$\lim\limits_{x\to 2}x^2=4$.

证明 $\forall\ \varepsilon>0$，若要

$$|x^2-4| = |x+2||x-2| < \varepsilon,$$

由于当 $x\to 2$ 时，可以限制 x 在点 $x=2$ 的某一个邻域内变化，所以我们令$|x-2|<1$，即 $1<x<3$，亦即$|x+2|<5$. 于是只要

$$|x+2||x-2| < 5|x-2| < \varepsilon,$$

即

$$|x-2| < \frac{\varepsilon}{5}.$$

取 $\delta=\min\{1,\varepsilon/5\}$，则当 $x\in N_\delta(2)$时，就有

$$|x^2-4| < \varepsilon.$$

根据函数极限的定义可知

$$\lim_{x\to 2} x^2 = 4.$$

对于某些函数(如单调函数、分段函数等)在研究其变化趋势时,往往需要考虑自变量 x 从 a 的一侧趋于 a 时函数 $f(x)$的极限,我们称之为单侧极限.

定义 设函数 $f(x)$在 $N^+(\bar{a})$上有定义.如果对于任意给定的正数 ε,不论它怎样小,都存在着这样一个正数 δ,使得 $x\in N_\delta^+(\bar{a})$ 时,不等式 $|f(x)-A|<\varepsilon$ 都成立.那么我们就称 A 为在 a 点 $f(x)$的**右极限**,记作

$$\lim_{x\to a+0} f(x) = A \text{ 或 } f(x)\to A\ (x\to a+0)$$

右极限 A 也可简记为 $f(a+0)$.
用符号表示为

“$\forall\ \varepsilon>0,\quad \exists\ \delta>0,\quad \forall\ x\in N_\delta^+(\bar{a})\ \ni |f(x)-A|<\varepsilon$”.

同样可以定义函数 $f(x)$ 在 a 点的**左极限** $f(a-0)$.

例如:

$$\lim_{x\to 0+0} \operatorname{sgn} x = 1;$$

$$\lim_{x\to 0-0} \operatorname{sgn} x = -1;$$

$$\lim_{x\to 0+0} |x| = 0 = \lim_{x\to 0-0} |x|;$$

$$\lim_{x\to n+0} [x] = n;\ \lim_{x\to n-0} [x] = n-1.$$

可以证明:函数 $f(x)$在 a 点处极限存在的充要条件是,$f(x)$在 a 点处的两个单侧极限都存在并且相等.即

$$\lim_{x\to a} f(x) = A \Longleftrightarrow f(a-0) = A = f(a+0).$$

由此可见,如果一个函数在某一点处的两个单侧极限存在,但不相等,那么这个函数在该点的极限一定不存在.例如 $f(x)=\operatorname{sgn}x$ 在 $x=0$ 点的极限不存在,而函数 $f(x)=[x]$ 在一切整数点的

极限都不存在.

关于函数极限不存在的另外两种情况下面举例说明.

例 9 讨论当 $x \to 1$ 时,函数 $f(x)=\frac{1}{x-1}$ 的变化趋势.

由图 1-9 容易看出,当 x 无限趋向于 1 时, $\left|\frac{1}{x-1}\right|$ 不仅不趋向于某个常数,而且还可以任意地增大. 所以当 $x \to 1$ 时,函数 $f(x)=\frac{1}{x-1}$ 没有极限.

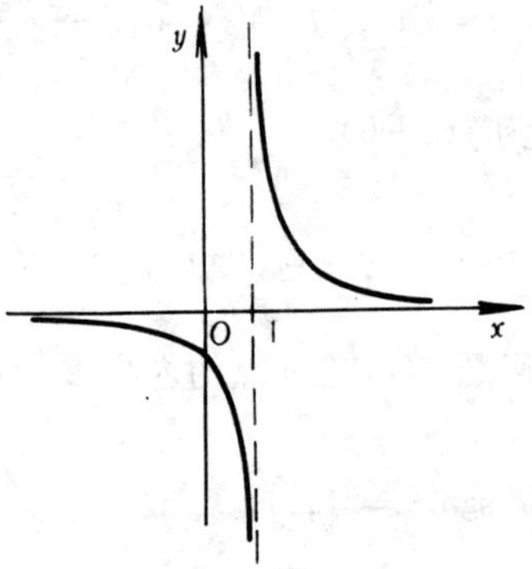

图 1-9

例 10 讨论当 $x \to 0$ 时,函数 $f(x)=\sin\frac{1}{x}$ 的变化趋势.

将函数 $f(x)=\sin\frac{1}{x}$ 的值列表如下:

x	$\frac{2}{\pi}$	$\frac{1}{\pi}$	$\frac{2}{3\pi}$	$\frac{1}{2\pi}$	$\frac{2}{5\pi}$	…
$\sin(1/x)$	1	0	-1	0	1	…
x	$-\frac{2}{\pi}$	$-\frac{1}{\pi}$	$-\frac{2}{3\pi}$	$-\frac{1}{2\pi}$	$-\frac{2}{5\pi}$	…
$\sin(1/x)$	-1	0	1	0	-1	…

因为当 x 无限趋向于 0 时，$y=\sin\frac{1}{x}$ 的图形在 -1 与 1 之间无限次地摆动，而 $f(x)$ 不趋向于某一个常数. 所以当 $x\to 0$ 时，$f(x)=\sin\frac{1}{x}$ 没有极限(见图 1-10).

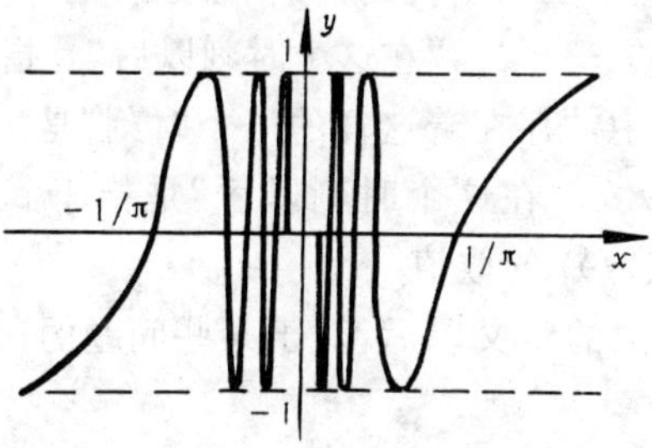

图 1-10

2.3 变量极限

由上面的讨论可以看出，无论是数列极限，还是各种变化过程中的函数极限，它们都是变量的极限. 在讨论某些问题时往往可以不必指明自变量的变化过程. 在这种情况下，为了避免叙述上的重复，对上面给出的各种变化过程的极限可以总结为变量极限.

一般来说，给定变量 y，如果在某一个无限变化过程中，y 无限地趋向于某一个常数 A，那么我们就称 A 为此过程中变量 y 的

极限，记作

$$\lim y = A \text{ 或 } y \to A.$$

定义（变量极限） 给定变量 y. 如果对于任意给定的正数 ε，不论它怎样小，在变量 y 的变化过程中，都存在着这样的一个时刻，使得在这个时刻以后，对所有的 y，不等式 $|y-A|<\varepsilon$ 都成立，那么我们就称 A 为**变量** y 的**极限**，并称 y 是**收敛**的. 如果变量 y 没有极限，那么我们就称 y 是发散的.

注意，当 y 是一个数列时，无限变化"过程"就是序列号码 n 顺次通过全部自然数列（$n=1,2,\cdots$）. 我们把数 n 的不同的值就叫做这个过程的不同**时刻**，并且以 n 的较小的值相当于"较早"的时刻，较大的值相当于"较晚"的时刻. n 的任意一个函数都叫做'参与'这个过程的量①. 上面所说的"存在着这样的一个时刻"相当于在数列极限中存在一个 N，"在这个时刻以后"是指 $n>N$ 的取值. 同样在函数极限中，"存在着这样的一个时刻"是指存在一个正的 X 或一个正的 $1/\delta$，"在这个时刻以后"是指 $|x|>X$ 的取值或 $(1/|x-a|)>(1/\delta)$ 的取值.

有了变量极限的定义以后，对于某些问题的讨论可以得到一定程度的简化.

例 11 用极限定义证明：若 $y=A$，则 $\lim y = A$（A 为常数）.

证明 $\forall\ \varepsilon>0$，由于

$$|y-A| = |A-A| = 0 < \varepsilon$$

是一个绝对不等式，所以

$$\lim A = A.$$

为了叙述上的方便，我们用 $t\to+\infty$ 来表示 y 的无限变化过程，用 T 表示存在着的这样一个时刻. 于是上述定义可以用《ε-T》语言来叙述，而且用数学符号可以写成

---

① 引自《数学分析简明教程》上册，A. Я. 辛钦著，人民教育出版社，1954 年 10 月第一版 p. 46.

$$“\forall\ \varepsilon > 0,\quad \exists\ T > 0,\quad \forall\ t > T \ni |y - A| < \varepsilon”.$$

这样一来,变量极限就有了一个明确的数量关系,其它各种变化过程中的数列、函数极限都是变量极限的特殊形式.因此由变量极限讨论的一切性质对其它极限都成立.变量极限与其它七种类型极限过程对照如下表所示(见表 1.1).

表 1.1

过 程	类 型	时 刻	条 件	不 等 式
$t\to\infty$	$y\to A$	T	$t>T$	$\lvert y-A\rvert<\varepsilon$
$n\to\infty$	$x_n\to A$	N	$n>N$	$\lvert x_n-A\rvert<\varepsilon$
$x\to a$	$f(x)\to A$	$\frac{1}{\delta}$	$\frac{1}{\lvert x-a\rvert}>\frac{1}{\delta}$	$\lvert f(x)-A\rvert<\varepsilon$
$x\to a+0$			$\frac{1}{x-a}>\frac{1}{\delta}$	
$x\to a-0$			$\frac{1}{a-x}>\frac{1}{\delta}$	
$x\to\infty$		X	$\lvert x\rvert>X$	
$x\to+\infty$			$x>X$	
$x\to-\infty$			$-x>X$	

§3 无穷小量·无穷大量

3.1 无穷小量

定义 以零为极限的变量称为无穷小量,即若

$$\lim y = 0,$$

则 y 为一**无穷小量**.

例如，由于 $\lim\limits_{n\to\infty}\frac{1}{n}=0$，所以当 $n\to\infty$ 时，$\frac{1}{n}$ 是无穷小量；又如，由于 $\lim\limits_{x\to a}(x-a)=0$，所以当 $x\to a$ 时，$x-a$ 是无穷小量等等. 应该注意的是，无穷小量不是一个很小的量，而是一个趋向于 0 的变量.

我们也可以用《 ε-T 》语言来叙述无穷小量：

$$\text{“}\forall\ \varepsilon>0,\quad \exists\ T>0,\quad \forall\ t>T \ni |y|<\varepsilon\text{”}.$$

下面讨论无穷小量的几个性质.

定理 1 两个无穷小量的和是无穷小量.

证明 设 y_1, y_2 为无穷小量，即 $\lim y_1=0$， $\lim y_2=0$.

对于 $\forall\ \varepsilon>0$， $\exists\ T_1$ 和 T_2，当 $t>T_1$， $t>T_2$ 时，分别有

$$|y_1|<\frac{\varepsilon}{2} \text{ 和 } |y_2|<\frac{\varepsilon}{2}.$$

取 $T=\max\{T_1,T_2\}$，则当 $t>T$ 时，就有

$$\begin{aligned}|y_1+y_2| &\leqslant |y_1|+|y_2| \\ &<\frac{\varepsilon}{2}+\frac{\varepsilon}{2}=\varepsilon.\end{aligned}$$

根据无穷小量的定义可知：y_1+y_2 是无穷小量.

定理 2 无穷小量与有界变量的积是无穷小量.

证明 设 y_1 为无穷小量，即 $\lim y_1=0$； y_2 为有界变量，即 $\exists\ M_0>0$ 和 $T_2>0$，当 $t>T_2$ 时，有 $|y_2|<M_0$.

对于 $\forall\ \varepsilon>0$， $\exists\ T_1$，当 $t>T_1$ 时，有

$$|y_1|<\frac{\varepsilon}{M_0}.$$

取 $T=\max\{T_1,T_2\}$，则当 $t>T$ 时，就有

$$|y_1\cdot y_2|=|y_1|\cdot|y_2|<\frac{\varepsilon}{M_0}\cdot M_0=\varepsilon.$$

根据无穷小量的定义可知：$y_1\cdot y_2$ 是无穷小量.

类似地，由无穷小的定义可以证明

(1) 常数与无穷小量的积是无穷小量；

(2) 无穷小量与无穷小量的积是无穷小量；

(3) 以极限不为零的变量除无穷小量的商是无穷小量.

例 1 求 $\lim\limits_{x\to0} x\sin\frac{1}{x}$.

解 因为 $\left|\sin\frac{1}{x}\right|\leqslant 1$，且 $\lim\limits_{x\to0} x=0$，所以根据定理 2，有

$$\lim_{x\to0} x\sin\frac{1}{x}=0.$$

定理 3 变量以 A 为极限的充要条件是变量为 A 与无穷小量的和.

证明 设 $\lim y=A$，则由极限的定义有

$$\lim (y-A)=0.$$

记 $\alpha=y-A$，由无穷小量的定义可知 α 为无穷小量，并有

$$y=A+\alpha.$$

反之，若 $y=A+\alpha$，且 $\lim\alpha=0$，则由极限定义有

$$\lim y=A.$$

例 2 求 $\lim\limits_{x\to\infty}\frac{x+\sin x}{x}$.

解 因为 $\lim\limits_{x\to\infty}\left(\frac{x+\sin x}{x}-1\right)=\lim\limits_{x\to\infty}\frac{\sin x}{x}=0$，

所以由定理 3，有

$$\lim_{x\to\infty}\frac{x+\sin x}{x}=1.$$

3.2 无穷大量

定义 在某一个变化过程中，绝对值无限增大的变量，称为**无穷大量**.

例如，由于 $n\to\infty$ 时，$|\ln n|$ 无限增大，所以 $\ln n\ (n\to\infty)$ 是无穷大量；又如，由于 $x\to1$ 时，$\left|\frac{1}{x-1}\right|$ 无限增大，所以 $\frac{1}{x-1}$ $(x\to1)$ 是无穷大量. 应该注意的是，无穷大量不是一个很大的

量，而是一个趋向于∞的变量.

所谓变量 y 的绝对值 $|y|$ 无限增大是指在其变化过程中，总有这样的一个时刻，在这个时刻以后，$|y|$ 就可以大于事先给定任意大的正数. 我们用 M 表示这个正数，于是就可以用《M-T》语言来描述无穷大量：

$$“\forall M > 0, \exists T > 0, \forall t > T \ni |y| > M”.$$

变量 y 为无穷大量记作 $\lim y = \infty$，并说 y 的极限为∞. 类似地我们也可以定义 $\lim y = +\infty$ 或 $\lim y = -\infty$.

例如，$\lim\limits_{n\to\infty}\ln n = +\infty$；$\lim\limits_{x\to 0+0}\lg x = -\infty$；$\lim\limits_{x\to 1}\dfrac{1}{x-1} = \infty$.

定理 4 在某一个变化过程中

(1) 若 y 是无穷大量，则 $\dfrac{1}{y}$ 是无穷小量；

(2) 若 y 是无穷小量，且 $y \neq 0$，则 $\dfrac{1}{y}$ 是无穷大量.

证明 (1) 因为 $\lim y = \infty$，由无穷大量定义可知，对于 $\forall \varepsilon > 0, \exists T > 0$，当 $t > T$ 时，有

$$|y| > \frac{1}{\varepsilon},$$

即

$$\left|\frac{1}{y}\right| < \varepsilon.$$

根据无穷小量的定义可知 $\lim \dfrac{1}{y} = 0$，即 $\dfrac{1}{y}$ 是无穷小量.

同理可证(2).

3.3 无穷小量的阶

由于事物的复杂性，有时在同一个变化过程中可能涉及到几个无穷小量，尽管它们都趋向于零，但是它们趋向于零的速度可以是不同的.

例如,当 $n\to\infty$ 时,变量 $\frac{1}{n},\frac{1}{3n},\frac{1}{n^2}$ 都是无穷小量,它们趋向于零的速度见下表

n	1	2	3	…	10	100	1000	…
$\frac{1}{n}$	1	$\frac{1}{2}$	$\frac{1}{3}$	…	$\frac{1}{10}$	$\frac{1}{100}$	$\frac{1}{1000}$	…
$\frac{1}{3n}$	$\frac{1}{3}$	$\frac{1}{6}$	$\frac{1}{9}$	…	$\frac{1}{30}$	$\frac{1}{300}$	$\frac{1}{3000}$	…
$\frac{1}{n^2}$	1	$\frac{1}{4}$	$\frac{1}{9}$	…	$\frac{1}{100}$	$\frac{1}{10000}$	$\frac{1}{1000000}$	…

从表中可以看出,当 $n\to\infty$ 时,$1/3n$ 与 $1/n$ 趋向于 0 的速度差不多;而 $1/n^2$ 比 $1/n$ 趋向于 0 的速度快得多.我们可以由两个无穷小比值的极限来比较它们趋向于 0 的快慢程度.

例如,$1/3n$ 与 $1/n$ 的比值是 $1/3$,其极限为

$$\lim_{n\to\infty}\frac{\frac{1}{3n}}{\frac{1}{n}}=\lim_{n\to\infty}\frac{1}{3}=\frac{1}{3}.$$

这意味着当 $n\to\infty$ 时,$1/3n$ 与 $1/n$ 趋向于 0 的速度差不多(只差一个常数倍).而 $1/n^2$ 与 $1/n$ 的比值是 $1/n$,其极限为

$$\lim_{n\to\infty}\frac{\frac{1}{n^2}}{\frac{1}{n}}=\lim_{n\to\infty}\frac{1}{n}=0.$$

这意味着当 $n\to\infty$ 时,$1/n^2$ 比 $1/n$ 趋向于 0 的速度快(或者说 $1/n$ 比 $1/n^2$ 趋向于 0 的速度慢).由此我们可以给出下面的定义.

定义 设 $\lim f=0,\lim g=0$, l,k 为常数.

(1) 如果

$$\lim\frac{f}{g}=l\neq 0,$$

则称 f 与 g 是**同阶**无穷小量,记作

$$f \sim lg$$

特别当 $l=1$ 时，称 f 与 g 是**等价**无穷小量；

(2) 如果

$$\lim \frac{f}{g} = 0,$$

则称 f 是 g 的**高阶**无穷小量(或称 g 是 f 的**低阶**无穷小量)，记作

$$f = o(g)$$

($o(g)$ 读作小欧 g)；

(3) 如果

$$\lim \frac{f}{g^k} = l \neq 0 \ (k > 0),$$

则称 f 是关于 g 的 **k 阶**无穷小量.

例如，因为 $\lim\limits_{n\to\infty}\left(\dfrac{1}{3n+1}\Big/\dfrac{1}{n}\right) = \dfrac{1}{3}$，所以当 $n\to\infty$ 时，$\dfrac{1}{3n+1} \sim \dfrac{1}{3}\dfrac{1}{n}$；

因为 $\lim\limits_{x\to 0}(x^2/2x) = 0$，所以当 $x\to 0$ 时，$x^2 = o(2x)$；

因为 $\lim\limits_{x\to 0}\sqrt{x}/(3x)^{1/2} = \sqrt{3}/3$，所以当 $x\to 0$ 时，$\sqrt{x}$ 是关于 $3x$ 的 $1/2$ 阶无穷小量.

需要指出的是，并不是任意两个无穷小量都可以进行比较. 例如当 $x\to 0$ 时，虽然有

$$\lim_{x\to 0} x = 0, \quad \lim_{x\to 0} x\sin\frac{1}{x} = 0,$$

但是由于 $[x\sin(1/x)]/x = \sin(1/x)$ 的极限不存在且不为无穷大，因此 x 与 $x\sin\dfrac{1}{x}$ 不能进行比较.

关于等价无穷小量有一个很有用的性质：设 $f_1 \sim f_2, g_1 \sim g_2$，且 $\lim(f_2/g_2)$ 存在，则

$$\lim \frac{f_1}{g_1} = \lim \frac{f_2}{g_2}.$$

证明 $$\lim\frac{f_1}{g_1}=\lim\left(\frac{f_1}{f_2}\cdot\frac{f_2}{g_2}\cdot\frac{g_2}{g_1}\right)$$
$$=\lim\frac{f_1}{f_2}\cdot\lim\frac{f_2}{g_2}\cdot\lim\frac{g_2}{g_1}$$
$$=1\cdot\lim\frac{f_2}{g_2}\cdot 1=\lim\frac{f_2}{g_2}.$$

今后我们将利用这个性质来讨论某些变量比值的极限.

最后,我们来介绍无穷小量的一个记号.设 f 是一个无穷小量,由于 $\lim\frac{f}{1}=0$,因此我们可以沿用高阶无穷小量的记号,用

$$f=o(1)$$

表示 f 是一个无穷小量.注意这里"$f=o(1)$"不是一个等式,它只是一个记号.例如,当 $x\to 0$ 时,有

$$4x^3\to 0,\quad \frac{4x^3}{x}\to 0,\quad \frac{4x^3}{x^2}\to 0,$$

可以分别记为

$$4x^3=o(1),\quad 4x^3=o(x),\quad 4x^3=o(x^2).$$

但决不能因此推出 $o(1)$,$o(x)$ 与 $o(x^2)$ 彼此是相等的.有了这个记号,我们可以进行一些运算.例如,当 $x\to 0$ 时,有

$$o(1)+o(x)=o(1),\quad x\cdot o(1)=o(x)$$

等等.

§4 极限的性质

4.1 极限的四则运算

定理 1 若变量 f 和 g 收敛,且

$$\lim f=A,\quad \lim g=B$$

则

(1) 变量 $f \pm g$ 也收敛，且

$$\lim (f \pm g) = A \pm B = \lim f \pm \lim g;$$

(2) 变量 kf 也收敛(其中 k 为常数)，且

$$\lim(kf) = kA = k\lim f;$$

(3) 变量 $f \cdot g$ 也收敛，且

$$\lim(f \cdot g) = A \cdot B = (\lim f) \cdot (\lim g);$$

(4) 变量 f/g 也收敛，且

$$\lim \frac{f}{g} = \frac{A}{B} = \frac{\lim f}{\lim g} \ (B \neq 0).$$

下面我们来证明定理 1 中的(1)和(3)，(2)和(4)的证明留给读者完成.

证明 (1) 因为 $\lim f = A, \lim g = B$，根据极限与无穷小的关系，有

$$f = A + o(1), \quad g = B + o(1),$$

因此
$$f + g = A + B + o(1).$$

所以
$$\lim(f + g) = A + B = \lim f + \lim g.$$

同理可证

$$\lim(f - g) = A - B = \lim f - \lim g.$$

(3) 因为 $\lim f = A, \lim g = B$，根据极限与无穷小的关系，有

$$f = A + o(1), \quad g = B + o(1),$$

因此
$$\begin{aligned} f \cdot g &= (A + o(1))(B + o(1)) \\ &= A \cdot B + Ao(1) + Bo(1) + o(1) \\ &= A \cdot B + o(1) \end{aligned}$$

所以
$$\lim(f \cdot g) = A \cdot B = (\lim f) \cdot (\lim g).$$

定理 1 对于有限多个变量相加减，相乘的情形也成立.

例 1 求 $\lim\limits_{x\to 2}(8x^2-3x+7)$.

解 $$\begin{aligned}&\lim_{x\to 2}(8x^2-3x+7)\\&=\lim_{x\to 2}8x^2-\lim_{x\to 2}3x+\lim_{x\to 2}7\\&=8\lim_{x\to 2}x^2-3\lim_{x\to 2}x+\lim_{x\to 2}7\\&=8\times 2^2-3\times 2+7=33.\end{aligned}$$

不难证明,对于任意有限次多项式
$$P(x)=a_0x^k+a_1x^{k-1}+\cdots+a_{k-1}x+a_k,$$
有
$$\begin{aligned}\lim_{x\to a}P(x)=&\lim_{x\to a}a_0x^k+\lim_{x\to a}a_1x^{k-1}+\cdots+\lim_{x\to a}a_{k-1}x\\&+\lim_{x\to a}a_k=P(a).\end{aligned}$$

例 2 求 $\lim\limits_{x\to 3}\dfrac{x^2+2x-3}{2x^2-3x}$.

解 $$\begin{aligned}\lim_{x\to 3}\frac{x^2+2x-3}{2x^2-3x}&=\frac{\lim\limits_{x\to 3}(x^2+2x-3)}{\lim\limits_{x\to 3}(2x^2-3x)}=\frac{3^2+2\times 3-3}{2\times 3^2-3\times 3}\\&=\frac{12}{9}=\frac{4}{3}.\end{aligned}$$

不难证明,对于任意有理函数 $R(x)=\dfrac{P(x)}{Q(x)}$(其中 $P(x),Q(x)$ 为多项式),只要 $Q(a)\neq 0$,就有
$$\lim_{x\to a}R(x)=\frac{\lim\limits_{x\to a}P(x)}{\lim\limits_{x\to a}Q(x)}=\frac{P(a)}{Q(a)}=R(a).$$

当分子和分母都是无穷大量时,不能直接利用极限的除法法则.而只能将函数的形式改写后,再利用以上的运算法则.

例 3 求 $\lim\limits_{n\to\infty}\dfrac{n}{n+1}$.

解 $$\begin{aligned}\lim_{n\to\infty}\frac{n}{n+1}&=\lim_{n\to\infty}\frac{n+1-1}{n+1}=\lim_{n\to\infty}\left(1-\frac{1}{n+1}\right)\\&=\lim_{n\to\infty}1-\lim_{n\to\infty}\frac{1}{n+1}=1.\end{aligned}$$

此题还可以把分子分母同除以 n，再利用除法法则.

$$\lim_{n\to\infty}\frac{n}{n+1}=\lim_{n\to\infty}\frac{1}{1+\frac{1}{n}}$$

$$=\frac{\lim\limits_{n\to\infty}1}{\lim\limits_{n\to\infty}\left(1+\frac{1}{n}\right)}=1.$$

例 4 求 $\lim\limits_{x\to\infty}\frac{8x^2+6x+3}{2x^2-4x+7}$.

解 $$\lim_{x\to\infty}\frac{8x^2+6x+3}{2x^2-4x+7}=\lim_{x\to\infty}\frac{8+\frac{6}{x}+\frac{3}{x^2}}{2-\frac{4}{x}+\frac{7}{x^2}}$$

$$=\frac{\lim\limits_{x\to\infty}8+\lim\limits_{x\to\infty}\frac{6}{x}+\lim\limits_{x\to\infty}\frac{3}{x^2}}{\lim\limits_{x\to\infty}2-\lim\limits_{x\to\infty}\frac{4}{x}+\lim\limits_{x\to\infty}\frac{7}{x^2}}$$

$$=\frac{8+0+0}{2-0+0}=4.$$

由例 3，例 4 可以得到这样一个结论，在某一个变化过程中，变量 P 与 Q 都是无穷大量，并且当 P 与 Q 的最高次幂相同时，

$$\lim\frac{P}{Q}$$

一定存在，其值为它们最高次幂的系数之比. 例如

$$\lim_{x\to\infty}\frac{x^3+1}{2x^3-x}=\frac{1}{2};$$

$$\lim_{n\to\infty}\frac{(1-\sqrt{n})^2}{2n+1}=\frac{1}{2}.$$

例 5 求 $\lim\limits_{x\to1}\frac{x-1}{x^2-1}$.

解 因为当 $x\to1$ 时，分母 $x^2-1\to0$，所以不能直接利用除法法则进行运算. 由极限定义可知，在 $x\to1$ 的过程中 $x\neq1$. 因而我们可以先化简，约去分子分母不为 0 的公因子，然后再计算极

限. 从而有

$$\lim_{x\to 1}\frac{x-1}{x^2-1}=\lim_{x\to 1}\frac{x-1}{(x-1)(x+1)}=\lim_{x\to 1}\frac{1}{x+1}$$

$$=\frac{1}{\lim\limits_{x\to 1}(x+1)}=\frac{1}{2}.$$

例 6 求 $\lim\limits_{x\to+\infty}(\sqrt{x+1}-\sqrt{x})$.

因为当 $x\to+\infty$时, $\sqrt{x+1}$与 $\sqrt{x}$ 都无限增大,所以这类题目一般也不能直接利用四则运算法则. 为此我们先将分子有理化.

解 $\lim\limits_{x\to+\infty}(\sqrt{x+1}-\sqrt{x})$

$$=\lim_{x\to+\infty}\frac{(\sqrt{x+1}-\sqrt{x})(\sqrt{x+1}+\sqrt{x})}{\sqrt{x+1}+\sqrt{x}}$$

$$=\lim_{x\to+\infty}\frac{x+1-x}{\sqrt{x+1}+\sqrt{x}}$$

$$=\lim_{x\to+\infty}\frac{1}{\sqrt{x+1}+\sqrt{x}}=0.$$

4.2 极限的不等式

下面介绍极限的两个基本不等式.

定理 2 若 $\lim f=A>0$,则 $\exists\ T>0$,当 $t>T$ 时,总有 $f>0$.

证明 由 $\lim f=A$ 可知,取 $\varepsilon=A$,根据变量极限定义, $\exists\ T>0$,当 $t>T$ 时,有

$$|f-A|<\varepsilon=A,$$

即

$$f>0.$$

定理 3 设 $\lim f=A$, $\lim g=B$. 若 $\exists\ T>0$,当 $t>T$ 时,总有 $f\geqslant g$,则 $A\geqslant B$.

证明 用反证法. 如若不然,则$A<B$. 根据极限四则运算的

法则,有

$$\lim(g-f)=B-A>0.$$

由定理 2 可知,$g-f>0$,即 $g>f$. 这与假设相矛盾. 定理 3 得证.

定理 3 表明,在变量极限存在的情况下,不等式两端可以同时取极限,但取了极限以后,符号>(或<)要改成≥(或≤). 例如,对于$\forall n\in \boldsymbol{N}$,都有 $1/n>0$ 成立,但

$$\lim_{n\to\infty}\frac{1}{n}\geqslant\lim_{n\to\infty}0.$$

4.3 极限的唯一性与有界性

定理 4(唯一性) 若变量 f 有极限存在,则它的极限是唯一的.

证明 设 $\lim f=A$,$\lim f=B$. 考虑到变量 f 与它本身总有

$$f\geqslant f \text{ 且 } f\leqslant f,$$

在上述不等式两边取极限,由定理 3 可知:$\exists\, T>0$,当 $t>T$ 时,既有 $A\geqslant B$,又有 $A\leqslant B$,所以

$$A=B.$$

定理 5(有界性) 若变量 f 有极限,则 f 一定有界.

证明 设 $\lim f=A$. 取 $\varepsilon=1$,根据变量极限定义,$\exists\, T>0$,当 $t>T$ 时,有

$$|f-A|<1,$$

即

$$A-1<f<A+1.$$

记 $M_0=\max\{|A-1|,|A+1|\}$,当 $t>T$ 时,有

$$|f|\leqslant M_0.$$

可见 f 是有界的.

我们可以利用这个定理的逆否定理,即"无界变量一定无极限"来判定某些变量没有极限. 例如函数 $f(x)=\dfrac{1}{x}$在 $x=0$ 点附近无界,所以它在 $x=0$ 点处没有极限.

需要指出的是，数列极限的有界性是指对所有的 n 都有 $|x_n| \leqslant M_0$（这时只要令 $M_0 = \max\{|x_1|, |x_2|, \cdots, |x_N|, |A-1|, |A+1|\}$ 即可）；而函数极限的有界性却是局部的，即 $\exists\ \delta > 0$ 当 $x \in N_\delta(\bar{a})$ 时，有 $|f(x)| \leqslant M_0$. 对于函数在 a 点极限的讨论，我们不去考虑 $|x-a| \geqslant \delta$ 上的函数值，因为它们可能是有界的，也可能是无界的. 例如，数列 $x_n = 1/n$，对所有 $n \in N$ 都有

$$\frac{1}{n} \leqslant 1.$$

而函数 $f(x) = 1/x$，在 $x = 1$ 点有极限，即

$$\lim_{x \to 1} \frac{1}{x} = 1.$$

根据定理 5 可知，$f(x) = 1/x$ 在 1 的某个邻域（例如在 $N_{\frac{1}{2}}(1)$）内是有界的（$|f(x)| < 2$）；而在 $|x-1| \geqslant \dfrac{1}{2}$ 上，函数 $1/x$ 是无界的.

§5 极限存在的准则·两个重要的极限

对于比较简单的变量，我们可以根据它们的变化趋势来确定出它们的极限，而对于一般的变量可以用下面的两个准则来判断它们的极限是否存在. 需要指出的是，这两个判别法所给出的条件都是充分的.

准则 1 给定变量 f, g, h. 若 $f \leqslant h \leqslant g$，且 $\lim f = \lim g = A$，则 $\lim h = A$.

证明 $\forall\ \varepsilon > 0$，由 $\lim f = A$，$\exists\ T_1 > 0$，当 $t > T_1$ 时，有

$$|f - A| < \varepsilon,$$

即

$$A - \varepsilon < f < A + \varepsilon.$$

又由 $\lim g = A$，$\exists\ T_2 > 0$，当 $t > T_2$ 时，有

$$A - \varepsilon < g < A + \varepsilon.$$

取 $T=\max\{T_1,T_2\}$，则当 $t>T$ 时，就有

$$A-\varepsilon<f\leqslant h\leqslant g<A+\varepsilon,$$

即

$$|h-A|<\varepsilon.$$

根据变量极限定义可知

$$\lim h=A.$$

例 1 求 $\lim\limits_{n\to\infty}\dfrac{1}{n}\sin n$.

解 因为 $|\sin n|\leqslant 1$，所以

$$-\frac{1}{n}\leqslant\frac{1}{n}\sin n\leqslant\frac{1}{n}.$$

由于 $\lim\limits_{n\to\infty}\dfrac{1}{n}=0$，利用准则 1，立即可得

$$\lim_{n\to\infty}\frac{1}{n}\sin n=0.$$

例 2 讨论极限 $\lim\limits_{x\to 0}\sin x$ 和 $\lim\limits_{x\to 0}\cos x$.

解 因为这里考虑的是 $x\to 0$ 的变化过程，即只需要考虑 x 在 0 点附近的变化趋势，所以我们假设 $|x|<\pi/2$.

如图 1-11 作一个单位圆，取 $\angle DOA=\angle DOB=x$. 弦 $\overline{AB}$ 的长度为 $|2\sin x|$，弧 $\overset{\frown}{AB}$ 的长度为 $|2x|$，已知圆的弧长大于对应的弦长，故有

$$|2\sin x|\leqslant|2x|,$$

即有

$$0\leqslant|\sin x|\leqslant|x|.$$

由于 $\lim\limits_{x\to 0}x=0$，利用准则 1 可得到

$$\lim_{x\to 0}\sin x=0.$$

又由于 $|\cos x-1|=|2\sin^2(x/2)|\to 0\ (x\to 0)$，所以有

$$\lim_{x\to 0}\cos x=1.$$

下面我们利用准则 1 来证明一个重要的极限

$$\lim_{x\to 0}\frac{\sin x}{x}=1.$$

我们知道函数 $f(x)=\sin x/x$ 除 $x=0$ 点外都是有定义的，并且当 x 改变符号时，其函数值是不变的，所以我们只须讨论当 x 取正值趋向于 0 时的情况(如图 1-12 所示)．在单位圆 O 内，圆心角 $x=\angle AOB(0<x<\pi/2)$，点 A 处的切线为直线 AD，$\sin x=|BC|$，$x=\overset{\frown}{AB}$，$\mathrm{tg}x=|AD|$，因为 $\triangle AOB$ 的面积<扇形 AOB 的面积<$\triangle AOD$ 的面积，

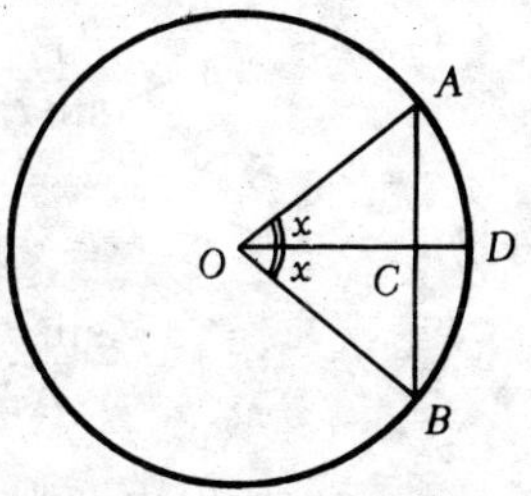

图　1-11

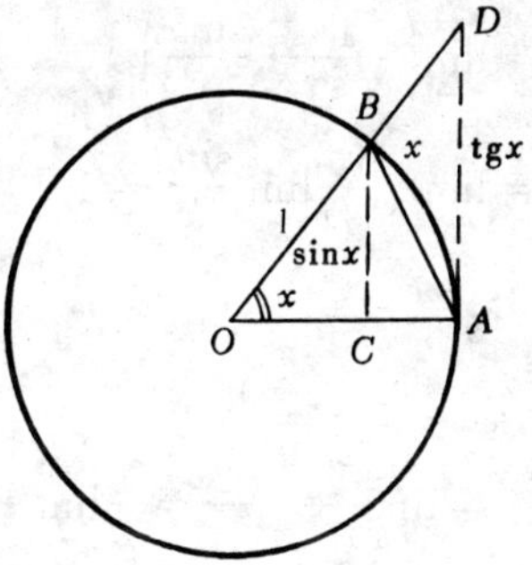

图　1-12

所以

$$\frac{1}{2}\sin x<\frac{1}{2}x<\frac{1}{2}\mathrm{tg}x,$$

亦即

$$\sin x<x<\mathrm{tg}x.$$

不等式的各端都除以 $\sin x$，得到

$$1<\frac{x}{\sin x}<\frac{1}{\cos x},$$

也就是

$$1>\frac{\sin x}{x}>\cos x.$$

又因为 $\lim\limits_{x\to 0}\cos x=1$，所以由准则 1 导出

$$\lim_{x\to 0}\frac{\sin x}{x}=1.$$

我们利用这个极限，可以求出许多函数的极限.

例 3 求 $\lim\limits_{x\to 0}\dfrac{\operatorname{tg}x}{x}$.

解 $$\lim_{x\to 0}\frac{\operatorname{tg}x}{x}=\lim_{x\to 0}\left(\frac{1}{\cos x}\cdot\frac{\sin x}{x}\right)=\lim_{x\to 0}\frac{1}{\cos x}\lim_{x\to 0}\frac{\sin x}{x}=1.$$

例 4 求$\lim\limits_{x\to 0}\dfrac{1-\cos x}{x^2}$.

解 $$\lim_{x\to 0}\frac{1-\cos x}{x^2}=\lim_{x\to 0}\frac{2\sin^2\frac{x}{2}}{x^2}=\frac{1}{2}\lim_{x\to 0}\frac{\left(\sin\frac{x}{2}\right)^2}{\left(\frac{x}{2}\right)^2}$$

$$=\frac{1}{2}\lim_{x\to 0}\left(\frac{\sin\frac{x}{2}}{\frac{x}{2}}\right)^2=\frac{1}{2}\left(\lim_{x\to 0}\frac{\sin\frac{x}{2}}{\frac{x}{2}}\right)^2=\frac{1}{2}.$$

例 5 求 $\lim\limits_{n\to\infty}n\sin\dfrac{1}{n}$.

由数列极限可知 $\lim\limits_{n\to\infty}\dfrac{1}{n}=0$，可以将函数的形式改写后，再利用这个重要极限.

解 $\lim\limits_{n\to\infty} n\sin\frac{1}{n}=\lim\limits_{n\to\infty}\frac{\sin\frac{1}{n}}{\frac{1}{n}}=\lim\limits_{\frac{1}{n}\to 0}\frac{\sin\frac{1}{n}}{\frac{1}{n}}=1.$

准则 2 单调有界变量必有极限.

这个结论从几何上看是明显的. 以数列 $\{x_n\}$ 极限为例,不妨假设它是单调递增的,即 $x_1<x_2<\cdots<x_n<\cdots$. 可见它在数轴上对应点随着 n 的增大而向右移动,这时只有两种可能:或者点列 x_n 移向无穷远(即 $x_n\to\infty(n\to\infty)$),或者 x_n 无限趋于某一定点 A(即 $x_n\to A(n\to\infty)$). 对于有界的数列来说,上述的第一种情况不可能发生,这就说明 $\{x_n\}$ 极限存在,即

$$\lim_{n\to\infty}x_n=A$$

需要指出的是,准则 2 只是判别一个变量是否有极限,一般情况下不能确定这个极限值.

利用准则 2,我们来证明另一个重要极限

$$\lim_{n\to\infty}\left(1+\frac{1}{n}\right)^n=\mathrm{e}.$$

证明 要证明 $\lim\limits_{n\to\infty}\left(1+\frac{1}{n}\right)^n$ 存在,只要证明数列 $\left\{\left(1+\frac{1}{n}\right)^n\right\}$ 是单调有界的即可. 我们先来讨论单调性.

设 $x_n=\left(1+\frac{1}{n}\right)^n$,即

$$x_1=\left(1+\frac{1}{1}\right)^1=2,$$

$$x_2=\left(1+\frac{1}{2}\right)^2=1+1+\frac{1}{4}=2+\frac{1}{4},$$

$$\begin{aligned}x_3=\left(1+\frac{1}{3}\right)^3&=1+1+\frac{1}{3}+\frac{1}{27}\\&=2+\frac{1}{3}+\frac{1}{27},\end{aligned}$$

则有 $x_1<x_2<x_3$. 对于一般的第 n 项和第 $n+1$ 项,由二项式定

理，分别有

$$x_n=\left(1+\frac{1}{n}\right)^n=1+\frac{n}{1!}\cdot\frac{1}{n}+\frac{n(n-1)}{2!}\cdot\frac{1}{n^2}$$

$$+\frac{n(n-1)(n-2)}{3!}\cdot\frac{1}{n^3}$$

$$+\cdots+\frac{n(n-1)\cdots(n-k+1)}{k!}\cdot\frac{1}{n^k}+\cdots$$

$$+\frac{n(n-1)\cdots(n-n+1)}{n!}\cdot\frac{1}{n^n}$$

$$=1+1+\frac{1}{2!}\left(1-\frac{1}{n}\right)+\frac{1}{3!}\left(1-\frac{1}{n}\right)\left(1-\frac{2}{n}\right)+\cdots$$

$$+\frac{1}{k!}\left(1-\frac{1}{n}\right)\left(1-\frac{2}{n}\right)\cdots\left(1-\frac{k-1}{n}\right)+\cdots$$

$$+\frac{1}{n!}\left(1-\frac{1}{n}\right)\left(1-\frac{2}{n}\right)\cdots\left(1-\frac{n-1}{n}\right),$$

仿此，

$$x_{n+1}=1+1+\frac{1}{2!}\left(1-\frac{1}{n+1}\right)$$

$$+\frac{1}{3!}\left(1-\frac{1}{n+1}\right)\left(1-\frac{2}{n+1}\right)+\cdots$$

$$+\frac{1}{k!}\left(1-\frac{1}{n+1}\right)\left(1-\frac{2}{n+1}\right)\cdots$$

$$\times\left(1-\frac{k-1}{n+1}\right)+\cdots$$

$$+\frac{1}{n!}\left(1-\frac{1}{n+1}\right)\left(1-\frac{2}{n+1}\right)\cdots$$

$$\times\left(1-\frac{n-1}{n+1}\right)+\cdots$$

$$+\frac{1}{(n+1)!}\left(1-\frac{1}{n+1}\right)\left(1-\frac{2}{n+1}\right)\cdots$$

$$\times\left(1-\frac{n}{n+1}\right).$$

比较 x_n 与 x_{n+1} 右边的各项,可见除了前两项相等外,x_n 的每一项都小于 x_{n+1} 的对应项.并且 x_{n+1} 还多了最后的一项,于是

$$x_n < x_{n+1},$$

即数列 x_n 是单调递增的.

下面我们证明 $\{x_n\}$ 是有界的,考虑到当 $1 \leqslant k \leqslant n$ 时,有 $1 - \frac{k}{n} < 1$ 以及 $\frac{1}{(k+2)!} < \frac{1}{2^{k+1}}$,于是

$$\begin{aligned} x_n &= 1 + 1 + \frac{1}{2!}\left(1 - \frac{1}{n}\right) + \frac{1}{3!}\left(1 - \frac{1}{n}\right)\left(1 - \frac{2}{n}\right) + \cdots \\ &\quad + \frac{1}{n!}\left(1 - \frac{1}{n}\right)\left(1 - \frac{2}{n}\right)\cdots\left(1 - \frac{n-1}{n}\right) \\ &< 1 + 1 + \frac{1}{2!} + \frac{1}{3!} + \cdots + \frac{1}{n!} \\ &< 1 + 1 + \frac{1}{2} + \frac{1}{2^2} + \cdots + \frac{1}{2^{n-1}} \\ &= 1 + \frac{1 - \frac{1}{2^n}}{1 - \frac{1}{2}} = 3 - \frac{1}{2^{n-1}} < 3. \end{aligned}$$

这样一来,容易看出对于一切 n 都有 $x_n < 3$.根据准则 2 就可以断定 $\{x_n\}$ 的极限存在,且

$$\lim_{n\to\infty} x_n \leqslant 3.$$

通常用字母 e①来表示这个极限值,即

$$\lim_{n\to\infty}\left(1 + \frac{1}{n}\right)^n = \mathrm{e}.$$

下面我们来证明,当 x 以任何方式趋向于∞时都有

---

① 数 e 跟 π 一样,也是一个无理数

$$\mathrm{e} = 2.718281828459045\cdots\cdots.$$

以 e 为底的对数 $y = \log_{\mathrm{e}} x$,叫做自然对数,记作 $\ln x$.

$$\lim_{x\to\infty}\left(1+\frac{1}{x}\right)^x = \mathrm{e}.$$

先考虑 x 沿任意值趋向于 $+\infty$，此时 x 本身不一定是正整数. 设 $n \leqslant x < n+1$，其中 n 为自然数. 注意到 n 与 x 同时趋向于 $+\infty$.

由初等数学我们知道：若 $a > b > 1$，又 $c > d > 0$，则有

$$a^c > b^d,$$

因此

$$\left(1+\frac{1}{n+1}\right)^n < \left(1+\frac{1}{x}\right)^x < \left(1+\frac{1}{n}\right)^{n+1}$$

或

$$x_{n+1}\frac{1}{1+1/(n+1)} < \left(1+\frac{1}{x}\right)^x < x_n\left(1+\frac{1}{n}\right),$$

这里 $x_n = (1+1/n)^n$.

考虑到当 n 是自然数时，

$$\lim_{n\to\infty}\left(1+\frac{1}{n}\right)^n = \mathrm{e},$$

所以

$$\begin{aligned}\lim_{n\to+\infty} x_{n+1}\frac{1}{1+1/(n+1)} &= \lim_{x\to+\infty} x_{n+1}\lim_{n\to+\infty}\frac{1}{1+1/(n+1)}\\ &= \mathrm{e}\cdot 1 = \mathrm{e},\end{aligned}$$

并且

$$\begin{aligned}\lim_{n\to+\infty} x_n\left(1+\frac{1}{n}\right) &= \lim_{n\to+\infty} x_n \lim_{n\to+\infty}\left(1+\frac{1}{n}\right)\\ &= \mathrm{e}\cdot 1 = \mathrm{e}.\end{aligned}$$

由准则1可知当 $x\to+\infty$ 时，介于 $[1+1/(n+1)]^n$ 与 $(1+1/n)^{n+1}$ 之间的 $(1+1/x)^x$ 也趋向于极限 e. 即

$$\lim_{x\to+\infty}\left(1+\frac{1}{x}\right)^x = \mathrm{e}.$$

现在再来看 $x\to-\infty$ 的情形. 设 $x=-(u+1)$，当 $x\to-\infty$

时，$u\to+\infty$. 这样一来，我们有

$$\begin{aligned}\lim_{x\to-\infty}\left(1+\frac{1}{x}\right)^{x}&=\lim_{u\to+\infty}\left(1-\frac{1}{u+1}\right)^{-(u+1)}\\&=\lim_{u\to+\infty}\left(\frac{u}{u+1}\right)^{-(u+1)}\\&=\lim_{u\to+\infty}\left(1+\frac{1}{u}\right)^{u+1}\\&=\lim_{u\to+\infty}\left(1+\frac{1}{u}\right)^{u}\left(1+\frac{1}{u}\right)\\&=\mathrm{e}\cdot 1=\mathrm{e}.\end{aligned}$$

这就证明了当 $x\to+\infty$ 与 $x\to-\infty$ 时都有 $(1+1/x)^x\to\mathrm{e}$. 即

$$\lim_{x\to\infty}\left(1+\frac{1}{x}\right)^{x}=\mathrm{e}.$$

若令 $y=1/x$，那么当 $x\to\infty$ 时，$y\to0$，则上式可改写成下面的形式：

$$\lim_{y\to0}(1+y)^{1/y}=\mathrm{e}.$$

可见这两种写法只是形式上不同，实质是一样的.

利用这个重要极限，我们也可以求出另外一些函数的极限.

例6 求 $\lim\limits_{x\to0}\dfrac{\ln(1+x)}{x}$.

解
$$\begin{aligned}\lim_{x\to0}\frac{\ln(1+x)}{x}&=\lim_{x\to0}\ln(1+x)^{1/x}\\&=\ln\lim_{x\to0}(1+x)^{1/x}\text{①}\\&=\ln\mathrm{e}=1.\end{aligned}$$

例7 求 $\lim\limits_{x\to\infty}\left(1+\dfrac{k}{x}\right)^{x}\quad(k\neq0)$.

解
$$\lim_{x\to\infty}\left(1+\frac{k}{x}\right)^{x}=\lim_{x\to\infty}\left(1+\frac{k}{x}\right)^{\frac{x}{k}\cdot k}$$

① 这里把极限号放到对数号里面去的理由将在 §6 中给出.

$$= \left[\lim_{x\to\infty}\left(1+\frac{k}{x}\right)^{\frac{x}{k}}\right]^k$$

$$= \left[\lim_{\frac{x}{k}\to\infty}\left(1+\frac{k}{x}\right)^{\frac{x}{k}}\right]^k = e^k.$$

由上面的讨论,可以看到当 $x \to 0$ 时, $\sin x, \operatorname{tg}x, \ln(1+x)$(或 $1-\cos x$)都是无穷小量,而它们与 x(或 $\frac{1}{2}x^2$)比值极限都为1. 根据等价无穷小量的定义可知:当 $x \to 0$ 时, x、$\sin x$、$\operatorname{tg}x$、$\ln(1+x)$ 都是等价无穷小量,而 $1-\cos x$ 与$\frac{1}{2}x^2$ 也是等价无穷小量,即当 $x \to 0$ 时

$$\sin x \sim x, \quad \operatorname{tg}x \sim x, \quad \ln(1+x) \sim x, \quad 1-\cos x \sim \frac{1}{2}x^2.$$

类似地当 $x \to 0$ 时,有

$$x \sim \operatorname{arc\,tg}x \sim \arcsin x \sim e^x - 1 \text{ 等}.$$

这样一来,我们可以利用等价无穷小的性质计算一些较复杂的极限.

例8 求 $\lim\limits_{x\to 0}\dfrac{(x - x\cos x)\operatorname{arc\,tg}x}{(\operatorname{tg}x - \sin x)\ln(1+x)}$.

解 因为当 $x \to 0$ 时, $\cos x \to 1$ 且有

$$\sin x \sim x, \quad 1-\cos x \sim \frac{1}{2}x^2;$$

$$\operatorname{arc\,tg}x \sim x, \quad \ln(1+x) \sim x;$$

$$\operatorname{tg}x - \sin x = \sin x\,\frac{1-\cos x}{\cos x} \sim \frac{1}{2}x^3,$$

所以

$$\lim_{x\to 0}\frac{(x - x\cos x)\operatorname{arc\,tg}x}{(\operatorname{tg}x - \sin x)\ln(1+x)}$$

$$= \lim_{x\to 0}\frac{x(1-\cos x)\operatorname{arc\,tg}x}{(\operatorname{tg}x - \sin x)\ln(1+x)}$$

$$= \lim_{x \to 0} \frac{x \cdot \frac{1}{2}x^2 \cdot x}{\frac{1}{2}x^3 \cdot x} = 1.$$

§6 函数的连续性

在微积分中我们所研究的主要对象是连续函数和分段连续函数. 有了极限概念以后,我们便可以讨论函数的连续性问题了. 下面先给出函数连续与间断的定义,然后讨论连续函数的性质.

6.1 连续与间断

当我们把一个函数用它的图形表示出来时,就会发现它在很多地方是连着的,而在某些地方却是断开的. 例如函数

$$f_1(x) = \begin{cases} 1, & x \neq 0; \\ 0, & x = 0 \end{cases}$$

在 $x = 0$ 处是断开的,而在其它的地方都是连着的(见图1-13). 如何刻划函数的连续性呢?下面我们先从一点处连续性谈起. 函数 $f_1(x)$ 在实轴上每一点都有定义,并且在实轴上每一点(注意包括0这一点)都有极限存在,且

$$\lim_{x \to x_0} f_1(x) = 1.$$

虽然这是刻划函数在一点连续必不可少的条件,但它并不是充分的. 可以看出,造成函数 $f_1(x)$ 在 $x = 0$ 处断开的原因是在该点处极限值不等于它的函数值,即

$$\lim_{x \to 0} f_1(x) = 1 \neq 0 = f_1(0).$$

于是我们有下面的定义.

定义 称函数 $f(x)$ 在点 x_0 处是**连续**的,如果它满足:

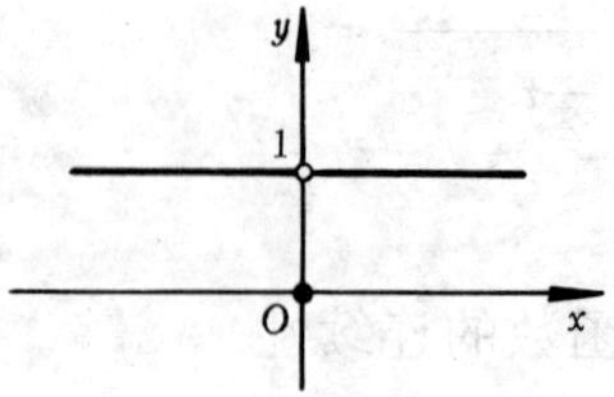

图 1-13

(1) $f(x)$在 x_0 处有定义；

(2) $f(x)$在 x_0 处有极限存在，即

$$\lim_{x \to x_0} f(x) = A;$$

(3) $f(x)$在 x_0 处的极限值等于函数值，即

$$A = f(x_0),$$

并称 x_0 为 $f(x)$的**连续点**. 否则就说函数在 x_0 是**间断的**，并称 x_0 为 $f(x)$的**间断点**.

函数在一点连续也可以用极限形式给出：当 x 趋向于 x_0 时，函数 $f(x)$以 $f(x_0)$为极限，即

$$\lim_{x \to x_0} f(x) = f(x_0).$$

因此我们也可以用"ε-δ"语言来叙述：

"$\forall\ \varepsilon > 0,\ \exists\ \delta > 0,\ \forall\ x \in N_\delta(x_0) \ni\ |f(x) - f(x_0)| < \varepsilon$".

注意，当用"ε-δ"的语言叙述

$$\lim_{x \to x_0} f(x) = A$$

时，只要求 $0 < |x - x_0| < \delta$，即点 x_0 不在我们讨论的范围之内. 换句话说，对函数 $f(x)$在 $x = x_0$ 这个点上没有作任何要求，这时 $f(x)$在点 x_0 处甚至可以没有定义. 即使 $f(x_0)$有定义，而 $f(x_0)$可以等于 A，也可以不等于 A. 它们对讨论当 $x \to x_0$ 时，$f(x) \to A$ 没有任何影响. 但是在用"ε-δ"的语言叙述函数 $f(x)$在点 x_0 处连续时，要求 $|x - x_0| < \delta$，即点 x_0 不仅要在我们讨论的范围之内，而且还要求当 $x \to x_0$ 时，函数 $f(x)$的极限值必须等于它在点 x_0 处的函数值，即

$$\lim_{x \to x_0} f(x) = f(x_0),$$

也就是说

$$\lim_{x \to x_0}[f(x) - f(x_0)] = 0. \tag{1}$$

如果我们记自变量的改变量为 Δx，那么 $x = x_0 + \Delta x$(Δx 可正可负). 这样一来，$x \to x_0$ 就是 $\Delta x \to 0$，相应的函数的改变量为 Δy，有

$$\Delta y = f(x_0 + \Delta x) - f(x_0) = f(x) - f(x_0).$$

利用 $\Delta x, \Delta y$ 的符号(1)式可以写成

$$\lim_{\Delta x \to 0} \Delta y = 0$$

这就是说当函数 $f(x)$ 在点 x_0 处连续时，只要 x 无限地趋向于 x_0，即只要 $\Delta x \to 0, f(x)$ 就无限地趋向于 $f(x_0)$，即就有函数的改变量 $\Delta y \to 0$.

最后，我们指出，若函数 $f(x)$ 在开区间 (a,b) 内的每一点处都连续，则称 $f(x)$ 在开区间 (a,b) 内是连续的；若函数 $f(x)$ 在开区间 (a,b) 内连续，并且在区间的左端点 a 处是右连续的(所谓右连续，指的是函数在区间左端点 a 处的右极限 $f(a+0)$ 等于它的函数值 $f(a)$，即 $f(a+0) = f(a)$)，在区间的右端点 b 处是左连续的(即 $f(b-0) = f(b)$)，则称 $f(x)$ 在闭区间 $[a,b]$ 上是连续的. 若一个函数 $f(x)$ 在它的定义域上的每一点都是连续的，则称它是连续函数.

例如，在§4中我们讨论了多项式 $P(x)$ 与有理函数 $R(x)$ 在其定义域中任意一点 x_0 处的极限的存在性，即

$$\lim_{x \to x_0} P(x) = P(x_0), \quad \lim_{x \to x_0} R(x) = R(x_0).$$

由连续函数的定义，可知多项式 $P(x)$ 与有理函数 $R(x)$ 是连续的.
下面我们来证明正弦函数 $y = \sin x$ 是连续的.

证明 设 $\forall\, x_0 \in \boldsymbol{R}$，对于 $\forall\, \varepsilon > 0$，若要

$$|\sin x - \sin x_0| < \varepsilon,$$

只要

$$
\begin{aligned}
|\sin x-\sin x_0| &= \left|2\cos\frac{x+x_0}{2}\sin\frac{x-x_0}{2}\right| \\
&\leqslant 2\left|\sin\frac{x-x_0}{2}\right| \leqslant 2\left|\frac{x-x_0}{2}\right| \\
&= |x-x_0| < \varepsilon.
\end{aligned}
$$

取 $\delta=\varepsilon$,则当 $x\in N_\delta(x_0)$ 时,就有

$$|\sin x-\sin x_0|<\varepsilon.$$

所以 $\sin x$ 在 x_0 点连续. 由于 x_0 的任意性,可知 $\sin x$ 在其定义域上是连续的.

同样地,我们可以证明其它一些初等函数的连续性.

下面我们讨论函数间断点的分类问题.

定义 (1) 如果函数 $f(x)$ 在 x_0 点的左右极限都存在,但不都等于该点的函数值,那么就称 x_0 为**第Ⅰ类间断点**;

(2) 如果函数 $f(x)$ 在 x_0 点的左右极限中至少有一个不存在,那么就称 x_0 为**第Ⅱ类间断点**.

例如函数

$$f(x)=\begin{cases} x+1 & (-1\leqslant x\leqslant 0), \\ x & (0<x<1) \end{cases}$$

在 $x_0=0$ 点的左、右极限分别为1和0,所以 $x_0=0$ 是 $f(x)$ 的第Ⅰ类间断点(见图1-14).

又如函数

$$g(x)=\begin{cases} \dfrac{1}{x} & (x>0), \\ 0 & (x\leqslant 0) \end{cases}$$

在 $x_0=0$ 点的右极限不存在,所以 $x_0=0$ 是 $g(x)$ 的第Ⅱ类间断点(见图1-15).

在第Ⅰ类间断中,如果函数在间断点左、右极限存在并相等,但不等于该点的函数值,那么我们可以补充或重新定义函数在间断点的值,使得函数在该点变成是连续的,这种间断点我们称为**可**

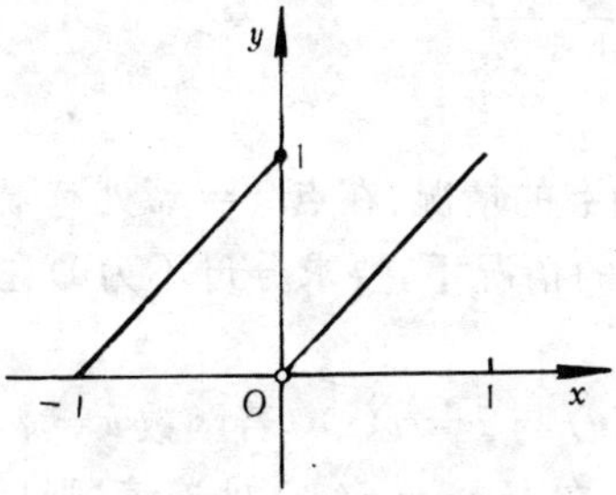

图 1-14

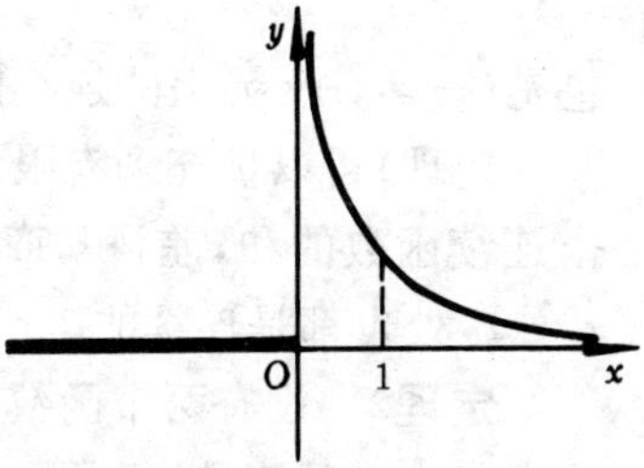

图 1-15

去间断点. 如图1-13所表示的函数 $f_1(x)$ 中把 $x_0=0$ 点的函数值重新定义为 $f_1(0)=1$，这时函数 $f_1(x)$ 在 $x_0=0$ 点就是连续的了. 因此点 $x_0=0$ 就是函数 $f_1(x)$ 的一个可去间断点.

6.2 连续函数的运算法则

定理1 若函数 $f(x)$ 与 $g(x)$ 在同一点 $x=x_0$ 处是连续的，则 $f(x)\pm g(x)$，$f(x)\cdot g(x)$，$f(x)/g(x)(g(x_0)\neq 0)$ 在点 x_0 处也是连续的.

我们只证明 $f(x)+g(x)$ 在点 x_0 处是连续的，其它情形可以类似地证明.

证明 因为 $f(x)$ 与 $g(x)$ 在点 x_0 处连续，所以根据极限的运算法则，有

$$\lim_{x\to x_0}[f(x)+g(x)]=\lim_{x\to x_0}f(x)+\lim_{x\to x_0}g(x)=f(x_0)+g(x_0).$$

这就证明了 $f(x)+g(x)$ 在点 x_0 处是连续的.

例1 已知 $f(x)=x$，$g(x)=\sin x$ 都是$(-\infty,+\infty)$上的连续函数，则由定理1，

$$x\pm\sin x \text{ 与 } x\cdot\sin x$$

也都是$(-\infty,+\infty)$上的连续函数.

例2 已知 $f(x)=\cos x$，$g(x)=1+x^2$ 都是$(-\infty,+\infty)$上的

连续函数,则由定理1,

$$\frac{f(x)}{g(x)}=\frac{\cos x}{1+x^2}$$

也是$(-\infty,+\infty)$上的连续函数.

定理1可以扩充到有限多个函数的情况:在点$x=x_0$处有限多个连续函数的和,差,积,商(在商的情况下,要求分母不为0)在点$x=x_0$处也都是连续的.

定理2 设有两个函数$y=f(u)$与$u=\varphi(x)$. 若函数$u=\varphi(x)$在点$x=x_0$处连续,函数$y=f(u)$在点$u_0=\varphi(x_0)$处连续,则复合函数

$$y=f[\varphi(x)]$$

在点$x=x_0$处也连续.

事实上,由于$\varphi(x)$在点$x=x_0$处连续,所以

$$\lim_{x\to x_0}\varphi(x)=\varphi(x_0).$$

又由于$f(u)$在点$u_0=\varphi(x_0)$处连续,所以

$$\lim_{u\to u_0}f(u)=f(u_0).$$

因此

$$\lim_{\varphi(x)\to\varphi(x_0)}f[\varphi(x)]=f[\varphi(x_0)].$$

综上所述

$$\lim_{x\to x_0}f[\varphi(x)]=f[\varphi(x_0)].$$

上式说明函数$f[\varphi(x)]$在点x_0处是连续的.

例3 因为函数$y=f(u)=u^2$在$(-\infty,+\infty)$上是连续的,函数$u=u(x)=\cos x$在$(-\infty,+\infty)$上是连续的,所以根据定理2可知,复合函数$y=\cos^2 x$在$(-\infty,+\infty)$上也是连续的.

定理3 单调连续函数的反函数也是单调连续的.

例如,因为$y=\sin x$在$[-\pi/2,\pi/2]$上是单调的连续函数,所以由定理3可知,它的反函数$y=\arcsin x$在$[-1,1]$上也是连续

的.

由于基本初等函数在其定义区域内都是连续的，所以由基本初等函数经过四则运算或复合运算而成的初等函数在其定义区间上也都是连续的.

根据初等函数的连续性，我们可以来计算初等函数的极限.

例4 求 $\lim\limits_{x\to\frac{\pi}{4}} a^{\mathrm{tg}x}$.

解 $\lim\limits_{x\to\frac{\pi}{4}} a^{\mathrm{tg}x} = a^{\lim\limits_{x\to\pi/4}\mathrm{tg}x}$ （初等函数的连续性）

$$= a^{\mathrm{tg}\frac{\pi}{4}} = a^1 = a.$$

例5 求 $\lim\limits_{x\to 2}\dfrac{3\mathrm{e}^x}{\lg(x+8)+\sqrt{x+2}}$.

解 $\lim\limits_{x\to 2}\dfrac{3\mathrm{e}^x}{\lg(x+8)+\sqrt{x+2}}$

$$= \frac{3\lim\limits_{x\to 2}\mathrm{e}^x}{\lim\limits_{x\to 2}\lg(x+8)+\lim\limits_{x\to 2}\sqrt{x+2}} \text{（极限的四则运算）}$$

$$= \frac{3\mathrm{e}^{\lim\limits_{x\to 2}x}}{\lg\lim\limits_{x\to 2}(x+8)+\sqrt{\lim\limits_{x\to 2}(x+2)}} \text{（初等函数的连续性）}$$

$$= \frac{3\mathrm{e}^2}{\lg 10+\sqrt{4}} = \frac{3\mathrm{e}^2}{1+2} = \frac{3\mathrm{e}^2}{3} = \mathrm{e}^2.$$

6.3 闭区间上连续函数的两个重要性质

下面我们不加证明地给出在闭区间上连续的函数所具有两个重要性质，这些性质常常用来作为分析问题的理论依据.

定理4（最大最小值定理） 若函数 $f(x)$ 在 $[a,b]$ 上连续，则 $f(x)$ 一定有最大值与最小值. 即 $\exists\ x_1, x_2 \in [a,b], \forall\ x \in [a,b]$，有

$$f(x) \leqslant f(x_1) = \max_{a \leqslant x \leqslant b} \{f(x)\},$$

$$f(x) \geqslant f(x_2) = \min_{a \leqslant x \leqslant b} \{f(x)\}.$$

x_1, x_2 分别称为函数的最大值点与最小值点.

这个性质从几何上看是明显的. 设函数 $y = f(x)$ 在$[a,b]$上连续,从图1-16不难看出,从 $A(a,f(a))$ 点到 $B(b,f(b))$ 点的连续曲线 $y = f(x)$ 一定有最高点 $C(c_1,f(c_1))$ 和最低点 $D(c_2,f(c_2))$. 需要指出的是,函数的最大值与最小值都是唯一的,而最大值点与最小值点却不一定是唯一的(图1-16中 c_2 与 c_3 之间的任意一个点都是函数的最小值点).

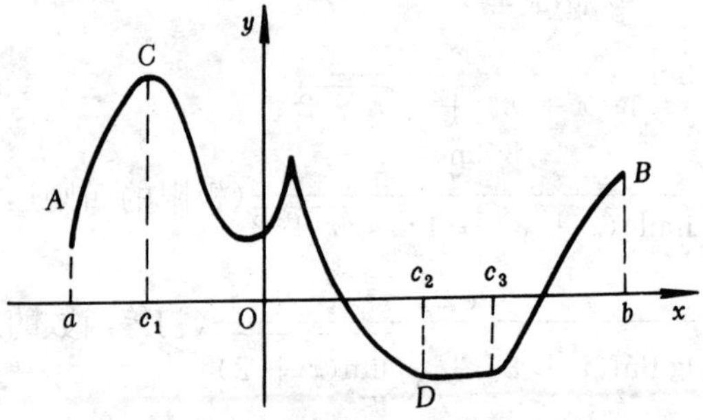

图 1-16

注意,在开区间上的连续函数不一定有最大值和最小值. 例如函数 $f(x) = 1/x$ 在$(0,1)$ 上是连续的,但在这个区间上它没有最大值与最小值.

定理5(**中间值定理**) 若函数 $f(x)$ 在$[a,b]$上连续,且 $f(a) \neq f(b)$, η 为 $f(a)$ 与 $f(b)$ 之间的任意一个值,则至少存在一点 $c \in [a,b]$, 使得

$$f(c) = \eta.$$

这个性质的几何意义是,设 $y = f(x)$ 是从 $A(a,f(a))$ 点到

$B(b,f(b))$ 点的连续曲线，在 $f(a)$ 与 $f(b)$ 之间任取一点 η，作直线

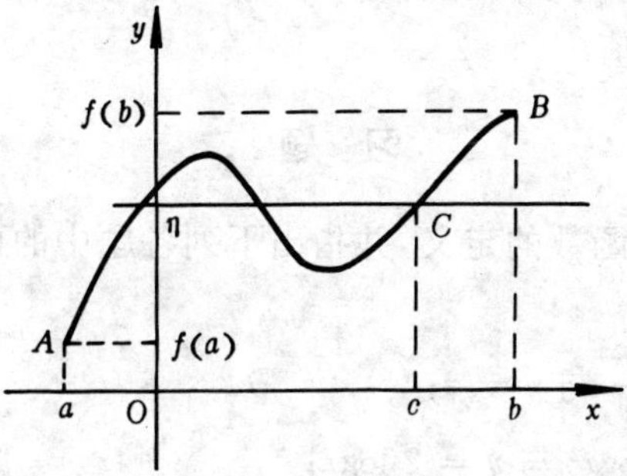

图 1-17

$y=\eta$，则这条直线一定与曲线 $y=f(x)$ 相交(见图1-17).

推论1 若函数 $f(x)$ 在$[a,b]$上连续，且 $f(a)$ 与 $f(b)$ 异号，则至少存在一点 $c\in[a,b]$，使得

$$f(c)=0.$$

例6 证明方程 $x-2\sin x=0$ 在区间$[\pi/2,\pi]$上至少有一个根.

证明 设函数 $f(x)=x-2\sin x$，显然 $f(x)$ 在区间$[\pi/2,\pi]$上是连续的. 考虑到

$$f\left(\frac{\pi}{2}\right)=\frac{\pi}{2}-2\sin\frac{\pi}{2}=\frac{\pi}{2}-2<0,$$

$$f(\pi)=\pi-2\sin\pi=\pi-0>0,$$

可见 $f\left(\frac{\pi}{2}\right)\cdot f(\pi)<0$. 根据推论1可知，在 $\left[\frac{\pi}{2},\pi\right]$ 上至少存在一点 c，使得 $f(c)=0$. 这就证明了方程

$$x-2\sin x=0$$

在 $\left[\frac{\pi}{2},\pi\right]$ 上至少有一个根.

设函数 $f(x)$ 在$[a,b]$上的最大值为 M，最小值为 m，$M\neq m$，

且 $f(x_1)=m, f(x_2)=M, x_1<x_2$. 在闭区间 $[x_1,x_2]$ 上应用中间值定理，于是我们有

推论2 在闭区间上连续的函数一定可以取得最大值与最小值之间的一切值.

习 题 二

1. 叙述函数的定义，并指出下列各题中的两个函数是否相同，为什么？

(1) $y=\dfrac{x^2}{x}$ 与 $y=x$；

(2) $y=\log x^2$ 与 $y=2\log x$；

(3) $y=|x|$ 与 $y=\sqrt{x^2}$；

(4) $y=x\,\mathrm{sgn}x$ 与 $y=|x|$.

2. 求下列函数的定义域.

(1) $y=\dfrac{1}{x^2-2x}$；

(2) $y=\lg(x^2-4)$；

(3) $y=\sqrt{\dfrac{1+x}{1-x}}$；

(4) $y=\arccos\dfrac{x-3}{2}$；

(5) $y=\begin{cases}x, & x\geqslant 0,\\ 1, & -1\leqslant x<0;\end{cases}$

(6) $y=\dfrac{1}{\sin x-\cos x}$.

3. 设 $f(x)=x^2-3x+2$，求：$f(0), f(1), f(-2), f(-x), f\left(\dfrac{1}{x}\right), f(x+\Delta x)-f(x)$.

4. 设 $f(t)=t^3+1$，求 $f(t^2), [f(t)]^2, f(x+1), f(x)+1$.

5. 指出下列函数中哪些是奇函数，哪些是偶函数.

(1) $y=\lg(x^2+1)$；

(2) $y=x^2\sin x$;

(3) $y=x^2+\sin x$;

(4) $y=|x+1|$;

(5) $y=\sin(x^2+1)$;

(6) $y=\lg(x+\sqrt{1+x^2})$.

6. 指出下列函数在指定的区间内的单调性.

(1) $y=\sin x\left(\frac{\pi}{2}\leqslant x\leqslant\pi\right)$;

(2) $y=x^3\ (-\infty<x<+\infty)$;

(3) $y=|x+1|\ (-5\leqslant x\leqslant -1)$;

(4) $y=\lg x\ (0<x<+\infty)$.

7. 指出下列函数中哪些是周期函数,并求出它们的周期.

(1) $y=\sin\lambda x\ (\lambda>0)$;

(2) $y=2$;

(3) $y=\sin 2x+\sin\pi x$;

(4) $y=\sin x+\cos x$.

8. 设 $f(x)=x^2, g(x)=2^x$,求 $f\circ f(x), g\circ g(x), f\circ g(x), g\circ f(x)$.

9. 设 $f(x)=\frac{1}{1-x}$,求 $f\circ f(x), f\circ f\circ f(x)$.

10. 求下列函数的反函数.

(1) $y=ax+b\ (a\neq 0)$;

(2) $y=\sqrt[3]{x^2+4}\ (x>0)$;

(3) $y=2\sin 3x\ (0<x<\pi/6)$;

(4) $y=\lg(x+4)$.

11. 设一个无盖的圆柱形容器的容积为 V,试将其表面面积表为底半径的函数.

12. 设在 x 轴上的 $x=0$ 和 $x=1$ 处分别放置质量为 q 和 p($p+q=1$)的两个质点. 又设 x 在 $(-\infty,+\infty)$ 内连续变动,试将在区间 $(-\infty,x]$ 上的质量 M 表示为 x 的函数.

13. 根据极限定义证明下列各极限：

(1) $\lim\limits_{n\to\infty}\dfrac{4n}{n+1}=4$；

(2) $\lim\limits_{n\to\infty}\dfrac{\sqrt{n^2+1}}{2n}=\dfrac{1}{2}$；

(3) $\lim\limits_{x\to\infty}\dfrac{2+x^2}{3x^2}=\dfrac{1}{3}$；

(4) $\lim\limits_{x\to 2}\dfrac{x^2+3x-10}{x-2}=7$；

(5) $\lim\limits_{x\to 3}(3x+2)=11$；

(6) $\lim\limits_{t\to+\infty}\dfrac{1}{\sqrt{t+1}}=0$.

14. 讨论下列各极限是否存在：

(1) $\lim\limits_{x\to 0}\dfrac{|x|}{x}$；

(2) $\lim\limits_{n\to\infty}\left(1+\dfrac{(-1)^n}{n}\right)$；

(3) $\lim\limits_{x\to 1}\operatorname{sgn}x$；

(4) $\lim\limits_{x\to 2}\dfrac{1}{\sin(x-2)}$.

15. 讨论下列各函数在点 $x=0$ 处的极限是否存在：

(1) $f(x)=\begin{cases}0 & (x=0),\\ 1 & (x\neq 0);\end{cases}$

(2) $f(x)=\begin{cases}x+1 & (-1\leqslant x\leqslant 0),\\ x & (0<x\leqslant 1);\end{cases}$

(3) $f(x)=\dfrac{1}{x}$；

(4) $f(x)=\begin{cases}1-x & (x>0),\\ 0 & (x\leqslant 0).\end{cases}$

16. 指出下列各变量在给定的变化过程中哪些是无穷小量，哪些是无穷大量：

(1) $y=\dfrac{1+3x}{x^2}$，当 $x\to 0$ 时；

(2) $y=\dfrac{x+4}{x^2-1}$,当 $x\to 1$ 时;

(3) $y=2^{-x}-1$,当 $x\to 0$ 时;

(4) $y=\lg x$,当 $x\to 0+0$ 时;

(5) $y=\dfrac{1+(-1)^n}{n}$,当 $n\to\infty$ 时;

(6) $y=\sqrt{1+x}-\sqrt{1-x}$,当 $x\to 0$ 时.

17. 当 $x\to 0$ 时,指出下列各无穷小量对于 x 的阶数:

(1) $0.1x^3+100x^2$;

(2) $\sin\sqrt{x}$;

(3) $3x+4\sin x$;

(4) $\sqrt[3]{\operatorname{tg}x}$;

(5) $\dfrac{x(x+1)}{(1+\sqrt{x})}$;

(6) $\dfrac{1-\cos x}{x}$.

18. 设 $\{x_n\}$ 和 $\{y_n\}$ 的极限都不存在,能否断定 $\{x_n+y_n\}$ 和 $\{x_n\cdot y_n\}$ 的极限一定不存在.

19. 设 $\{x_n\}$ 的极限不存在,而 $\{y_n\}$ 的极限存在,问 $\{x_n+y_n\}$ 的极限是否存在,为什么?

20. 试求下列各极限:

(1) $\lim\limits_{n\to\infty}\dfrac{4n^2+2}{3n^2+1}$;

(2) $\lim\limits_{n\to\infty}(\sqrt{n+1}-\sqrt{n})$;

(3) $\lim\limits_{x\to 2}\dfrac{4x+7}{x^2+1}$;

(4) $\lim\limits_{x\to 0}\dfrac{x^3-4}{4x^2+x-2}$;

(5) $\lim\limits_{x\to\infty}\dfrac{x^2-2}{4x^2+x+6}$;

(6) $\lim\limits_{x\to+\infty}\dfrac{\sqrt{x+1}-\sqrt{x-1}}{x}$;

(7) $\lim\limits_{n\to\infty}\dfrac{(-2)^n+5^n}{(-2)^{n+1}+5^{n+1}}$;

(8) $\lim\limits_{n\to\infty}\dfrac{\sqrt[3]{n}\sin n}{n+1}$;

(9) $\lim\limits_{\Delta x\to 0}\dfrac{\sqrt{x+\Delta x}-\sqrt{x}}{\Delta x}$;

(10) $\lim\limits_{n\to\infty}\dfrac{1+2+\cdots+n}{n^2}$;

(11) $\lim\limits_{n\to\infty}\dfrac{1+\frac{1}{2}+\frac{1}{4}+\cdots+\frac{1}{2^n}}{1+\frac{1}{3}+\frac{1}{9}+\cdots+\frac{1}{3^n}}$;

(12) $\lim\limits_{x\to 1}\dfrac{x^n-1}{x-1}$;

(13) $\lim\limits_{x\to -1}\left(\dfrac{1}{x+1}-\dfrac{3}{x^3+1}\right)$;

(14) $\lim\limits_{x\to 2}\dfrac{x-2}{x+1}$;

(15) $\lim\limits_{x\to 0}\dfrac{\sqrt{4+x^2}-2}{x}$;

(16) $\lim\limits_{x\to\infty}\left(4+\dfrac{1}{x}-\dfrac{1}{x^2}\right)$;

(17) $\lim\limits_{x\to 0}\dfrac{\frac{x}{2}}{\sin 2x}$;

(18) $\lim\limits_{x\to 0+0}\dfrac{\sqrt{1-\cos x}}{\sin x}$;

(19) $\lim\limits_{n\to\infty}\left(1+\dfrac{4}{n}\right)^n$;

(20) $\lim\limits_{x\to\infty}\left(1-\dfrac{1}{x}\right)^x$;

(21) $\lim\limits_{n\to\infty}\left(1+\dfrac{1}{n}\right)^{n+m}\quad(m\in\boldsymbol{N})$;

(22) $\lim\limits_{x\to 1}\dfrac{1}{1-x}$;

(23) $\lim\limits_{x\to-\infty} 2^x$;

(24) $\lim\limits_{x\to+\infty} 2^x$;

(25) $\lim\limits_{x\to a} \dfrac{\sin x - \sin a}{x - a}$;

(26) $\lim\limits_{x\to 0} \dfrac{\sin x^2}{2x}$;

(27) $\lim\limits_{x\to 0} \dfrac{(e^x - 1)\sin x}{1 - \cos x}$;

(28) $\lim\limits_{x\to \pi} \dfrac{\sin x}{\pi - x}$;

(29) $\lim\limits_{x\to 0} \dfrac{2\sin 4x}{3\operatorname{arctg} 2x}$;

(30) $\lim\limits_{x\to 0} \dfrac{\ln(1 + 2x)}{\operatorname{tg} 4x}$.

21. 证明下列函数在$(-\infty,+\infty)$内是连续的:

(1) $f(x) = e^x + \cos x$;

(2) $f(x) = |x|$;

(3) $f(x) = \begin{cases} 1 & (1 < x < +\infty), \\ x & (0 \leqslant x \leqslant 1), \\ 0 & (-\infty < x < 0); \end{cases}$

(4) $f(x) = \begin{cases} 1 - |x| & (-1 \leqslant x \leqslant 1), \\ 0 & (-\infty < x < -1 \text{ 或 } 1 < x < +\infty). \end{cases}$

22. 求出下列函数的连续区间,如有间断点指出它所属的类型:

(1) $y = \dfrac{x^3}{1 + x}$;

(2) $y = \sqrt{x - 1}$;

(3) $y = \dfrac{1}{2^x}$;

(4) $y = \lg(x^2 - 9)$;

(5) $y = \dfrac{|x|}{x}$;

(6) $y=\begin{cases}2 & (x=1),\\ \dfrac{1}{1-x} & (x\neq 1);\end{cases}$

(7) $y=x\sin\dfrac{1}{x}$;

(8) $y=\dfrac{x^2-1}{x^2-3x+2}$.

23. 设函数

$$f(x)=\begin{cases}x & (0\leqslant x<1),\\ 0 & (x=1),\\ 2-x & (1<x\leqslant 2).\end{cases}$$

写出函数的定义域,并作出函数图形,讨论如何改变函数在一点的定义使得函数在整个定义区间上都连续.

24. 利用函数的连续性求下列极限

(1) $\lim\limits_{x\to+\infty}\cos\dfrac{1-x}{1+x}$;

(2) $\lim\limits_{x\to1}\left(\dfrac{x}{2+x}\right)^{\frac{1-x^{1/2}}{1-x}}$.

第二章　一元微分学

本章将使用极限方法来研究函数的变化率及函数改变量的线性主部这样两个问题，从而给出导数与微分的定义及其计算方法，并在此基础上进一步讨论函数的性质.

§1　导数的概念

1.1　函数的变化率

在第一章，我们求出了抛物线 $y=2x^2$ 在点 $(a,2a^2)$ 处的切线的斜率，其方法是：在 $P_0(a,2a^2)$ 附近任取一点 $P(x,2x^2)$，这样割线 P_0P 的斜率为

$$\frac{y(x)-y(a)}{x-a}.$$

如果令 $x=a+\Delta x$，则 $y(x)=y(a+\Delta x)$，这样一来上式可以写成

$$\frac{y(a+\Delta x)-y(a)}{\Delta x},$$

它表示函数 $y=y(x)$ 在区间 $[a,a+\Delta x]$（或 $[a-\Delta x,a]$）上的平均变化率. 而当 $\Delta x\to 0$ 时，如果平均变化率的极限

$$\lim_{\Delta x\to 0}\frac{y(a+\Delta x)-y(a)}{\Delta x}$$

存在，则此极限值称为函数在点 a 处的**变化率**. 根据这一定义，曲线在点 P_0 处切线的斜率也就是函数 $y=y(x)$ 在点 a 处的变化率.

例 1　求物体沿直线运动的瞬时速度.

在初等数学中，我们已经会求匀速运动的速度，但在实际问题

中,物体的运动大都是非匀速运动.如何求非匀速运动的瞬时速度呢?

设物体在$[0,t]$这段时间内所经过的路程为S,则S是时刻t的函数$S=S(t)$.下面讨论物体在时刻$t_0\in[0,t]$的瞬时速度$v(t_0)$.

首先考虑物体在t_0时刻附近很短一段时间内运动.设物体从t_0到$t_0+\Delta t$这段时间间隔内路程从$S(t_0)$变到$S(t_0+\Delta t)$,其改变量为

$$\Delta S = S(t_0+\Delta t)-S(t_0).$$

在这段时间内的平均速度是

$$\bar{v}=\frac{\Delta S}{\Delta t}=\frac{S(t_0+\Delta t)-S(t_0)}{\Delta t}.$$

我们可以用这段时间内的平均速度$\bar{v}$去近似代替t_0时刻的瞬时速度,这种代替称为**"以不变代变"**或**"以匀代不匀"**.

然后我们把时间间隔不断地减少,显然时间间隔越小,这种近似代替的精确度就越高.当时间间隔$\Delta t\to 0$时,我们把平均速度$\bar{v}$的极限称为t_0时刻的**瞬时速度**,即

$$v(t_0)=\lim_{\Delta t\to 0}\frac{\Delta S}{\Delta t}=\lim_{\Delta t\to 0}\frac{S(t_0+\Delta t)-S(t_0)}{\Delta t}.$$

可见$v(t_0)$就是路程函数$S=S(t)$在$t=t_0$的变化率.

在上面的讨论中,我们把t_0看作常数,求完极限以后,又可以把t_0看作变量,这就是说,我们求出了每一时刻的瞬时速度.

例2 求非均匀质杆的线密度.

在物理学中,呈直线状的细长物体称为质杆.一般我们认为质杆只计长度,不计横截面积.如果一个质杆在任何相等的两段上都有相同的质量,那么我们就说它是均匀的.显然在这种情况下,任何一段上的质量与其长度之比是一常量,称之为均匀质杆的线密度.设质杆长为l,其质量为M,则线密度μ为

$$\mu=\frac{M}{l}.$$

但在许多实际问题中，质杆的质量分布往往都是非均匀的，这就是说，它的线密度不是常量，而是随着质杆上点的位置不同而取不同的值.

设长度为 l 的非均匀的质杆放在坐标轴上，其左端点位于原点，记相应于区间$[0,x]$上质杆的质量为 $m=m(x)$，$x\in[0,l]$. 考虑一小段质杆$[x,x+\Delta x]$，相应的质量为

$$\Delta m = m(x+\Delta x) - m(x).$$

这一小段上的平均线密度为

$$\bar{\mu} = \frac{\Delta m}{\Delta x} = \frac{m(x+\Delta x) - m(x)}{\Delta x},$$

当 $\Delta x \to 0$时，我们把平均线密度 $\bar{\mu}$ 的极限称为质杆在 x 点的线密度，即

$$\mu(x) = \lim_{\Delta x \to 0} \frac{\Delta m}{\Delta x} = \lim_{\Delta x \to 0} \frac{m(x+\Delta x) - m(x)}{\Delta x}.$$

可见 $\mu(x)$就是质杆的质量 $m=m(x)$在 x 点的变化率.

总结上面的两个例子，得到计算函数 $y=f(x)$的变化率的三个步骤：

第一步. 求增量. 给自变量 x 在点 x_0处一个改变量 Δx，相应地因变量 y 就有一个改变量 Δy：

$$\Delta y = f(x_0+\Delta x) - f(x_0);$$

第二步. 作差商. 写出 Δy 与 Δx 的比$\dfrac{\Delta y}{\Delta x}$，即写出函数 $f(x)$在区间$[x_0,x_0+\Delta x]$上的平均变化率：

$$\frac{\Delta y}{\Delta x} = \frac{f(x_0+\Delta x) - f(x_0)}{\Delta x};$$

第三步. 取极限. 当 $\Delta x \to 0$时，平均变化率就转化成在点 x_0处的变化率：

$$\lim_{\Delta x \to 0} \frac{\Delta y}{\Delta x}.$$

1.2 导数的定义

定义 设函数 $y=f(x)$ 在 $N(x_0)$ 内有定义. 给 x_0 一个改变量 Δx，使得 $x_0+\Delta x\in N(x_0)$，函数 $y=f(x)$ 相应地有改变量 $\Delta y=f(x_0+\Delta x)-f(x_0)$. 如果极限

$$\lim_{\Delta x\to 0}\frac{\Delta y}{\Delta x}=\lim_{\Delta x\to 0}\frac{f(x_0+\Delta x)-f(x_0)}{\Delta x}$$

存在，那么就称此极限为函数 $f(x)$ 在 x_0 点的**导数**(或**微商**)，记作

$$f'(x_0) \text{ 或 } y'\Big|_{x=x_0} \text{ 或 } \frac{\mathrm{d}y}{\mathrm{d}x}\Big|_{x=x_0},$$

并称函数 $y=f(x)$ 在点 x_0 处是**可导的**.

例3 求函数 $y=x^2$ 在点 $x=3$ 处的导数.

解 按照导数定义给 $x_0=3$ 一个改变量 Δx. 首先计算函数的改变量

$$\begin{aligned}\Delta y&=f(3+\Delta x)-f(3)=(3+\Delta x)^2-3^2\\&=6\Delta x+(\Delta x)^2;\end{aligned}$$

作这两个改变量的比

$$\frac{\Delta y}{\Delta x}=\frac{6\Delta x+(\Delta x)^2}{\Delta x}=6+\Delta x.$$

求 $\frac{\Delta y}{\Delta x}$ 的极限

$$\lim_{\Delta x\to 0}\frac{\Delta y}{\Delta x}=\lim_{\Delta x\to 0}(6+\Delta x)=6,$$

所以

$$(x^2)'\Big|_{x=3}=6.$$

类似左、右极限的定义，在这里我们定义

$$\lim_{\Delta x\to 0-0}\frac{\Delta y}{\Delta x}$$

为函数 $f(x)$ 在点 x_0 处的**左导数**，记为 $f'_-(x_0)$；定义

$$\lim_{\Delta x\to 0+0}\frac{\Delta y}{\Delta x}$$

为函数 $f(x)$ 在点 x_0 处的**右导数**，记作 $f'_+(x_0)$.

左导数与右导数统称为**单侧导数**. 如果函数 $y=f(x)$ 在区间 (a,b) 内的每一点处都可导，则称函数 $f(x)$ 在区间 (a,b) 内**可导**. 对于区间 $[a,b]$ 的左端点 a 来说，函数 $f(x)$ 只能有右导数，而对右端点 b 来说，它只能有左导数. 但对于区间内某一点 c 来说，只有当它的左导数存在，右导数也存在，并且两者相等的情况下，我们才称函数在 c 点可导.

如果 $f(x)$ 在 (a,b) 内可导，那么对于 (a,b) 内任意一点 x 都有一个导数 $f'(x)$ 与它对应. 也就是说 $f'(x)$ 仍为 x 的函数，我们称之为 $f(x)$ 的**导函数**. 为了方便起见也称导函数为**导数**，记作 $f'(x)$ 或 y'. 例如，对于函数 $y=x^2$ 在 $(-\infty,+\infty)$ 内的每一点 x 处都可以按照定义求出它的导数值为 $2x$，因而有 $y'=2x$. 我们称 $2x$ 为 $y=x^2$ 的导数.

由导数的定义可知，例1中的变速直线运动的瞬时速度就是路程对时间的导数，即 $v=\frac{\mathrm{d}s}{\mathrm{d}t}$；而非均匀质杆的线密度就是质量对长度的导数，即 $\mu=\frac{\mathrm{d}m}{\mathrm{d}x}$. 总而言之，函数的导数就是函数对自变量的变化率.

下面我们来讨论几个基本初等函数的导数.

1. 常数函数

$$(C)' = 0.$$

证明 计算函数的改变量 $\Delta y=C-C=0$；

作差商 $\frac{\Delta y}{\Delta x}=\frac{0}{\Delta x}=0$；

取极限 $\lim\limits_{\Delta x\to 0}\frac{\Delta y}{\Delta x}=0$，即

$$C' = 0.$$

2. 正弦函数

$$(\sin x)' = \cos x.$$

证明 计算函数的改变量

$$\Delta y = \sin(x + \Delta x) - \sin x = 2\cos\left(x + \frac{\Delta x}{2}\right)\sin\frac{\Delta x}{2};$$

作差商 $\dfrac{\Delta y}{\Delta x} = \dfrac{2\cos\left(x+\dfrac{\Delta x}{2}\right)\sin\dfrac{\Delta x}{2}}{\Delta x} = \cos\left(x+\dfrac{\Delta x}{2}\right)\dfrac{\sin\dfrac{\Delta x}{2}}{\dfrac{\Delta x}{2}};$

取极限　由 $\cos x$ 的连续性，有 $\lim\limits_{\Delta x\to 0}\cos\left(x+\dfrac{\Delta x}{2}\right) = \cos x.$

并且有

$$\lim_{\Delta x\to 0}\frac{\sin\dfrac{\Delta x}{2}}{\dfrac{\Delta x}{2}} = 1.$$

因此

$$\lim_{\Delta x\to 0}\frac{\Delta y}{\Delta x} = \lim_{\Delta x\to 0}\cos\left(x + \frac{\Delta x}{2}\right)\lim_{\Delta x\to 0}\frac{\sin\dfrac{\Delta x}{2}}{\dfrac{\Delta x}{2}} = \cos x,$$

即

$$(\sin x)' = \cos x.$$

用同样方法，可以求出

$$(\cos x)' = -\sin x.$$

3. 对数函数

$$(\ln x)' = \frac{1}{x}.$$

证明　计算函数的改变量

$$\Delta y = \ln(x + \Delta x) - \ln x = \ln\left(1 + \frac{\Delta x}{x}\right).$$

作差商

$$\frac{\Delta y}{\Delta x} = \frac{\ln\left(1 + \dfrac{\Delta x}{x}\right)}{\Delta x} = \frac{1}{\Delta x}\ln\left(1 + \frac{\Delta x}{x}\right)$$

$$= \frac{1}{x}\cdot\frac{x}{\Delta x}\ln\left(1 + \frac{\Delta x}{x}\right)$$

$$= \frac{1}{x}\ln\left(1+\frac{\Delta x}{x}\right)^{\frac{x}{\Delta x}};$$

取极限 由 $\ln x$ 的连续性，有

$$\lim_{\Delta x\to 0}\ln\left(1+\frac{\Delta x}{x}\right)^{\frac{x}{\Delta x}} = \ln\lim_{\Delta x\to 0}\left(1+\frac{\Delta x}{x}\right)^{\frac{x}{\Delta x}},$$

并且当 $\Delta x\to 0$时，$\frac{\Delta x}{x}\to 0$. 因此

$$\begin{aligned}\lim_{\Delta x\to 0}\frac{\Delta y}{\Delta x} &= \lim_{\Delta x\to 0}\frac{1}{x}\ln\left(1+\frac{\Delta x}{x}\right)^{\frac{x}{\Delta x}}\\ &= \frac{1}{x}\ln\lim_{\frac{\Delta x}{x}\to 0}\left(1+\frac{\Delta x}{x}\right)^{\frac{x}{\Delta x}}\\ &= \frac{1}{x}\ln e = \frac{1}{x},\end{aligned}$$

即

$$(\ln x)' = \frac{1}{x}.$$

4. 若 $y=f(x)=x^n$，则

$$(x^n)' = nx^{n-1},$$

其中 n 为自然数.

证明 根据二项式定理，有

$$\begin{aligned}(x+\Delta x)^n &= x^n + nx^{n-1}\Delta x\\ &\quad + \frac{n(n-1)}{2!}x^{n-2}(\Delta x)^2 + \cdots + (\Delta x)^n.\end{aligned}$$

计算函数的改变量

$$\begin{aligned}\Delta y &= (x+\Delta x)^n - x^n\\ &= nx^{n-1}\Delta x + \frac{n(n-1)}{2!}x^{n-2}(\Delta x)^2 + \cdots\\ &\quad + (\Delta x)^n.\end{aligned}$$

作差商 $$\frac{\Delta y}{\Delta x} = nx^{n-1} + \frac{n(n-1)}{2!}x^{n-2}\Delta x + \cdots$$

$$+ (\Delta x)^{n-1}.$$

取极限

$$\lim_{\Delta x \to 0} \frac{\Delta y}{\Delta x} = nx^{n-1},$$

即

$$(x^n)' = nx^{n-1}.$$

5. 若 $y=f(x)=\sqrt{x}$，则

$$(\sqrt{x})' = \frac{1}{2\sqrt{x}}.$$

证明 计算函数的改变量

$$\Delta y = \sqrt{x+\Delta x} - \sqrt{x};$$

作差商

$$\frac{\Delta y}{\Delta x} = \frac{\sqrt{x+\Delta x} - \sqrt{x}}{\Delta x}$$

$$= \frac{(\sqrt{x+\Delta x} - \sqrt{x})(\sqrt{x+\Delta x} + \sqrt{x})}{\Delta x(\sqrt{x+\Delta x} + \sqrt{x})}$$

$$= \frac{x+\Delta x - x}{\Delta x(\sqrt{x+\Delta x} + \sqrt{x})}$$

$$= \frac{1}{\sqrt{x+\Delta x} + \sqrt{x}};$$

取极限

$$\lim_{\Delta x \to 0} \frac{\Delta y}{\Delta x} = \lim_{\Delta x \to 0} \frac{1}{\sqrt{x+\Delta x} + \sqrt{x}}$$

$$= \frac{1}{\sqrt{x} + \sqrt{x}} = \frac{1}{2\sqrt{x}},$$

即

$$(\sqrt{x})' = \frac{1}{2\sqrt{x}}.$$

通过计算 x^n 与 $\sqrt{x}$（即 $x^{\frac{1}{2}}$）的导数，我们发现，它们的共同规律是

$$(x^\alpha)' = \alpha x^{\alpha-1}.$$

上面的公式对于任意的实数 α 都成立,这一点我们将在§2给以证明.

例如,对于 $y=\frac{1}{x}=x^{-1}$, 有

$$(x^{-1})' = -1\cdot x^{-1-1} = -\frac{1}{x^2}.$$

1.3 导数的几何意义

在第一章中我们用极限方法求出了抛物线 $y=2x^2$ 在点 $P_0(a, 2a^2)$ 处的切线的斜率. 一般地,函数 $y=f(x)$ 所表示的曲线在点 $(x_0, f(x_0))$ 处的切线的斜率为

$$\operatorname{tg}\alpha = \lim_{\Delta x\to 0}\frac{\Delta y}{\Delta x} = f'(x_0),$$

即函数 $y=f(x)$ 在一点 x_0 处的导数 $f'(x_0)$ 在几何上表示曲线 $y=f(x)$ 在 x_0 点的切线的斜率. 从而可知当 $f'(x_0)\neq 0$ 时,曲线 $y=f(x)$ 在点 $(x_0, f(x_0))$ 处的切线方程为

$$y - y_0 = f'(x_0)(x - x_0);$$

法线方程为

$$y - y_0 = -\frac{1}{f'(x_0)}(x - x_0).$$

例4 求曲线 $y=4x^3$ 在点(1,4)处的切线方程和法线方程.

解 函数 $y=4x^3$ 的导数 $y'=12x^2$,在 $x=1$ 处的导数 $y'\big|_{x=1}=12$. 根据导数的几何意义,曲线 $y=4x^3$ 在点(1,4)处的切线斜率为12. 故切线方程为

$$y - 4 = 12(x - 1),\text{即 } 12x - y - 8 = 0.$$

法线方程为

$$y - 4 = -\frac{1}{12}(x - 1),\text{即 } x + 12y - 49 = 0.$$

1.4 导数与连续

下面我们根据导数的定义来讨论函数在一点处可导与在该点连续之间的关系.

定理 如果函数 $y=f(x)$在点 x_0处是可导的,那么 $y=f(x)$在点 x_0处是连续的. 反之不真.

证明 因为函数 $f(x)$在点 x_0处可导,所以由导数定义,有

$$\lim_{\Delta x\to 0}\Delta y=\lim_{\Delta x\to 0}\frac{\Delta y}{\Delta x}\cdot\Delta x=\lim_{\Delta x\to 0}\frac{\Delta y}{\Delta x}\cdot\lim_{\Delta x\to 0}\Delta x.$$

$$=f'(x_0)\cdot 0=0.$$

上式表明当 $\Delta x\to 0$时 $\Delta y\to 0$. 由连续定义可知,$y=f(x)$在点 x_0处是连续的.

下面举例说明"反之不真". 例如函数

$$y=|x|=\begin{cases}x & (x\geqslant 0),\\ -x & (x<0)\end{cases}$$

(见图2-1). 显然 $y=|x|$在任何点(包括原点)处都是连续的. 考虑

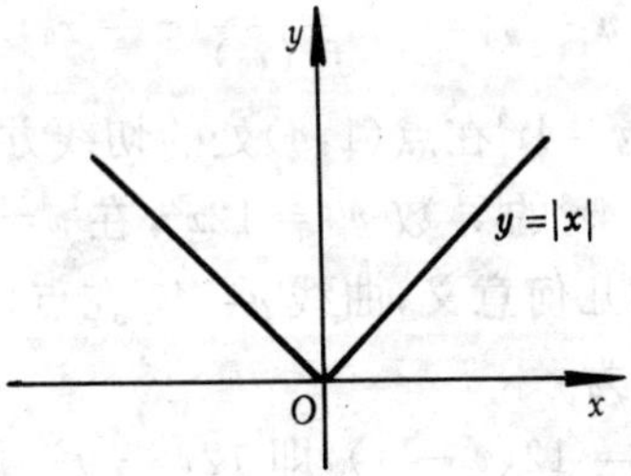

图 2-1

函数 $y=|x|$在原点处的左导数为

$$f'_-(0)=\lim_{\Delta x\to 0-0}\frac{f(0+\Delta x)-f(0)}{\Delta x}$$

$$=\lim_{\Delta x\to 0-0}\frac{|\Delta x|-0}{\Delta x}$$

$$=\lim_{\Delta x\to 0-0}\frac{-\Delta x}{\Delta x}=-1;$$

而 $y=|x|$ 在原点处的右导数为

$$f'_+(0)=\lim_{\Delta x\to 0+0}\frac{f(0+\Delta x)-f(0)}{\Delta x}$$

$$=\lim_{\Delta x\to 0+0}\frac{|\Delta x|-0}{\Delta x}$$

$$=\lim_{\Delta x\to 0+0}\frac{\Delta x}{\Delta x}=1.$$

由此可见 $f'_-(0)\neq f'_+(0)$，所以 $y=|x|$ 在点 $x=0$ 处不可导.

该定理说明函数在某点连续是函数在该点可导的必要条件，但不是充分条件.

§2 导数的计算

2.1 导数的四则运算法则

在上一节中，我们按照定义求出了一些函数的导数，但这并不意味着，任何函数的导数都要按照定义来计算. 下面我们给出导数的四则运算法则，利用这个法则和已经求出的基本初等函数的导数公式，就可以计算比较复杂的函数的导数了.

定理 当函数 $u(x)$，$v(x)$ 在点 x 处可导，则函数 $u(x)\pm v(x)$，$u(x)\cdot v(x)$，$\frac{u(x)}{v(x)}$ $(v(x)\neq 0)$ 分别在该点处也可导，并且有

(1) $[u(x)\pm v(x)]'=u'(x)\pm v'(x)$；

(2) $[u(x)\cdot v(x)]'=u'(x)v(x)+u(x)v'(x)$；

(3) $[Cu(x)]'=Cu'(x)$；

(4) $\left[\frac{u(x)}{v(x)}\right]'=\frac{u'(x)v(x)-u(x)v'(x)}{[v(x)]^2}$.

证明 (1) 令 $y=u(x)+v(x)$,计算函数的改变量

$$\begin{aligned}\Delta y&=[u(x+\Delta x)+v(x+\Delta x)]-[u(x)+v(x)]\\&=[u(x+\Delta x)-u(x)]+[v(x+\Delta x)-v(x)]\\&=\Delta u+\Delta v;\end{aligned}$$

作差商 $\frac{\Delta y}{\Delta x}=\frac{\Delta u}{\Delta x}+\frac{\Delta v}{\Delta x}$;因为 $u(x),v(x)$可导,所以

$$\lim_{\Delta x\to 0}\frac{\Delta u}{\Delta x}=u'(x),\qquad \lim_{\Delta x\to 0}\frac{\Delta v}{\Delta x}=v'(x).$$

根据极限运算法则立刻可以得到

$$\begin{aligned}\lim_{\Delta x\to 0}\frac{\Delta y}{\Delta x}&=\lim_{\Delta x\to 0}\frac{\Delta u}{\Delta x}+\lim_{\Delta x\to 0}\frac{\Delta v}{\Delta x}\\&=u'(x)+v'(x),\end{aligned}$$

即 $$[u(x)+v(x)]'=u'(x)+v'(x).$$

用同样的方法可以证明

$$[u(x)-v(x)]'=u'(x)-v'(x).$$

(2) 令 $y(x)=u(x)\cdot v(x)$,计算函数的改变量

$$\begin{aligned}\Delta y&=u(x+\Delta x)\cdot v(x+\Delta x)-u(x)\cdot v(x)\\&=[u(x+\Delta x)-u(x)]\cdot v(x+\Delta x)\\&\quad+u(x)[v(x+\Delta x)-v(x)]\\&=\Delta u\cdot v(x+\Delta x)+u(x)\cdot\Delta v;\end{aligned}$$

作差商

$$\frac{\Delta y}{\Delta x}=\frac{\Delta u}{\Delta x}\cdot v(x+\Delta x)+u(x)\cdot\frac{\Delta v}{\Delta x},$$

注意到 $v(x)$在点 x 处可导,它必在点 x 处连续,所以

$$\lim_{\Delta x\to 0}v(x+\Delta x)=v(x).$$

取极限

$$\begin{aligned}\lim_{\Delta x\to 0}\frac{\Delta y}{\Delta x}&=\lim_{\Delta x\to 0}\frac{\Delta u}{\Delta x}\lim_{\Delta x\to 0}v(x+\Delta x)+u(x)\lim_{\Delta x\to 0}\frac{\Delta v}{\Delta x}\\&=u'(x)v(x)+u(x)v'(x),\end{aligned}$$

即

$$[u(x)\cdot v(x)]'=u'(x)v(x)+u(x)v'(x).$$

(3) 在(2)中令 $v(x)=C$(C 是常数),有

$$[Cu(x)]'=u'(x)\cdot C+u(x)\cdot C'.$$

根据 $C'=0$,立刻可以得到下面的公式

$$[Cu(x)]'=Cu'(x).$$

(4) 为了证明(4),先考虑 $y=\dfrac{1}{v(x)}$($v(x)\neq 0$)的导数.

计算函数 y 的改变量

$$\begin{aligned}\Delta y&=\frac{1}{v(x+\Delta x)}-\frac{1}{v(x)}\\&=\frac{-1}{v(x+\Delta x)\cdot v(x)}[v(x+\Delta x)-v(x)]\\&=\frac{-1}{v(x+\Delta x)\cdot v(x)}\cdot\Delta v\end{aligned}$$

作差商 $\dfrac{\Delta y}{\Delta x}=\dfrac{-1}{v(x+\Delta x)\cdot v(x)}\cdot\dfrac{\Delta v}{\Delta x}$,并注意到 $v(x)$ 在点 x 处可导,它在点 x 处是连续的,所以有

$$\lim_{\Delta x\to 0}v(x+\Delta x)=v(x).$$

取极限

$$\begin{aligned}\lim_{\Delta x\to 0}\frac{\Delta y}{\Delta x}&=\lim_{\Delta x\to 0}\frac{-1}{v(x+\Delta x)\cdot v(x)}\cdot\lim_{\Delta x\to 0}\frac{\Delta v}{\Delta x}\\&=\frac{-1}{v(x)\cdot v(x)}\cdot v'(x)\\&=\frac{-v'(x)}{[v(x)]^2}.\end{aligned}$$

由公式(2)有

$$\begin{aligned}\left[\frac{u(x)}{v(x)}\right]'&=\left[u(x)\cdot\frac{1}{v(x)}\right]'\\&=u'(x)\frac{1}{v(x)}+u(x)\left(\frac{1}{v(x)}\right)'\end{aligned}$$

$$=u'(x)\cdot\frac{1}{v(x)}+u(x)\cdot\frac{-v'(x)}{[v(x)]^2}$$

$$=\frac{u'(x)v(x)-u(x)v'(x)}{[v(x)]^2}.$$

由(1),(3)两式可知,求有限多个函数的线性组合的导数,可以先求每个函数的导数,然后再线性组合,即

$$\left(\sum_{i=1}^{n}a_i f_i(x)\right)'=\sum_{i=1}^{n}a_i f_i'(x).$$

例 1 求函数 $y=x^4+\frac{4}{x}-\sqrt{x}+2$ 的导数.

解

$$y'=\left(x^4+\frac{4}{x}-\sqrt{x}+2\right)'$$

$$=(x^4)'+\left(\frac{4}{x}\right)'-(\sqrt{x})'+2'$$

$$=4x^3-\frac{4}{x^2}-\frac{1}{2\sqrt{x}}.$$

例 2 求函数 $y=x^2\sin x$ 的导数.

解

$$y'=(x^2\sin x)'=(x^2)'\sin x+x^2(\sin x)'$$

$$=2x\sin x+x^2\cos x.$$

例 3 求函数 $y=\operatorname{tg}x$ 的导数.

解

$$y'=(\operatorname{tg}x)'=\left(\frac{\sin x}{\cos x}\right)'$$

$$=\frac{(\sin x)'\cos x-\sin x(\cos x)'}{(\cos x)^2}$$

$$=\frac{\cos x\cdot\cos x-\sin x(-\sin x)}{\cos^2 x}$$

$$=\frac{1}{\cos^2 x}=\sec^2 x.$$

同样可以求出

$$(\operatorname{ctg}x)'=-\csc^2 x.$$

例 4 求函数 $y=\log_a x$ 的导数.

解 $$y' = (\log_a x)' = \left(\frac{\ln x}{\ln a}\right)' = \frac{1}{\ln a}(\ln x)' = \frac{1}{x\ln a}.$$

2.2 复合函数的导数

上面我们给出了一些简单的函数的导数和导数的基本运算法则，为了进一步讨论初等函数的求导问题，还需要给出复合函数的求导法则.

定理 设函数 $u=\varphi(x)$ 在一点 x 处有导数 $u'_x=\varphi'(x)$，又函数 $y=f(u)$ 在对应点 u 处有导数 $y'_u=f_u$，则复合函数 $y=f[\varphi(x)]$ 在点 x 处也有导数，并且

$$y'_x = y'_u \cdot u'_x \quad \text{或} \quad \frac{\mathrm{d}y}{\mathrm{d}x} = \frac{\mathrm{d}y}{\mathrm{d}u} \cdot \frac{\mathrm{d}u}{\mathrm{d}x}.$$

证明 因为 $y=f(u)$ 在点 u 处可导，即

$$\lim_{\Delta u\to 0}\frac{\Delta y}{\Delta u} = y'_u$$

存在. 根据极限与无穷小的关系，有

$$\frac{\Delta y}{\Delta u} = y'_u + o(1) \quad (\Delta u \to 0),$$

因而有

$$\Delta y = y'_u \cdot \Delta u + \Delta u \cdot o(1) \quad (\Delta u \to 0),$$

上式两边同时除以 Δx，得到

$$\frac{\Delta y}{\Delta x} = y'_u \frac{\Delta u}{\Delta x} + \frac{\Delta u}{\Delta x} \cdot o(1) \quad (\Delta u \to 0).$$

由于 $u=\varphi(x)$ 在点 x 处可导，因此函数 $u=\varphi(x)$ 在点 x 处连续，当 $\Delta x\to 0$ 时，有 $\Delta u\to 0$. 令 $\Delta x\to 0$，上式两边取极限，得到

$$y'_x = \lim_{\Delta x\to 0}\frac{\Delta y}{\Delta x} = \lim_{\Delta x\to 0}\left(y'_u \cdot \frac{\Delta u}{\Delta x} + \frac{\Delta u}{\Delta x} \cdot o(1)\right)$$

$$= y'_u \cdot \lim_{\Delta x\to 0}\frac{\Delta u}{\Delta x} + \lim_{\Delta x\to 0}\frac{\Delta u}{\Delta x} \cdot \lim_{\Delta u\to 0} o(1)$$

$$=y'_u \cdot u'_x + u'_x \cdot 0 = y'_u \cdot u'_x$$

这就是说，函数 y 对自变量 x 的导数等于 y 对中间变量 u 的导数乘以中间变量 u 对自变量 x 的导数. 定理得证.

例5 求函数 $y=\sin x^2$的导数

解 把函数 $y=\sin x^2$看成是由基本初等函数 $y=\sin u$ 与 $u=x^2$ 复合而成的. 所以

$$\begin{aligned} y'_x &= y'_u \cdot u'_x = (\sin u)'(x^2)' \\ &= \cos u \cdot 2x = 2x\cos x^2. \end{aligned}$$

例6 求函数 $y=\ln\cos x$ 的导数.

解 把函数 $y=\ln\cos x$ 看成是由基本初等函数 $y=\ln u$ 与 $u=\cos x$ 复合而成的. 所以

$$\begin{aligned} y'_x &= y'_u \cdot u'_x = (\ln u)'(\cos x)' \\ &= \frac{1}{u}(-\sin x) = -\frac{\sin x}{\cos x} \\ &= -\operatorname{tg} x. \end{aligned}$$

利用复合函数的求导公式计算导数的关键是，适当地选取中间变量，将所给的函数拆成两个或几个基本初等函数的复合，然后用一次或几次复合函数求导公式，求出所给函数的导数. 需要指出的是，以后在利用复合函数求导公式解题时，不要求写出中间变量 u，只要在心中默记就可以了.

例7 求函数 $y=\sin(\cos x^3)$的导数.

解
$$\begin{aligned} y' &= \cos(\cos x^3) \cdot (\cos x^3)' \\ &= \cos(\cos x^3) \cdot (-\sin x^3) \cdot (x^3)' \\ &= -\cos(\cos x^3)\sin x^3 \cdot 3x^2 \\ &= -3x^2\sin x^3 \cdot \cos(\cos x^3). \end{aligned}$$

例8 求函数 $y=\ln(x+\sqrt{1+x^2})$的导数.

解
$$y' = \frac{1}{(x+\sqrt{1+x^2})}(x+\sqrt{1+x^2})'$$

$$= \frac{1}{x+\sqrt{1+x^2}}\left(1+\frac{1}{2\sqrt{1+x^2}}(1+x^2)'\right)$$

$$= \frac{1}{x+\sqrt{1+x^2}}\left(1+\frac{2x}{2\sqrt{1+x^2}}\right)$$

$$= \frac{1}{x+\sqrt{1+x^2}}\frac{\sqrt{1+x^2}+x}{\sqrt{1+x^2}}$$

$$= \frac{1}{\sqrt{1+x^2}}.$$

例9 求函数 $y=\ln|x|$ 的导数.

解 当 $x>0$ 时

$$y' = (\ln|x|)' = (\ln x)' = \frac{1}{x};$$

当 $x<0$ 时

$$y' = [\ln(-x)]' = \frac{1}{(-x)}(-x)'$$

$$= \frac{1}{-x}\cdot(-1) = \frac{1}{x}.$$

所以只要 $x\neq 0$,总有

$$(\ln|x|)' = \frac{1}{x}.$$

例10 气球充气时,半径 R 以1cm/s 的速率增大,设充气过程中气球保持球形.求当半径 $R=10$cm 时,体积 V 增加的速率.

解 气球充气时,体积 V 与半径 R 都是 t 的函数:

$$V = V(t),\quad R = R(t).$$

并且函数 $V(t)$ 与 $R(t)$ 满足关系式:

$$V(t) = \frac{4}{3}\pi R^3(t).$$

利用复合函数求导公式,我们有

$$V'_t = \left(\frac{4}{3}\pi R^3\right)' \cdot R'_t = 4\pi R^2 \cdot R'_t.$$

由题设 $R_t'=1$及 $R=10$代入，即得

$$V_t'\Big|_{\substack{R=10\\R_t=1}}=400\pi.$$

这就是说，当 R 为10cm 时，体积 V 增加的速率为$400\pi\text{cm}^3/\text{s}$.

2.3 隐函数的导数

前面我们介绍的求导法则都是针对显函数的. 所谓显函数就是因变量 y 已经写成自变量 x 的明显表达式的函数，即形如

$$y=f(x),\quad x\in X$$

的函数. 但在很多实际问题中，我们所遇到的 x 与 y 之间的函数关系是由方程 $F(x,y)=0$确定的. 例如，函数 $y=(3x-7)/2$可由方程 $3x-2y=7$确定. 通常我们把未解出因变量的方程 $F(x,y)=0$所确定的 x 与 y 之间的函数关系称为隐函数.

在隐函数中，对于自变量的一个值，因变量可能有多个值与它对应，这时我们称之为多值函数. 在这种情况下，有时可以把它写成几个单值函数. 例如从圆周方程

$$x^2+y^2=R^2$$

中解出 y，就得到两个显函数.

$$y=\sqrt{R^2-x^2}\quad 和\quad y=-\sqrt{R^2-x^2}.$$

显函数 $y=\sqrt{R^2-x^2}$表示上半圆周；而 $y=-\sqrt{R^2-x^2}$表示下半圆周.

注意，并不是所有的隐函数都能写成显函数的形式. 例如隐函数方程

$$y-x-\frac{1}{2}\sin y=0$$

中的 y 就不能表示成 x 的显函数.

给出一个隐函数，如何求它的导数呢？是不是需要把它化成显

函数以后再求导数呢?这是不必要的,更何况有些隐函数根本不能化成显函数.我们注意到将方程 $F(x,y)=0$ 所确定的函数 $y=f(x)$ 代入方程后,则方程一定成为恒等式,即 $F(x,f(x))\equiv 0$. 因此,我们把 $F(x,y)=0$ 中的 y 看成是由方程所确定的隐函数时,方程 $F(x,y)=0$ 就成为一个恒等式,这时我们利用复合函数的求导法则对方程直接求导,即可解出 y'_x ①.

例11 求由方程 $x^2+y^2=R^2$ 所确定的函数 $y=f(x)$ 的导数.

解 将方程 $x^2+y^2=R^2$ 的两边同时对 x 求导,注意到 y^2 是 x 的复合函数,有

$$2x+2y\cdot y'_x=0.$$

由此解出

$$y'_x=-\frac{x}{y}.$$

注意,$-x/y$ 中的 y 仍是 x 的函数,不必把它写成 $f(x)$ 的形式.如果我们从圆周方程 $x^2+y^2=R^2$ 中解出显函数后,再求导数,其结果是一样的.请读者自己验证.

例12 求由方程 $y-x-\frac{1}{2}\sin y=0$ 所确定的函数 $y=f(x)$ 的导数.

解 在方程 $y-x-\frac{1}{2}\sin y=0$ 的两边同时对 x 求导,得到

$$y'_x-1-\frac{1}{2}\cos y\cdot y'_x=0,$$

由此解出

$$y'_x=\frac{1}{1-\frac{1}{2}\cos y}.$$

由此可见,尽管由这个隐函数方程得不到显函数的表达式,但

① 这里把方程 $F(x,y)=0$ 所确定的函数 $y=f(x)$ 的导数记为 y'_x,是为了明确 y 是 x 的函数.

我们仍可以算出它的导数.

例13 求曲线 $y^3+y^2=2x$ 在(1,1)点的切线方程.

解 首先求出切线的斜率. 根据隐函数求导法则,在方程 $y^3+y^2=2x$两边同时对 x 求导,有

$$3y^2\cdot y'_x+2y\cdot y'_x=2,$$

即

$$y'_x(3y^2+2y)=2.$$

于是

$$y'_x=\frac{2}{3y^2+2y}.$$

所以切线在(1,1)点处的斜率

$$k=y'_x\big|_{(1,1)}=\frac{2}{5}.$$

再求直线方程的点斜式,得到切线方程为

$$y-1=\frac{2}{5}(x-1),$$

即

$$2x-5y+3=0.$$

利用隐函数求导法则还可以简化一些求导数的运算. 具体的方法是,先对显函数 $y=f(x)$的两边取对数.

$$\ln y=\ln f(x),$$

然后把 y 看作是 x 的函数,再按复合函数的求导法则对 x 求导数,最后再解出 y'_x.

例14 求函数 $y=\sqrt[3]{\dfrac{(x+1)(x+2)}{(x+3)(x+4)}}$的导数.

解 首先在所给方程的两边取以 e 为底的对数,有

$$\ln y=\frac{1}{3}[\ln(x+1)+\ln(x+2)-\ln(x+3)-\ln(x+4)].$$

在等式的两边同时对 x 求导数,得

$$\frac{y'_x}{y}=\frac{1}{3}\left(\frac{1}{x+1}+\frac{1}{x+2}-\frac{1}{x+3}-\frac{1}{x+4}\right).$$

解出

$$\begin{aligned}y'_x&=\frac{y}{3}\left(\frac{1}{x+1}+\frac{1}{x+2}-\frac{1}{x+3}-\frac{1}{x+4}\right)\\&=\frac{1}{3}\sqrt[3]{\frac{(x+1)(x+2)}{(x+3)(x+4)}}\\&\quad\times\left(\frac{1}{x+1}+\frac{1}{x+2}-\frac{1}{x+3}-\frac{1}{x+4}\right).\end{aligned}$$

利用这种方法，我们可以导出指数函数、幂函数和反三角函数的求导法则.

1. 指数函数

$$(a^x)'=a^x\ln a.$$

证明 对 $y=a^x$ 的两边取对数，得到

$$\ln y=x\ln a.$$

在上式的两边同时对 x 求导，得

$$\frac{y'_x}{y}=\ln a,$$

即

$$\frac{(a^x)'}{a^x}=\ln a.$$

解出

$$(a^x)'=a^x\ln a.$$

当 $a=\mathrm{e}$ 时，即有 $(\mathrm{e}^x)'=\mathrm{e}^x\ln\mathrm{e}=\mathrm{e}^x$.

2. 幂函数

$$(x^\alpha)'=\alpha x^{\alpha-1},$$

其中 $x>0$，α 为任意实数.

证明 对 $y=x^\alpha$ 的两边取对数，得到

$$\ln y=\alpha\ln x.$$

在上式的两边同时对 x 求导，得

$$\frac{y'_x}{y} = \frac{\alpha}{x},$$

即

$$\frac{(x^\alpha)'}{(x^\alpha)} = \frac{\alpha}{x}.$$

解出

$$(x^\alpha)' = \frac{\alpha}{x}x^\alpha = \alpha x^{\alpha-1}.$$

3. 反正弦函数

$$(\text{arc sin}x)' = \frac{1}{\sqrt{1-x^2}}.$$

证明 由 $y=\text{arc sin}x$ 得到

$$x = \sin y \ (-\pi/2 < y < \pi/2).$$

在上式的两边同时对 x 求导,得

$$1 = \cos y \cdot y'_x.$$

因为当 $-\pi/2<y<\pi/2$时,有 $\cos y>0$,且有

$$\cos y = \sqrt{1-\sin^2 y} = \sqrt{1-x^2},$$

所以

$$y'_x = \frac{1}{\cos y} = \frac{1}{\sqrt{1-x^2}}.$$

4. 反余弦函数

$$(\text{arc cos}x)' = -\frac{1}{\sqrt{1-x^2}}.$$

此公式的证明与3相仿,留给读者当作练习.

5. 反正切函数

$$(\text{arc tg}x)' = \frac{1}{1+x^2}.$$

证明 由 $y=\text{arc tg}x$ 得到

$$x = \text{tg}y \ (-\pi/2 < y < \pi/2).$$

在上式的两边同时对 x 求导,得

$$1=\sec^2 y\cdot y'_x.$$

因为

$$\sec^2 y=1+\operatorname{tg}^2 y=1+x^2,$$

所以

$$y'_x=\frac{1}{\sec^2 y}=\frac{1}{1+x^2}$$

6. 反余切函数

$$(\operatorname{arc\,ctg} x)'=-\frac{1}{1+x^2}.$$

此公式的证明与5相仿,留给读者当作练习.

利用以上的几个公式和复合函数的求导法则,我们可以直接求出一些复合函数的导数.

例15 求函数 $y=\frac{1}{e^x}+\left(\frac{2}{3}\right)^x+x^{\frac{2}{3}}$的导数.

解 由

$$\left(\frac{1}{e^x}\right)'=(e^{-x})'=e^{-x}(-x)'=-e^{-x};$$

$$\left[\left(\frac{2}{3}\right)^x\right]'=\left(\frac{2}{3}\right)^x\ln\frac{2}{3};$$

$$\left(x^{\frac{2}{3}}\right)'=\frac{2}{3}x^{\frac{2}{3}-1}=\frac{2}{3}x^{-\frac{1}{3}}.$$

有

$$y'=-e^{-x}+\left(\frac{2}{3}\right)^x\ln\frac{2}{3}+\frac{2}{3}x^{-\frac{1}{3}}.$$

例16 求函数 $y=x^{\sin x}$的导数.

解 对 $y=x^{\sin x}$的两边取对数,得到

$$\ln y=\sin x\cdot\ln x.$$

在上式的两边同时对 x 求导,得到

$$\frac{y'_x}{y}=\frac{\sin x}{x}+\cos x\cdot\ln x.$$

解出

$$y'_x = y\left(\frac{\sin x}{x} + \cos x \cdot \ln x\right) = x^{\sin x}\left(\frac{\sin x}{x} + \cos x \cdot \ln x\right).$$

上式又可以写成

$$y'_x = \sin x \cdot x^{\sin x - 1} + x^{\sin x}\ln x \cdot \cos x.$$

例17 求函数 $y=(1+x)^x$ 的导数.

解 先把函数 $y=(1+x)^x$ 化成指数形式

$$y = (1+x)^x = \mathrm{e}^{\ln(1+x)^x} = \mathrm{e}^{x\ln(1+x)}.$$

根据指数函数求导公式及复合函数求导法则,得

$$\begin{aligned} y'_x &= \mathrm{e}^{x\ln(1+x)}[x\ln(1+x)]' \\ &= (1+x)^x\left[\frac{x}{1+x} + \ln(1+x)\right]. \end{aligned}$$

上式又可以写成

$$y'_x = x(1+x)^{x-1} + (1+x)^x\ln(1+x).$$

从例16,例17中可以看到,对形如$[f(x)]^{g(x)}$的幂指函数可以采取两种方法求导数.一种方法是设 $y=[f(x)]^{g(x)}$,在等式的两边取对数后再求导;另一种方法是化成指数 $y=\mathrm{e}^{g(x)\ln f(x)}$ 的形式后再求导数.

对于一般的幂指函数有下面的求导公式

$$\begin{aligned} ([f(x)]^{g(x)})' = {} & g(x)[f(x)]^{g(x)-1} \cdot f'(x) \\ & + [f(x)]^{g(x)}\ln f(x) \cdot g'(x). \end{aligned}$$

证明 对 $y=[f(x)]^{g(x)}$ 两边取对数,得到

$$\ln y = g(x)\ln f(x).$$

在上式的两边同时对 x 求导,得

$$\frac{y'_x}{y} = g(x)\frac{1}{f(x)} \cdot f'(x) + \ln f(x) \cdot g'(x).$$

解出

$$\begin{aligned} y'_x &= y\left(g(x)\frac{1}{f(x)} \cdot f'(x) + \ln f(x) \cdot g'(x)\right) \\ &= [f(x)]^{g(x)}\left(g(x)\frac{1}{f(x)} \cdot f'(x) + \ln f(x) \cdot g'(x)\right) \end{aligned}$$

$$= g(x)[f(x)]^{g(x)-1}f'(x) + [f(x)]^{g(x)}\ln f(x)\cdot g'(x).$$

例18 求函数 $y=(\ln x)^x$ 的导数.

解 由幂指函数求导公式,立即得到

$$\begin{aligned}[(\ln x)^x]' &= x(\ln x)^{x-1}(\ln x)' + (\ln x)^x\cdot(\ln\ln x)\cdot x' \\ &= x(\ln x)^{x-1}\frac{1}{x} + (\ln x)^x\ln\ln x \\ &= (\ln x)^x\left(\frac{1}{\ln x} + \ln\ln x\right).\end{aligned}$$

例19 求函数 $y=(\arcsin x)^2$的导数.

解

$$\begin{aligned}y'_x &= 2\arcsin x\cdot(\arcsin x)' \\ &= 2\arcsin x\frac{1}{\sqrt{1-x^2}} \\ &= \frac{2}{\sqrt{1-x^2}}\arcsin x.\end{aligned}$$

为了便于查阅,现将基本初等函数的求导公式列表如下:

1. $(C)'=0.$
2. $(x^\alpha)'=\alpha x^{\alpha-1}.$
3. $(a^x)'=a^x\ln a$, $(e^x)'=e^x.$
4. $(\log_a x)'=\dfrac{1}{x\ln a}$, $(\ln x)'=\dfrac{1}{x}.$
5. $(\sin x)'=\cos x.$
6. $(\cos x)'=-\sin x.$
7. $(\mathrm{tg}x)'=\sec^2 x.$
8. $(\mathrm{ctg}x)'=-\mathrm{cosec}^2 x.$
9. $(\arcsin x)'=\dfrac{1}{\sqrt{1-x^2}}.$
10. $(\arccos x)'=-\dfrac{1}{\sqrt{1-x^2}}.$
11. $(\mathrm{arc\,tg}x)'=\dfrac{1}{1+x^2}.$

12. $(\text{arc ctg}x)'=-\dfrac{1}{1+x^2}$.

有了这些公式，再利用四则运算及复合函数与隐函数的求导法则就可以把所有的初等函数的导数求出来. 求导的关键是要准确地、熟练地和灵活地运用这些公式和法则.

2.4 高阶导数

在§1中已经知道，函数 $f(x)$ 的导数 $f'(x)$ 仍是 x 的函数，因此我们又可以讨论 $f'(x)$ 的导数.

设函数 $y=f(x)$ 在 $N(x)$ 内是可导的，如果其导函数 $f'(x)$ 在点 x 处又有导数

$$[f'(x)]'=\lim_{\Delta x\to 0}\frac{f'(x+\Delta x)-f'(x)}{\Delta x},$$

则称它为函数 $f(x)$ 在点 x 处的**二阶导数**，记作

$$f^{(2)}(x),\ y'',\ \frac{\mathrm{d}^2y}{\mathrm{d}x^2}\ 或\ \frac{\mathrm{d}^2f}{\mathrm{d}x^2}.$$

并称函数在点 x 处是**二阶可导的**.

如果函数 $y=f(x)$ 在区间 (a,b) 内的每一点处都是二阶可导，那么称 $f(x)$ 在 (a,b) 内二阶可导.

例20 求函数 $y=x^2$ 的二阶导数.

解 $(x^2)'=2x$；$(x^2)''=2$.

例21 求自由落体运动中路程函数 $s=s(t)=\frac{1}{2}gt^2$ 对时间 t 的二阶导数.

解 $s'(t)=\frac{1}{2}g(2t)=gt$；

$s''(t)=(gt)'=g$.

由这个例子可以看出自由落体的重力加速度 g 等于速度函数的导数，它也就等于路程函数 $s(t)$ 的导数 $s'(t)$ 的导数 $a(t)=[s'(t)]'=(gt)'=g$. 在力学上称速度对时间的变化率为加速度，用 $a(t)$ 来表示，即

$$a(t)=v'(t)=[s'(t)]',$$

加速度可以是正的也可以是负的．加速度是正的，表示速度是增加的；加速度是负的，表示速度是减少的．而它的值表示速度变化的快慢．

类似二阶导数，我们可以定义 n 阶导数：

设函数 $y=f(x)$ 在 $N(x)$ 内有直到 $n-1$ 阶的导数，如果它的 $n-1$ 阶导数 $f^{(n-1)}(x)$ 在点 x 处可导，那么就称 $f^{(n-1)}(x)$ 在点 x 的导数为函数 $f(x)$ 在点 x 处的 **n 阶导数**，记作

$$f^{(n)}(x)\text{ 或 }\frac{\mathrm{d}^n y}{\mathrm{d}x^n}\quad(n=1,2,\cdots).$$

为了方便起见，我们把函数本身称为零阶导数，记作

$$f(x)=f^{(0)}(x).$$

同样地，如果函数 $y=f(x)$ 在区间 (a,b) 内的每一点处都是 n 阶可导的，那么就称 $f(x)$ 在 (a,b) 内 **n 阶可导**.

例22 求幂函数 $y=x^\alpha$ 的 n 阶导数.

解 $(x^\alpha)'=\alpha x^{\alpha-1}$,

$(x^\alpha)''=\alpha(\alpha-1)x^{\alpha-2}$,

……………………

$$(x^\alpha)^{(n)}=\alpha(\alpha-1)\cdots(\alpha-n+1)x^{\alpha-n}\quad(n\geqslant 1)$$

若 $\alpha\in\mathbf{N}$，当 $n=\alpha$ 时，$y^{(n)}=n!$；当 $n>\alpha$ 时，$y^{(n)}=0$.

设 $P(x)$ 为 m 次多项式，则当 $n>m$ 时，有

$$P^{(n)}(x)=0.$$

例23 求指数函数 $y=\mathrm{e}^{ax}$ 的 n 阶导数.

解

$$y'=a\mathrm{e}^{ax},$$

$$y''=a^2\mathrm{e}^{ax},$$

……………

$$y^{(n)}=a^n\mathrm{e}^{ax}\quad(n\geqslant 1).$$

用同样的方法，可以求出

$$(a^x)^{(n)} = (\ln a)^n a^x \quad (a > 0, a \neq 1).$$

例24 求对数函数 $y=\ln x$ 的 n 阶导数.

解

$$y' = \frac{1}{x},$$

$$y'' = -\frac{1}{x^2},$$

$$y''' = (-1)^2 \frac{1 \cdot 2}{x^3},$$

$$\cdots\cdots$$

$$y^{(n)} = (-1)^{n-1} \frac{(n-1)!}{x^n} \quad (n \geqslant 1).$$

例25 求正弦函数 $y=\sin x$ 的 n 阶导数.

解

$$y' = \cos x, \quad y'' = -\sin x,$$

$$y''' = -\cos x, \quad y^{(4)} = \sin x;$$

如果继续求下去，我们就会发现这四个函数值会依次循环出现，为了找出它们的规律来，我们把上面各式右端的函数都化成正弦函数. 于是有

$$y' = \cos x = \sin\left(x + \frac{\pi}{2}\right),$$

$$y'' = \left[\sin\left(x + \frac{\pi}{2}\right)\right]' = \cos\left(x + \frac{\pi}{2}\right)$$

$$= \sin\left(x + \frac{\pi}{2} + \frac{\pi}{2}\right) = \sin\left(x + \frac{2\pi}{2}\right),$$

$$y''' = [\sin(x + \pi)]' = \cos(x + \pi)$$

$$= \sin\left(x + \frac{3\pi}{2}\right)$$

$$y^{(4)} = \cos\left(x + \frac{3\pi}{2}\right) = \sin\left(x + \frac{4\pi}{2}\right).$$

不难看出，每求一次导数，自变量就增加一个$\frac{\pi}{2}$，因此

$$y^{(n)}=\sin\left(x+\frac{n\pi}{2}\right).$$

用同样的方法，可以求出

$$(\cos x)^{(n)}=\cos\left(x+\frac{n\pi}{2}\right).$$

§3 微 分

3.1 微分的概念

在许多实际问题中，我们经常遇到当自变量有一个微小的改变量时，需要计算函数相应的改变量. 一般来说，直接去计算函数的改变量是比较困难的. 但是对于连续函数来说，可以找到一个简单的近似计算公式.

例如面积为$1\mathrm{m}^2$的正方形钢板加热后，它的边长增加了0.0002m，问面积相应地增加了多少(精确到小数点后面4位)?

首先，我们把钢板面积S看成是边长x的函数，即$S=S(x)=x^2$，把加热后边长x_0增加的长度记为Δx，相应地有

$$\begin{aligned}\Delta S&=S(x_0+\Delta x)-S(x_0)=(x_0+\Delta x)^2-x_0^2\\&=2x_0\Delta x+\Delta x^2\end{aligned}$$

取$x_0=1$，$\Delta x=0.0002$，则有

$$\Delta S=2\times0.0002+(0.0002)^2.$$

由于问题中要求我们精确到小数点后4位，所以上式中右端的第二项可以略去不计，于是得到$\Delta S\doteq0.0004\mathrm{m}^2$. 可见，当$\Delta x$很小时，我们就可以用$2x_0\Delta x$来作为$\Delta S$的近似值(其中$2x_0$是一个与$\Delta x$无关的常数). 这是因为当$\Delta x$充分小时，$2x_0\Delta x$是以$2x_0$为系数的$\Delta x$的一次式，而$\Delta x^2$是$\Delta x$的二次式，故$\Delta x^2$是比$\Delta x$更高阶的无穷小. 当$\Delta x\to0$时，有

$$\Delta S = 2x_0\Delta x + o(\Delta x)$$

(其中 $o(\Delta x)$ 是 Δx 的高阶无穷小).

从上面的分析可以看出,只要 $2x_0 \neq 0$, $2x_0\Delta x$ 就是 Δx 的同阶无穷小,因此用 $2x_0\Delta x$ 作为 ΔS 的近似值是合理的.

对于一般的连续函数来说,函数的改变量 Δy 通常都是 Δx 的较复杂的函数,但在有些情况下,可以找到这样一个常数 A,把 Δy 分成 Δx 的一次式和 Δx 的高阶无穷小项. 从上面的实例可以看出,讨论函数改变量的这种分解是很重要的. 为此,我们给出下面的定义.

定义 设函数 $y=f(x)$ 在 $N(x_0)$ 内有定义,给 x_0 一个改变量 Δx,使得 $x_0+\Delta x \in N(x_0)$,函数 $y=f(x)$ 相应地有改变量 Δy. 如果存在着这样的一个常数 A,使得

$$\Delta y = f(x_0 + \Delta x) - f(x_0) = A \cdot \Delta x + o(\Delta x) \quad (\Delta x \to 0)$$

那么就称 $A \cdot \Delta x$ 为函数 $f(x)$ 在点 x_0 处的**微分**,记作

$$\mathrm{d}f(x_0) \text{ 或 } \mathrm{d}y\big|_{x=x_0},$$

并称函数 $y=f(x)$ 在点 x_0 处是**可微的**.

如果 $y=f(x)$ 在区间 (a,b) 内的每一点处都可微,则称函数 $f(x)$ 在区间 (a,b) 内可微,记作 $\mathrm{d}y$ 或 $\mathrm{d}f(x)$.

由上述定义可以看出,在 $\Delta x \neq 0$ 且 $\Delta x \to 0$ 的过程中,Δy, Δx, $\mathrm{d}y$ 都是无穷小量,我们又称 $\mathrm{d}y$ 是 Δy 的线性主要部分,简称为**线性主部**. 它们之间的关系是:

$$\Delta y = \mathrm{d}y + o(\Delta x) \quad (\Delta x \neq 0, \Delta x \to 0).$$

例1 求函数 $y=x^3$ 的微分.

解

$$\begin{aligned}\Delta y &= (x + \Delta x)^3 - x^3 \\ &= 3x^2\Delta x + 3x(\Delta x)^2 + (\Delta x)^3 \\ &= 3x^2\Delta x + o(\Delta x) \quad (\Delta x \to 0)\end{aligned}$$

所以 $y=x^3$ 在 x 点可微,其微分为

$$\mathrm{d}y = 3x^2\Delta x.$$

下面我们根据微分与导数的定义来讨论函数在一点处可微与可导之间的关系.

定理 函数 $y=f(x)$ 在点 x_0 处可微的充要条件是:函数 $f(x)$ 在 x_0 点可导.

证明 *必要性* 设函数 $y=f(x)$ 在点 x_0 处可微,即

$$\Delta y = f(x_0+\Delta x) - f(x_0) = A\Delta x + o(\Delta x) \quad (\Delta x \to 0),$$

上式两边同除以 $\Delta x(\Delta x\neq 0)$ 得到

$$\frac{\Delta y}{\Delta x} = A + \frac{o(\Delta x)}{\Delta x},$$

根据微分定义,A 是一个常数,于是当 $\Delta x\to 0$ 时,有

$$\lim_{\Delta x\to 0} A = A,$$

而 $\frac{o(\Delta x)}{\Delta x}=o(1)$,即

$$\lim_{\Delta x\to 0}\frac{o(\Delta x)}{\Delta x} = 0.$$

因此有

$$f'(x_0) = \lim_{\Delta x\to 0}\frac{\Delta y}{\Delta x} = A,$$

根据导数定义,可知函数 $f(x)$ 在 x_0 点是可导的.

充分性 设函数 $y=f(x)$ 在点 x_0 处可导,即

$$f'(x) - \lim_{\Delta x\to 0}\frac{\Delta y}{\Delta x}$$

根据无穷小与极限之间关系,我们有

$$\frac{\Delta y}{\Delta x} = f'(x) + o(1).$$

上式两边同乘上 $\Delta x(\Delta x\neq 0)$ 得到

$$\begin{aligned}\Delta y &= f'(x)\Delta x + o(1)\Delta x \\ &= f'(x)\Delta x + o(\Delta x) \quad (\Delta x\to 0).\end{aligned}$$

根据微分定义,可知函数 $f(x)$ 在 x_0 点是可微的. 证完.

这个定理告诉我们，对于一元函数来说，可导与可微是两个等价的概念.

为了运算方便，我们规定自变量 x 的微分 $\mathrm{d}x$ 就是 Δx，这一规定与计算函数 $y=x$ 的微分所得到的结果是一致的，即

$$\mathrm{d}y = \mathrm{d}x = x'\Delta x = \Delta x.$$

于是上面的关系式也可以写成 $\mathrm{d}y=f'(x_0)\mathrm{d}x$. 由于 $\mathrm{d}x=\Delta x\neq 0$，从而有 $\frac{\mathrm{d}y}{\mathrm{d}x}=f'(x_0)$. 可以看出函数的微商（导数）是函数的微分与自变量的微分之商，这就是微商这个名词的来源以及把它记为 $\frac{\mathrm{d}y}{\mathrm{d}x}$ 的原因所在.

下面我们从几何上来说明函数 $y=f(x)$ 的微分 $\mathrm{d}y$ 与增量 Δy 之间的关系. 为此，作函数 $y=f(x)$ 的图形（见图2-2）.

假定 $y=f(x)$ 在点 $x=x_0$ 处可微，则 $f'(x_0)$ 存在. 在 x 轴上取两点 $P_0(x_0,0)$ 和 $P(x_0+\Delta x,0)$，在曲线上对应的有两点 $M_0(x_0,f(x_0))$ 和 $M(x_0+\Delta x,f(x_0+\Delta x))$，过 M_0 做平行于 x 轴的直线交直线 MP 于 Q；过 M_0 作曲线的切线交 MP 于点 N. 于是

$$\Delta y = f(x_0+\Delta x) - f(x_0) = PM - P_0M_0 = QM.$$

根据微分的定义

$$\mathrm{d}y = f'(x_0)\Delta x = \mathrm{tg}\alpha\cdot\Delta x = QN.$$

上式表明：当 x 从 x_0 变到 $x_0+\Delta x$ 时，曲线 $f(x)$ 在点 $(x_0,f(x_0))$ 处的切线的纵坐标的改变量 QN 就是函数 $y=f(x)$ 在点 x_0 处的微分. 当以 $\mathrm{d}y$ 代替函数的增量 Δy 时，所产生的绝对误差 $|\Delta y-\mathrm{d}y|$ 就是 MN 的长度，当 $|\Delta x|$ 减小时，它比 $|\Delta x|$ 减小得更快. 特别地，当 $\Delta x\to 0$ 时，$|\Delta y-\mathrm{d}y|$ 是关于 Δx 的高阶无穷小.

3.2 微分的计算

由微分与导数的关系式 $\mathrm{d}y=f'(x)\mathrm{d}x$ 可知，计算函数 $f(x)$ 的微分实际上可以归结为计算导数 $f'(x)$，所以与导数的基本公式和运算法则相对应，可以建立微分的基本公式和运算法则. 通常我

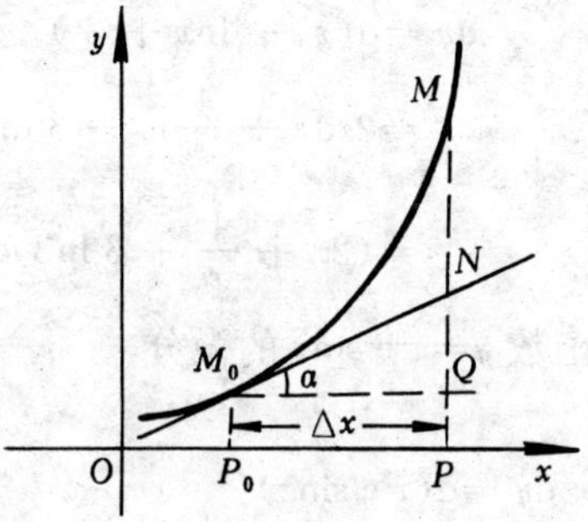

图 2-2

们把计算导数与计算微分的方法都叫做微分法.

1. 基本初等函数的微分公式

$\mathrm{d}C=0$;　　$\mathrm{d}x^{\alpha}=\alpha x^{\alpha-1}\,\mathrm{d}x$;

$\mathrm{d}a^{x}=a^{x}\ln a\,\mathrm{d}x$;　　$(\mathrm{d}\mathrm{e}^{x}=\mathrm{e}^{x}\,\mathrm{d}x)$;

$\mathrm{d}\log_{a}x=\dfrac{1}{x\ln a}\,\mathrm{d}x$;　　$\left(\mathrm{d}\ln x=\dfrac{1}{x}\,\mathrm{d}x\right)$;

$\mathrm{d}\sin x=\cos x\,\mathrm{d}x$;　　$\mathrm{d}\cos x=-\sin x\,\mathrm{d}x$;

$\mathrm{d}\,\mathrm{tg}x=\sec^{2}x\,\mathrm{d}x$;　　$\mathrm{d}\,\mathrm{ctg}x=-\mathrm{cosec}^{2}x\,\mathrm{d}x$;

$\mathrm{darc}\sin x=\dfrac{1}{\sqrt{1-x^{2}}}\mathrm{d}x$;　　$\mathrm{darc}\cos x=-\dfrac{1}{\sqrt{1-x^{2}}}\mathrm{d}x$;

$\mathrm{darc}\,\mathrm{tg}x=\dfrac{1}{1+x^{2}}\mathrm{d}x$;　　$\mathrm{darc}\,\mathrm{ctg}x=-\dfrac{1}{1+x^{2}}\mathrm{d}x$.

2. 微分四则运算法则

设函数 $u(x),v(x)$ 可微,则

$$\mathrm{d}(u\pm v)=\mathrm{d}u\pm\mathrm{d}v;$$

$$\mathrm{d}(uv)=v\mathrm{d}u+u\mathrm{d}v;$$

$$\mathrm{d}(Cu)=C\mathrm{d}u;$$

$$\mathrm{d}\left(\frac{u}{v}\right)=\frac{v\mathrm{d}u-u\mathrm{d}v}{v^{2}}\quad(v(x)\neq 0).$$

例2 求函数 $y=x^2+\ln x+3^x$ 的微分.

解

$$\begin{aligned} dy &= d(x^2+\ln x+3^x) \\ &= 2x dx+\frac{1}{x}dx+3^x\ln 3 dx \\ &= (2x+\frac{1}{x}+3^x\ln 3)dx. \end{aligned}$$

例3 求函数 $y=x^3e^x\sin x$ 的微分.

解

$$\begin{aligned} dy &= d(x^3e^x\sin x) \\ &= e^x\sin x dx^3+x^3\sin x de^x+x^3e^x d\sin x \\ &= e^x\sin x(3x^2)dx+x^3\sin x e^x dx \\ &\quad +x^3e^x\cos x dx \\ &= x^2e^x(3\sin x+x\sin x+x\cos x)dx. \end{aligned}$$

例4 求 $y=\dfrac{x^2+1}{x+1}$的微分

解

$$\begin{aligned} dy &= d\left(\frac{x^2+1}{x+1}\right)=d\left(x-1+\frac{2}{x+1}\right) \\ &= dx+2d\left(\frac{1}{x+1}\right)=dx+\frac{-2}{(x+1)^2}dx \\ &= \frac{x^2+2x-1}{(x+1)^2}dx. \end{aligned}$$

3. 一阶微分形式不变性

设由 $y=f(u)$,$u=\varphi(x)$复合而成的复合函数是 $y=f[\varphi(x)]$,根据微分定义及复合函数求导法则,我们可以给出复合函数的微分法则,即:

$$dy=f'(u)\cdot\varphi'(x)dx.$$

考虑到 $du=\varphi'(x)dx$ 上式又可以写成

$$dy=f'(u)du.$$

因此，不论 u 是自变量还是中间变量，函数 $y=f(u)$ 的微分都具有同样的形式：

$$\mathrm{d}y = f'(u)\mathrm{d}u.$$

这个性质称为一阶微分形式的不变性. 利用它进行微分运算时，可以不必分辨 u 是自变量还是因变量，这比求导数的运算来得方便些.

例5 求函数 $y=\mathrm{e}^{\sin^2 x}$ 的微分.

解

$$\begin{aligned}\mathrm{d}y &= \mathrm{d}\mathrm{e}^{\sin^2 x} = \mathrm{e}^{\sin^2 x}\mathrm{d}\sin^2 x \\ &= \mathrm{e}^{\sin^2 x}\cdot 2\sin x\,\mathrm{d}\sin x \\ &= \mathrm{e}^{\sin^2 x}\cdot 2\sin x\cos x\,\mathrm{d}x \\ &= \sin 2x\,\mathrm{e}^{\sin^2 x}\mathrm{d}x.\end{aligned}$$

例6 求函数 $y=\ln(x+\sqrt{1+x^2})$ 的微分.

解 由 §2的例8有

$$y' = \frac{\mathrm{d}y}{\mathrm{d}x} = \frac{1}{\sqrt{1+x^2}},$$

所以

$$\mathrm{d}y = \frac{1}{\sqrt{1+x^2}}\mathrm{d}x.$$

考虑到函数的导数是微分的商，因此有时我们也可以通过微分来计算函数的导数. 因为在微分运算中不必分辨是自变量还是中间变量，所以用微分来计算隐函数的导数，有时比较简单.

例7 由方程 $x^2+2xy-y^2=2x$，求 $\frac{\mathrm{d}y}{\mathrm{d}x}$.

解 对等式两边取微分，有

$$\mathrm{d}(x^2+2xy-y^2) = \mathrm{d}(2x),$$

即

$$\mathrm{d}x^2 + 2\mathrm{d}(xy) - \mathrm{d}(y^2) = 2\mathrm{d}x,$$

亦即

$$2x\mathrm{d}x + 2(x\mathrm{d}y + y\mathrm{d}x) - 2y\mathrm{d}y = 2\mathrm{d}x.$$

合并 $\mathrm{d}x$ 与 $\mathrm{d}y$ 前面的系数,有

$$(2x - 2y)\mathrm{d}y = (2 - 2x - 2y)\mathrm{d}x$$

得到

$$\frac{\mathrm{d}y}{\mathrm{d}x} = \frac{1 - x - y}{x - y}.$$

例8 求函数 $y=\sqrt{\dfrac{1+\sin x}{1-\sin x}}$ 的导数.

解 对等式两边取对数,有

$$\ln y = \frac{1}{2}\ln\frac{1 + \sin x}{1 - \sin x}.$$

即

$$2\ln y = \ln(1 + \sin x) - \ln(1 - \sin x).$$

再取微分

$$\begin{aligned}\frac{2\mathrm{d}y}{y} &= \frac{\mathrm{d}(1 + \sin x)}{1 + \sin x} - \frac{\mathrm{d}(1 - \sin x)}{1 - \sin x}\\ &= \frac{\cos x\mathrm{d}x}{1 + \sin x} + \frac{\cos x\mathrm{d}x}{1 - \sin x}.\\ &= \frac{2\cos x\mathrm{d}x}{1 - \sin^2 x} = \frac{2}{\cos x}\mathrm{d}x.\end{aligned}$$

于是

$$\frac{\mathrm{d}y}{\mathrm{d}x} = \frac{y}{\cos x} = \frac{1}{\cos x}\sqrt{\frac{1 + \sin x}{1 - \sin x}}.$$

3.3 微分的应用

1. 近似计算

在前面的讨论中我们已经知道:如果函数 $y=f(x)$ 在点 x_0 处的微商 $f'(x_0)\neq 0$,则当 $\Delta x\to 0$ 时,有

$$\Delta y = f(x_0 + \Delta x) - f(x_0) = f'(x_0)\Delta x + o(\Delta x).$$

略去高阶无穷小 $o(\Delta x)$ 便得到

$$f(x_0+\Delta x)-f(x_0)\doteq f'(x_0)\Delta x, \tag{1}$$

这就是说，当 $\Delta x\to 0$ 时，函数的微分 dy 是其增量 Δy 的线性主部，因此当 $|\Delta x|$ 很小时，可以用(1)式来计算函数增量 Δy 的近似值.

在(1)式中，令 $x=x_0+\Delta x$，即 $\Delta x=x-x_0$，于是(1)式可以改写成

$$f(x)\doteq f(x_0)+f'(x_0)(x-x_0). \tag{2}$$

可见，当 $|\Delta x|$ 很小时，可以用(2)式来计算点 x 处的函数值 $f(x)$.

例 9 半径为 8 cm 的金属球加热以后，其半径伸长了 0.04 cm，问它的体积增大了多少？

解 设球的半径与体积分别为 r、V，则

$$V=\frac{4}{3}\pi r^3,$$

这里 $r_0=8$ cm，$\Delta r=0.04$ cm. 由于 $|\Delta r|$ 是很小的，根据公式(1)有

$$\Delta V\doteq 4\pi r_0^2\cdot\Delta r=10.24\pi\ \text{cm}^3.$$

例 10 计算 $\sqrt[3]{1.03}$ 的近似值.

解 设函数 $f(x)=\sqrt[3]{x}$. 取 $x=1.03$，$x_0=1$，根据公式(2)有

$$\sqrt[3]{1.03}=f(x)\doteq f(x_0)+f'(x_0)(x-x_0).$$

由 $f(x_0)=1$，$f'(x_0)=\frac{1}{3}x_0^{-\frac{2}{3}}=\frac{1}{3}$，所以

$$\sqrt[3]{1.03}\doteq 1+\frac{1}{3}(1.03-1)=1.01.$$

例 11 当 $|x|$ 很小时，导出近似公式：

$$\sin x\doteq x.$$

解 设函数 $f(x)=\sin x$. 取 $x_0=0$，根据公式(2)有

$$\sin x=f(x)\doteq f(x_0)+f'(x_0)(x-x_0)=f(0)+f'(0)x.$$

由 $f(0)=0$，$f'(0)=\cos 0=1$，所以当 $|x|$ 很小时，就有

$$\sin x\doteq x.$$

类似地，当 $|x|$ 很小时，我们可以导出下面几个常用的近似公式：

$$\mathrm{tg}x \doteq x, \quad e^x \doteq 1 + x,$$

$$\ln(1+x) \doteq x, \quad \frac{1}{1+x} \doteq 1 - x.$$

2. 误差估计

在实际工作中，常常需要计算一些由公式 $y=f(x)$ 所确定的量. 由于各种原因我们所得到的数据 x 往往带有误差（称之为直接误差），而根据这些带有误差的数据 x 计算出的 y 也会有误差（称之为间接误差）. 下面讨论怎样利用微分来对间接误差进行估计.

设某一个量的真实数值（以后称之为真值）为 A，它的近似值为 a，则称 $|A-a|$ 为 a 的**绝对误差**，而 $\frac{|A-a|}{|a|}$ 为 a 的**相对误差**. 一般来说，在实际问题中所涉及到的量，它的真值虽然存在，但往往找不到，所以绝对误差与相对误差也就无法求得. 因此我们可以从实际出发规定出绝对误差的上界 δ_A（称之为绝对误差限，以后简称为绝对误差）及相对误差上界 $\frac{\delta_A}{|a|}$（称之为相对误差限，以后简称为相对误差）. 这样一来，当我们根据直接测量值 x 按公式 $y=f(x)$ 计算 y 的值时，如果已知 x 的绝对误差为 δ_x，即

$$|\Delta x| \leqslant \delta_x,$$

那末，当 $y' \neq 0$时，y 的误差

$$|\Delta y| \doteq |\mathrm{d}y| = |y'| \cdot |\Delta x| \leqslant |y'| \cdot \delta_x,$$

即 y 的绝对误差约为

$$\delta_y = |y'| \cdot \delta_x \tag{3}$$

而 y 的相对误差约为

$$\frac{\delta_y}{|y|} = \left|\frac{y'}{y}\right| \cdot \delta_x. \tag{4}$$

例 12 设测得一圆片的直径 d 为22.6cm，其绝对误差 $\delta_d=0.1$cm. 由公式

$$S = \frac{\pi}{4}d^2$$

计算圆片面积时，求面积 S 的绝对误差与相对误差.

解 由 $S=\frac{\pi}{4}d^2$，有

$$S'=\frac{\pi}{2}d$$

根据公式(3)，(4)得到

$$\delta_S=\left|\frac{\pi}{2}\times 22.6\right|\cdot|0.1|=1.13\pi\text{cm}^2;$$

$$\frac{\delta_S}{|S|}=\frac{\frac{\pi}{2}\times 2.26}{\frac{\pi}{4}\times 22.6^2}\doteq 8.8‰.$$

例13 测量球的半径 r，其相对误差为何值时，才能保证球的体积由公式

$$V=\frac{4}{3}\pi r^3$$

计算后相对误差不超过3%？

解 由公式(4)有

$$\frac{\delta_V}{|V|}=\left|\frac{V'}{V}\right|\delta_r=\left|\frac{4\pi r^2}{\frac{4}{3}\pi r^3}\right|\cdot\delta_r$$

$$=3\frac{\delta_r}{|r|}.$$

由此可见，要使得$\frac{\delta_V}{|V|}\leqslant 3\%$，就要求

$$\frac{\delta_r}{|r|}\leqslant\frac{1}{3}\times 3\%=1\%.$$

§4 微分学中值定理及其应用

微分学中值定理包括罗尔(Rolle)定理、拉格朗日(Lagrange)定理和柯西(Cauchy)定理，它们是微分学的理论基础. 本节将介绍

这几个定理及其应用.

4.1 中值定理

罗尔定理 若函数 $f(x)$在闭区间$[a,b]$上连续,在开区间(a,b)内可导,并且 $f(a)=f(b)$,则在开区间(a,b)内至少存在一点 x_0,使得 $f'(x_0)=0$.

证明 因为函数 $f(x)$在闭区间$[a,b]$上是连续的,所以根据闭区间上连续函数的性质,函数 $f(x)$在闭区间$[a,b]$上一定取得最大值 M 和最小值 m.

下面分两种情形来讨论:

(1) 设 $M=m$. 因为函数值 $f(x)$是在其最大值 M 与最小值 m 之间的,所以函数 $f(x)$在$[a,b]$上恒等于常数 M. 于是在$[a,b]$上,对任意的 x,有 $f'(x)=0$. 这时 x_0可以取(a,b)中的任意一点.

(2) 设 $M\neq m$. 那么在 M,m 之中至少有一个不是区间$[a,b]$的端点的函数值(否则,$f(a)=f(b)=M=m$,这与 $M\neq m$ 相矛盾). 不妨设 $M\neq f(a)$,并设 x_0为(a,b)内的一点,使得 $f(x_0)=M$.

由于函数 $f(x)$在点 x_0处达到最大值,所以只要 $x_0+\Delta x$ 在(a,b)内,便有

$$f(x_0+\Delta x)\leqslant f(x_0),$$

即

$$f(x_0+\Delta x)-f(x_0)\leqslant 0.$$

从而当 $\Delta x>0$时,有

$$\frac{f(x_0+\Delta x)-f(x_0)}{\Delta x}\leqslant 0;$$

当 $\Delta x<0$时,有

$$\frac{f(x_0+\Delta x)-f(x_0)}{\Delta x}\geqslant 0.$$

根据导数定义与极限不等式性质,便得

$$f'(x_0) = \lim_{\Delta x \to 0+0} \frac{f(x_0 + \Delta x) - f(x_0)}{\Delta x} \leqslant 0,$$

$$f'(x_0) = \lim_{\Delta x \to 0-0} \frac{f(x_0 + \Delta x) - f(x_0)}{\Delta x} \geqslant 0,$$

于是必有

$$f'(x_0) = 0.$$

这就证明了罗尔定理.

罗尔定理的几何意义是，如果一条连续、光滑的曲线 $y=f(x)$ 的两个端点处的纵坐标相等，那么在这条曲线上至少能找到一点，

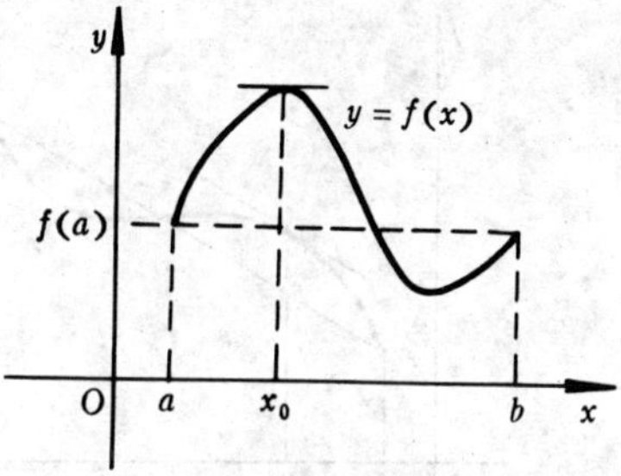

图 2-3

使得曲线在该点处的切线平行于 x 轴(见图2-3).

下面我们用罗尔定理来分别证明拉格朗日定理和柯西定理.

拉格朗日中值定理 若函数 $f(x)$ 在闭区间 $[a,b]$ 上连续，在开区间 (a,b) 内可导，则在开区间 (a,b) 内至少存在一点 x_0，使得

$$f(b) - f(a) = f'(x_0)(b - a).$$

证明 引进辅助函数

$$\varphi(x) = f(x) - \left[f(a) + \frac{f(b) - f(a)}{b - a}(x - a)\right].$$

显然 $\varphi(a)=\varphi(b)=0$，并且 $\varphi(x)$ 在闭区间 $[a,b]$ 上连续，在开区间 (a,b) 内可导. 根据罗尔定理在开区间 (a,b) 内至少存在一点 x_0，使得

$$\varphi'(x_0) = f'(x_0) - \frac{f(b) - f(a)}{b - a} = 0.$$

于是

$$f(b) - f(a) = f'(x_0)(b - a).$$

这就证明了拉格朗日中值定理.

拉格朗日中值定理的几何意义是,如果一条连续、光滑曲线 $y = f(x)$的两个端点分别为 A,B,那么在这条曲线上至少能找到一点,使得曲线在该点处的切线平行于直线 AB(见图2-4).

定理中的公式

$$f(b) - f(a) = f'(x_0)(b - a) \quad (a < x_0 < b)$$

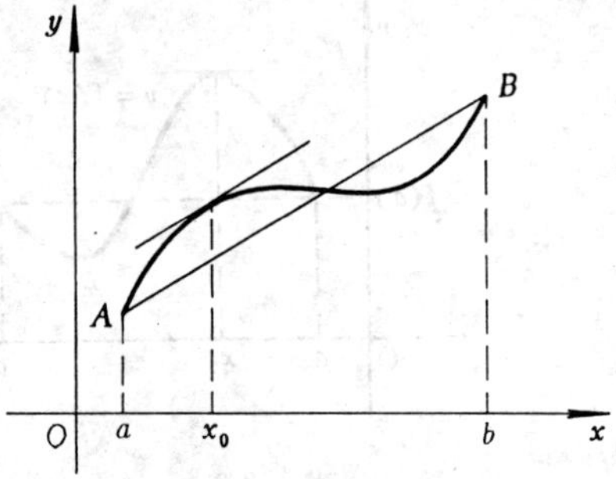

图 2-4

称为**拉格朗日中值公式**,它在微分学中占有很重要的地位,我们以后将不止一次地用到它.

设 x 为区间(a,b)内一点,给 x 一个改变量 Δx,使得 $x+\Delta x$ 也在(a,b)内. 于是上述公式可以写成

$$f(x + \Delta x) - f(x) = f'(x_0) \cdot \Delta x$$

其中 x_0在 x 与 $x+\Delta x$ 之间. 因为对于 x 与 $x+\Delta x$ 之间的 x_0,一定有这样一个值 $\theta(0<\theta<1)$,使得 $x_0=x+\theta\Delta x$(只要取 $\theta=\frac{x_0-x}{\Delta x}$即可),所以公式又可以写成下面的形式

$$f(x + \Delta x) - f(x) = f'(x + \theta\Delta x) \cdot \Delta x \quad (0 < \theta < 1).$$

直接应用拉格朗日中值定理,可以得到下面两个推论:

推论1　如果函数 $f(x)$ 在区间 (a,b) 内每一点处的导数都是零，即 $f'(x)=0(a<x<b)$，那么函数 $f(x)$ 在区间 (a,b) 内为一常数.

证明　在区间 (a,b) 内任取两点 x_1,x_2(设 $x_1<x_2$). 因为函数在 (a,b) 内可导，所以它在 $[x_1,x_2]$ 上连续，并在 (x_1,x_2) 内可导. 根据拉格朗日中值定理，在 (x_1,x_2) 内至少存在一点 x_0，使得

$$f(x_2)-f(x_1)=f'(x_0)(x_2-x_1).$$

已知 $f'(x_0)=0$，因此 $f(x_1)=f(x_2)$. 由于 x_1,x_2 是任意的，所以函数 $f(x)$ 在 (a,b) 内是一个常数，即 $f(x)=C\quad(a<x<b)$.

推论2　如果函数 $f(x)$ 与 $g(x)$ 在区间 (a,b) 内每一点处的导数都相等，即 $f'(x)=g'(x)$，那么这两个函数在区间 (a,b) 内最多相差一个常数.

证明　设函数 $h(x)=f(x)-g(x)$. 已知对区间 (a,b) 内的每一点处都有 $f'(x)=g'(x)$，因此

$$h'(x)=(f(x)-g(x))'=f'(x)-g'(x)=0.$$

由推论1可知函数 $h(x)=C\quad(a<x<b)$，即

$$f(x)-g(x)=C\quad(a<x<b).$$

这就证明了函数 $f(x)$ 与 $g(x)$ 在区间 (a,b) 内最多相差一个常数.

柯西中值定理　若函数 $f(x)$ 和 $g(x)$ 都在闭区间 $[a,b]$ 上连续，在开区间 (a,b) 内可导，并且在 (a,b) 内每一点处均有 $g'(x)\neq 0$，则在开区间 (a,b) 内至少存在一点 x_0，使得

$$\frac{f(b)-f(a)}{g(b)-g(a)}=\frac{f'(x_0)}{g'(x_0)}.$$

证明　对于函数 $g(x)$，根据拉格朗日中值定理，有

$$g(b)-g(a)=g'(x_0)(b-a)\quad(a<x_0<b).$$

因为 $g'(x)\neq 0(a<x<b)$，所以 $g(b)-g(a)\neq 0$. 于是我们可以引入辅助函数

$$\varphi(x)=f(x)-\left[f(a)+\frac{f(b)-f(a)}{g(b)-g(a)}(g(x)-g(a))\right].$$

显然 $\varphi(a)=\varphi(b)=0$,并且 $\varphi(x)$在闭区间$[a,b]$上连续,在开区间(a,b)内可导.根据罗尔定理,在开区间(a,b)内至少存在一点 x_0,使得

$$\varphi'(x_0)=f'(x_0)-\frac{f(b)-f(a)}{g(b)-g(a)}g'(x_0)=0,$$

于是

$$\frac{f(b)-f(a)}{g(b)-g(a)}=\frac{f'(x_0)}{g'(x_0)}.$$

这就证明了柯西中值定理.

在柯西中值定理中取 $g(x)=x$ 即得拉格朗日中值定理,可见柯西定理是拉格朗日定理的推广.

利用中值定理可以证明一些重要的等式与不等式.

例1 证明$|\text{arc tg}x-\text{arc tg}y|\leqslant|x-y|$.

证明 令 $f(t)=\text{arc tg}t$. 设 $x<y$,显然 arc tg$t$ 在$[x,y]$上连续,在(x,y)内可导.根据拉格朗日中值定理,arc tg$t$ 在(x,y)内至少存在一点 x_0,使得

$$\text{arc tg}y-\text{arc tg}x=\frac{1}{1+x_0^2}(y-x).$$

又因为$\frac{1}{1+x_0^2}\leqslant 1$,所以

$$|\text{arc tg}x-\text{arc tg}y|\leqslant|x-y|.$$

例2 证明 $\text{arc sin}x+\text{arc cos}x=\frac{\pi}{2}\quad(|x|\leqslant 1)$.

证明 令 $f(t)=\text{arc sin}t, g(t)=\text{arc cos}t$. 显然它们在以0和 x 为端点的闭区间上都是连续的,开区间内都是可导的.根据柯西中值定理,在这个区间内至少存在一点 x_0,使得

$$\frac{\text{arc sin}x-\text{arc sin}0}{\text{arc cos}x-\text{arc cos}0}=\frac{\frac{1}{\sqrt{1-x_0^2}}}{-\frac{1}{\sqrt{1-x_0^2}}}=-1,$$

又因为 $\text{arc sin}0=0, \text{arc cos}0=\pi/2$,所以

$$\arcsin x + \arccos x = \pi/2.$$

4.2 洛必达法则

中值定理的一个重要的应用是计算一些特殊类型的函数的极限.这些极限往往都是不确定的,例如当 $x \to a$ 时,若 $f(x) \to 0, g(x) \to 0$,则极限 $\lim\limits_{x \to a} \dfrac{f(x)}{g(x)}$ 对有些 $f(x), g(x)$ 是存在的,对有些 $f(x), g(x)$ 就不存在,因此称这些类型的函数的极限式为不定式,而把求不定式的极限称为不定式的定值.洛必达(L'Hospital)法则是一个非常有效的定值方法.下面我们介绍洛必达法则,并讨论各种类型的不定式的定值问题.

1\. $\dfrac{0}{0}$ 型的不定式

通常我们把两个无穷小量之比的极限称为 $\dfrac{0}{0}$ 型的不定式.例如极限 $\lim\limits_{x \to 0} \dfrac{\sin x}{x}$;$\lim\limits_{x \to 1} \dfrac{\sin^2(x-1)}{x-1}$;$\lim\limits_{x \to \infty} \dfrac{\frac{1}{x}\sin x}{e^{-x^2}}$ 等都是 $\dfrac{0}{0}$ 型的不定式.对于 $\dfrac{0}{0}$ 型不定式,我们有

定理(洛必达法则 I) 设函数 $f(x)$ 与 $g(x)$ 在 $N(\bar{a})$ 内处处可导,并且 $g'(x) \neq 0$.如果

$$\lim_{x \to a} f(x) = 0, \quad \lim_{x \to a} g(x) = 0,$$

而极限

$$\lim_{x \to a} \frac{f'(x)}{g'(x)} = l \quad (l \text{ 为有限或 } \infty),$$

则

$$\lim_{x \to a} \frac{f(x)}{g(x)} = \lim_{x \to a} \frac{f'(x)}{g'(x)} = l.$$

证明 由

$$\lim_{x \to a} f(x) = 0, \quad \lim_{x \to a} g(x) = 0$$

可知，点 $x=a$ 或者是 $f(x)$ 与 $g(x)$ 的连续点，或者是它们的可去间断点. 如果是可去间断点，那么我们可以补充或修改 $f(x)$ 与 $g(x)$ 在点 $x=a$ 处的定义，使得它们在该点是连续的. 因此不论是上述哪种情况，总会有 $f(a)=g(a)=0$.

设 x 为邻域内的一点. 由于 $f(x)$ 与 $g(x)$ 在邻域内处处可导，所以在以 x 及 a 为端点的闭区间上它们一定是连续的；在以 x 及 a 为端点的开区间上它们是可导的. 应用柯西中值定理，得到

$$\frac{f(x)}{g(x)}=\frac{f(x)-0}{g(x)-0}=\frac{f(x)-f(a)}{g(x)-g(a)}$$

$$=\frac{f'(x_0)}{g'(x_0)}\quad(x_0\text{ 在 } x \text{ 与 } a \text{ 之间}).$$

对上式两端令 $x\to a$ 取极限，并注意到当 $x\to a$ 时，夹在 x 与 a 之间的 x_0 也有 $x_0\to a$. 考虑到极限 $\lim\limits_{x_0\to a}\frac{f'(x_0)}{g'(x_0)}$ 存在，所以极限 $\lim\limits_{x\to a}\frac{f(x)}{g(x)}$ 是存在的，并有

$$\lim_{x\to a}\frac{f(x)}{g(x)}=\lim_{x_0\to a}\frac{f'(x_0)}{g'(x_0)}=\lim_{x\to a}\frac{f'(x)}{g'(x)}.$$

即

$$\lim_{x\to a}\frac{f(x)}{g(x)}=l.$$

例3 求极限 $\lim\limits_{x\to 0}\frac{e^x-1}{x}$.

解 由于 $\lim\limits_{x\to 0}(e^x-1)=0$，$\lim\limits_{x\to 0}x=0$，因此这是一个 $\frac{0}{0}$ 型的不定式. 应用洛必达法则 I，得到

$$\lim_{x\to 0}\frac{e^x-1}{x}=\lim_{x\to 0}\frac{e^x}{1}=1.$$

例4 求极限 $\lim\limits_{x\to 1}\frac{\ln x}{(x-1)^2}$.

解 这是一个 $\frac{0}{0}$ 型的不定式. 应用洛必达法则 I，得到

$$\lim_{x\to 1}\frac{\ln x}{(x-1)^2}=\lim_{x\to 1}\frac{1}{2x(x-1)}=\infty$$

有时需要多次应用洛必达法则 I 才能求出极限.

例5 求极限$\lim\limits_{x\to 0}\frac{x-\sin x}{x^3}$.

解

$$\lim_{x\to 0}\frac{x-\sin x}{x^3}=\lim_{x\to 0}\frac{1-\cos x}{3x^2}=\lim_{x\to 0}\frac{\sin x}{6x}$$

$$=\lim_{x\to 0}\frac{\cos x}{6}=\frac{1}{6}.$$

需要指出的是,对于当 $x\to\infty$ 时的$\frac{0}{0}$型不定式,只要作一个简单的变换 $t=\frac{1}{x}$,就有当 $x\to\infty$ 时 $t\to 0$. 于是便可使用洛必达法则 I. 但是当我们计算 $x\to\infty$ 这一过程的极限时,不必再进行变换,只要象法则 I 那样直接对未定式的分子分母求导即可.

例6 求极限 $\lim\limits_{x\to+\infty}\frac{\frac{\pi}{2}-\operatorname{arc\,tg}x}{\frac{1}{x}}$.

解

$$\lim_{x\to+\infty}\frac{\frac{\pi}{2}-\operatorname{arc\,tg}x}{\frac{1}{x}}=\lim_{x\to+\infty}\frac{-\frac{1}{1+x^2}}{-\frac{1}{x^2}}$$

$$=\lim_{x\to+\infty}\frac{x^2}{1+x^2}=1.$$

2. $\frac{\infty}{\infty}$型的不定式

通常我们把两个无穷大量之比的极限称为$\frac{\infty}{\infty}$型的不定式. 例如极限 $\lim\limits_{x\to 0+0}\frac{\ln x}{x^{-1}}$; $\lim\limits_{x\to+\infty}\frac{x^4}{e^x}$; $\lim\limits_{x\to+\infty}\frac{\sqrt{x+1}}{\ln(1+x)}$等都是$\frac{\infty}{\infty}$型不定式. 对于$\frac{\infty}{\infty}$型不定式,我们有

定理(洛必达法则 Ⅱ) 设函数 $f(x)$与 $g(x)$在 $N(\bar{a})$内处处可

导，并且 $g'(x)\neq 0$. 如果

$$\lim_{x\to a}f(x)=\infty,\quad \lim_{x\to a}g(x)=\infty,$$

而极限

$$\lim_{x\to a}\frac{f'(x)}{g'(x)}=l(l\text{ 为有限或 }\infty),$$

则

$$\lim_{x\to a}\frac{f(x)}{g(x)}=\lim_{x\to a}\frac{f'(x)}{g'(x)}=l.$$

证明从略.

与定理1类似，对于 $x\to\infty$ 时的 $\frac{\infty}{\infty}$ 型的不定式也可以使用洛必达法则Ⅱ.

例7 求极限 $\lim\limits_{x\to 0+0}\frac{\ln x}{x^{-1}}$.

解 由于

$$\lim_{x\to 0+0}\ln x=-\infty,\quad \lim_{x\to 0+0}x^{-1}=+\infty,$$

因此这是一个 $\frac{\infty}{\infty}$ 型的不定式. 应用洛必达法则Ⅱ，得到

$$\lim_{x\to 0+0}\frac{\ln x}{x^{-1}}=\lim_{x\to 0+0}\frac{x^{-1}}{-x^{-2}}=-\lim_{x\to 0+0}x=0.$$

例8 求极限 $\lim\limits_{x\to+\infty}\frac{x^4}{e^x}$.

解 这是一个 $\frac{\infty}{\infty}$ 型的不定式. 应用洛必达法则Ⅱ，得到

$$\lim_{x\to+\infty}\frac{x^4}{e^x}=\lim_{x\to+\infty}\frac{4x^3}{e^x}=\lim_{x\to+\infty}\frac{12x^2}{e^x}$$

$$=\lim_{x\to+\infty}\frac{24x}{e^x}=\lim_{x\to+\infty}\frac{24}{e^x}=0.$$

3. 其它类型的不定式

除了 $\frac{0}{0}$ 型与 $\frac{\infty}{\infty}$ 型的不定式外，还有 $0\cdot\infty$，$\infty-\infty$，0^0，1^∞ 和 ∞^0 等类型的不定式. 这些类型的不定式定值的方法是先把它们化成

$\frac{0}{0}$型或$\frac{\infty}{\infty}$型，然后再分别使用洛必达法则Ⅰ，Ⅱ.

例9 求极限 $\lim\limits_{x\to\frac{\pi}{2}}(\sec x - \operatorname{tg} x)$.

解 由于 $\lim\limits_{x\to\frac{\pi}{2}}\sec x = \infty, \lim\limits_{x\to\frac{\pi}{2}}\operatorname{tg} x = \infty$，因此这是一个$\infty-\infty$型的不定式. 我们可以把它化成

$$\lim_{x\to\frac{\pi}{2}}(\sec x - \operatorname{tg} x) = \lim_{x\to\frac{\pi}{2}}\frac{1-\sin x}{\cos x},$$

这样一来，就变成了$\frac{0}{0}$型的不定式，由法则Ⅰ得到

$$\lim_{x\to\frac{\pi}{2}}(\sec x - \operatorname{tg} x) = \lim_{x\to\frac{\pi}{2}}\frac{1-\sin x}{\cos x}$$

$$= \lim_{x\to\frac{\pi}{2}}\frac{-\cos x}{-\sin x} = 0.$$

例10 求极限$\lim\limits_{x\to 0}x^x$.

解 由于$\lim\limits_{x\to 0}x=0$，因此这是一个0^0型不定式. 设 $y=x^x$. 取对数得到 $\ln y = x\ln x$，当 $x\to 0$时就变成了$0\cdot\infty$型的不定式；再写成$\frac{\ln x}{1/x}$的样子，从而化成了$\frac{\infty}{\infty}$型的不定式，由法则Ⅱ得到

$$\lim_{x\to 0}\ln y = \lim_{x\to 0}\ln x^x = \lim_{x\to 0}x\ln x$$

$$= \lim_{x\to 0}\frac{\ln x}{\frac{1}{x}} = \lim_{x\to 0}(-x) = 0.$$

因为 $y=e^{\ln y}$，且

$$\lim_{x\to 0}y = \lim_{x\to 0}e^{\ln y} = e^{\lim\limits_{x\to 0}\ln y},$$

所以

$$\lim_{x\to 0}x^x = \lim_{x\to 0}y = e^0 = 1.$$

例11 求极限$\lim\limits_{x\to 1}x^{\frac{-1}{x-1}}$.

解 由于$\lim\limits_{x\to1}\dfrac{1}{1-x}=\infty$,因此这是一个$1^\infty$型不定式.设$y=x^{\frac{1}{1-x}}$,取对数得到 $\ln y=\dfrac{1}{1-x}\ln x$,当 $x\to1$时就变成了$0\cdot\infty$型的不定式;再写成$\dfrac{\ln x}{1-x}$,就化成了$\dfrac{0}{0}$型的不定式,由法则 I 得到

$$\lim_{x\to1}\ln y=\lim_{x\to1}\frac{1}{1-x}\ln x=\lim_{x\to1}\frac{\ln x}{1-x}$$

$$=\lim_{x\to1}\frac{1/x}{-1}=-1.$$

因为 $y=e^{\ln y}$,且

$$\lim_{x\to1}y=\lim_{x\to1}e^{\ln y}=e^{\lim\limits_{x\to1}\ln y},$$

所以

$$\lim_{x\to1}x^{\frac{1}{1-x}}=\lim_{x\to1}y=e^{-1}=\frac{1}{e}.$$

以上我们讨论了各种类型的不定式,值得注意的是,只有$\dfrac{0}{0}$型和$\dfrac{\infty}{\infty}$型不定式才能应用洛必达法则,否则就会得出荒谬的结果.例如

$$\lim_{x\to0}\frac{x}{1+\sin x}$$

不是$\dfrac{0}{0}$型不定式的极限.利用极限四则运算容易得到

$$\lim_{x\to0}\frac{x}{1+\sin x}=\frac{0}{1+0}=0.$$

但如果滥用洛比达法则,就会得到下面错误的结果:

$$\lim_{x\to0}\frac{x}{1+\sin x}=\lim_{x\to0}\frac{1}{\cos x}=1.$$

注意,洛必达法则是由$\lim\dfrac{f'(x)}{g'(x)}$存在,导出$\lim\dfrac{f(x)}{g(x)}$是存在的.如果$\lim\dfrac{f'(x)}{g'(x)}$不存在,并不能断定$\lim\dfrac{f(x)}{g(x)}$不存在,例如

$$\lim_{x\to+\infty}\frac{x+\cos x}{x}$$

是$\frac{\infty}{\infty}$型不定式. 而

$$\frac{(x+\cos x)'}{(x)'}=\frac{1-\sin x}{1}=1-\sin x$$

当 $x\to+\infty$时,上式极限是不存在的,但原式的极限却是存在的,有

$$\lim_{x\to+\infty}\frac{x+\cos x}{x}=\lim_{x\to+\infty}\left(1+\frac{\cos x}{x}\right)$$

$$=1+\lim_{x\to+\infty}\frac{\cos x}{x}=1.$$

§5 利用导数研究函数

5.1 函数的单调性

在第一章里我们已经给出了函数在区间上单调的定义,这里我们将利用导数来对函数的单调性进行讨论.

一个函数在区间上递增(或递减),其图形的特点是沿 x 轴正方向曲线是上升(或下降)的,而曲线的升降是与切线的方向密切相关的. 由于导数是曲线切线的斜率,从图2-5可以看出,当斜率为正时,曲线上升,函数递增;当斜率为负时,曲线下降,函数递减. 因此我们可以利用导数的符号来判别函数的单调性.

定理(函数单调性的充分条件) 设函数 $f(x)$在区间(a,b)内可导,且导函数 $f'(x)$不变号.

(1) 若 $f'(x)>0$,则 $f(x)$在区间(a,b)内是单调递增的;

(2) 若 $f'(x)<0$,则 $f(x)$在区间(a,b)内是单调递减的;

证明 设 x_1,x_2为区间(a,b)内的任意两点,且 $x_1<x_2$. 由于函

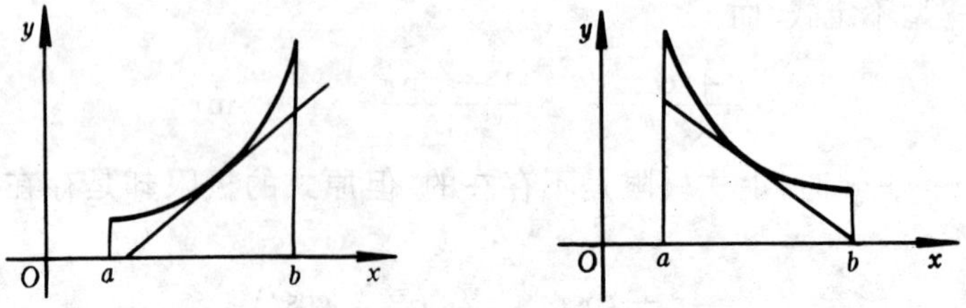

图　2-5

数 $f(x)$ 在区间 (a,b) 内可导，因而它在闭区间 $[x_1,x_2]$ 上连续，在开区间 (x_1,x_2) 内可导. 根据拉格朗日中值定理有

$$f(x_2)-f(x_1)=f'(x_0)(x_2-x_1)\quad(x_1<x_0<x_2).$$

(1) 已知 $f'(x)>0$，则上式右端大于零，即

$$f(x_2)-f(x_1)>0,$$

亦即

$$f(x_2)>f(x_1).$$

由于 x_1,x_2 是任意的，所以函数 $f(x)$ 在区间 (a,b) 内是单调递增的.

同理可证(2).

需要指出的是，这个定理只是判定函数单调性的充分条件，而不是必要条件. 当函数 $f(x)$ 的导数 $f'(x)$ 在区间 (a,b) 内，除了在个别点处为零外均为正值(或负值)时，函数 $f(x)$ 在这个区间内仍是单调递增(或递减)的. 例如在区间 $(-\infty,+\infty)$ 内，函数 $f(x)=x^3$ 的导数 $f'(x)=3x^2$ 在点 $x=0$ 处为零，除此之外 $f'(x)$ 均为正值，因而函数 $f(x)=x^3$ 在 $(-\infty,+\infty)$ 内是单调递增的.

例1　讨论函数 $f(x)=\dfrac{x^3}{3}+x^2-3x+4$ 的单调性.

解　函数 $f(x)$ 的定义域为 $(-\infty,+\infty)$. 由

$$f'(x)=x^2+2x-3=(x+3)(x-1)$$

解 $f'(x)=0$,得到 $x_1=-3,x_2=1$.用点 $x_1=-3,x_2=1$将定义域 $(-\infty,+\infty)$分成三个区间:$(-\infty,-3)$,$(-3,1)$,$(1,+\infty)$.在这三个区间上分别讨论 $f(x)$的单调性.

当 $x<-3$时,$f'(x)>0$,即函数 $f(x)$在区间$(-\infty,-3)$内是单调递增的;

当$-3<x<1$时,$f'(x)<0$,即函数 $f(x)$在区间$(-3,1)$内是单调递减的;

当 $x>1$时,$f'(x)>0$,即函数 $f(x)$在区间$(1,+\infty)$内是单调递增的.

为了简便起见,我们也可以列表来讨论函数 $f(x)$的单调性:

x	$(-\infty,-3)$	-3	$(-3,1)$	1	$(1,+\infty)$
$f'(x)$	$+$	0	$-$	0	$+$
$f(x)$	↗		↘		↗

例2 讨论函数 $f(x)=(x-1)^3(2x+3)^2$的单调性.

解 函数 $f(x)$ 的定义域为$(-\infty,+\infty)$.由

$$f'(x)=5(x-1)^2(2x+3)(2x+1)$$

解 $f'(x)=0$,得到 $x_1=-\dfrac{3}{2},x_2=-\dfrac{1}{2},x_3=1$.用所得的三个点将函数 $f(x)$的定义域$(-\infty,+\infty)$分成四个区间,并将 $f'(x)$的符号以及函数 $f(x)$的增减区间列表如下:

x	$\left(-\infty,-\frac{3}{2}\right)$	$-\frac{3}{2}$	$\left(-\frac{3}{2},-\frac{1}{2}\right)$	$-\frac{1}{2}$	$\left(-\frac{1}{2},1\right)$	1	$(1,+\infty)$
$f'(x)$	$+$	0	$-$	0	$+$	0	$+$
$f(x)$	↗		↘		↗		↗

可见,函数 $f(x)$在区间$\left(-\infty,-\dfrac{3}{2}\right)$,$\left(-\dfrac{1}{2},1\right)$及$(1,+\infty)$内单调

递增,而在区间$\left(-\frac{3}{2},-\frac{1}{2}\right)$内单调递减.

5.2 函数的极值

定义 设函数 $y=f(x)$ 在 $N(x_0)$ 内有定义,如果

$$f(x) < f(x_0),\quad \forall\ x \in N(\bar{x}_0),$$

那么就称函数 $f(x)$ 在点 x_0 处取得**极大值**;如果

$$f(x) > f(x_0),\quad \forall\ x \in N(\bar{x}_0),$$

那么就称函数 $f(x)$ 在点 x_0 处取得**极小值**.

函数的极大值与极小值统称为**极值**. 使函数取得极值的点称为**极值点**. 例如,函数 $f(x)=x^2$ 在点 $x=0$ 处取得极小值 $f(0)=0$,则点 $x=0$ 就是 $f(x)=x^2$ 的极小值点.

由于极值只与函数在一点某个邻域内的函数值有关,因此它是函数 $f(x)$ 的一个局部性质. 需要说明的是,对同一个函数来说,有时它在某一点的极大值可能会小于另一点的极小值. 如图 2-6 所示的那样,虽然 $f(x_1)$ 是函数的极大值,$f(x_2)$ 是极小值,但是

$$f(x_1) < f(x_2).$$

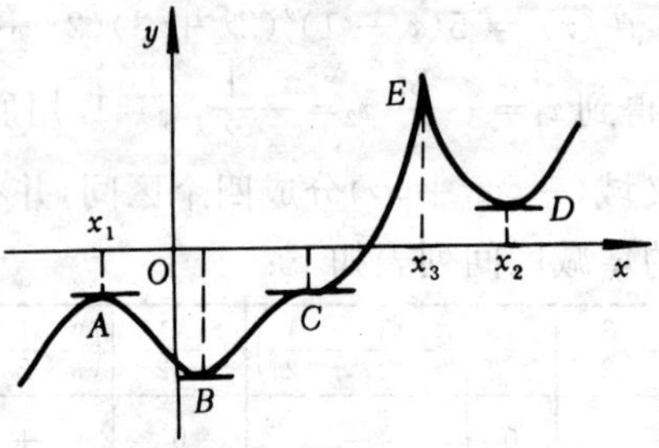

图 2-6

在图 2-6 中我们还可以看到,在函数取得极值的地方(如图中的 A,B,D 等点),曲线上的切线是水平的;但是在曲线上有水平切线的地方(如图中 C 点),函数并没有取得极值. 因此,对于可导函数来说,我们可以在它的图形上有水平切线的地方(即导数为零的

点)利用函数在该点附近导数的符号来判断它是否取得极值. 下面我们分别给出可导函数在一点取得极值的必要条件和两个充分条件.

定理(函数取得极值的必要条件) 若函数 $f(x)$ 在点 x_0 处可导,并且在 x_0 处 $f(x)$ 取得极值,则它在该点的导数 $f'(x_0)=0$.

证明 为了明确起见,不妨假设 x_0 是函数 $f(x)$ 的极小值点.

首先给 x_0 以改变量 Δx,使得 $x_0+\Delta x$ 在 $N(x_0)$ 内,根据极值的定义,当 $|\Delta x|$ 足够小时,有

$$f(x_0+\Delta x)>f(x_0),$$

即 $f(x_0+\Delta x)-f(x_0)>0$,于是当 $\Delta x>0$ 时,有

$$\frac{f(x_0+\Delta x)-f(x_0)}{\Delta x}>0.$$

根据极限不等式的性质,有

$$f'_+(x_0)=\lim_{\Delta x\to 0+0}\frac{f(x_0+\Delta x)-f(x_0)}{\Delta x}\geqslant 0;$$

同理,当 $\Delta x<0$ 时,有 $f'_-(x_0)\leqslant 0$.

考虑到函数 $f(x)$ 在点 x_0 处是可导的,故有

$$f'_+(x_0)=f'_-(x_0).$$

从而得到

$$f'(x_0)=0.$$

这个定理又称为费马(Fermat)定理. 它的几何意义是,当一条连续、光滑的曲线 $y=f(x)$ 在点 $(x_0,f(x_0))$ 处取得极值时,它在该点处的切线一定平行于 x 轴.

我们把使得导数 $f'(x)$ 为零的点称为函数 $f(x)$ 的**驻点**(或称为**稳定点**). 因此,费马定理告诉我们: 可导函数 $f(x)$ 的极值点必定是它的驻点.

应该注意的是,费马定理的逆定理是不成立的,即驻点不一定是极值点. 例如函数 $y=x^3$ 在点 $x=0$ 处的导数为0,但0点不是它的极值点. 另外,上述定理假定了函数在 x_0 点处是具有导数的. 如

果函数在极值点没有导数存在，那么该点就不可能是驻点了. 例如函数 $y=|x|$ 在 $x=0$ 处取得极小值，但它在该点处没有导数. 因此0点就不是驻点.

定理（函数取得极值的第一充分条件） 设函数 $f(x)$ 在 $N(x_0)$ 内可导，并且 $f'(x_0)=0$.

(1) 若当 $x\in N^-(\bar{x}_0)$ 时，$f'(x)>0$；当 $x\in N^+(\bar{x}_0)$ 时，$f'(x)<0$，则 $f(x)$ 在点 x_0 处取得极大值.

(2) 若当 $x\in N^-(\bar{x}_0)$ 时，$f'(x)<0$；当 $x\in N^+(\bar{x}_0)$ 时，$f'(x)>0$，则 $f(x)$ 在点 x_0 处取得极小值.

证明 设 x 为 $N(\bar{x}_0)$ 内任意一点. 由于函数 $f(x)$ 在 $N(x_0)$ 内可导，所以在一个以 x_0 与 x 为端点的闭区间上也可导. 应用中值定理，在以 x_0 与 x 为端点的开区间内至少存在一点 c，使得

$$f(x)-f(x_0)=f'(c)(x-x_0).$$

(1) 已知当 $x\in N^-(\bar{x}_0)$ 时，$f'(x)>0$，亦即 $x<x_0$ 时，$f'(c)>0$；而当 $x\in N^+(\bar{x}_0)$ 时，$f'(x)<0$，亦即 $x>x_0$ 时，$f'(c)<0$. 因此当 $x\in N(\bar{x}_0)$ 时，总有

$$f(x)-f(x_0)=f'(c)(x-x_0)<0,$$

即

$$f(x)<f(x_0), \quad \forall\, x\in N(\bar{x}_0).$$

根据极值的定义，可知函数 $f(x)$ 在点 x_0 处取得极大值.

同理可证(2).

由上述定理可以判定例1中的函数 $f(x)=\dfrac{x^3}{3}+x^2-3x+4$ 在点 $x=-3$ 处取得极大值，在点 $x=1$ 处取得极小值；而在例2中函数 $f(x)=(x-1)^3(2x+3)^2$ 分别在点 $x=-3/2$ 和 $x=-1/2$ 处取得极值.

在上面的讨论中，我们假定函数在一点的某个邻域内是可导的. 但是有些函数（例如图2-6中所示的函数）在它的不可导的点（图2-6中的 $x=x_3$）处，也可能取得极值. 如果函数 $f(x)$ 在点 x_0 处不

可导但连续，并在点 x_0 附近都可导的话，那么我们仍可利用第一充分条件的方法来确定函数 $f(x)$ 在点 x_0 处是否取得极值.

例3 求函数 $f(x)=3-(x-2)^{2/5}$ 的极值.

解 由

$$f'(x)=-\frac{2}{5}(x-2)^{-3/5},$$

可见 $f'(x)=0$ 是无解的. 不难看出函数 $f(x)$ 在 $x=2$ 处是不可导的但连续，并当 $x\in N^-(\bar{2})$ 时，$f'(x)>0$；而当 $x\in N^+(\bar{2})$ 时，$f'(x)<0$. 所以函数 $f(x)$ 在点 $x=2$ 处取得极大值 $f(2)=3$.

当函数 $f(x)$ 在驻点处的二阶导数存在时，特别是当 $f'(x)$ 的符号不易直接判定时，我们也可以利用下面的定理来判定函数的极值.

定理 （函数取得极值的第二种充分条件） 设函数 $f(x)$ 在点 x_0 处具有二阶导数，且 $f'(x_0)=0$.

(1) 若 $f''(x_0)<0$，则 $f(x)$ 在点 x_0 处取得极大值；

(2) 若 $f''(x_0)>0$，则 $f(x)$ 在点 x_0 处取得极小值.

证明 (1) 根据 $f''(x_0)<0$，即

$$\lim_{x\to x_0}\frac{f'(x)-f'(x_0)}{x-x_0}<0,$$

由极限不等式的性质可知，在 $N(x_0)$ 内有

$$\frac{f'(x)-f'(x_0)}{x-x_0}<0 \quad (x\neq x_0).$$

又由于 $f'(x_0)=0$，所以

$$\frac{f'(x)}{x-x_0}<0.$$

由此可见，当 $x\in N^-(\bar{x}_0)$ 时，$f'(x)>0$；而当 $x\in N^+(\bar{x}_0)$ 时，$f'(x)<0$. 根据函数取得极值的第一种充分条件可知，函数 $f(x)$ 在点 x_0 处取得极大值.

同理可证(2).

注意，当函数 $f(x)$ 在点 x_0 处具有二阶导数，且 $f'(x_0)=0$，如果

这时 $f''(x_0)=0$，那么 $f(x)$ 在点 x_0 处可能有极值，也可能没有极值．例如函数 $f(x)=x^3$，有 $f'(0)=f''(0)=0$，但 $f(x)=x^3$ 在 $x=0$ 处没有极值；而函数 $f(x)=x^4$，有 $f'(0)=f''(0)=0$，但 $f(x)=x^4$ 在 $x=0$ 处取得极小值．

例4 求函数 $f(x)=x^2+\dfrac{54}{x}$ 的极值．

解 由

$$f'(x)=2x-\frac{54}{x^2}$$

解 $f'(x)=0$，得到驻点 $x=3$．又由

$$f''(x)=2+\frac{108}{x^3}$$

易见 $f''(3)>0$．根据函数取得极值的第二种充分条件可知函数 $f(x)$ 在点 $x=3$ 处取得极小值 $f(3)=27$．

5.3 函数的最值

在实际问题中，有时我们需要计算函数在某一个区间上的最大值或最小值（以后我们简称为**最值**）．与函数的单调性一样，最值也是函数在区间上的一个整体性质．

在第一章§6中我们曾指出，闭区间上的连续函数一定可以取得最大值与最小值．一般来说，如果函数在开区间内取得最值，那么这个最值一定也是函数的一个极值．由于连续函数取得极值的点只可能是该函数的驻点或不可导点，又由于函数的最值也可能在区间的端点上取得．因此，求函数最值的步骤是：首先找出函数在区间内所有的驻点和不可导点，然后计算出它们及端点的函数值，最后再将这些值进行比较，其中最大（小）者就是函数在该区间上的最大（小）值．

需要说明的是，对于某些实际问题，如果我们能够根据问题本身的特点判断出函数应该有一个不在区间端点上取值的最值，而且在区间内该函数只有一个驻点（或不可导点），那么这个点就是

函数的最值点.

例5 求函数 $f(x)=x^4-2x^2+5$ 在区间 $[-2,2]$ 上的最值.

解 由 $f'(x)=4x^3-4x=4x(x-1)(x+1)$，解 $f'(x)=0$，得驻点 $x_1=0, x_2=-1, x_3=1$. 因为 $f(x)$ 在 $[-2,2]$ 上处处可导，所以只需把这些驻点与区间端点的值进行比较：

$$f(0)=5; f(1)=4; f(-1)=4; f(-2)=13; f(2)=13.$$

因此 $f(x)$ 在 $[-2,2]$ 上的最大值是13，最小值是4.

例6 在一块边长为 $2a$ 的正方形铁皮上，四角各截去一个边长为 x 的小正方形，用剩下的部分做成一个无盖的盒子(见图2-7). 试问当 x 取什么值时，它的容积最大，其值是多少？

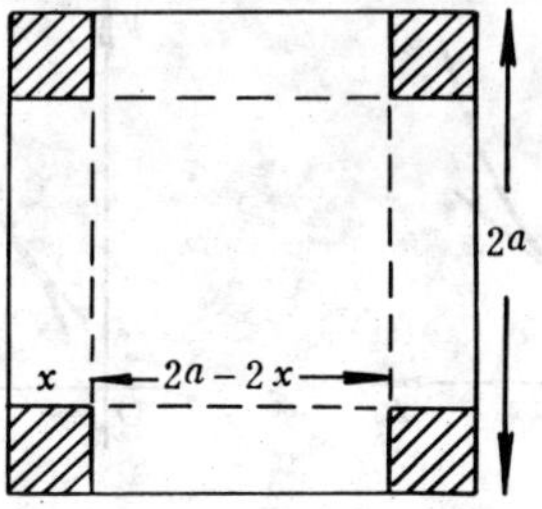

图 2-7

解 由于小正方形的边长为 x，故盒子底边长为 $2a-2x$，它的容积为

$$V(x)=4x(a-x)^2, \quad x\in(0,a).$$

由

$$V'(x)=12(x-a)\left(x-\frac{a}{3}\right),$$

解 $V'(x)=0$ 得驻点 $x_1=a, x_2=a/3$. 由于当 $x_1=a$ 时，表示铁皮完全被截去，这时容积为零，不合题意，故 $V(x)$ 在开区间 $(0,a)$ 内只有唯一的驻点 $x_2=a/3$. 另一方面，根据此问题的特点可以判断 $V(x)$ 一定有最大值. 因此当 $x_2=a/3$ 时，$V(x)$ 取得最大值，其值为

$$V\left(\frac{a}{3}\right)=4\times\frac{a}{3}\left(a-\frac{a}{3}\right)^2=\frac{16}{27}a^3.$$

5.4 曲线的凹凸性·拐点

定义 若曲线弧位于它每一点的切线的上方，则称此曲线弧是**凹**的(见图2-8)；若曲线弧位于它每一点的切线的下方，则称此曲线弧是**凸**的(见图2-9).

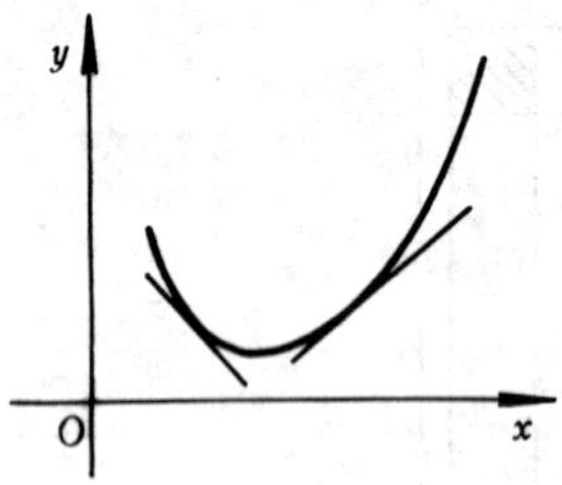

图 2-8

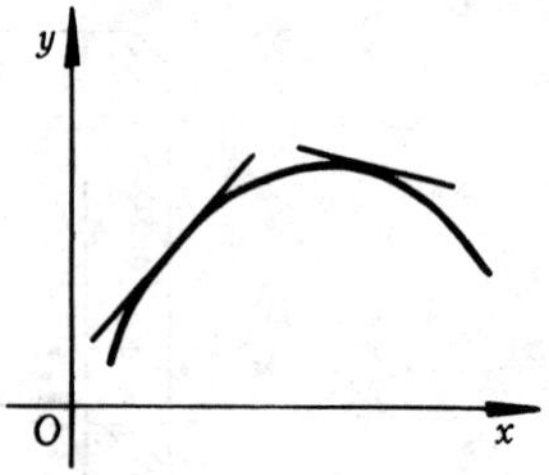

图 2-9

由此可见，曲线的弯曲方向是由切线在曲线弧的上方还是下方所确定的. 例如，函数 $f(x)=x^2$的曲线在其切线上方，所以它是凹弧；而函数 $f(x)=x^3$的曲线在第一象限中位于其切线的上方，所以它是凹弧；在第三象限中位于其切线的下方，所以它是凸弧.

如何判别曲线在某一区间上的凹凸性呢？我们知道，若曲线是凸弧，则当 x 由小变大时，x 轴与曲线的切线的夹角是减小的，即切线的斜率是递减的；若曲线是凹弧，则当 x 由小变大时，x 轴与曲线的切线的夹角是增大的，即切线的斜率是递增的. 从而我们可以根据函数的一阶微商是递增的还是递减的，或根据它的二阶微商是正的还是负的来判别它的凹凸性. 下面我们给出曲线凹凸性的判别法.

定理(曲线凹凸性的判别性)　设函数 $f(x)$ 在区间 (a,b) 上具有二阶导数 $f''(x)$,则在该区间上:

(1) 当 $f''(x)>0$ 时,曲线弧 $y=f(x)$ 是凹的;

(2) 当 $f''(x)<0$ 时,曲线弧 $y=f(x)$ 是凸的.

例7　判别曲线 $y=\ln x$ 的凹凸性.

解　因为 $f''(x)=-\frac{1}{x^2}<0(0<x<+\infty)$,所以曲线 $y=\ln x$ 是凸的.

例8　判别曲线 $y=\frac{1}{x}$ 的凹凸性.

解　函数 $f(x)=1/x$ 的定义域为 $(-\infty,0)$,$(0,+\infty)$. $f'(x)=-1/x^2$,$f''(x)=2/x^3$. 当 $-\infty<x<0$ 时 $f''(x)<0$,曲线 $y=\frac{1}{x}$ 是凸的;当 $0<x<+\infty$ 时 $f''(x)>0$,曲线 $y=\frac{1}{x}$ 是凹的.

定义　连续曲线的凹弧与凸弧的分界点称为曲线的**拐点**.

例如函数 $y=x^3$ 的定义域为 $(-\infty,+\infty)$,$y''=6x$. 在区间 $(-\infty,0)$ 上 $y''<0$,函数 $y=x^3$ 的曲线是凸的;在区间 $(0,+\infty)$ 上,$y''>0$,函数 $y=x^3$ 的曲线是凹的. 所以 $(0,0)$ 点是它的拐点. 一般来说,函数 $y=f(x)$ 的二阶导数为零或不存在的点可能是拐点,利用二阶微商的符号来判别曲线的拐点,有下述的定理.

定理(拐点的判定法)　设函数 $y=f(x)$ 在区间 (a,b) 上有二阶连续导数 $f''(x)$. 若 x_0 是 (a,b) 内一点.

(1) 当 $f''(x)$ 在 x_0 附近的左边和右边不同号时,点 $(x_0,f(x_0))$ 是 $y=f(x)$ 的一个拐点.

(2) 当 $f''(x)$ 在 x_0 附近的左边和右边同号时,点 $(x_0,f(x_0))$ 不是 $y=f(x)$ 的拐点.

例9　判别曲线 $y=x^4$ 的凹凸性,并求出拐点.

解　因为 $f''(x)=12x^2$,所以当 $x\neq0$ 时,总有 $f''(x)>0$;故 $y=x^4$ 曲线是凹弧. 而当 $x=0$ 时,虽然 $f''(x)=0$,但是因为在 $x=0$ 点附近 $f''(x)$ 同号,所以 $(0,0)$ 不是拐点.

通过这个例子我们看到，如果函数 $f(x)$ 的二阶微商 $f''(x)$ 在 (a,b) 内除在个别点为零外，它的符号恒为正（或负），则曲线弧仍旧是凹（或凸）的.

5.5 微分法作图

1. 曲线的渐近线

定义 如果点 M 沿曲线 $y=f(x)$ 离坐标原点无限远移时，M 与某一条直线 L 的距离趋近于零，则称直线 L 为曲线 $y=f(x)$ 的一条**渐近线**，并且

(1) 若 $\lim\limits_{x\to a-0} f(x)=\infty$ 或 $\lim\limits_{x\to a+0} f(x)=\infty$，则 $x=a$ 为曲线 $y=f(x)$ 的垂直渐近线；

(2) 若 $\lim\limits_{x\to +\infty} f(x)=A$ 或 $\lim\limits_{x\to -\infty} f(x)=B$，则 $y=A$ 或 $y=B$ 为曲线 $y=f(x)$ 的水平渐近线.

例10 求曲线 $y=1/x$ 的渐近线.

解 对于 $y=1/x$，我们有

$$\lim_{x\to 0-0}\frac{1}{x}=-\infty,\ \lim_{x\to 0+0}\frac{1}{x}=+\infty.$$

当 x 大于零趋向于零时，$1/x$ 趋向于 $+\infty$；当 x 小于零趋向于零时，$1/x$ 趋向于 $-\infty$，故 $x=0$ 是它的一条垂直渐近线. 又有

$$\lim_{x\to\infty}\frac{1}{x}=0.$$

故 $y=0$ 是它的一条水平渐近线（见图2-10）.

2. 微分法作图

函数的微分法作图，一般可以分这样几个步骤来完成：

(1) 求出函数 $f(x)$ 的定义域，确定图形的范围；

(2) 讨论函数的奇偶性和周期性，确定图形的对称性和周期；

(3) 找出渐近线，确定图形的变化趋势；

(4) 计算函数的一阶导数 $f'(x)$ 与函数的二阶导数 $f''(x)$；

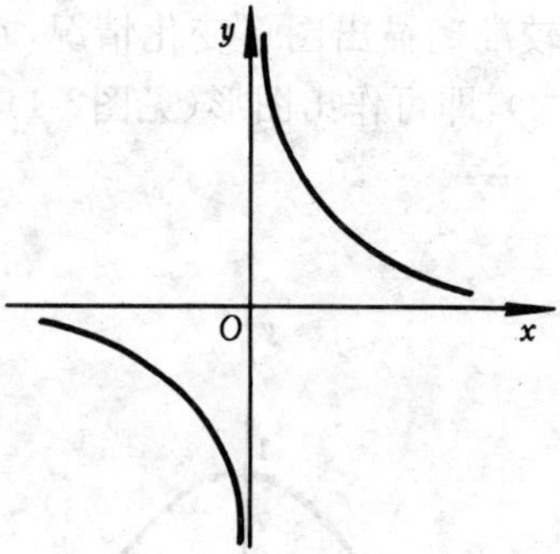

图 2-10

(5) 列表讨论函数图形的升降、凹凸、极值和拐点；

(6) 适当选取一些辅助点，一般常找出曲线和坐标轴的交点.

在作图时，要具体情况具体分析，不一定对上述几点都讨论.

例11 作函数 $y=\mathrm{e}^{-x^2}$的图形.

解 (1) $y=\mathrm{e}^{-x^2}$的定义域为$-\infty<x<+\infty$；

(2) $f(-x)=\mathrm{e}^{-(-x)^2}=\mathrm{e}^{-x^2}=f(x)$. 可知函数 $y=\mathrm{e}^{-x^2}$是偶函数. 它的图形关于 y 轴是对称的. 因此只讨论 $x\geqslant 0$即可；

(3) 由$\lim\limits_{x\to\infty}\mathrm{e}^{-x^2}=0$，可知 $y=0$是函数图形的水平渐近线；

(4) 由 $f'(x)=-2x\mathrm{e}^{-x^2}$，解 $f'(x)=0$，得到 $x=0$. 由

$$f''(x)=4x^2\mathrm{e}^{-x^2}-2\mathrm{e}^{-x^2}=4\left(x^2-\frac{1}{2}\right)\mathrm{e}^{-x^2},$$

解 $f''(x)=0$，得到 $x_{1,2}=\pm\sqrt{1/2}$；

(5) 列表讨论函数图形的升降、凹凸、极值和拐点.

x	0	$(0,\sqrt{1/2})$	$\sqrt{1/2}$	$(\sqrt{1/2},+\infty)$
y'	0	$-$	$-$	$-$
y''	$-$	$-$	0	$+$
y	1(极大值)	↘(凸的)	$\mathrm{e}^{-1/2}$	↘(凹的)

可见$(\sqrt{1/2},e^{-1/2})$为一个拐点.

(6) 为了比较准确描出图形变化情况，在$(\sqrt{1/2},+\infty)$再取一个辅助点$(2,e^{-4})$，即可作出图形(见图2-11).

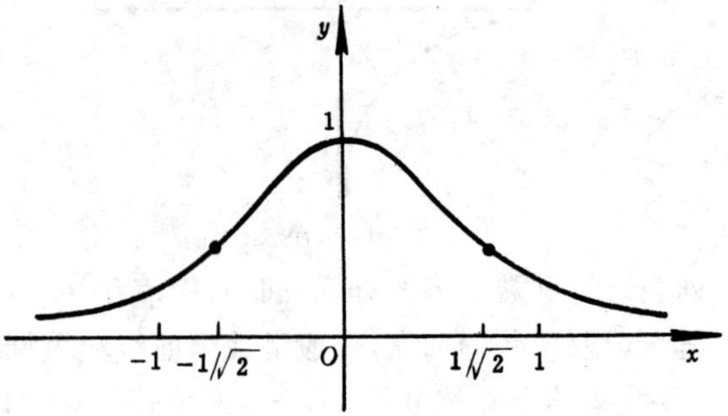

图 2-11

习 题 三

1. 根据导数的定义，求下列函数的导数：

(1) $y=x^2+x+1$； (2) $y=\cos(x+3)$

2. 设函数$y=f(x)$在点x_0处可导，求

$$\lim_{x\to x_0}\frac{f(x)-f(x_0)}{x-x_0}.$$

3. 设函数

$$f(x)=\begin{cases}x^k\sin\dfrac{1}{x} & (x\neq 0),\\ 0 & (x=0).\end{cases}$$

试讨论当k分别为0,1,2时，在点$x=0$处的可导性.

4. 函数$y=|\sin x|$在点$x=0$处导数是否存在，为什么？

5. 设函数 $f(x)$为偶函数,并且 $f'(0)$存在,证明 $f'(0)=0$.

6. 设函数

$$f(x)=\begin{cases} x^2 & (x\leqslant x_0), \\ ax+b & (x>x_0). \end{cases}$$

试选择 a,b 使得 $f(x)$处处可导.

7. 求下列函数的导数:

(1) $y=\dfrac{x+1}{x-1}$;　　(2) $y=(5x+1)(2x^2-3)$;

(3) $y=xe^x$;　　(4) $y=\sec x$;

(5) $y=\dfrac{2}{x^2-1}$;　　(6) $y=(x^2-2x+1)^{10}$;

(7) $y=3\sin x+\cos^2 x$;　　(8) $y=\dfrac{\mathrm{tg}x}{x^2+1}$;

(9) $y=\sin 4x$;　　(10) $y=10^{6x}$;

(11) $y=e^{x/2}(x^2+1)$;　　(12) $y=\arcsin(2x+3)$;

(13) $y=\ln(\sin x)$;　　(14) $y=(\ln x)^3$;

(15) $y=\mathrm{arc\ tg}\sqrt{x^2+1}$;　　(16) $y=\arcsin\dfrac{1}{x}$;

(17) $y=\ln(x+\sqrt{x^2+a^2})$;　　(18) $y=x^{1/x}$;

(19) $y=(\sin x)^{\cos x}$;　　(20) $y=\sqrt{\dfrac{x-1}{x(x+3)}}$.

8. 求下列各方程所确定的隐函数的导数 y'_x:

(1) $(x-1)^2+(y+2)^2=25$;　　(2) $\cos(xy)=x$;

(3) $y=1+xe^y$;　　(4) $x^y=y^x$;

(5) $y^2\cos x-4\sin 3x=0$;　　(6) $y\sin x=\cos(x-y)$.

9. 求曲线 $x^2+3xy+y^2=-1$在点 $M(2,-1)$处的切线方程和法线方程.

10. 求曲线 $y=x-\dfrac{1}{x}$ 与 x 轴交点处的切线方程.

11. 求下列函数的二阶导数：

(1) $y=\dfrac{1}{x^3+1}$； (2) $y=\mathrm{tg}x$；

(3) $y=xe^{x^2}$； (4) $y=\sin(x+y)$；

(5) $y=e^x\cos x$； (6) $y=x^x$；

(7) $y=\ln\sin x$； (8) $xy=e^{x+y}$.

12. 设 $f(x)=e^{2x-1}$，求 $f''(0)$.

13. 设 $f(x)=(x+10)^6$，求 $f'''(2)$.

14. 设 $e^y+xy=e$，求 $y''(0)$.

15. 设 $y=e^x\sin x$，证明 $y''-2y'+2y=0$.

16. 验证函数 $y=e^{-\sqrt{x}}+e^{\sqrt{x}}$ 满足关系式

$$xy''+\frac{1}{2}y'-\frac{1}{4}y=0.$$

17. 由等式

$$\sum_{k=0}^{n}x^k=\frac{1-x^{n+1}}{1-x}\quad(x\neq 1),$$

计算 $\sum\limits_{k=1}^{n}kx^{k-1}$.

18. 设 $y=x^3-1$. 在点 $x=2$ 处计算当 Δx 分别为 1，0.1，0.01 时，Δy 及 dy 的值.

19. 求下列各函数的微分：

(1) $y=\dfrac{1}{2x^2}$； (2) $y=(\sqrt{x}+1)\left(\dfrac{1}{\sqrt{x}}-1\right)$；

(3) $y=\sin^2x$； (4) $y=\dfrac{x}{4^x}$；

(5) $y=xe^x$； (6) $y=\dfrac{\ln x}{x^n}$；

(7) $y=x^{5x}$；　　(8) $y=x\cdot\sin x\cdot\ln x$

20. 求下列各函数值的近似值：

(1) $e^{1.01}$；　　(2) $\cos 151°$；

(3) $\ln 1.01$；　　(4) $\sqrt[5]{0.95}$.

21. 半径为 r 的金属球加热后，它的半径增加了 Δr，问其表面积增加了多少？

22. 设测得一正方形的边长为2.4m，其绝对误差为0.05m. 求正方形的面积，并估计绝对误差与相对误差.

23. 试证明乘积的相对误差不超过各因子的相对误差之和.

24. 设 $f(x)=x(x^2-1)(x+2)(x-3)$，不用求出 $f(x)$ 的导数，说明方程 $f'(x)=0$ 应有几个实根，并指出它们所在的区间.

25. 写出函数 $f(x)=x^3$ 在闭区间$[0,1]$上的拉格朗日中值公式，并求出公式中的 x_0.

26. 设 $f'(x)=a$，试证 $f(x)=ax+b$.

27. 试用中值定理证明下列各不等式：

(1) $|\sin a-\sin b|\leqslant|a-b|$；

(2) $\dfrac{x}{1+x}<\ln(1+x)<x\quad(x>0)$；

(3) $e^x>1+x\quad(x\neq 0)$；

(4)* $e^x>e\cdot x\quad(x>1)$.

28. 试用中值定理证明下列各等式：

(1) $\operatorname{arctg}x=\arcsin\dfrac{x}{\sqrt{1+x^2}}$；

(2) $2\operatorname{arc\,tg}x+\operatorname{arc\,sin}\dfrac{2x}{1+x^2}=\pi\,(x\geqslant 1)$.

29. 用洛必达法则求下列各式的极限：

(1) $\lim\limits_{x\to 1}\dfrac{x-1}{x^n-1}$；　　(2) $\lim\limits_{x\to 0}\dfrac{2^x-1}{3^x-1}$；

(3) $\lim\limits_{x\to 1}\dfrac{\ln x}{x-1}$；　　(4) $\lim\limits_{x\to 0+0}\dfrac{\operatorname{ctg}x}{\ln x}$；

(5) $\lim\limits_{x\to 0+0} x^{\alpha}\cdot\ln x \ (\alpha>0)$;

(6) $\lim\limits_{x\to\frac{\pi}{2}}\frac{\mathrm{tg}3x}{\mathrm{tg}x}$;

(7) $\lim\limits_{x\to 0} x^{\sin x}$;

(8) $\lim\limits_{x\to\infty}(a^{\frac{1}{x}}-1)x \quad (a>0)$;

(9) $\lim\limits_{x\to 0}\left(\frac{1}{x}-\frac{1}{e^{x}-1}\right)$;

(10) * $\lim\limits_{x\to 0}\frac{e^{-1/x^2}}{x^{100}}$.

30. 求下列各式的极限,并指出能否使用洛必达法则,为什么?

(1) $\lim\limits_{x\to\infty}\frac{x-\sin x}{x+\sin x}$;

(2) $\lim\limits_{x\to 0}\frac{x^2\sin\frac{1}{x}}{\sin x}$.

31. 求下列各函数的单调区间:

(1) $y=2x^3+3x^2-12x$;

(2) $y=x-e^{x}$;

(3) $y=x+\cos x$;

(4) $y=x-\ln(1+x)$.

32. 求下列各函数的极值:

(1) $y=2x^3-3x^2$;

(2) $y=x^2\ln x$;

(3) $y=x-\sin x$;

(4) $y=2e^{x}+e^{-x}$.

33. 求下列各函数在指定区间上的最大值与最小值:

(1) $y=x^3-3x^2+6x-2 \quad (-1\leqslant x\leqslant 1)$;

(2) $y=\frac{x^2}{e^{x}} \quad (-1\leqslant x\leqslant 3)$.

34. 在抛物线 $y^2=4x$ 上找一点,使得它与点(3,0)的距离为最小.

35. 欲造一个容积为300m^3的圆柱形无盖蓄水池,已知池底的单位面积造价是周围的单位面积造价的两倍.要使水池造价最低,问其底半径与高应是多少?

36. 某工厂每批生产某种产品 x 个所需要的成本为

$$C(x)=5x+200(\text{元}),$$

将其投放市场后所得到的总收入为

$$R(x)=10x-0.01x^2(\text{元}).$$

问每批生产多少个才能获得的利润最大？

37. 对某物体的长度进行了 n 次测量，得到 n 个数据 x_1，x_2，…，x_n. 问 x 取何值时，才能使得它与测量值之差的平方和（称为误差平方和）为最小？

38. 求下列各函数图形的凹凸区间及拐点：

(1) $y=(x+1)^4+\mathrm{e}^x$；　　(2) $y=\dfrac{x^2}{\mathrm{e}^x}$；

(3) $y=\ln(x^2+1)$；　　(4) $y=\dfrac{1}{x^2+1}$.

39. 当 a,b 为何值时，点(1,3)为曲线 $y=ax^3+bx^2$ 的拐点？

40. 作出下列各函数的图形.

(1) $y=\dfrac{x}{1+x^2}$；　　(2) $y=x\mathrm{e}^{-x}$；

(3) $y=x\sqrt{3-x}$；　　(4) $y=\dfrac{(x-3)^2}{4(x-1)}$.

第三章　一元积分学

一元函数积分学主要包括不定积分和定积分这两部分内容.不定积分是作为函数求导数的逆运算引入的,而定积分则是一种特殊的和的极限,它们既有区别又有联系.本章将分别介绍它们的概念、性质、计算方法及内在联系,并讨论定积分的一些简单应用.

§1　不定积分的概念与性质

在第二章我们讨论了物体沿直线运动的瞬时速度问题,并由此引入了导数的概念,即若物体的运动规律是由路程函数 $S=S(t)$ 确定,则路程函数 $S(t)$ 的导数就表示了物体在 t 时刻的瞬时速度:$S'(t)=v(t)$.在物理学中我们也会遇到相反的问题,即已知瞬时速度 $v(t)$,求物体运动的路程 $S=S(t)$.象这样一类从函数的导数(或微分)出发求原来的函数的问题是积分学的基本问题.

1.1　原函数与不定积分的概念

定义　设函数 $f(x)$ 在区间 X 上有定义,如果存在 $F(x)$,使得

$$F'(x)=f(x),\quad \forall x\in X,$$

或者

$$\mathrm{d}F(x)=f(x)\mathrm{d}x,\quad \forall x\in X,$$

那么称 $F(x)$ 是 $f(x)$ 的一个**原函数**,而 $f(x)$ 的全体原函数称为 $f(x)$ 的**不定积分**,记作

$$\int f(x)\mathrm{d}x,$$

其中 $\int$ 称为**积分号**,x 称为**积分变量**,$f(x)$ 称为**被积函数**,$f(x)\mathrm{d}x$ 称为**被积表达式**.

如果函数 $f(x)$ 存在原函数，那么也称 $f(x)$ 是**可积**的.

例如，由于 $(\sin x)'=\cos x$，所以 $\sin x$ 是 $\cos x$ 的一个原函数；又由于 $(x^2)'=(x^2+1)'=2x$，因而 x^2 和 x^2+1 都是 $2x$ 的原函数. 同一个函数 $2x$ 可以有许多个原函数，那么它的原函数究竟有多少呢？我们知道常数的导数是零，所以 x^2 加上任意一个常数 C，其和的导数都是 $2x$，即

$$(x^2+C)'=2x.$$

这就是说 $2x$ 的一个原函数 x^2 加上一个任意常数 C 后，仍旧是它的原函数，即 C 每取一个值就得到一个原函数. 例如取 $C=0$ 时，得到 x^2 是 $2x$ 的一个原函数；取 $C=1$ 时，得到 x^2+1 也是它的一个原函数；取 $C=\sqrt{3}$ 时，得到 $x^2+\sqrt{3}$ 还是它的一个原函数. 由此可见，$2x$ 有无穷多个原函数. 一般说来，如果 $F(x)$ 是 $f(x)$ 的一个原函数，则 $F(x)+C$（C 为任意常数）也都是 $f(x)$ 的原函数.

我们要问：除了 $F(x)+C$ 以外，$f(x)$ 还有没有其它形式的原函数呢？下面的定理回答了这个问题.

定理 若 $F(x)$ 是 $f(x)$ 的一个原函数，则 $F(x)+C$（C 为任意常数）仍是 $f(x)$ 的原函数，而且 $f(x)$ 的任何原函数都可以表成 $F(x)+C$ 的形式.

证明 第一个结论是显然的. 因为

$$[F(x)+C]'=F'(x)=f(x),$$

所以 $F(x)+C$（C 为任意常数）是 $f(x)$ 的原函数.

下面来证明第二个结论，令 $G(x)$ 是 $f(x)$ 的任意一个原函数，那么

$$G'(x)=f(x).$$

按照假设 $F(x)$ 是 $f(x)$ 的一个原函数，我们有

$$F'(x)=f(x),$$

因此 $$G'(x)-F'(x)=f(x)-f(x)\equiv 0,$$

即 $$[G(x)-F(x)]'=G'(x)-F'(x)\equiv 0.$$

由第二章§4中的定理推论可知，若一个函数的微商恒等于0，则这个函数一定是常数，即 $G(x)-F(x)=C$，亦即

$$G(x)=F(x)+C.$$

定理证毕.

从上面的定理可以看出，求一个函数 $f(x)$ 的不定积分的问题，可以转化为求它的一个原函数的问题. 但这并不是说原函数的全体就不重要了. 恰恰相反，在解许多实际问题的过程中，往往需要先求出原函数的全体，然后从中再挑选出所需要的某个特定的原函数. 关于这个问题在第五章中我们将作详细的讨论.

由上述定理可知，如果 $F(x)$ 是 $f(x)$ 的一个原函数，那么

$$\int f(x)\mathrm{d}x=F(x)+c \quad (C\text{ 为任意常数}),$$

就是 $f(x)$ 的全体原函数.

例 1 $\int \cos x\mathrm{d}x=\sin x+C.$

例 2 $\int \mathrm{e}^x\mathrm{d}x=\mathrm{e}^x+C.$

由上面的讨论可以看出：求原函数与求导数互为逆运算，也就是说，对一个函数先求不定积分再求微分，则两者的作用便互相抵消；即有

$$\left[\int f(x)\mathrm{d}x\right]'=f(x),$$

或

$$\mathrm{d}\left(\int f(x)\mathrm{d}x\right)=f(x)\mathrm{d}x.$$

反过来，若先求微分再求不定积分，则抵消后只相差一个常数. 即

$$\int F'(x)\mathrm{d}x=F(x)+C,$$

或

$$\int \mathrm{d}F(x)=F(x)+C.$$

不定积分的几何意义 当 $F(x)$ 是 $f(x)$ 的一个原函数时，$f(x)$ 的不定积分为 $F(x)+C$（C 为任意常数）. 这样一来，对于 C 的一个

确定的值 C_0，就对应有 $f(x)$ 的一个原函数 $F(x)+C_0$. 在直角坐标系 xOy 中，称由 $F(x)+C_0$ 所确定的一条曲线 $y=F(x)+C_0$ 为 $f(x)$ 的一条积分曲线. 因为 C 可以取一切实数值，所以积分曲线有无穷多条. 由上面的定理可知，把 $f(x)$ 的一条积分曲线沿 y 轴方向平行移动一定的距离，就可以得到它的另一条积分曲线，而且 $f(x)$ 的一切积分曲线都可以用这样的方法得到. 我们称所有的这些积分曲线的全体为 $f(x)$ 的**积分曲线族**（见图3-1)，因此，不定积分 $\int f(x)\mathrm{d}x$ 在几何上表示函数 $f(x)$ 的积分曲线族 $y=F(x)+C$. 这族曲线的特点是，它在横坐标相同的点处，所有的切线都是彼此平行的.

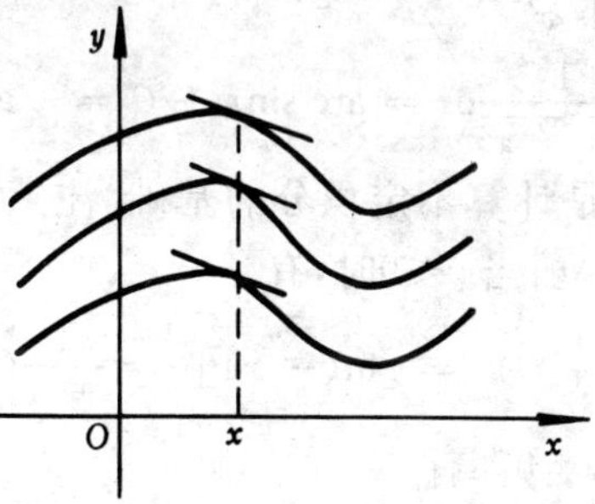

图 3-1

1.2 基本积分表

根据不定积分的定义和第二章基本初等函数的微分公式，即可写出对应的不定积分公式. 我们把这些公式列成下面的基本积分表(其中的 C 与 C_1 均为任意常数)：

1. $\int 0\mathrm{d}x = C$；

2. $\int x^{\alpha}\mathrm{d}x = \dfrac{1}{\alpha+1}x^{\alpha+1} + C \quad (\alpha \neq -1)$；

3. $\int \frac{1}{x}dx = \ln|x| + C$;

4. $\int \sin x dx = -\cos x + C$;

5. $\int \cos x dx = \sin x + C$;

6. $\int \csc^2 x dx = -\mathrm{ctg} x + C$;

7. $\int \sec^2 x dx = \mathrm{tg} x + C$;

8. $\int e^x dx = e^x + C$;

9. $\int a^x dx = \frac{1}{\ln a}a^x + C \quad (a > 0, a \neq 1)$;

10. $\int \frac{1}{1+x^2}dx = \mathrm{arc\ tg} x + C = -\mathrm{arc\ ctg} x + C_1$;

11. $\int \frac{1}{\sqrt{1-x^2}}dx = \arcsin x + C = -\arccos x + C_1$.

以上这些公式是计算不定积分的基础. 注意,在公式3中,当$x>0$时,公式显然成立;当 $x<0$时,有

$$(\ln|x| + C)' = [\ln(-x)]' = \frac{1}{-x}(-1) = \frac{1}{x},$$

所以对一切的 $x\neq0$都有

$$\int \frac{1}{x}dx = \ln|x| + C;$$

由公式2,3 还可以看出幂函数 x^α 的不定积分是

$$\int x^\alpha dx = \begin{cases} \frac{1}{\alpha+1}x^{\alpha+1} + C & (\alpha \neq -1), \\ \ln|x| + C & (\alpha = -1). \end{cases}$$

由此可见,幂函数(除 x^{-1}外)的原函数都是幂函数.

1.3 不定积分的简单性质

1. 设函数 $f(x)$,$g(x)$可积,则

$$\int [f(x) \pm g(x)]\mathrm{d}x = \int f(x)\mathrm{d}x \pm \int g(x)\mathrm{d}x.$$

证明 由条件,设 $F(x)$, $G(x)$ 分别为 $f(x)$, $g(x)$ 的一个原函数,有

$$\int f(x)\mathrm{d}x = F(x) + C \text{ 或 } F'(x) = f(x);$$

$$\int g(x)\mathrm{d}x = G(x) + C \text{ 或 } G'(x) = g(x).$$

所以

$$[F(x) \pm G(x)]' = F'(x) \pm G'(x) = f(x) \pm g(x)$$

即函数 $f(x) \pm g(x)$ 的不定积分存在,且

$$\int [f(x) \pm g(x)]\mathrm{d}x = F(x) \pm G(x) + C = \int f(x)\mathrm{d}x \pm \int g(x)\mathrm{d}x.$$

2. 设函数 $f(x)$ 可积,k 为不等于零的常数,则

$$\int kf(x)\mathrm{d}x = k\int f(x)\mathrm{d}x.$$

证明 由条件,设 $F(x)$ 为 $f(x)$ 的一个原函数,有

$$\int f(x)\mathrm{d}x = F(x) + C \text{ 或 } F'(x) = f(x).$$

所以

$$[kF(x)]' = kf(x)$$

即函数 $kf(x)$ 的不定积分存在,且

$$\int kf(x)\mathrm{d}x = kF(x) + C = k\int f(x)\mathrm{d}x.$$

由性质1,2容易得到:设 $f_k(x)$ $(k=1,2,\cdots,n)$ 为可积函数,α_k $(k=1,2,\cdots,n)$ 为不全等于零的常数,则

$$\int \sum_{k=1}^{n} a_k f_k(x)\mathrm{d}x = \sum_{k=1}^{n} a_k \int f_k(x)\mathrm{d}x.$$

即有限多个函数线性组合的不定积分等于它们不定积分的线性组合. 积分的这种性质又称为积分运算的线性性质.

例3 求$\int 4e^x\,dx$.

解 $\int 4e^x dx = 4\int e^x dx = 4(e^x + C_1)$

$= 4e^x + 4C_1$.

令 $4C_1 = C$，得到

$$\int 4e^x dx = 4e^x + C.$$

例3中"令$4C_1=C$"这一步，可以省去不写.

例4 求$\int \frac{(x-1)^2}{x}dx$.

解 $\int \frac{(x-1)^2}{x}dx = \int \frac{x^2-2x+1}{x}dx$

$= \int \left(x - 2 + \frac{1}{x}\right)dx$

$= \int x dx - 2\int dx + \int \frac{1}{x}dx$

$= \frac{1}{2}x^2 - 2x + \ln|x| + C.$

例5 求$\int \frac{3x^2}{1+x^2}dx$.

解 $\int \frac{3x^2}{1+x^2}dx = 3\int \frac{x^2+1-1}{x^2+1}dx$

$= 3\int \left(1 - \frac{1}{x^2+1}\right)dx$

$= 3\left(\int dx - \int \frac{1}{x^2+1}dx\right)$

$= 3x - 3\operatorname{arc\,tg}x + C.$

例6 求$\int \frac{1}{\sin^2 x\cos^2 x}dx$.

解 $\int \frac{1}{\sin^2 x\cos^2 x}dx = \int \frac{\sin^2 x + \cos^2 x}{\sin^2 x\cos^2 x}dx$

$= \int \frac{1}{\cos^2 x}dx + \int \frac{1}{\sin^2 x}dx$

$$= \mathrm{tg}x - \mathrm{ctg}x + C.$$

§2 换元积分法与分部积分法

利用基本积分表与积分的两个运算性质，我们虽然已经会求一些函数(即积分表中的那些被积函数及其线性组合)的不定积分，但这是远远不够的.对于许多常见的、并不复杂的积分，例如

$$\int e^{2x}dx, \quad \int xe^{x^2}dx, \quad \int \sqrt{a^2 - x^2}dx,$$

$$\int x\ \ln x dx, \quad \int \arcsin x dx, \quad \int x^3\sqrt{1 - x^2}dx$$

等等，就不会求了.因此，我们需要掌握其它的积分法则，以便求出更多的初等函数的不定积分.本节将介绍两种最常见的积分法——换元积分法与分部积分法.

2.1 第一换元法

由一阶微分形式不变性可知，当 u 为自变量时，若有

$$dF(u) = f(u)du$$

则 u 为 x 的函数 $u = \varphi(x)$ 时，也有

$$dF[\varphi(x)] = f[\varphi(x)]d\varphi(x).$$

把这个性质转换成积分法则，即为第一换元法.

定理1 若 u 为自变量时，有

$$\int f(u)du = F(u) + C,$$

则 u 为 x 的可微函数 $u = \varphi(x)$ 时，也有

$$\int f[\varphi(x)]\varphi'(x)dx = \int f[\varphi(x)]d\varphi(x)$$

$$= F[\varphi(x)] + C.$$

证明 由条件 $\int f(u)\mathrm{d}u = F(u) + C$，我们有

$$\mathrm{d}F(u) = f(u)\mathrm{d}u.$$

根据一阶微分形式不变性得

$$\begin{aligned}\mathrm{d}F[\varphi(x)] &= f[\varphi(x)]\mathrm{d}\varphi(x)\\ &= f[\varphi(x)]\varphi'(x)\mathrm{d}x\end{aligned}$$

因此有

$$\int f[\varphi(x)]\varphi'(x)\mathrm{d}x = F[\varphi(x)] + C.$$

例1 求 $\int \mathrm{e}^{2x}\mathrm{d}x$.

我们知道，在基本积分表中有公式

$$\int \mathrm{e}^{u}\mathrm{d}u = \mathrm{e}^{u} + C.$$

根据定理1，当 $u = 2x$ 时，也有

$$\int \mathrm{e}^{2x}\mathrm{d}(2x) = \mathrm{e}^{2x} + C.$$

这样一来，比较 $\int \mathrm{e}^{x}\mathrm{d}x$ 和 $\int \mathrm{e}^{2x}\mathrm{d}x$ 我 们发现：两者的被积表达式只相差一个数——2. 因此，如果凑上一个常数2，那么它就变成了

$$\int \mathrm{e}^{2x}\mathrm{d}x = \int \frac{\mathrm{e}^{2x}}{2}\mathrm{d}(2x) = \frac{1}{2}\int \mathrm{e}^{2x}\mathrm{d}(2x).$$

再令 $2x=u$，那么上述积分就变为

$$\int \mathrm{e}^{2x}\mathrm{d}x = \frac{1}{2}\int \mathrm{e}^{u}\mathrm{d}u = \frac{1}{2}\mathrm{e}^{u} + C.$$

再将 $u=2x$ 代入上式即可. 综上所述

$$\begin{aligned}\int \mathrm{e}^{2x}\mathrm{d}x &= \frac{1}{2}\int \mathrm{e}^{2x}\mathrm{d}(2x) \xlongequal{2x=u} \frac{1}{2}\int \mathrm{e}^{u}\mathrm{d}u = \frac{1}{2}\int \mathrm{d}\mathrm{e}^{u}\\ &= \frac{1}{2}\mathrm{e}^{u} + C \xlongequal{u=2x} \frac{1}{2}\mathrm{e}^{2x} + C.\end{aligned}$$

由此可见，在例 1中我们首先改写积分表达式；再引入中间变量 $2x = u$；然后利用公式求出积分；最后将 $u=2x$ 代回. 我们把上述的几个步骤写成下面的一般形式：

$$\int f[\varphi(x)]\varphi'(x)\mathrm{d}x = \int f[\varphi(x)]\mathrm{d}[\varphi(x)]$$

$$\xlongequal{\text{令 }\varphi(x)=u} \int f(u)\mathrm{d}u$$

$$\xlongequal{\text{由公式}} F(u) + C$$

$$\xlongequal{\text{令 }u=\varphi(x)} F[\varphi(x)] + C.$$

在这里,我们首先把被 积表达式通过引入中间变量凑成某个已知函数的微分形式,然后再利用基本积分表求出积分.因此有时也把第一换元法称为凑微分法.

例2 求$\displaystyle\int \frac{1}{3x+1}\mathrm{d}x$.

解

$$\int \frac{1}{3x+1}\mathrm{d}x = \frac{1}{3}\int \frac{1}{3x+1}(3x+1)'\,\mathrm{d}x$$

$$= \frac{1}{3}\int \frac{1}{3x+1}\mathrm{d}(3x+1)$$

$$\xlongequal{\text{令 }3x+1=u} \frac{1}{3}\int \frac{1}{u}\mathrm{d}u$$

$$= \frac{1}{3}\ln|u| + C$$

$$\xlongequal{\text{令 }u=3x+1} \frac{1}{3}\ln|3x+1| + C.$$

一般地我们有,若$\int f(x)\mathrm{d}x = F(x) + C$,则

$$\int f(ax+b)\mathrm{d}x = \frac{1}{a}F(ax+b) + C \quad (a \neq 0).$$

在这种不定积分中,因为$[f(ax+b)]' = af'(ax+b)$,所以在求不定积分时,需要凑上一个常数.例如

$$\int \cos(2x+1)\mathrm{d}x = \frac{1}{2}\sin(2x+1) + C;$$

$$\int (3x+2)^4\mathrm{d}x = \frac{1}{3}[\frac{1}{5}(3x+2)^5] + C$$

$$= \frac{1}{15}(3x+2)^5 + C.$$

对于一般的被积函数，需要设法变成 $f[\varphi(x)]\varphi'(x)$的形式. 以便利用积分形式不变性得到

$$\int f[\varphi(x)]\varphi'(x)\mathrm{d}x = \int f[\varphi(x)]\mathrm{d}\varphi(x) = \int f(u)\mathrm{d}u,$$

再求出不定积分.

例3 求$\int x\mathrm{e}^{x^2}\mathrm{d}x$.

解 $$\int x\mathrm{e}^{x^2}\mathrm{d}x = \frac{1}{2}\int \mathrm{e}^{x^2}(2x)\mathrm{d}x = \frac{1}{2}\int \mathrm{e}^{x^2}(x^2)'\,\mathrm{d}x$$

$$\xlongequal{令\ x^2=u} \frac{1}{2}\int \mathrm{e}^u\mathrm{d}u = \frac{1}{2}\mathrm{e}^u + C$$

$$\xlongequal{令\ u=x^2} \frac{1}{2}\mathrm{e}^{x^2} + C.$$

例4 求$\int \cos^2 x\mathrm{d}x$.

解 $$\int \cos^2 x\mathrm{d}x = \int \frac{1+\cos 2x}{2}\mathrm{d}x = \frac{1}{2}\left(\int \mathrm{d}x + \int \cos 2x\mathrm{d}x\right)$$

$$= \frac{1}{2}\int \mathrm{d}x + \frac{1}{4}\int \cos 2x\mathrm{d}2x$$

$$= \frac{x}{2} + \frac{\sin 2x}{4} + C.$$

在中间变量比较简单的情况下，中间变量的代换符号可以不写出来.

例5 求$\int \mathrm{tg}x\mathrm{d}x$.

解 $$\int \mathrm{tg}x\mathrm{d}x = \int \frac{\sin x}{\cos x}\mathrm{d}x = -\int \frac{\mathrm{d}\cos x}{\cos x}$$

$$= -\ln|\cos x| + C.$$

例6 求$\int \sin x \sin 3x \, dx$.

解
$$\int \sin x \sin 3x dx = \frac{1}{2}\int (\cos 2x - \cos 4x) dx$$
$$= \frac{1}{2}\int \cos 2x dx - \frac{1}{2}\int \cos 4x dx$$
$$= \frac{1}{4}\int \cos 2x d2x - \frac{1}{8}\int \cos 4x d4x$$
$$= \frac{1}{4}\sin 2x - \frac{1}{8}\sin 4x + C.$$

例7 求$\int \frac{x^2}{1-x}dx$.

我们知道,任何一个有理函数都可以通过多项式除法将它化成一个多项式加上一个真分式的形式,例如
$$\frac{x^2}{1-x} = -x - 1 + \frac{1}{1-x}.$$

解
$$\int \frac{x^2}{1-x}dx = \int \left(-x - 1 + \frac{1}{1-x}\right)dx$$
$$= -\int x dx - \int dx + \int \frac{1}{1-x}dx$$
$$= -\frac{x^2}{2} - x - \int \frac{1}{1-x}d(1-x)$$
$$= -\frac{x^2}{2} - x - \ln|1-x| + C.$$

例8 求$\int \frac{1}{x^2 - a^2}dx$.

解
$$\int \frac{1}{x^2 - a^2}dx = \frac{1}{2a}\int \left(\frac{1}{x-a} - \frac{1}{x+a}\right)dx$$
$$= \frac{1}{2a}\int \frac{1}{x-a}dx - \frac{1}{2a}\int \frac{1}{x+a}dx$$

$$=\frac{1}{2a}\ln|x-a|-\frac{1}{2a}\ln|x+a|+C$$

$$=\frac{1}{2a}\ln\left|\frac{x-a}{x+a}\right|+C.$$

例9 求$\int\frac{1}{\sin x}\mathrm{d}x$.

解 已知$\sin x=2\sin\frac{x}{2}\cos\frac{x}{2}$,所以

$$\int\frac{1}{\sin x}\mathrm{d}x=\int\frac{1}{2\sin\frac{x}{2}\cos\frac{x}{2}}\mathrm{d}x$$

$$=\int\frac{1}{\operatorname{tg}\frac{x}{2}\cos^2\frac{x}{2}}\mathrm{d}\,\frac{x}{2}$$

$$=\int\frac{1}{\operatorname{tg}\frac{x}{2}}\mathrm{d}\left(\operatorname{tg}\frac{x}{2}\right)$$

$$=\ln\left|\operatorname{tg}\frac{x}{2}\right|+C.$$

再利用三角公式

$$\operatorname{tg}\frac{x}{2}=\frac{1-\cos x}{\sin x}=\csc x-\operatorname{ctg}x$$

可得

$$\int\frac{1}{\sin x}\mathrm{d}x=\ln|\csc x-\operatorname{ctg}x|+C.$$

我们也可以利用例8的结果来计算例9：

$$\int\frac{1}{\sin x}\mathrm{d}x=\int\frac{\sin x}{\sin^2 x}\mathrm{d}x=\int\frac{\mathrm{d}\cos x}{\cos^2 x-1}$$

$$=\frac{1}{2}\ln\left|\frac{\cos x-1}{\cos x+1}\right|+C$$

$$=\frac{1}{2}\ln\left|\frac{(1-\cos x)^2}{1-\cos^2 x}\right|+C$$

$$=\frac{1}{2}\ln\left|\frac{(1-\cos x)^2}{\sin^2 x}\right|+C$$

$$=\ln\left|\frac{1-\cos x}{\sin x}\right|+C$$

$$=\ln|\csc x-\operatorname{ctg} x|+C.$$

由此可见，利用换元法求不定积分时，中间变量的取法不是唯一的. 而且我们还常常把一些积分结果当作公式来使用，这给我们的计算带来了很大方便.

例10 求 $\int\frac{1}{\cos x}\mathrm{d}x$.

解

$$\int\frac{1}{\cos x}\mathrm{d}x=\int\frac{1}{\sin\left(\frac{\pi}{2}+x\right)}\mathrm{d}x=\int\frac{1}{\sin\left(\frac{\pi}{2}+x\right)}\mathrm{d}\left(\frac{\pi}{2}+x\right)$$

$$=\ln\left|\csc\left(\frac{\pi}{2}+x\right)-\operatorname{ctg}\left(\frac{\pi}{2}+x\right)\right|+C$$

$$=\ln|\sec x+\operatorname{tg} x|+C.$$

通过上面的讨论可以看出第一换元法在不定积分中的作用如同复合函数求导法则在微分学中的作用一样是很重要的，但利用第一换元法求不定积分一般要比利用复合函数求导法则求导数困难一些，这是由于选择 $\varphi(x)$的方法比较灵活的缘故. 因此，要想掌握第一换元法，除了熟悉上面这些典型的例子外，还要做一定数量的习题才行.

2.2 第二换元法

在第一换元法中，我们通过引入中间变量，把被积函数凑成某个已知函数的微分形式，从而使不定积分容易计算. 而第二换元法则是沿着第一换元法相反的路线进行运算的，即在公式

$$\int f[\varphi(x)]\varphi'(x)\mathrm{d}x\xlongequal{\varphi(x)=u}\int f(u)\mathrm{d}u$$

中，若利用右端积分来计算左端的积分，即为第一换元法；若利用左端积分来计算右端的积分，即为第二换元法. 习惯上我们把积分

变量用 x 来表示,变换后的积分变量用 t 表示. 可见第二换元法是先作代换 $x=\psi(t)$,然后再求积分,因此第二换元法又称为作代换法.

定理2 设函数 $x=\psi(t)$ 在开区间上的导数不为零,若

$$\int f[\psi(t)]\psi'(t)\mathrm{d}t = G(t) + C,$$

则

$$\int f(x)\mathrm{d}x = G[\psi^{-1}(x)] + C.$$

其中 $t=\psi^{-1}(x)$ 为 $x=\psi(t)$ 的反函数.

定理2常可以写成下面的变换形式

$$\int f(x)\mathrm{d}x \xlongequal{x=\psi(t)} \int f[\psi(t)]\psi'(t)\mathrm{d}t = G(t) + C$$

$$\xlongequal{t=\psi^{-1}(x)} G[\psi^{-1}(x)] + C.$$

证明 由条件 $\int f[\psi(t)]\psi'(t)\mathrm{d}t=G(t)+C$,有

$$G'(t) = f[\psi(t)]\psi'(t),$$

又 $\psi'(t)\neq 0$,所以 $\psi(t)$ 为一连续、单调的函数,因此其反函数 $\psi^{-1}(x)$ 也是连续、单调的,并且可以证明

$$[\psi^{-1}(x)]' = \frac{1}{\psi'(t)}.$$

根据复合函数的求导法则,有

$$\begin{aligned}\{G[\psi^{-1}(x)]\}' &= G'_t \cdot t'_x \\ &= f[\psi(t)]\psi'(t)\cdot\frac{1}{\psi'(t)} \\ &= f[\psi(t)] \\ &= f(x).\end{aligned}$$

因此有

$$\int f(x)\mathrm{d}x = G[\psi^{-1}(x)] + C.$$

需要说明的是,第二换元法主要用来求无理函数的不定积分,由于含有根式的积分比较难求,因此我们设法作代换消去根式,使

之变成容易计算的积分.

下面通过例子说明第二换元法中常用的三角函数代换法.

例11 求$\int \sqrt{a^2-x^2}dx \quad (a>0)$.

解 为了去掉根号,作三角代换 $x=a\sin t(-\pi/2<t<\pi/2)$,此时

$$t=\arc\sin\frac{x}{a},\quad dx=a\cos t\,dt;$$

$$\sqrt{a^2-x^2}=\sqrt{a^2-a^2\sin^2 t}=a\cos t.$$

于是

$$\int \sqrt{a^2-x^2}dx=\int a\cos t\cdot a\cos t\,dt$$
$$=a^2\int \cos^2 t\,dt.$$

利用前面例4的结果,得

$$\int \sqrt{a^2-x^2}dx=a^2\left(\frac{t}{2}+\frac{\sin 2t}{4}\right)+C$$
$$=\frac{a^2}{2}t+\frac{a^2}{2}\sin t\cos t+C.$$

我们需要把变量 t 还原成变量 x. 做法如下:根据 $x=a\sin t$ 画一个直角三角形如图3-2所示,由这个直角三角形可以看出

$$\cos t=\frac{\sqrt{a^2-x^2}}{a}.$$

把它代入上式,即得

$$\int \sqrt{a^2-x^2}dx=\frac{a^2}{2}\arc\sin\frac{x}{a}+\frac{x}{2}\sqrt{a^2-x^2}+C.$$

这种用图形作变换的方法比用三角公式推导简单一些. 今后我们将常常采用这种方法.

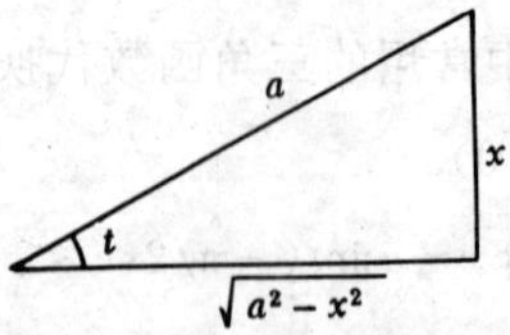

图 3-2

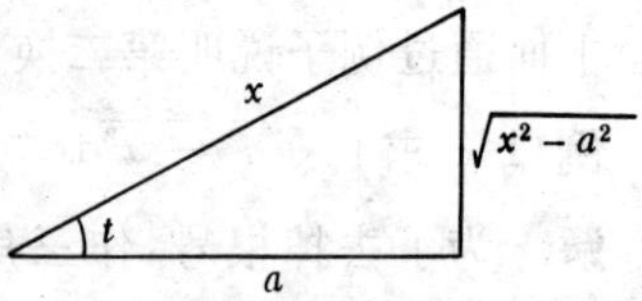

图 3-3

例 12 求$\int \frac{\mathrm{d}x}{\sqrt{x^2-a^2}}(a>0,|x|>a)$.

解 作代换 $x=a\sec t\left(0<t<\frac{\pi}{2}\right)$，则 $t=\operatorname{arc}\sec\frac{x}{a}$, $\mathrm{d}x=a\operatorname{tg}t\sec t\,\mathrm{d}t$. 于是有

$$\int \frac{\mathrm{d}x}{\sqrt{x^2-a^2}}=\int \sec t\mathrm{d}t=\ln|\operatorname{tg}t+\sec t|+C_1.$$

由图3-3可知

$$\operatorname{tg}t=\frac{\sqrt{x^2-a^2}}{a},$$

于是

$$\begin{aligned}\int \frac{\mathrm{d}x}{\sqrt{x^2-a^2}}&=\ln\left|\frac{\sqrt{x^2-a^2}}{a}+\frac{x}{a}\right|+C_1\\&=\ln|\sqrt{x^2-a^2}+x|-\ln a+C_1.\end{aligned}$$

令 $C=C_1-\ln a$，即得

$$\int \frac{\mathrm{d}x}{\sqrt{x^2-a^2}}=\ln|\sqrt{x^2-a^2}+x|+C.$$

例13 求$\int \frac{\mathrm{d}x}{\sqrt{x^2+a^2}}$.

解 作代换 $x=a\operatorname{tg}t$,$(-\pi/2<t<\pi/2)$，这时有

$$t=\operatorname{arc}\operatorname{tg}\frac{x}{a},\mathrm{d}x=a\sec^2t\,\mathrm{d}t,$$

$$\sqrt{x^2+a^2}=\sqrt{a^2\operatorname{tg}^2t+a^2}=a\sec t.$$

于是 $$\int \frac{dx}{\sqrt{x^2 + a^2}} = \int \frac{1}{a\ \sec t} a \sec^2 t\ dt = \int \sec t\ dt.$$

因为

$$\int \sec t\ dt = \int \frac{1}{\cos t}\ dt$$

$$= \ln|\operatorname{tg} t + \sec t| + C_1,$$

所以

$$\int \frac{dx}{\sqrt{x^2 + a^2}} = \ln|\operatorname{tg} t + \sec t| + C_1.$$

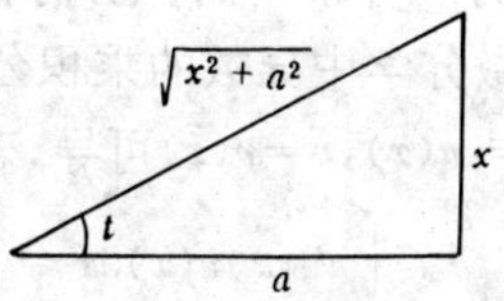

图 3-4

由图3-4可知

$$\sec t = \frac{\sqrt{x^2 + a^2}}{a}, \quad \operatorname{tg} t = \frac{x}{a}.$$

将它们代入上式，得到

$$\int \frac{dx}{\sqrt{x^2 + a^2}} = \ln\left|\frac{x}{a} + \frac{\sqrt{a^2 + x^2}}{a}\right| + C_1$$

$$= \ln|\sqrt{a^2 + x^2} + x| - \ln a + C_1$$

令 $C = C_1 - \ln a$，即得

$$\int \frac{dx}{\sqrt{x^2 + a^2}} = \ln|\sqrt{a^2 + x^2} + x| + C.$$

从上面的三个例子可以看出，当被积函数中含有二次根式 $\sqrt{a^2 - x^2}$，$\sqrt{x^2 + a^2}$，$\sqrt{x^2 - a^2}$ 时，通常我们分别作这样三个变换：$x = a\sin t$；$x = a\operatorname{tg} t$，$x = a\sec t$ 来去掉根号. 但这并不是去掉根号

的唯一方法，例如在$\int x^3\sqrt{a^2-x^2}\mathrm{d}x$中，作变换$a^2-x^2=u^2$会更简便些.

2.3 分部积分法

换元积分法在计算不定积分时起了很重要的作用，但是只有这种方法还是远远不够的，因为象

$$\int x\sin x\,\mathrm{d}x \text{ 和 } \int \ln x\,\mathrm{d}x$$

等类型的积分是不能利用换元积分法算出来的.

下面我们来介绍另一种常用的积分方法——分部积分法. 所谓分部积分法就是将微分学中导数的乘积公式转化为积分公式.

定理3 设函数$u=u(x)$，$v=v(x)$可导，若

$$\int u'(x)v(x)\mathrm{d}x$$

存在，则

$$\int u(x)v'(x)\mathrm{d}x = u(x)v(x) - \int v(x)u'(x)\mathrm{d}x.$$

上面的积分公式也可简记为$\int u\mathrm{d}v = uv - \int v\mathrm{d}u$.

证明 根据导数的乘积公式

$$(u\cdot v)' = u'\cdot v + u\cdot v'$$

有

$$u\cdot v' = (u\cdot v)' - v\cdot u'.$$

因上式右端两项原函数都存在，故左端原函数也存在，且

$$\int u\cdot v'\,\mathrm{d}x = \int [(u\cdot v)' - vu']\mathrm{d}x = uv - \int v\cdot u'\,\mathrm{d}x,$$

即

$$\int u\mathrm{d}v = uv - \int v\mathrm{d}u.$$

上面的公式称为**分部积分公式**. 这个公式告诉我们，如果积分

$\int u\mathrm{d}v$ 计算起来有困难，而积分 $\int v\mathrm{d}u$ 比较容易计算时，那么可以利用公式把前者计算转化为后者的计算．这就是说，按照公式将所求积分分成两部分，一部分已不用再积分，只要对另一部分求积，这也是“分部积分法”名称的来源．

例14 求 $\int x\sin x\mathrm{d}x$．

利用分部积分公式时，要先把被积函数中的一部分看成 v' 并和 $\mathrm{d}x$ 凑成微分 $\mathrm{d}v$，因此被积表达式改写成 $u\mathrm{d}v$ 的形式．这里，设 $u=x,\quad v'=\sin x$ 于是

$$\int x\sin x\mathrm{d}x=\int x\mathrm{d}(-\cos x)=x(-\cos x)-\int(-\cos x)\mathrm{d}x$$

$$=-x\cos x+\int\cos x\,\mathrm{d}x$$

$$=-x\cos x+\sin x+C.$$

例15 求 $\int x\mathrm{e}^x\mathrm{d}x$．

解 设 $u=x, v'=\mathrm{e}^x$，于是

$$\int x\mathrm{e}^x\mathrm{d}x=\int x\mathrm{d}\mathrm{e}^x=x\mathrm{e}^x-\int\mathrm{e}^x\mathrm{d}x$$

$$=x\mathrm{e}^x-\mathrm{e}^x+C$$

$$=(x-1)\mathrm{e}^x+C.$$

例16 求 $\int x\ln x\mathrm{d}x$．

解 设 $u=\ln x, v'-x$ 于是

$$\int x\ln x\,\mathrm{d}x=\int\ln x\,\mathrm{d}\,\frac{x^2}{2}=\frac{x^2}{2}\ln x-\int\frac{x^2}{2}\mathrm{d}\ln x$$

$$=\frac{x^2}{2}\ln x-\int\frac{x^2}{2}\frac{1}{x}\mathrm{d}x=\frac{x^2}{2}\ln x-\int\frac{x}{2}\mathrm{d}x$$

$$=\frac{x^2}{2}\ln x-\frac{x^2}{4}+C=\frac{x^2}{4}(2\ln x-1)+C.$$

上面的三个例子都是被积函数为两个函数相乘的形式．运用分部积分公式有一个如何选取 u 和 v' 的问题．有时会因 u 和 v' 选

取不当，使得积分越积越困难. 如在例15中，如果选 $u=e^x$，$v'=x$，这样一来

$$\int xe^x dx=\int e^x x dx = \frac{1}{2}\int e^x dx^2$$

$$= \frac{1}{2}\left[e^x x^2 - \int x^2 de^x\right],$$

其中出现的积分

$$\int x^2 e^x dx$$

比原式

$$\int xe^x dx$$

更复杂. 由此可见，先把哪一部分选为 v' 是很重要的. 从以上诸例看出，一般说来，根据不同的被积函数，我们是按照以下的顺序：$e^x, a^x, \sin x, \cos x, x^a$ 依次考虑取作 v'，而 $\mathrm{arc\ tg}x, \mathrm{arc\ sin}x, \ln x$ 等是不能取为 v' 的. 如在例14的 $x\sin x$ 中，我们选 $v'=\sin x$；而在例15中选 $v'=e^x$；在例16的 $x\ln x$ 中，只能选 $v'=x$.

当被积函数为 $\ln x, \mathrm{arc\ sin}x, \mathrm{arc\ tg}x, \sqrt{x^2+a^2}$ 等时也常用分部积分法，这时只要把 dx 看成 dv 即可.

例17 求 $\int \ln x dx$.

解 $$\int \ln x dx = x\ln x - \int x\, d\ln x = x\ln x - \int x\frac{1}{x}dx$$

$$= x\ln x - x + C.$$

例18 求 $\int \mathrm{arc\ sin}x\, dx$.

解 $$\int \mathrm{arc\ sin}x\, dx = x\,\mathrm{arc\ sin}x - \int x d(\mathrm{arc\ sin}x)$$

$$= x\,\mathrm{arc\ sin}x - \int \frac{x}{\sqrt{1-x^2}}dx$$

$$=x\ \mathrm{arc\ sin}x+\frac{1}{2}\int\frac{1}{\sqrt{1-x^2}}\mathrm{d}(1-x^2)$$

$$=x\ \mathrm{arc\ sin}x+\sqrt{1-x^2}+C.$$

对于某些不定积分，有时需要使用两次或两次以上的分部积分法.

例19 求$\int x^2\mathrm{e}^x\mathrm{d}x$.

解
$$\int x^2\mathrm{e}^x\mathrm{d}x=\int x^2\mathrm{d}\mathrm{e}^x=x^2\mathrm{e}^x-\int\mathrm{e}^x\mathrm{d}x^2$$

$$=x^2\mathrm{e}^x-\int 2x\mathrm{e}^x\mathrm{d}x$$

$$=x^2\mathrm{e}^x-2\int x\mathrm{d}\mathrm{e}^x$$

$$=x^2\mathrm{e}^x-2x\mathrm{e}^x+2\int\mathrm{e}^x\mathrm{d}x$$

$$=x^2\mathrm{e}^x-2x\mathrm{e}^x+2\mathrm{e}^x+C$$

$$=(x^2-2x+2)\mathrm{e}^x+C.$$

分部积分还有一种用法，就是由它先导出循环公式，设法建立所求积分的函数方程，从中解出所求的不定积分.

例20 求$\int\mathrm{e}^x\cos x\,\mathrm{d}x$.

解 设$\int\mathrm{e}^x\cos x\,\mathrm{d}x=I$，有

$$I=\int\cos x\,\mathrm{d}\mathrm{e}^x=\mathrm{e}^x\cos x-\int\mathrm{e}^x\,\mathrm{d}\cos x$$

$$=\mathrm{e}^x\cos x+\int\mathrm{e}^x\sin x\,\mathrm{d}x$$

$$=\mathrm{e}^x\cos x+\int\sin x\,\mathrm{d}\mathrm{e}^x$$

$$=\mathrm{e}^x\cos x+\mathrm{e}^x\sin x-\int\mathrm{e}^x\,\mathrm{d}\sin x$$

$$=e^x(\cos x+\sin x)-\int e^x\cos x\,dx.$$

可见,分部积分两次以后,等式右端又出现了原来的积分,这样就得到了一个 I 的函数方程

$$I=e^x(\cos x+\sin x)-I.$$

解此方程,并注意到不定积分中都有任意常数,故有

$$\int e^x\cos x\,dx=\frac{1}{2}e^x(\cos x+\sin x)+C.$$

用同样的方法可以求得

$$\int e^{ax}\sin bx dx=\frac{e^{ax}}{a^2+b^2}(a\sin bx-b\cos bx)+C;$$

$$\int e^{ax}\cos bx dx=\frac{e^{ax}}{a^2+b^2}(a\cos bx+b\sin bx)+C.$$

求不定积分与求导数有很大不同,我们知道任何初等函数的导数仍为初等函数,而许多初等函数的不定积分,例如

$$\int e^{-x^2}dx,\quad \int \frac{\sin x}{x}dx,\quad \int \frac{1}{\ln x}dx,$$

$$\int \sin x^2 dx,\quad \int \sqrt{1+x^3}dx$$

等,虽然它们的被积函数的表达式都很简单,但在初等函数的范围内却积不出来.这不是因为积分方法不够,而是由于被积函数的原函数不是初等函数的缘故.我们称这种函数是**"不可求积"**的.究竟什么样的函数积分可以积出来,我们不再做详细的讨论.

§3 定积分的概念与性质

前面两节我们讨论了积分学的第一个基本问题——不定积分,它是作为微分的反问题而引入的.从本节开始我们仍使用极限方法来研究积分学的第二个基本问题——定积分.定积分有着十分丰富的实际背景.例如求平面图形的面积,求旋转体的体积,求

物体沿直线运动的路程以及求变力对物体所做的功等等. 但是这些问题往往并不明显地是求原函数或求不定积分问题，也就是说，它们与积分学的第一个问题表面上看来似乎没有什么联系. 在历史上，定积分的发展起初也是完全独立的. 直到十七世纪，牛顿(Newton)和莱布尼兹(Leibniz)才在前人大量的研究工作的基础上先后发现了定积分与不定积分之间的联系，从而大大地推动了积分学向前发展，使之成为解决实际问题的有力工具.

与导数一样，定积分的概念也是在分析和解决实际问题的过程中逐步发展起来的. 下面我们以求曲边梯形的面积和求变速直线运动物体所经的路程为例，引出定积分的定义，并在此基础上进一步讨论定积分的基本性质.

3.1 定积分的定义

在第一章，我们求出了由抛物线 $y = x^2$，直线 $x = 1$ 以及 x 轴所围 成的曲边三角形的面积 S. 其方法是：分割区间[0,1]，把曲边三角形分成 n 个小的曲边梯形，对于每一个小曲边梯形，用一个同底矩形来代替它，于是所有小矩形面积的总和就是曲边三角形面积的一个近似值. 一般来说，分得越细，近似的程度就越高，而当每个小曲边梯形的底边长度趋于零时，就得到了曲边三角形面积的精确值. 求曲边三角形的面积问题的具体解法包含了一般性的数学方法——极限方法. 下面我们用这种方法来讨论一般的曲边梯形的面积和沿直线运动物体所经路程问题.

例1 求曲边梯形的面积.

设曲边梯形是由连续曲线 $y = f(x)$ $(f(x) > 0)$，x 轴以及直线 $x = a, x = b$ 所围成，如图3-5所示. 求它的面积 S.

与求曲边三角形面积一样，这里所遇到的困难仍是曲边梯形的高 $f(x)$ 是随 x 而变化的，因此不能直接利用矩形的面积公式直接计算它. 从整体上看，曲边梯形的高是变化的，但从局部上可以把它近似地看作是不变的. 因此，我们把大曲边梯形分成若干个小

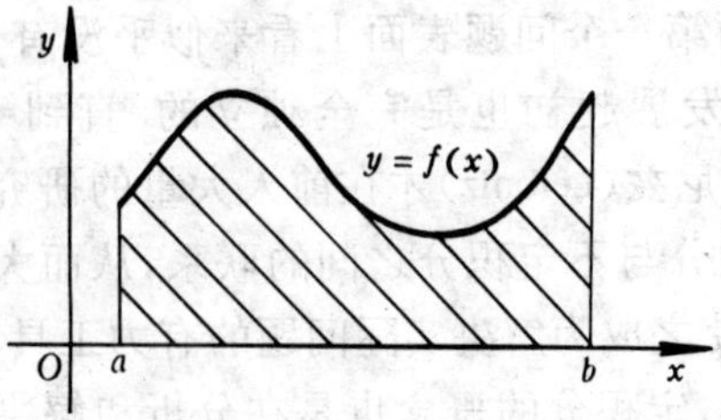

图 3-5

曲边梯形(见图3-6)用极限方法求出大曲边梯形面积 S. 具体步骤如下:

(1) 分割:把区间$[a,b]$任意分成 n 个小区间,设分点为

$$a = x_0 < x_1 < x_2 < \cdots < x_{n-1} < x_n = b.$$

每个小区间的长度为

$$\Delta x_i = x_i - x_{i-1} \quad (i = 1,2,\cdots,n),$$

它们不一定相等. 这里我们把这些分点 $x_i(i=1,2,\cdots,n)$的全体称为区间$[a,b]$的一个"分割". 过每个分点作平行于 y 轴的直线,把原来的曲边梯形分成了 n 个小曲边梯形,并记它们的面积分别为

$$\Delta S_1, \Delta S_2, \cdots, \Delta S_n.$$

(2) 代替:由于 $y=f(x)$是连续函数,所以我们可以在每一个小区间$[x_{i-1},x_i]$上任取一点 $c_i(x_{i-1}\leqslant c_i\leqslant x_i)$. 用以 $f(c_i)$为高,以 Δx_i 为底的小矩形面积来近似代替同底的小曲边梯形的面积,即

$$\Delta S_i \doteq f(c_i)\Delta x_i \quad (i = 1,2,\cdots,n)$$

(见图3-7).

(3) 求和:将 n 个小矩形的面积加起来,就得到原来曲边梯形面积 S 的一个近似值 σ:

$$S = \sum_{i=1}^{n} \Delta S_i \doteq \sum_{i=1}^{n} f(c_i)\Delta x_i \triangleq \sigma.$$

(4) 取极限:容易看出,和数 σ 是依赖于区间$[a,b]$的分割以及

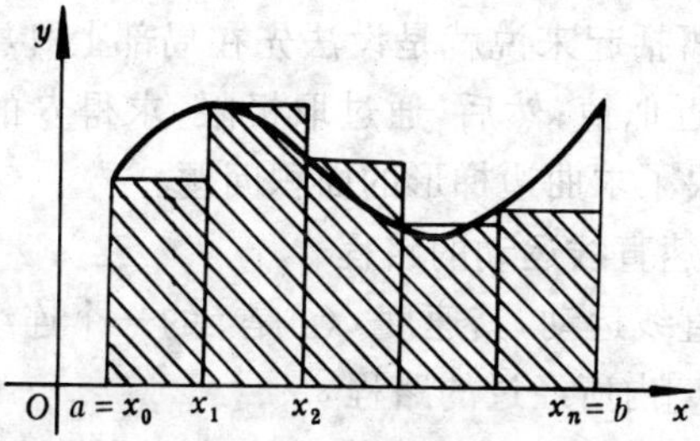

图 3-6

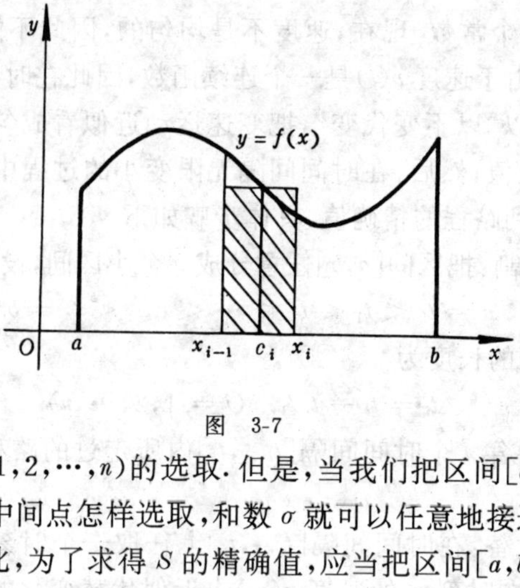

图 3-7

中间点 $c_i(i=1,2,\cdots,n)$ 的选取. 但是,当我们把区间 $[a,b]$ 分得足够细时,不论中间点怎样选取,和数 σ 就可以任意地接近原曲边梯形面积 S. 因此,为了求得 S 的精确值,应当把区间 $[a,b]$ 无限地细分下去,使得每个小区间的长度 $\Delta x_i(i=1,2,\cdots,n)$ 都趋于零. 为了方便起见,令 λ 表示在一切小区间中长度的最大者,即 $\lambda \triangleq \max\limits_{1\leqslant i\leqslant n}\{\Delta x_i\}$,这样 $\lambda\to 0$ 就能刻划 $\Delta x_i\to 0(i=1,2,\cdots,n)$. 于是,当 $\lambda\to 0$ 时,和数 σ 的极限就是曲边梯形的面积 S,即

$$S = \lim_{\lambda \to 0} \sum_{i=1}^{n} f(c_i) \Delta x_i.$$

以上四步概括起来说就是设法先在局部上"以直代曲",找出面积 S 的一个近似值;然后,通过取极限,求得 S 的精确值.即用了极限方法解决了求曲边梯形的面积问题.

例2 求变速直线运动的路程.

设物体作直线运动,其速度 $v(t)$ 是 t 的一个连续函数,求物体在时间间隔 $[a,b]$ 内所经过的路程 s.

我们知道,当物体作匀速直线运动时,物体所经过的路程公式为

$$s = v(b-a),$$

其中 v 是一个常数.现在,速度不是均匀的,因此不能用上述公式计算路程.由于速度 $v(t)$ 是一个连续函数,因此在时间间隔很短的情况下,可以"以不变代变",把变速运动近似看成匀速运动,找出路程的近似值;然后,在时间间隔无限变小的过程中,求出近似值的极限,得到路程的精确值.具体步骤如下:

(1) 分割:把区间 $[a,b]$ 任意分成 n 个小区间,设分点为

$$a = t_0 < t_1 < t_2 < \cdots < t_{n-1} < t_n = b.$$

每个小区间的长度为

$$\Delta t_i = t_i - t_{i-1} \quad (i = 1, 2, \cdots, n).$$

并设物体在第 i 个时间间隔 $[t_{i-1}, t_i]$ 内所走过的路程为 $\Delta s_i (i=1, 2, \cdots, n)$.

(2) 代替:在时间间隔 $[t_{i-1}, t_i]$ 上任取一个时刻 $\tau_i (t_{i-1} \leqslant \tau_i \leqslant t_i)$,以物体在时刻 τ_i 的速度 $v(\tau_i)$ 去近似代替变化的速度 $v(t)$,得到物体在这段时间里所走过路程 Δs_i 的一个近似值:

$$\Delta s_i \doteq v(\tau_i) \cdot \Delta t_i \quad (i = 1, 2, \cdots, n)$$

(3) 求和:把这些近似值加起来,就得到总路程 s 的一个近似值 σ:

$$s = \sum_{i=1}^{n} \Delta s_i \doteq \sum_{i=1}^{n} v(\tau_i)\Delta t_i \triangleq \sigma.$$

(4) 取极限：将区间$[a,b]$无限细分下去，使得每个 $\Delta t_i \to 0$($i=1,2,\cdots,n$)，和数 σ 的极限就是总路程 s 的精确值，即

$$s = \lim_{\lambda \to 0} \sum_{i=1}^{n} v(\tau_i)\Delta t_i$$

其中 $\lambda = \max\limits_{1 \leqslant i \leqslant n}\{\Delta t_i\}$，$\lambda \to 0$ 表示对区间$[a,b]$的无限细分.

上面的两个例子，一个是几何问题，一个是物理问题. 尽管它们的具体内容不同，但是从数量关系上看都是要求某种整体的量；在计算这些量时所遇到的困难和解决困难所用的方法都是相同的：

分割——把整体的问题分成局部的问题；

代替——在局部上“以直代曲”或“以不变代变”求出局部的近似值；

求和——得到整体的一个近似值；

取极限——得到整体量的精确值.

上述四步在数量上都归结为对某一函数 $f(x)$施行结构相同的数学运算——确定一种特殊的和 $\left(\sum\limits_{i=1}^{n} f(c_i)\Delta x_i\right)$ 的极限. 如果通过上述四步可以确定出整体量的精确值，那么我们要求这个极限与区间的分法和中间点的选取无关.

这里我们抽去前面所讨论问题的几何内容和物理内容，只保留其分析的结构，于是就可以得到积分学的另一重要的概念——定积分.

定义 设函数 $y=f(x)$在区间$[a,b]$上有界， 将区间$[a,b]$任意分成 n 份，分点依次为

$$a = x_0 < x_1 < x_2 < \cdots < x_{n-1} < x_n = b.$$

在每一个小区间$[x_{i-1},x_i]$上任取一点 c_i，作乘积

$$f(c_i)\Delta x_i \quad (\Delta x_i = x_i - x_{i-1}) \ (i = 1,2,\cdots,n)$$

及和数

$$\sigma = \sum_{i=1}^{n} f(c_i)\Delta x_i.$$

无论区间的分法如何，c_i 在$[x_{i-1},x_i]$上的取法如何，如果当最大区间的长度

$$\lambda = \max_{1\leqslant i\leqslant n}\{\Delta x_i\}$$

趋向于零时和数 σ 的极限存在，那么我们就说函数 $f(x)$在区间$[a,b]$上可积，并称这个极限 I 为函数 $f(x)$在区间$[a,b]$上的**定积分**. 记为

$$I = \lim_{\lambda\to 0}\sum_{i=1}^{n} f(c_i)\Delta x_i = \int_a^b f(x)\mathrm{d}x,$$

其中 $f(x)$称为**被积函数**，x 称为**积分变量**. $[a,b]$称为**积分区间**. a 称为**积分下限**，b 称为**积分上限**，和数 σ 称为**积分和**.

有了定积分概念以后，上面的两个例子就可以用定积分来表示了：

在第一个例子中，曲边梯形的面积 S 是曲边函数 $y=f(x)$在$[a,b]$上的定积分. 即

$$S = \int_a^b f(x)\mathrm{d}x \quad (\text{这里的 } f(x) \geqslant 0).$$

在第二个例子中，物体运动所经过的路程 s 是速度函数 $v=v(t)$在$[a,b]$上的定积分. 即

$$s = \int_a^b v(t)\mathrm{d}t.$$

需要注意的是：定积分与不定积分是两个完全不同的概念. 不定积分是微分的逆运算，而定积分是一种特殊的和的极限；函数 $f(x)$的不定积分是(无穷多个)函数，而 $f(x)$在$[a,b]$上的定积分是一个完全由被积函数 $f(x)$的形式和积分区间$[a,b]$所确定的值，它与积分变量采用什么符号是无关的. 于是我们可以把

$$\int_a^b f(x)\mathrm{d}x \text{ 写成 } \int_a^b f(t)\mathrm{d}t.$$

另外，在定积分的定义中，下限 a 总是小于上限 b 的. 为了今后使用方便，我们规定：

当 $a > b$ 时，$\int_a^b f(x)\mathrm{d}x = -\int_b^a f(x)\mathrm{d}x$；

当 $a = b$ 时，$\int_a^a f(x)\mathrm{d}x = 0$.

由前面的讨论可知，当 $f(x) \geqslant 0$时，定积分 $\int_a^b f(x)\mathrm{d}x$ 表示成以 $y = f(x)$ 为曲边的曲边梯形的面积 S(图3-8)，即

$$S = \int_a^b f(x)\mathrm{d}x = \lim_{\lambda \to 0} \sum_{i=1}^{n} f(c_i)\Delta x_i.$$

显然当 $f(x) \leqslant 0$ 时，有 $-f(x) \geqslant 0$，设以 $y=f(x)$为曲边的曲边梯形的面积为 S(图3-9)，则

$$S = \lim_{\lambda \to 0} \sum_{i=1}^{n} [-f(c_i)]\Delta x_i$$

$$= -\lim_{\lambda \to 0} \sum_{i=1}^{n} f(c_i)\Delta x_i = -\int_a^b f(x)\mathrm{d}x.$$

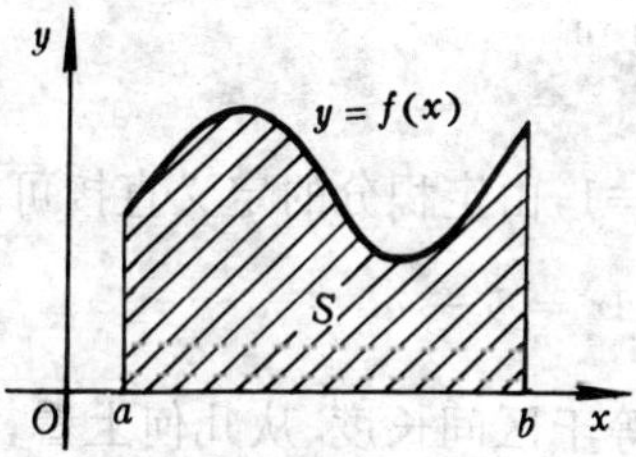

图 3-8

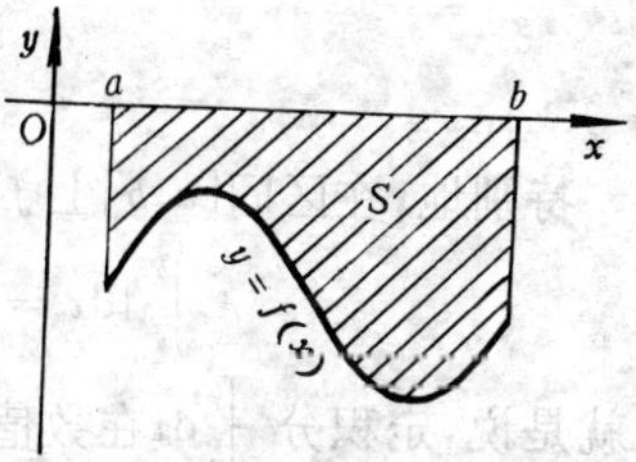

图 3-9

从而有

$$\int_a^b f(x)\mathrm{d}x = -S.$$

这就是说，当 $f(x)\leqslant 0$时，定积分 $\int_a^b f(x)\mathrm{d}x$ 是曲边梯形面积的负值.

由上面的讨论可以得出这样的结论：函数 $f(x)$ 在区间$[a,b]$上的定积分在几何上表示由曲线 $y=f(x)$，直线 $x=a,x=b,y=0$所围成的几个曲边梯形的面积的代数和(即在 x 轴上方的面积取正号，在 x 轴下方的面积取负号). 设这几个曲边梯形的面积为 S_1,S_2,S_3 (见图3-10)，则有

$$\int_a^b f(x)\mathrm{d}x = S_1 - S_2 + S_3.$$

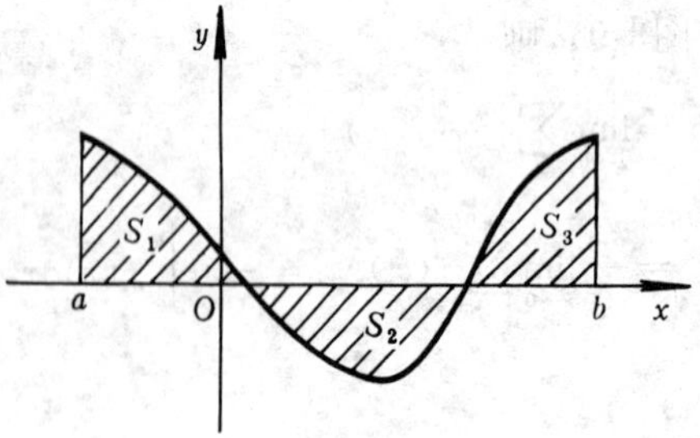

图 3-10

特别地，在区间$[a,b]$上 $f(x)\equiv 1$，由定积分的定义直接可得

$$\int_a^b 1\mathrm{d}x = \int_a^b \mathrm{d}x = b - a.$$

这就是说，定积分 $\int_a^b \mathrm{d}x$在数值上等于区间长度. 从几何上看，宽度为1的矩形的面积在数值上等于矩形的底边长度.

最后，我们简单地叙述一下函数的可积性问题.

因为定积分是一个特殊的和的极限，所以函数的可积性问题就是这种特殊极限(它既不是序列极限，也不是一般的函数极限)的存在性的问题. 对这个问题的系统讨论超出了我们的教学大纲. 下面只给出其中几个常用的结论.

定理(可积的必要条件)　若函数 $f(x)$在$[a,b]$上是可积的,则$f(x)$在$[a,b]$上必定是有界的.

由上面的定理可知,无界函数是不可积的,今后,在我们的课程中讨论函数的可积性时,总是先假定函数是有界的,但还必须看到,有界函数不一定都是可积的.

例如,狄利克雷函数

$$D(x)=\begin{cases}1 & (x\text{ 是有理数}),\\ 0 & (x\text{ 是无理数})\end{cases}$$

是有界的,但在任意的区间$[a,b]$上都是不可积的.

在区间$[a,b]$上给定一个函数 $f(x)$,问在什么条件下它是可积的呢?这里我们不加证明地给出函数可积的充分条件.

定理(可积的充分条件)　设函数 $f(x)$在$[a,b]$上有定义,若$f(x)$满足下述的条件之一:

(1) $f(x)$在$[a,b]$上是连续的;

(2) $f(x)$在$[a,b]$上只有有限个间断点,且有界;

(3) $f(x)$在$[a,b]$上是单调、有界的,

则 $f(x)$在$[a,b]$上是可积的. 顺便指出,上面我们所提到的"可积"也称为黎曼(Riemann)可积. 这是因为上述意义下的可积在历史上是由黎曼给出的,因此定积分也称黎曼积分.

3.2　定积分的基本性质

1. 设函数 $f(x)$,$g(x)$在$[a,b]$上可积,则

$$\int_a^b[f(x)\pm g(x)]\mathrm{d}x=\int_a^b f(x)\mathrm{d}x\pm\int_a^b g(x)\mathrm{d}x.$$

证明　由定积分的定义,我们有

$$\begin{aligned}\int_a^b[f(x)\pm g(x)]\mathrm{d}x&=\lim_{\lambda\to0}\sum_{i=1}^n[f(c_i)\pm g(c_i)]\Delta x_i\\&=\lim_{\lambda\to0}\sum_{i=1}^n f(c_i)\Delta x_i\pm\lim_{\lambda\to0}\sum_{i=1}^n g(c_i)\Delta x_i\end{aligned}$$

$$= \int_a^b f(x)\mathrm{d}x \pm \int_a^b g(x)\mathrm{d}x.$$

2. 设函数 $f(x)$在$[a,b]$上可积,k 为一任意常数,则

$$\int_a^b kf(x)\mathrm{d}x = k\int_a^b f(x)\mathrm{d}x.$$

证明 由定积分的定义,我们有

$$\begin{aligned}\int_a^b kf(x)\mathrm{d}x &= \lim_{\lambda\to 0}\sum_{i=1}^{n} kf(c_i)\Delta x_i \\ &= k\lim_{\lambda\to 0}\sum_{i=1}^{n} f(c_i)\Delta x_i \\ &= k\int_a^b f(x)\mathrm{d}x.\end{aligned}$$

由性质1,2容易得到:设 $f_k(x)$ $(k=1,2,\cdots,n)$ 在 $[a,b]$ 上可积,$a_k(k=1,2,\cdots,n)$ 为任意常数,则

$$\int_a^b \sum_{k=1}^{n} a_k f_k(x)\mathrm{d}x = \sum_{k=1}^{n} a_k\int_a^b f_k(x)\mathrm{d}x.$$

上述性质称为定积分的线性性质.

3. 设函数 $f(x)$在$[a,b]$上可积,c 为$[a,b]$上一个分点,则

$$\int_a^b f(x)\mathrm{d}x = \int_a^c f(x)\mathrm{d}x + \int_c^b f(x)\mathrm{d}x.$$

证明 根据定积分的定义,考虑对区间 $[a,b]$ 把 c 点取作分点的一个分割,即

$$a = x_0 < x_1 < \cdots x_{k-1} < x_k = c < x_{k+1} < \cdots < x_{n-1} < x_n = b.$$

于是得到

$$\sum_{i=1}^{n} f(c_i)\Delta x_i = \sum_{i=1}^{k} f(c_i)\Delta x_i + \sum_{i=k+1}^{n} f(c_i)\Delta x_i.$$

令 $\lambda\to 0$, 上式两边取极限,即有

$$\int_a^b f(x)\mathrm{d}x = \int_a^c f(x)\mathrm{d}x + \int_c^b f(x)\mathrm{d}x.$$

上述性质称为定积分对于积分区间的可加性. 顺便指出,如果 c 在 b 的右边或 a 的左边,只要 $f(x)$ 在$[a,c]$或$[c,b]$上可积,上述性质

仍然成立.

4. 设函数 $f(x),g(x)$ 在 $[a,b]$ 上可积,且 $f(x)\leqslant g(x)$,则

$$\int_a^b f(x)\mathrm{d}x \leqslant \int_a^b g(x)\mathrm{d}x.$$

证明 因为 $f(x)\leqslant g(x)$, $\forall x\in[a,b]$,所以对于区间 $[a,b]$ 的任意分割以及中间点 $c_i(i=1,2,\cdots,n)$ 的任意取法,都有

$$f(c_i)\leqslant g(c_i)\quad (i=1,2,\cdots,n),$$

因而

$$\sum_{i=1}^{n} f(c_i)\Delta x_i \leqslant \sum_{i=1}^{n} g(c_i)\Delta x_i.$$

令 $\lambda\to 0$,上式两边取极限,由 $f(x),g(x)$ 在 $[a,b]$ 上的可积性,即有

$$\int_a^b f(x)\mathrm{d}x \leqslant \int_a^b g(x)\mathrm{d}x.$$

5. 设函数 $f(x)$ 在 $[a,b]$ 上可积,且

$$m\leqslant f(x)\leqslant M, \forall x\in[a,b],$$

其中 m,M 为常数,则

$$m(b-a)\leqslant \int_a^b f(x)\mathrm{d}x \leqslant M(b-a).$$

证明 因为 $m\leqslant f(x)\leqslant M$, $\forall x\in[a,b]$,由性质4,得

$$\int_a^b m\mathrm{d}x \leqslant \int_a^b f(x)\mathrm{d}x \leqslant \int_a^b M\mathrm{d}x,$$

亦即

$$m(b-a)\leqslant \int_a^b f(x)\mathrm{d}x \leqslant M(b-a).$$

6. 设函数 $f(x)$ 在 $[a,b]$ 上可积,则

$$\left|\int_a^b f(x)\mathrm{d}x\right| \leqslant \int_a^b |f(x)|\mathrm{d}x.$$

证明 由绝对值的性质,有

$$-|f(x)|\leqslant f(x)\leqslant |f(x)|, \forall x\in[a,b].$$

根据性质4,得到

$$-\int_a^b |f(x)|\mathrm{d}x \leqslant \int_a^b f(x)\mathrm{d}x \leqslant \int_a^b |f(x)|\mathrm{d}x,$$

从而有
$$\left|\int_a^b f(x)\mathrm{d}x\right| \leqslant \int_a^b |f(x)|\mathrm{d}x.$$

7. **积分中值定理** 设函数 $f(x)$ 在 $[a,b]$ 上连续，则存在 $c\in[a,b]$，使得
$$\int_a^b f(x)\mathrm{d}x = f(c)(b-a).$$

证明 因为函数 $f(x)$ 在闭区间 $[a,b]$ 上连续，则由闭区间上连续函数的最大最小值定理，有
$$m \leqslant f(x) \leqslant M,$$
其中 $M=\max\limits_{a\leqslant x\leqslant b}\{f(x)\}$，$m=\min\limits_{a\leqslant x\leqslant b}\{f(x)\}$. 又由性质5，有
$$m(b-a) \leqslant \int_a^b f(x)\mathrm{d}x \leqslant M(b-a),$$
即
$$m \leqslant \frac{1}{b-a}\int_a^b f(x)\mathrm{d}x \leqslant M.$$
可见 $\frac{1}{b-a}\int_a^b f(x)\mathrm{d}x$ 是介于 M 与 m 之间. 根据闭区间上连续函数的中间值定理，则在区间 $[a,b]$ 上必存在一点 c，使得
$$\frac{1}{b-a}\int_a^b f(x)\mathrm{d}x = f(c),$$
上式两边各乘以 $b-a$，便得到积分中值公式：
$$\int_a^b f(x)\mathrm{d}x = f(c)(b-a),$$
其中 $c\in[a,b]$.

上述公式的几何意义是，当 $f(x)\geqslant 0$ 时，$\int_a^b f(x)\mathrm{d}x$ 表示由曲线 $y=f(x)$，直线 $x=a$，$x=b$ 以及 $y=0$ 所围成的曲边梯形的面积；而 $f(c)(b-a)$ 表示以 $[a,b]$ 为底，以 $f(c)$ 为高的矩形的面积. 积分中值定理说明，在曲边梯形的所有变化的高度 $f(x)$ $(a\leqslant x\leqslant b)$ 之中，至少有一个高度 $f(c)$ $(a\leqslant c\leqslant b)$，使得以 $f(c)$ 为高的同底矩形与此曲边梯形有相同的面积（见图3-11）. 因此，$f(c)$ 称为曲边梯形的平均高度，并称

$$\frac{1}{b-a}\int_a^b f(x)\mathrm{d}x$$

为函数 $f(x)$ 在 $[a,b]$ 上的积分平均值.

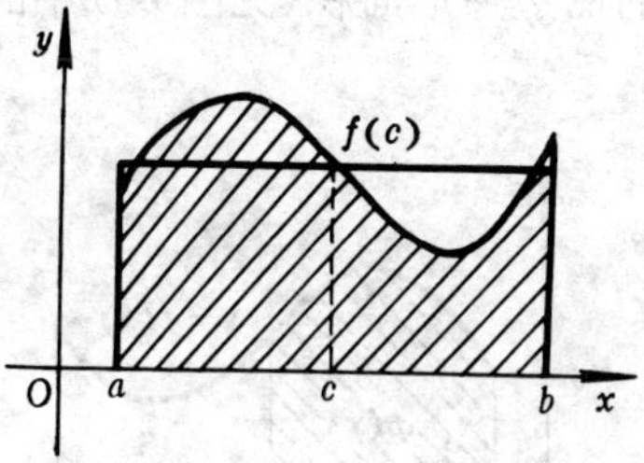

图 3-11

3.3 变上限的定积分

前面我们已经讨论了定积分的由来以及定积分的基本性质，并且指出了定积分与不定积分的区别. 为了进一步揭示定积分与不定积分的内在联系，这里我们介绍变上限的定积分(即上限为变数的定积分)的概念及其基本性质.

定积分作为积分和的极限，它由被积函数所表示的规律以及积分区间所确定，因此定积分是一个与被积函数及上、下限有关的常数. 如果被积函数已经给定，则定积分作为一个数就由上、下限来确定；如果下限也已经给定，则这个数就仅由上限来确定了. 这样对于每一个上限，则通过定积分就有唯一确定的一个数值与之对应. 因此，如果我们把定积分上限看作一个自变量 x，则定积分 $\int_a^x f(t)\mathrm{d}t$ 就定义了 x 的一个函数，于是我们有

定义 设函数 $f(x)$ 在 $[a,b]$ 上可积，则对于任意 $x(a\leqslant x\leqslant b)$，$f(x)$ 在 $[a,x]$ 上也可积，称 $\int_a^x f(t)\mathrm{d}t$ 为 $f(x)$ 的变上限的定积分，记

作 $\Phi(x)$，即

$$\Phi(x)=\int_a^x f(t)\mathrm{d}t.$$

当函数 $f(x)\geqslant 0$时，变上限的定积分 $\Phi(x)$在几何上表示为右侧邻边可以变动的曲边梯形面积(见图3-12中的阴影部分).

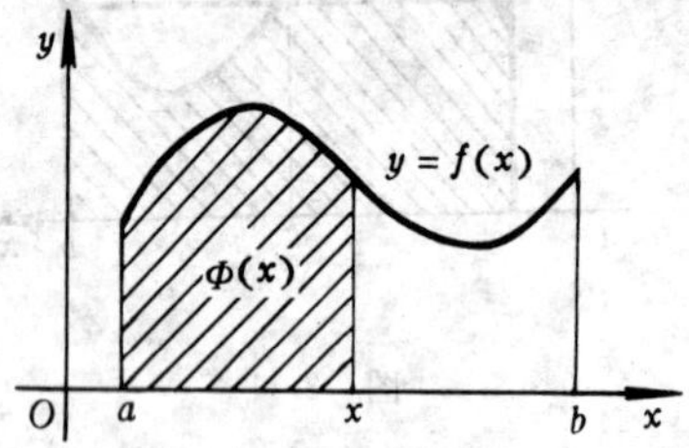

图 3-12

关于函数 $\Phi(x)=\int_a^x f(t)\mathrm{d}t$，有两个基本定理，它们在整个微积分学中起着重要的作用.

定理(连续函数的原函数存在定理) 设函数 $f(x)$在区间$[a,b]$上连续，则函数

$$\Phi(x)=\int_a^x f(t)\mathrm{d}t \quad (a\leqslant x\leqslant b).$$

在$[a,b]$上可导，并且

$$\Phi'(x)=f(x) \quad (a\leqslant x\leqslant b).$$

即 $\Phi(x)$是 $f(x)$在$[a,b]$上的一个原函数.

证明 对于$\forall x\in[a,b]$，给 x 一个改变量 Δx，使得 $x+\Delta x\in[a,b]$. 由 $\Phi(x)$的定义及定积分的可加性，有

$$\begin{aligned}\Delta\Phi(x)&=\Phi(x+\Delta x)-\Phi(x)=\int_a^{x+\Delta x} f(t)\mathrm{d}t-\int_a^x f(t)\mathrm{d}t\\&=\int_a^{x+\Delta x} f(t)\mathrm{d}t+\int_x^a f(t)\mathrm{d}t\end{aligned}$$

$$= \int_x^{x+\Delta x} f(t)\mathrm{d}t.$$

再由积分学中值定理，得到

$$\Delta\Phi(x) = \int_x^{x+\Delta x} f(t)\mathrm{d}t = f(c) \cdot \Delta x$$

即
$$\frac{\Delta\Phi(x)}{\Delta x} = f(c),$$

其中 c 在 x 与 $x+\Delta x$ 之间.

令 $\Delta x \to 0$，则 $x+\Delta x \to x$，从而 $c \to x$，由函数 $f(x)$ 的连续性有

$$\lim_{\Delta x \to 0} f(c) = \lim_{c \to x} f(c) = f(x),$$

即
$$\lim_{\Delta x \to 0} \frac{\Delta\Phi(x)}{\Delta x} = f(x).$$

根据导数定义，即

$$\Phi'(x) = f(x).$$

这个定理告诉我们，任何连续的函数都有原函数存在，并且这个原函数正是 $f(x)$ 的变上限的定积分，即

$$\Phi'(x) = \frac{\mathrm{d}}{\mathrm{d}x}\left[\int_a^x f(t)\mathrm{d}t\right] = f(x).$$

例3 求 $\frac{\mathrm{d}}{\mathrm{d}x}\left[\int_0^x \sin^2 t \, \mathrm{d}t\right]$

解 由定理可知，上限为变数 x 的定积分其导数就是被积函数，即

$$\frac{\mathrm{d}}{\mathrm{d}x}\left[\int_0^x \sin^2 t \, \mathrm{d}t\right] = \sin^2 x.$$

例4 求 $\frac{\mathrm{d}}{\mathrm{d}x}\left[\int_0^{x^2} \mathrm{e}^t \, \mathrm{d}t\right]$.

解 这里 $\int_0^{x^2} \mathrm{e}^t \, \mathrm{d}t$ 是 x^2 的函数，因而是 x 的复合函数. 令 $x^2 = u$，则有

$$\Phi(u) = \int_0^u \mathrm{e}^t \, \mathrm{d}t, \; u = x^2.$$

根据复合函数求导公式，有

$$\frac{\mathrm{d}}{\mathrm{d}x}\left[\int_0^{x^2} \mathrm{e}^t \,\mathrm{d}t\right]=\frac{\mathrm{d}}{\mathrm{d}x}[\Phi(u)]=\Phi'(u)\cdot\frac{\mathrm{d}u}{\mathrm{d}x}$$

$$=\mathrm{e}^u\cdot 2x=2x\mathrm{e}^{x^2}.$$

例5 求$\frac{\mathrm{d}}{\mathrm{d}x}\left[\int_x^{-1}\ln(1+t^2)\mathrm{d}t\right]$.

解 因为

$$\int_x^{-1}\ln(1+t^2)\mathrm{d}t=-\int_{-1}^{x}\ln(1+t^2)\mathrm{d}t$$

所以

$$\frac{\mathrm{d}}{\mathrm{d}x}\left[\int_x^{-1}\ln(1+t^2)\mathrm{d}t\right]=\frac{\mathrm{d}}{\mathrm{d}x}\left[-\int_{-1}^{x}\ln(1+t^2)\mathrm{d}t\right]$$

$$=-\frac{\mathrm{d}}{\mathrm{d}x}\left[\int_{-1}^{x}\ln(1+t^2)\mathrm{d}t\right]$$

$$=-\ln(1+x^2).$$

定理(微积分学基本定理) 设函数 $f(x)$ 在$[a,b]$上连续,且 $F(x)$是 $f(x)$的一个原函数,则

$$\int_a^b f(x)\mathrm{d}x=F(b)-F(a).$$

这个公式称为微积分基本公式,它常常写成下面的形式

$$\int_a^b f(x)\mathrm{d}x=F(x)\Big|_a^b.$$

证明 因 $f(x)$在$[a,b]$上连续,由原函数存在定理,可知 $\int_a^x f(t)\mathrm{d}t$ 是 $f(x)$的一个原函数.因此 $f(x)$的任意一个原函数$F(x)$都可以写成下面的形式

$$F(x)=\int_a^x f(t)\mathrm{d}t+C\quad(C\text{ 为某一常数}).$$

在上式中,令 $x=a$,则

$$F(a)=\int_a^a f(t)\mathrm{d}t+C=0+C,$$

即 $C=F(a)$,再将 $C=F(a)$代回上式,有

$$F(x) = \int_a^x f(t)\mathrm{d}t + F(a);$$

再令 $x=b$，则上式化成

$$F(b) = \int_a^b f(t)\mathrm{d}t + F(a),$$

即

$$\int_a^b f(t)\mathrm{d}t = F(b) - F(a),$$

亦即

$$\int_a^b f(x)\mathrm{d}x = F(x)\Big|_a^b.$$

微积分学基本公式告诉我们，要求已知函数 $f(x)$ 在 $[a,b]$ 上的定积分，只要先求出函数 $f(x)$ 在 $[a,b]$ 上的任意一个原函数 $F(x)$，然后再计算它由 a 点到 b 点的改变量 $F(b)-F(a)$ 即可，由于这个公式是由牛顿和莱布尼兹发现的，因此，也称为牛顿-莱布尼兹公式.

微积分学基本定理揭示了定积分与不定积分之间的联系，并把计算定积分的问题转化为计算不定积分的问题，为我们计算定积分提供了一种简便的方法. 需要指出的是，上述定理中的条件给得强了一些. 实际上只要 $f(x)$ 在区间 $[a,b]$ 上可积，便 可由定积分的定义直接证明公式是成立的.

例6 求定 积分 $\int_0^1 x^2\mathrm{d}x$.

解 我们知道 $F(x)=\frac{1}{3}x^3$ 是 x^2 的一个原函数，根据牛顿-莱布尼兹公式，有

$$\int_0^1 x^2\mathrm{d}x = \frac{1}{3}x^3\Big|_0^1 = \frac{1}{3}.$$

可见，这比用定积分定义计算它要简便得多.

例7 求定积分 $\int_0^{\pi/2} \sin^2 x \cdot \cos x\, \mathrm{d}x$.

解 因为 $\int \sin^2 x \cdot \cos x\, \mathrm{d}x = \int \sin^2 x \mathrm{d}\sin x = \frac{1}{3}\sin^3 x + C$，所以

$$\int_0^{\pi/2} \sin^2 x \cdot \cos x\, \mathrm{d}x = \frac{1}{3}\sin^3 x\Big|_0^{\pi/2}$$

$$= \frac{1}{3}\left[\sin^3\frac{\pi}{2} - 0\right] = \frac{1}{3}.$$

例8 设

$$f(x) = \begin{cases} x & (0 \leqslant x \leqslant 1), \\ e^{-x} & (1 < x \leqslant 3). \end{cases}$$

求 $\int_0^3 f(x)\mathrm{d}x$.

解 由于 $f(x)$ 是一个分段函数,因此定积分 $\int_0^3 f(x)\mathrm{d}x$ 也要分段来求.

$$\begin{aligned}\int_0^3 f(x)\mathrm{d}x &= \int_0^1 f(x)\mathrm{d}x + \int_1^3 f(x)\mathrm{d}x \\ &= \int_0^1 x\mathrm{d}x + \int_1^3 e^{-x}\mathrm{d}x \\ &= \frac{1}{2}x^2\Big|_0^1 + (-e^{-x})\Big|_1^3 \\ &= \frac{1}{2} - e^{-3} + e^{-1} = \frac{1}{2} + \frac{e^2 - 1}{e^3}.\end{aligned}$$

§4 定积分的换元积分法与分部积分法

根据微积分学基本定理所揭示的定积分与不定积分之间的关系,我们可以由不定积分的积分法则导出相应的定积分的积分法则.本节介绍计算定积分的两个基本法则.

4.1 定积分的换元积分法

定理1 设函数 $f(x)$ 在 $[a,b]$ 上连续.作变换 $x=x(t)$,它满足:

(1) 当 $t=\alpha$ 时,$x=x(\alpha)=a$, 当 $t=\beta$ 时,$x=x(\beta)=b$;

(2) 当 t 在 $[\alpha,\beta]$ 上变化时,$x=x(t)$ 的值在 $[a,b]$ 上变化;

(3) $x'(t)$ 在 $[\alpha,\beta]$ 上连续.

则有换元积分公式

$$\int_a^b f(x)\mathrm{d}x = \int_\alpha^\beta f[x(t)]x'(t)\mathrm{d}t.$$

证明 因为 $f(x)$ 与 $f[x(t)]\cdot x'(t)$ 都是连续的，所以它们都是可积的. 设 $f(x)$ 在 $[a,b]$ 上的一个原函数为 $F(x)$，由复合函数的求导法则容易验证 $F[x(t)]$ 为 $f[x(t)]\cdot x'(t)$ 的一个原函数. 于是由牛顿-莱布尼兹公式，有

$$\int_\alpha^\beta f[x(t)]x'(t)\mathrm{d}t = F[x(t)]\Big|_\alpha^\beta = F[x(\beta)] - F[x(\alpha)]$$

$$= F(b) - F(a) = F(x)\Big|_a^b = \int_a^b f(x)\mathrm{d}x.$$

定理1说明，在我们利用换元法计算定积分时，只要随着积分变量的替换相应地改变定积分的上、下限，这样在求出原函数之后，就可以直接代入积分限计算原函数的改变量之值，而不必换回原来的变量. 这就是定积分换元法与不定积分换元法的不同之处.

例1 求 $\int_0^4 \frac{\sqrt{x}}{1+\sqrt{x}}\mathrm{d}x$.

解 令 $\sqrt{x}=t \quad (t\geqslant 0)$，从而 $x=t^2$，$\mathrm{d}x=2t\mathrm{d}t$. 当 $x=0$ 时，$t=0$；当 $x=4$ 时，$t=2$. 于是，有

$$\int_0^4 \frac{\sqrt{x}}{1+\sqrt{x}}\mathrm{d}x = \int_0^2 \frac{t}{1+t}2t\,\mathrm{d}t = 2\int_0^2 \frac{t^2}{1+t}\mathrm{d}t$$

$$= 2\int_0^2 \left(t - 1 + \frac{1}{t+1}\right)\mathrm{d}t$$

$$= 2\left[\frac{t^2}{2} - t + \ln|1+t|\right]\Big|_0^2$$

$$= 2\ln 3.$$

例2 求 $\int_0^2 \sqrt{4-x^2}\mathrm{d}x$.

解 令 $x=2\sin t \ (0\leqslant t\leqslant \pi/2)$，则 $\mathrm{d}x=2\cos t\,\mathrm{d}t$，当 $x=0$ 时，$t=0$；当 $x=2$ 时，$t=\pi/2$. 于是，有

$$\int_0^2 \sqrt{4-x^2}\mathrm{d}x = \int_0^{\pi/2} 2\cos t\cdot 2\cos t\,\mathrm{d}t$$

$$=2\int_0^{\pi/2}(1+\cos 2t)\mathrm{d}t$$

$$=2\left[t+\frac{\sin 2t}{2}\right]\Bigg|_0^{\pi/2}$$

$$=2\cdot\frac{\pi}{2}=\pi.$$

例3 求 $\int_0^{\ln 2}\mathrm{e}^x(1+\mathrm{e}^x)^2\mathrm{d}x$

解 $\int_0^{\ln 2}\mathrm{e}^x(1+\mathrm{e}^x)^2\mathrm{d}x=\int_0^{\ln 2}(1+\mathrm{e}^x)^2\mathrm{d}(1+\mathrm{e}^x)$

$$\xlongequal{令 1+\mathrm{e}^x=u}\int_2^3 u^2\mathrm{d}u=\frac{1}{3}u^3\Bigg|_2^3$$

$$=\frac{1}{3}(3^3-2^3)=\frac{19}{3}.$$

4.2 定积分的分部积分法

定理2 设函数 $u=u(x)$ 与 $v=v(x)$ 在 $[a,b]$ 上具有连续的导数 $u'(x)$ 与 $v'(x)$，则有分部积分公式

$$\int_a^b u(x)\mathrm{d}[v(x)]=u(x)\cdot v(x)\Bigg|_a^b-\int_a^b v(x)\mathrm{d}[u(x)].$$

证明 因为 $u'(x)\cdot v'(x)$，$u'(x)\cdot v(x)$ 与 $u(x)\cdot v'(x)$ 都是 $[a,b]$ 上的连续函数，所以它们都是可积的. 根据牛顿-莱布尼兹公式，有

$$\int_a^b[u(x)\cdot v(x)]'\mathrm{d}x=u(x)\cdot v(x)\Bigg|_a^b.$$

由于 $\mathrm{d}[u(x)\cdot v(x)]=u(x)\mathrm{d}v(x)+v(x)\mathrm{d}u(x)$，又有

$$\int_a^b[u(x)\cdot v(x)]'\mathrm{d}x=\int_a^b u(x)\mathrm{d}[v(x)]+\int_a^b v(x)\mathrm{d}[u(x)].$$

于是得到

$$\int_a^b u(x)\mathrm{d}[v(x)]+\int_a^b v(x)\mathrm{d}[u(x)]=u(x)\cdot v(x)\Bigg|_a^b,$$

即 $$\int_a^b u(x)\mathrm{d}[v(x)]=u(x)\cdot v(x)\Bigg|_a^b-\int_a^b v(x)\mathrm{d}[u(x)].$$

定积分的分部积分公式与不定积分的分部积分公式区别是，

这个公式的每一项都带有积分限.

例4 求 $\int_1^5 \ln x \mathrm{d}x$

解
$$\int_1^5 \ln x \mathrm{d}x = x\ln x \Big|_1^5 - \int_1^5 x \mathrm{d}\ \ln x$$
$$= 5\ln 5 - \int_1^5 x \cdot \frac{1}{x} \mathrm{d}x$$
$$= 5\ln 5 - x \Big|_1^5 = 5\ln 5 - 4.$$

例5 求 $\int_0^1 x\mathrm{e}^x \mathrm{d}x$.

解
$$\int_0^1 x\mathrm{e}^x \mathrm{d}x = \int_0^1 x \mathrm{d}\mathrm{e}^x = x\mathrm{e}^x \Big|_0^1 - \int_0^1 \mathrm{e}^x \mathrm{d}x$$
$$= \mathrm{e} - \mathrm{e}^x \Big|_0^1 = 1.$$

例6 求 $\int_0^{\pi/2} x^2 \sin x\ \mathrm{d}x$.

解
$$\int_0^{\pi/2} x^2 \sin x\ \mathrm{d}x = -\int_0^{\pi/2} x^2\ \mathrm{d}\cos x$$
$$= -x^2 \cos x \Big|_0^{\pi/2} + \int_0^{\pi/2} 2x \cos x\ \mathrm{d}x$$
$$= 2\int_0^{\pi/2} x\cos x\ \mathrm{d}x = 2\int_0^{\pi/2} x\mathrm{d}\ \sin x$$
$$= 2\left(x\sin x \Big|_0^{\pi/2} - \int_0^{\pi/2} \sin x\ \mathrm{d}x \right)$$
$$= 2\left(\frac{\pi}{2} + \cos x \Big|_0^{\frac{\pi}{2}} \right) = \pi - 2.$$

§5 定积分的应用与推广

在前两节中,我们分别介绍了定积分的基本理论与计算方法.本节将介绍应用定积分的知识解决实际问题的主要方法——微元分析法以及把定积分的概念推广到无穷区间上的积分——广义积分.

5.1 微元分析法

在介绍定积分概念时，我们讨论过求曲边梯形的面积与变速直线运动的路程这样两个实际问题. 一般来说，定积分所要解决的是在给定区间上求某个不均匀分布的整体量的问题. 由于这些量的分布是不均匀的，因而不可能用初等数学的方法把它们求出来. 通常对于这类问题我们是使用极限方法来解决，即通过分割区间首先把整体问题转化成为局部问题，在局部上用均匀的量来代替不均匀的量，并用初等数学的方法找出局部量的近似值；然后把这些值加起来得到整体量的一个近似值，随着局部量被分得越小，这种近似程度越好. 当我们无限细分时，取极限就得到了整体量的精确值. 这就是用定积分来解决实际问题的基本思想"分割——代替——求和——取极限".

在上面的四个步骤中，关键的一步是"代替"，即在极小的局部上进行数量分析，选择适当的函数，写出局部量的一个近似等式来.

设 A 为某一个与区间 $[a,b]$ 有关的整体量，并用 $A(x)$ 表示整体量 A 对应于可变区间 $[a,x]$ $(a\leqslant x\leqslant b)$ 上的部分量，有

$$A(a)=0,\quad A=A(b)-A(a).$$

用 $[x,x+\mathrm{d}x]$ 表示细分后任意固定的一个小区间，并用 ΔA 表示在这个典型的小区间 $[x,x+\mathrm{d}x]$ 上对于 A 的部分量. 如果我们根据具体问题找到了一个函数 $f(x)$，使得

$$\Delta A=f(x)\Delta x+o(\Delta x)\quad(\Delta x\to 0),$$

即 $f(x)\Delta x$ 就是 ΔA 的线性主要部分. 因此，$f(x)\Delta x$ 在数量关系上就是函数 $A(x)$ 在点 x 处的微分，我们把 $f(x)\mathrm{d}x$ 称为 A 的**微元**，记为 $\mathrm{d}A$，即

$$\mathrm{d}A=f(x)\mathrm{d}x.$$

这样，当 $f(x)$ 在 $[a,b]$ 上可积时，由微分学基本定理，便得到

$$\int_a^b f(x)\mathrm{d}x = \int_a^b A'(x)\mathrm{d}x = A(x)\Big|_a^b$$
$$= A(b) - A(a) = A.$$
用这种简化的步骤来解决实际问题的方法，称为**微元分析法**或简称为**微元法**.

下面我们介绍怎样用微元法来解决一些几何问题和物理问题.

5.2 定积分应用的几个实例

1. 平面图形的面积

在讲定积分的概念时，我们已经求出了曲边梯形的面积，这里对平面图形的面积问题来作进一步的讨论.

设在区间$[a,b]$上，连续曲线$y=f(x)$位于$y=g(x)$的上方，求由这两条曲线以及直线$x=a,x=b$所围成的平面图形（见图3-13）的面积S.

由微元法，在$[a,b]$上任取一个小区间$[x,x+\mathrm{d}x]$，于是在$[x,x+\mathrm{d}x]$上的平面图形面积ΔS可以用面积微元$\mathrm{d}S$来作近似代替. $\mathrm{d}S$为图3-13中阴影部分的小矩形的面积，即
$$\mathrm{d}S = [f(x) - g(x)]\cdot \mathrm{d}x.$$
将$\mathrm{d}S$从a到b求定积分，就得到平面图形的面积S
$$S = \int_a^b [f(x) - g(x)]\mathrm{d}x.$$

在一般的情况下，任意的曲线所围成的平面图形都可以看作是由若干个上面那样的图形所组成的. 例如图3-14所示的平面图形可以分成三部分D_1,D_2,D_3，而每一部分都可应用上式来计算. 因此，用定积分计算曲边图形的面积主要是如何确定被积函数和积分限的问题.

例1 求椭圆$\dfrac{x^2}{a^2}+\dfrac{y^2}{b^2}=1$的面积$S$.

解 由对称性，只须计算椭圆在第一象限那部分的面积即可

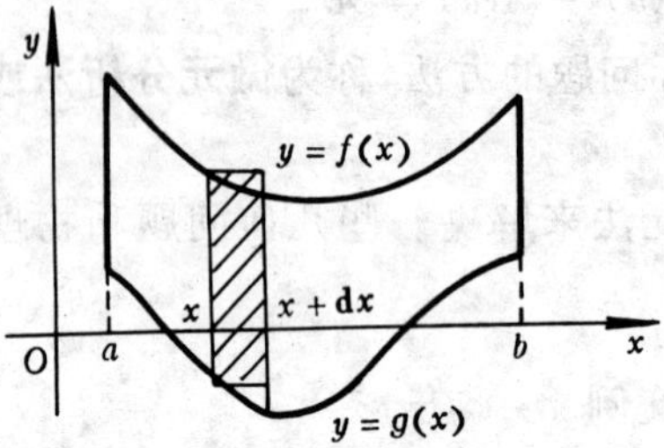

图　3-13

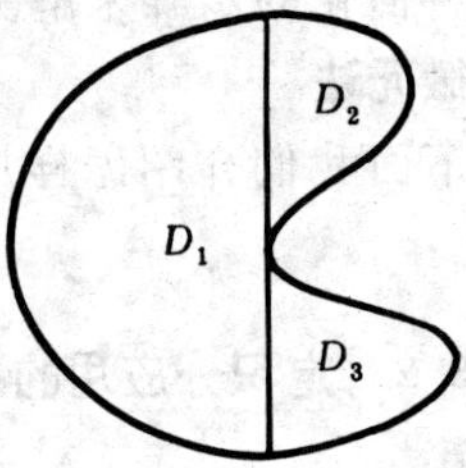

图　3-14

(见图3-15). 这样

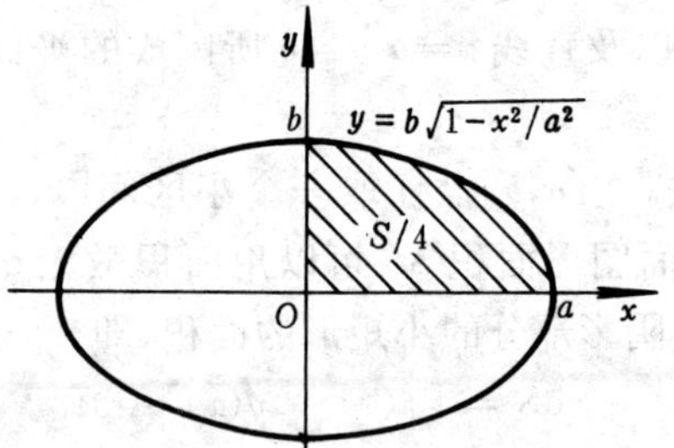

图　3-15

$$S = 4\int_0^a y(x)\mathrm{d}x,$$

其中 $y=y(x)$是上半椭圆所对应的方程：

$$y = \frac{b}{a}\sqrt{a^2 - x^2},$$

它是由椭圆方程$\dfrac{x^2}{a^2}+\dfrac{y^2}{b^2}=1$解出的. 因此

$$S = 4\int_0^a \frac{b}{a}\sqrt{a^2 - x^2}\mathrm{d}x.$$

利用§2例11的结果,有

$$S = 4\frac{b}{a}\left[\frac{a^2}{2}\arcsin\frac{x}{a} + \frac{x}{2}\sqrt{a^2 - x^2}\right]\Bigg|_0^a$$

$$= 4\cdot\frac{b}{a}\cdot\frac{a^2}{2}\cdot\frac{\pi}{2} = \pi ab.$$

例2 求由曲线 $y=\mathrm{e}^x, y=\mathrm{e}^{-x}$ 以及直线 $x=1$ 所围成的平面图形(见图3-16)的面积 S.

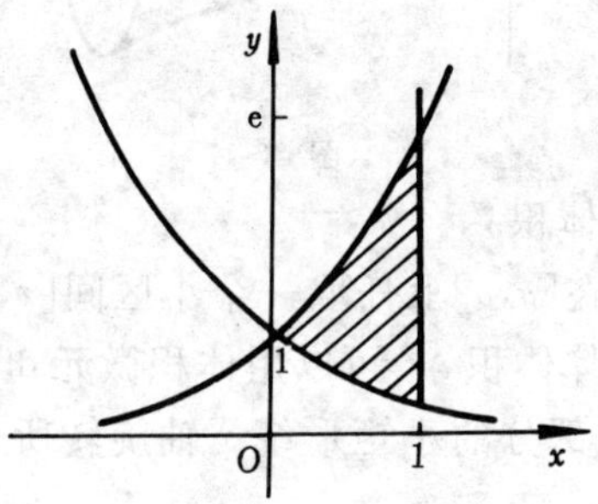

图 3-16

解 由于 $\mathrm{e}^x \geqslant \mathrm{e}^{-x}, \forall x \in [0,1]$,故

$$S = \int_0^1 (\mathrm{e}^x - \mathrm{e}^{-x})\mathrm{d}x = [\mathrm{e}^x + \mathrm{e}^{-x}]\Big|_0^1$$

$$= \mathrm{e} + \frac{1}{\mathrm{e}} - 2.$$

2. *旋转体的体积*

所谓旋转体是指由一个平面图形绕一条直线旋转而成的立体,这条直线叫做旋转轴.例如半圆形绕它的直径旋转得到一个球体;矩形绕它的一边旋转得到一个圆柱体.下面我们讨论曲边梯形绕坐标轴旋转所成的旋转体的体积.

设在区间$[a,b]$上，连续曲线$y=f(x)$在x轴上方，求由曲线$y=f(x)$，直线$x=a,x=b$以及x轴所围成的曲边梯形绕x轴旋转

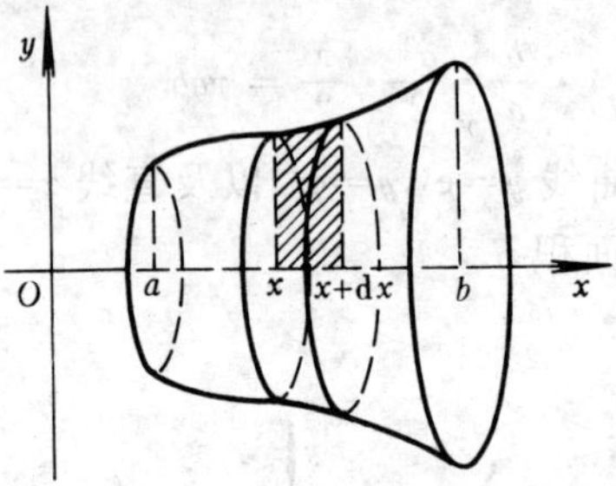

图 3-17

所成的旋转体的体积V.

由微元法，在$[a,b]$上任取一个小区间$[x,x+\mathrm{d}x]$，于是在$[x,x+\mathrm{d}x]$上的旋转体体积ΔV可以用体积微元$\mathrm{d}V$来作近似代替. $\mathrm{d}V$为图3-17中阴影部分的小矩形绕x轴旋转所成的正圆柱体的体积，即

$$\mathrm{d}V=\pi[f(x)]^2\cdot\mathrm{d}x$$

将$\mathrm{d}V$从a到b求定积分，就得到旋转体的体积V.

$$V=\pi\int_a^b[f(x)]^2\mathrm{d}x=\pi\int_a^b y^2\mathrm{d}x.$$

例3 求椭圆$\frac{x^2}{a^2}+\frac{y^2}{b^2}=1$的上半部分与$x$轴所围成的曲边梯形绕$x$轴旋转形成的椭球体的体积.

解 椭圆上半部的方程是$y=\frac{b}{a}\sqrt{a^2-x^2}$. 根据旋转体体积公式和图形的对称性，有

$$V=2\pi\int_0^a y^2\mathrm{d}x=2\pi\int_0^a\frac{b^2}{a^2}(a^2-x^2)\mathrm{d}x$$

$$
\begin{aligned}
&= 2\pi \frac{b^2}{a^2} \int_0^a (a^2 - x^2)\mathrm{d}x \\
&= 2\pi \frac{b^2}{a^2}\left(a^2 x - \frac{x^3}{3}\right)\bigg|_0^a \\
&= 2\pi \cdot \frac{b^2}{a^2} \cdot \frac{2}{3}a^3 = \frac{4}{3}\pi ab^2.
\end{aligned}
$$

令 $a=b$ 就得到了以 a 为半径的球的体积 V,有

$$V = \frac{4}{3}\pi a^3.$$

3. 质杆的质量

在第二章中,我们讨论过求非均匀质杆的线密度.下面我们利用微元法来计算非均匀质杆的质量问题.

设质杆所在直线为 x 轴,质杆放置的区间为$[a,b]$,并且其线密度 $\mu=\mu(x)$ $(a\leqslant x\leqslant b)$为一连续函数.求此质杆的质量 M.

由微元法,在$[a,b]$上任取一个小区间$[x,x+\mathrm{d}x]$,其上质杆的质量为 ΔM.在$[x,x+\mathrm{d}x]$中,我们可以近似地认为质杆是均匀的,将 x 点的线密度近似代替小区间上每一点的线密度,于是就得到了 ΔM 的一个近似值 $\mu(x)\mathrm{d}x$,即质杆的质量微元为

$$\mathrm{d}M = \mu(x)\mathrm{d}x.$$

将 $\mathrm{d}M$ 从 a 到 b 求定积分,就得到非均匀质杆的质量为

$$M = \int_a^b \mu(x)\mathrm{d}x.$$

例4 有一个放置在 x 轴上的质杆.若其上每一点的密度等于该点的横坐标的平方,试求横坐标在2与3之间的那段质杆的质量.

解 由题意可知质杆的密度为 $\mu(x)=x^2$.根据上述公式,质杆的质量为

$$M = \int_2^3 x^2\mathrm{d}x = \frac{x^3}{3}\bigg|_2^3 = 6\,\frac{1}{3}.$$

5.3 广义积分

前面我们所讨论的定积分都假定积分限是有限的而且被积函数是有界的.但在实际问题中,有时还会遇到函数在无穷区间上的积分以及无界函数在有界区间上的积分.因此,需要将定积分的概念分别向这两个方面推广,从而引进无穷积分与无界函数积分,二者统称为**广义积分**或**反常积分**.下面我们分别介绍这两种广义积分.

1. *无穷积分*

例5 求由曲线 $y=\frac{1}{x^2}$,直线 $x=1$,$y=0$所围成的"无穷曲边梯形"的面积 S(见图3-18中的阴影部分).

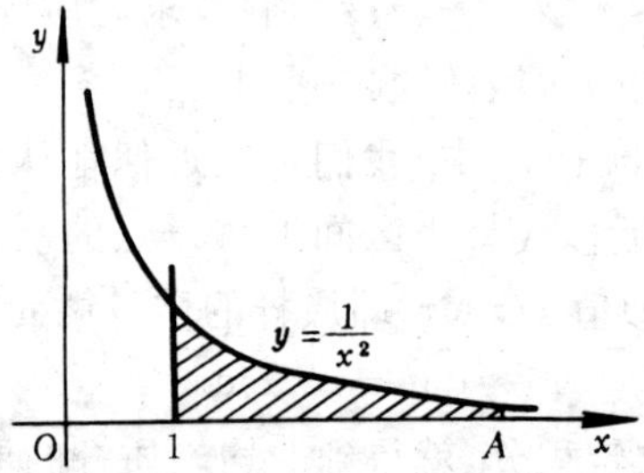

图 3-18

我们知道,这个"无穷曲边梯形"面积不能用定积分直接计算出来.但是,对于任意的 $A>1$,由 $x=1$,$x=A$,$y=0$以及 $y=\frac{1}{x^2}$所围成的"曲边梯形"的面积却可以用定积分计算,有

$$\int_1^A \frac{1}{x^2}\mathrm{d}x=-\left.\frac{1}{x}\right|_1^A=1-\frac{1}{A}\triangleq S(A).$$

可见 $S(A)$随着 A 的增大而增大,且当 $A\to+\infty$时 $S(A)\to1$.不难看出,1就是所求的"无穷曲边梯形"的面积 S,即

$$S=\lim_{A\to+\infty}\int_1^A \frac{1}{x^2}\,\mathrm{d}x=\lim_{A\to+\infty}\left(1-\frac{1}{A}\right)=1.$$

我们把 $\lim\limits_{A\to+\infty}\int_1^A \frac{1}{x^2}\mathrm{d}x$ 记为 $\int_1^{+\infty}\frac{1}{x^2}\mathrm{d}x$,称之为函数在无穷区间 $[1,+\infty)$ 上的广义积分.

定义 设函数 $f(x)$ 在 $[a,+\infty)$ 上有定义,并且对于任意实数 $A\,(A>a)$,$f(x)$ 在有限区间 $[a,A]$ 上都是可积的,如果当 $A\to+\infty$ 时,极限

$$I=\lim_{A\to+\infty}\int_a^A f(x)\mathrm{d}x$$

存在,那么就称此极限值 I 为函数 $f(x)$ 在 $[a,+\infty)$ 上的**无穷积分**.记作

$$\int_a^{+\infty} f(x)\mathrm{d}x=\lim_{A\to+\infty}\int_a^A f(x)\mathrm{d}x=I.$$

这时我们说该无穷积分是收敛的,且收敛于 I. 如果极限 $\lim\limits_{A\to+\infty}\int_a^A f(x)\mathrm{d}x$ 不存在,我们就说该无穷积分是发散的. 这时 $\int_a^{+\infty} f(x)\mathrm{d}x$ 只是一个符号,而不代表任何数值.

类似地,我们也可以定义函数 $f(x)$ 在区间 $(-\infty,a]$ 上的无穷积分:

$$\int_{-\infty}^a f(x)\mathrm{d}x=\lim_{A\to-\infty}\int_A^a f(x)\mathrm{d}x.$$

对于函数在区间 $(-\infty,+\infty)$ 上的无穷积分定义为:

$$\begin{aligned}\int_{-\infty}^{+\infty} f(x)\mathrm{d}x&=\int_{-\infty}^a f(x)\mathrm{d}x+\int_a^{+\infty} f(x)\mathrm{d}x\\&=\lim_{A_1\to-\infty}\int_{A_1}^a f(x)\mathrm{d}x+\lim_{A_2\to+\infty}\int_a^{A_2} f(x)\mathrm{d}x,\end{aligned}$$

其中 a 为任意一个实数,并且当等式右边的两个无穷积分都收敛时,才认为 $\int_{-\infty}^{+\infty} f(x)\mathrm{d}x$ 是收敛的. 注意,积分 $\int_{-\infty}^{+\infty} f(x)\mathrm{d}x$ 的值不依赖于 a 的选择;并且 $A_1\to-\infty$ 和 $A_2\to+\infty$ 的速度可以是不同的.

例6 求 $\int_0^{+\infty}\frac{1}{1+x^2}\,dx$.

解

$$\int_0^{+\infty}\frac{1}{1+x^2}dx=\lim_{A\to+\infty}\int_0^A\frac{dx}{1+x^2}$$

$$=\lim_{A\to+\infty}\text{arc tg}A=\frac{\pi}{2}.$$

为了书写方便,有时我们也把积分 $\int_0^{+\infty}\frac{1}{1+x^2}dx$ 的极限形式 $\lim\limits_{A\to+\infty}\int_0^A\frac{dx}{1+x^2}$ 记成 $\text{arc tg}A\Big|_0^{+\infty}=\frac{\pi}{2}$.

例7 求 $\int_{-\infty}^{+\infty}\frac{1}{1+x^2}dx$.

解

$$\int_{-\infty}^{+\infty}\frac{1}{1+x^2}dx=\int_{-\infty}^0\frac{1}{1+x^2}dx+\int_0^{+\infty}\frac{1}{1+x^2}dx$$

$$=\lim_{A_1\to-\infty}\int_{A_1}^0\frac{1}{1+x^2}dx+\lim_{A_2\to+\infty}\int_0^{A_2}\frac{1}{1+x^2}dx$$

$$=-\lim_{A_1\to-\infty}\text{arc tg}A_1+\lim_{A_2\to+\infty}\text{arc tg}A_2$$

$$=\frac{\pi}{2}+\frac{\pi}{2}=\pi.$$

2. *无界函数积分*

例8 求由曲线 $y=\frac{1}{\sqrt{1-x}}$,直线 $x=0,y=0,x=1$ 所围成的"无穷曲边梯形"的面积 S(见图3-19).

可以看出,函数 $y=\frac{1}{\sqrt{1-x}}$ 当 $x\to1-0$ 时趋于 $+\infty$,即函数在 $[0,1)$ 上是无界的,所以不能直接用定积分来计算它. 但是,对于任意小的正数 $\varepsilon<1$,函数 $y=\frac{1}{\sqrt{1-x}}$ 在 $[0,1-\varepsilon]$ 上是可积的,因此曲边梯形面积可以用定积分计算,我们有

$$\int_0^{1-\varepsilon}\frac{1}{\sqrt{1-x}}dx=-2\sqrt{1-x}\Big|_0^{1-\varepsilon}=2(1-\sqrt{\varepsilon})\triangleq S(\varepsilon)$$

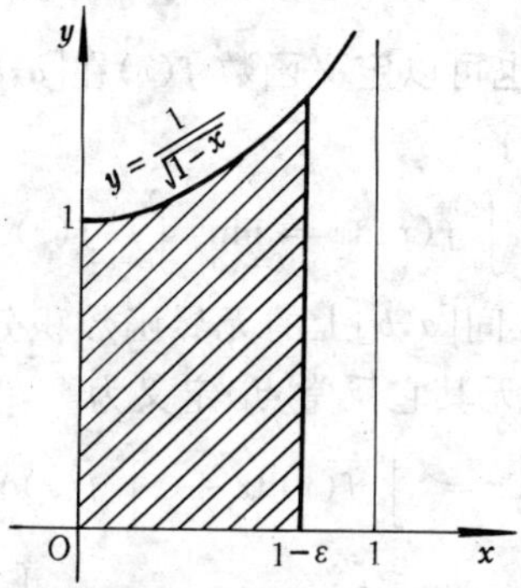

图　3-19

可见 $S(\varepsilon)$随着 ε 减小而增大，且当 $\varepsilon\to 0$时，$S(\varepsilon)\to 2$. 不难看出，2就是所求的“无穷曲边梯形”的面积 S，即

$$S=\lim_{\varepsilon\to 0}\int_0^{1-\varepsilon}\frac{1}{\sqrt{1-x}}\mathrm{d}x=\lim_{\varepsilon\to 0}2(1-\sqrt{\varepsilon})=2.$$

我们把$\lim\limits_{\varepsilon\to 0}\int_0^{1-\varepsilon}\frac{1}{\sqrt{1-x}}\mathrm{d}x$ 记为 $\int_0^1\frac{1}{\sqrt{1-x}}\mathrm{d}x$，称之为无界函数$\frac{1}{\sqrt{1-x}}$在区间$[0,1]$上的广义积分.

定义　设函数 $f(x)$在$[a,b)$上有定义，并且对于任意小的正数 $\varepsilon(0<\varepsilon<b-a)$，$f(x)$在$[a,b-\varepsilon]$上都是可积的，但在点 $x=b$ 附近无界. 如果当 $\varepsilon\to 0$时，极限

$$I=\lim_{\varepsilon\to 0}\int_a^{b-\varepsilon}f(x)\mathrm{d}x$$

存在，那么就称此极限值 I 为函数 $f(x)$在$[a,b]$上的**无界函数积分**（这时，称 b 为**反常点或瑕点**）. 记作

$$\int_a^b f(x)\mathrm{d}x=\lim_{\varepsilon\to 0}\int_a^{b-\varepsilon}f(x)\mathrm{d}x=I$$

这时我们说该无界函数积分是收敛的，且收敛于I. 如果极限

$\lim\limits_{\varepsilon\to 0}\int_a^{b-\varepsilon} f(x)\mathrm{d}x$ 不存在，我们就说该无界函数积分是发散的. 这时 $\int_a^b f(x)\mathrm{d}x$ 只是一个记号，而不代表任何数值.

类似地，我们也可以定义函数 $f(x)$ 在 $[a,b]$ 上的无界函数积分（这里 a 为反常点）：

$$\int_a^b f(x)\mathrm{d}x = \lim_{\varepsilon\to 0}\int_{a+\varepsilon}^b f(x)\mathrm{d}x.$$

对于函数在区间 $[a,b]$ 上的无界函数积分（这里 a,b 都是反常点，而在 $[a,b]$ 内部无其它反常点）定义为

$$\begin{aligned}\int_a^b f(x)\mathrm{d}x &= \int_a^c f(x)\mathrm{d}x + \int_c^b f(x)\mathrm{d}x \\ &= \lim_{\varepsilon_1\to 0}\int_{a+\varepsilon_1}^{c} f(x)\mathrm{d}x + \lim_{\varepsilon_2\to 0}\int_c^{b-\varepsilon_2} f(x)\mathrm{d}x,\end{aligned}$$

其中 c 为 (a,b) 内任一实数，$\varepsilon_1,\varepsilon_2$ 是彼此独立的任意小的正数，并且当等式右边的两个无界函数积分都收敛时，才认为 $\int_a^b f(x)\mathrm{d}x$ 是收敛的. 注意，积分 $\int_a^b f(x)\mathrm{d}x$ 的值不依赖于 c 的选择.

如果 $f(x)$ 在 $[a,b]$ 内有一个反常点 $c(a<c<b)$，则可定义为

$$\begin{aligned}\int_a^b f(x)\mathrm{d}x &= \int_a^c f(x)\mathrm{d}x + \int_c^b f(x)\mathrm{d}x \\ &= \lim_{\varepsilon_1\to 0}\int_a^{c-\varepsilon_1} f(x)\mathrm{d}x + \lim_{\varepsilon_2\to 0}\int_{c+\varepsilon_2}^b f(x)\mathrm{d}x\end{aligned}$$

这时，也只有当等式右边的两个无界函数积分都收敛时，才认为 $\int_a^b f(x)\mathrm{d}x$ 是收敛的. 注意，这里的 $\varepsilon_1,\varepsilon_2$ 趋于零也是彼此独立的，因此一般说来 $\varepsilon_1\neq\varepsilon_2$.

类似地，我们还可以定义在 $[a,b]$ 内有多个反常点的情况的无界函数积分. 需要指出的是，广义积分的记号 $\int_a^b f(x)\mathrm{d}x$ 与定积分在形式上一样，但是含意是不同的. 因此，在计算一个积分时，要先判断一下函数在 $[a,b]$ 上有没有反常点，否则就容易出错.

例9 求 $\int_0^1 \frac{1}{\sqrt{1-x^2}}\mathrm{d}x$.

解 由无界函数积分定义,有

$$\int_0^1 \frac{1}{\sqrt{1-x^2}}\mathrm{d}x = \lim_{\varepsilon\to 0}\int_0^{1-\varepsilon}\frac{1}{\sqrt{1-x^2}}\mathrm{d}x$$

$$= \lim_{\varepsilon\to 0} \arcsin x\Big|_0^{1-\varepsilon}$$

$$= \lim_{\varepsilon\to 0} \arcsin(1-\varepsilon) = \frac{\pi}{2}.$$

例10 求 $\int_{-1}^1 \frac{1}{\sqrt{1-x^2}}\mathrm{d}x$.

解

$$\int_{-1}^1 \frac{1}{\sqrt{1-x^2}}\mathrm{d}x = \int_{-1}^0 \frac{1}{\sqrt{1-x^2}}\mathrm{d}x + \int_0^1 \frac{1}{\sqrt{1-x^2}}\mathrm{d}x$$

$$= \lim_{\varepsilon_1\to 0}\int_{-1+\varepsilon_1}^0 \frac{1}{\sqrt{1-x^2}}\mathrm{d}x$$

$$+ \lim_{\varepsilon_2\to 0}\int_0^{1-\varepsilon_2} \frac{1}{\sqrt{1-x^2}}\mathrm{d}x$$

$$= \frac{\pi}{2} + \frac{\pi}{2} = \pi.$$

例11 讨论 $\int_{-1}^1 \frac{1}{x^2}\mathrm{d}x$ 的敛散性.

解 易见 $x=0$为反常点,由定义有

$$\int_{-1}^1 \frac{1}{x^2}\mathrm{d}x - \int_{-1}^0 \frac{1}{x^2}\mathrm{d}x + \int_0^1 \frac{1}{x^2}\mathrm{d}x.$$

由于

$$\int_{-1}^0 \frac{1}{x^2}\mathrm{d}x = \lim_{\varepsilon\to 0}\int_{-1}^{-\varepsilon}\frac{1}{x^2}\mathrm{d}x = \lim_{\varepsilon\to 0}\left(-\frac{1}{x}\right)\Big|_{-1}^{-\varepsilon}$$

$$= \lim_{\varepsilon\to 0}(\frac{1}{\varepsilon} - 1) = \infty,$$

所以 $\int_{-1}^1 \frac{1}{x^2}\mathrm{d}x$ 是发散的.

注意，如果我们不按无界函数积分定义去讨论，而把它当作常义的定积分去计算便会得出以下的错误结论：

$$\int_{-1}^{1} \frac{1}{x^2}\mathrm{d}x = -\left.\frac{1}{x}\right|_{-1}^{1} = -1-1=-2.$$

习 题 四

1. 试验证 $y=4+\operatorname{arc\,tg}x$ 与 $y=\arcsin\dfrac{x}{\sqrt{1+x^2}}$ 是同一个函数的原函数.

2. 设一曲线通过点(3,4)，并且在曲线上的每一点处切线的斜率都为$5x$，求此曲线方程.

3. 求下列各不定积分：

(1) $\int x^4\mathrm{d}x$；　　(2) $\int x\sqrt{x}\,\mathrm{d}x$；

(3) $\int \left(\frac{1}{x}+4^x\right)\mathrm{d}x$；　　(4) $\int \frac{x^2-2\sqrt{2}\,x+2}{x-\sqrt{2}}\mathrm{d}x$；

(5) $\int \mathrm{tg}^2 x\,\mathrm{d}x$；　　(6) $\int \frac{2x^2+3}{x^2+1}\mathrm{d}x$；

(7) $\int \frac{\cos 2x}{\cos x-\sin x}\,\mathrm{d}x$；　　(8) $\int (1+\cos^3 x)\sec^2 x\,\mathrm{d}x$；

(9) $\int 3^x \mathrm{e}^x\,\mathrm{d}x$；　　(10) $\int \frac{2\cdot 3^x+5\cdot 2^x}{3^x}\mathrm{d}x$.

4. 利用换元积分法求下列各不定积分：

(1) $\int (3x-2)^{10}\,\mathrm{d}x$；　　(2) $\int \sqrt{2+3x}\,\mathrm{d}x$；

(3) $\int \frac{4}{(1-2x)^2}\mathrm{d}x$；　　(4) $\int \frac{1}{3x+5}\mathrm{d}x$；

(5) $\int x\sqrt{x^2+3}\,\mathrm{d}x$；　　(6) $\int \sin 3x\,\mathrm{d}x$；

(7) $\int \frac{1}{\sqrt{1-25x^2}}\mathrm{d}x$；

(8) $\int \frac{1}{1+9x^2}\mathrm{d}x$；

(9) $\int \frac{x}{x^2+1}\mathrm{d}x$；

(10) $\int \frac{2x-3}{x^2-3x+8}\,\mathrm{d}x$；

(11) $\int \cos^2 x\,\mathrm{d}x$；

(12) $\int \frac{\mathrm{e}^x}{2-3\mathrm{e}^x}\mathrm{d}x$；

(13) $\int \mathrm{e}^x(\mathrm{e}^x+2)^5\mathrm{d}x$；

(14) $\int \frac{1}{x^2+2x+3}\mathrm{d}x$；

(15) $\int \frac{1}{x^2-16}\mathrm{d}x$；

(16) $\int 10^{2x}\mathrm{d}x$；

(17) $\int \frac{1}{x\ln x}\mathrm{d}x$；

(18) $\int \frac{\sqrt{\ln x}}{x}\mathrm{d}x$；

(19) $\int \frac{1}{\cos^2 x\sqrt{\mathrm{tg}x}}\mathrm{d}x$；

(20) $\int \frac{1}{(\mathrm{arc}\sin x)^2\sqrt{1-x^2}}\mathrm{d}x$；

(21) $\int \sin 3x\cdot\sin 5x\,\mathrm{d}x$；

(22) $\int \cos^3 x\,\mathrm{d}x$；

(23) $\int \sec^4 x\mathrm{d}x$；

(24) $\int \mathrm{tg}^4 x\mathrm{d}x$；

(25) $\int \frac{1}{(1-x^2)^{3/2}}\mathrm{d}x$；

(26) $\int \frac{1}{\sqrt{4-9x^2}}\mathrm{d}x$；

(27) $\int \frac{x^3}{(1+x^2)^{3/2}}\mathrm{d}x$；

(28) $\int \frac{1}{x\sqrt{x^2+1}}\mathrm{d}x$；

(29) $\int \frac{1}{x^2\sqrt{x^2-9}}\mathrm{d}x$；

(30) $\int \frac{\sqrt{x^2-4}}{x}\mathrm{d}x\,(x\geqslant 2)$.

5. 利用分部积分法求下列各不定积分：

(1) $\int x\sin 2x\mathrm{d}x$；

(2) $\int x\,\mathrm{e}^{-x}\,\mathrm{d}x$；

(3) $\int \mathrm{arc}\cos x\,\mathrm{d}x$；

(4) $\int \mathrm{arc}\,\mathrm{tg}x\,\mathrm{d}x$；

(5) $\int x\,\mathrm{arc}\,\mathrm{tg}x\,\mathrm{d}x$；

(6) $\int \ln^2 x\,\mathrm{d}x$；

(7) $\int (\arcsin x)^2 dx$；　　(8) $\int x^2 \ln(1+x) dx$；

(9) $\int (x^2+2x+1)e^x dx$；　　(10) $\int \frac{\ln^3 x}{x^2} dx$.

6. 利用定积分的性质，比较积分值的大小：

(1) $\int_0^1 x^2 dx$ 和 $\int_0^1 x^3 dx$；

(2) $\int_1^2 x^3 dx$ 和 $\int_1^2 x^2 dx$；

(3) $\int_1^2 \ln x dx$ 和 $\int_1^2 \ln^2 x dx$；

(4) 设

$$f(x)=\begin{cases} x & (-1\leqslant x<0), \\ x^2 & (0\leqslant x\leqslant 1), \end{cases}$$

$$g(x)=\begin{cases} x^2 & (-1\leqslant x<0), \\ x & (0\leqslant x\leqslant 1). \end{cases}$$

$\int_{-1}^1 f(x)dx$ 和 $\int_{-1}^1 g(x)dx$.

7. 求函数 $y=2x^2+3x+3$ 在区间[1,4]上的平均值.

8*. 证明：

$$\frac{1}{40}<\int_{10}^{20}\frac{x^2}{x^4+x+1}dx<\frac{1}{20}.$$

9. 设 $y=\int_0^x \sin t\, dt$，求 $\left.\frac{dy}{dx}\right|_{x=\frac{\pi}{4}}$.

10. 设 $y=\int_x^4 \sqrt{1+t^2}dt$，求 dy.

11. 设 $y=\int_1^{x^2}\frac{1}{1+t}dt$，求 $\frac{dy}{dx}$.

12. 设 $y=\int_x^{x^2}\frac{1}{\sqrt{1-t^2}}dt$，求 $\frac{dy}{dx}$.

13. 计算下列各定积分：

(1) $\int_1^3 x^3 dx$；　　(2) $\int_1^4 \sqrt{x}\, dx$；

(3) $\int_{\pi}^{2\pi}\sin x\,\mathrm{d}x$;　　(4) $\int_{0}^{1}\frac{1}{4t^2-9}\,\mathrm{d}t$;

(5) $\int_{-1}^{0}\mathrm{e}^{-x}\,\mathrm{d}x$;　　(6) $\int_{-1}^{-2}\frac{x}{x+3}\,\mathrm{d}x$.

14. 设

$$f(x)=\begin{cases}x^2 & (-1\leqslant x\leqslant 1),\\ \mathrm{e}^{-x} & (1<x\leqslant 2),\end{cases}$$

求 $\int_{0}^{3/2}f(x)\mathrm{d}x$ 和 $\int_{1}^{0}f(x)\mathrm{d}x$.

15. 利用换元积分法和分部积分法计算下列各定积分:

(1) $\int_{-2}^{-1}\frac{1}{(11+5x)^3}\,\mathrm{d}x$;　　(2) $\int_{1}^{\mathrm{e}}\frac{1+\ln x}{x}\,\mathrm{d}x$;

(3) $\int_{0}^{1}(\mathrm{e}^x-1)^4\mathrm{e}^x\,\mathrm{d}x$;　　(4) $\int_{0}^{1}\frac{1}{1+\mathrm{e}^x}\,\mathrm{d}x$;

(5) $\int_{-2}^{0}\frac{1}{x^2+2x+2}\,\mathrm{d}x$;　　(6) $\int_{1}^{3}\frac{1}{x(1+x)}\,\mathrm{d}x$;

(7) $\int_{0}^{1}\sqrt{(1-x^2)^3}\,\mathrm{d}x$;　　(8) $\int_{0}^{a}x^2\sqrt{a^2-x^2}\,\mathrm{d}x$;

(9) $\int_{0}^{1}x\,\mathrm{arc\,tg}x\,\mathrm{d}x$;　　(10) $\int_{1}^{\mathrm{e}}x\ln x\,\mathrm{d}x$;

(11) $\int_{0}^{\ln 2}x\mathrm{e}^{-x}\,\mathrm{d}x$;　　(12) $\int_{0}^{\pi}x^3\sin x\,\mathrm{d}x$;

(13) $\int_{0}^{\mathrm{e}-1}\ln(x+1)\,\mathrm{d}x$;　　(14) $\int_{0}^{\pi/2}\mathrm{e}^x\cos x\,\mathrm{d}x$;

(15) $\int_{1/\mathrm{e}}^{\mathrm{e}}|\ln x|\mathrm{d}x$;　　(16) $\int_{1}^{2}x^{-2}\mathrm{e}^{1/x}\,\mathrm{d}x$.

16. 证明:若函数 $f(x)$ 在 $[-a,a]$ 上可积,则

$$\int_{-a}^{a}f(x)\mathrm{d}x=\begin{cases}2\int_{0}^{a}f(x)\mathrm{d}x, & \text{当 } f(x) \text{ 为偶函数时},\\ 0, & \text{当 } f(x) \text{ 为奇函数时}.\end{cases}$$

17. 设函数 $f(x)$ 在 $[-a,a]$ 上连续,试证明

$$\int_{-a}^{a} f(x)\mathrm{d}x = \int_{-a}^{a} f(-x)\mathrm{d}x.$$

18. 证明：

$$\int_{x}^{1} \frac{1}{1+x^2}\,\mathrm{d}x = \int_{1}^{1/x} \frac{1}{1+x^2}\,\mathrm{d}x \qquad (x>0).$$

19. 证明：若 $f(x)$ 在$(-\infty,+\infty)$上连续，并且是以 T 为周期的周期函数，则

$$\int_{a}^{a+T} f(x)\mathrm{d}x = \int_{0}^{T} f(x)\mathrm{d}x$$

对于任意的 a 都成立.

20. 求由曲线 $y=x^2$ 和 $x=y^2$ 所围成的平面图形的面积.

21. 求由曲线 $y=x\mathrm{e}^{-x^2}$ 以及直线 $x=0, y=0, x=1$ 所围成的平面图形的面积.

22. 求由曲线 $y=\sin x$ $(0\leqslant x\leqslant \pi)$ 以及直线 $y=0$ 所围成的平面图形绕 x 轴旋转所产生的旋转体的体积.

23. 求由曲线 $y=x^2$ 和 $x=y^2$ 所围成的平面图形绕 y 轴旋转所产生的旋转体的体积.

24. 有一放置在 y 轴上的质杆，若其上每一点的线密度等于 e^y. 试求质杆在$1\leqslant y\leqslant 2$的一段上的质量.

25. 求下列各无穷积分的值：

(1) $\displaystyle\int_{-\infty}^{+\infty} \frac{1}{x^2+2x+2}\mathrm{d}x$； (2) $\displaystyle\int_{\mathrm{e}}^{+\infty} \frac{1}{x(\ln x)^2}\mathrm{d}x$；

(3) $\displaystyle\int_{-\infty}^{+\infty} f(x)\mathrm{d}x$，其中

$$f(x)=\begin{cases} \dfrac{1}{1+x^2}, & -\infty < x \leqslant 0, \\ 2, & 0 < x \leqslant 1, \\ 0, & 1 < x < +\infty; \end{cases}$$

(4) $\displaystyle\int_{-\infty}^{+\infty} g(x)\mathrm{d}x$，其中

$$g(x)=\begin{cases} \lambda \mathrm{e}^{-\lambda x}, & x\geqslant 0, \\ 0, & x<0, \end{cases} \quad (\lambda>0).$$

26. 设$\int_{-\infty}^{+\infty}\frac{1}{\sqrt{2\pi}}e^{-\frac{x^2}{2}}dx=1$，证明

$$\int_{\mu}^{+\infty}\frac{1}{\sqrt{2\pi}\sigma}e^{-\frac{(x-\mu)^2}{2\sigma^2}}dx=\frac{1}{2},$$

其中σ,μ均为常数,且$\sigma>0$.

27. 求下列各无界函数积分的值:

(1) $\int_0^1\frac{x\,dx}{\sqrt{1-x^2}}$； (2) $\int_0^2\frac{dx}{(1-x)^2}$；

(3) $\int_1^2\frac{x\,dx}{\sqrt{x-1}}$； (4) $\int_0^2\frac{dx}{x^2-4x+3}$.

第四章　多元微积分

在前面的三章里，我们比较系统地介绍了一元函数微分学与积分学. 本章将在一元函数微积分的基础上，讨论多元函数的微积分及其应用.

多元微积分是一元微积分的发展与推广，因此，在许多方面它们之间有着密切的联系和相似之处. 尽管如此，它们之间还是存在着一些质的不同. 然而二元与二元以上的多元函数之间差别是不大的，所以我们是以二元函数为主来讨论多元微积分的. 需要指出的是，在讨论中我们应该随时把有关概念与一元函数加以比较，注意它们的异同与联系，这是学好多元函数微积分的关键.

§1　二元函数的极限与连续

1.1　二元函数的定义

我们知道一元函数 f 是从数集 X 到 Y 上的一个映射. 即对于每一个 $x\in X$ 都有唯一确定的 $y\in Y$ 与之对应，记为 $y=f(x)$，$x\in X$，它描述了两个变量之间的一种依赖关系.

在实际问题中，有许多量的变化不止由一个因素来确定. 例如，圆柱体的体积 V 是由它的底半径 r 和高 h 确定，即 $V=\pi r^2h$；某种消费品的销售量 Q 是由它的售价 x，需要这种消费品的人数 y 以及个人平均收入 z 确定，即 $Q=ax+by-cz$，其中 a,b,c 为正常数.

上面的圆柱体的体积 V 依赖于两个自变量，所以我们称 V 为二元函数；销售量 Q 依赖于三个自变量，我们说 Q 为一个三元函数. 一般来说，自变量的个数等于或多于两个的，统称为多元函数. 可见，最简单的多元函数是二元函数，下面给出二元函数的一般定义.

设 D 是平面上的一个点集，f 是一个确定的对应关系. 如果对于 D 中的每一个元素 (x,y)，通过 f 都有实数集 $\mathbf{R}$ 内的唯一确定的一个元素 z 与之对应，那么这个对应关系 f 就叫做由 D 到 $\mathbf{R}$ **内的二元函数**，记为

$$f:D \to \mathbf{R};$$

而 z 叫做 f 在点 (x,y) 处的**函数值**，记作 $z=f(x,y)$；D 叫做函数 f 的**定义域**；所有的函数值的集合 Z，即

$$Z=\{f(x,y)\,|\,(x,y)\in D\}$$

叫做 f 的**值域**，我们也可以称二元函数 f 是从 D 到 Z 上的**映射**.

通常说，$z=f(x,y)$ 是 x,y 的二元函数，x 与 y 是自变量，z 是因变量.

类似地，可以对三元函数和三元以上的函数给出定义.

例1 矩形面积 S 可以用它的长 a 和宽 b 表示出来，即 $S=a\cdot b$. 对于 a,b 取定的每一组数值都有 $S=a\cdot b$ 的一个值与之对应，由定义可知 S 是 a,b 的一个二元函数，其定义域为 $\{(a,b)\,|\,a>0,b>0\}$.

例2

$$z=\begin{cases}\dfrac{xy}{x^2+y^2} & (x^2+y^2\neq 0),\\ 0 & (x^2+y^2=0).\end{cases}$$

对于平面上任意一点 (x,y)，当 $x^2+y^2\neq 0$ 时，有值

$$z=\frac{xy}{x^2+y^2}$$

与之对应；当 $x^2+y^2=0$ 时，有值 $z=0$ 与之对应，根据定义，z 是 x,y 的一个二元函数，其定义域为全平面.

要判断某个变量 z 是不是变量 x,y 的一个二元函数，只要看它们之间是否存在着某种对应关系，根据这个对应关系，当给定 x,y 的一组值后，都有唯一确定的 z 值与之对应. 如果存在着这种对应

关系，我们就可以说 z 是变量 x,y 的一个二元函数. 至于这种对应关系是什么样子，如何把它表示出来，这一点在定义中没有给出任何的要求. 例2中的 z 与全平面上的点 (x,y) 有着确定的对应关系，换言之，z 是变量 x,y 的函数，尽管这种对应关系在原点和非原点处的表达式是不同的.

我们知道常数 C 可以看成是任何一个变量的一元函数. 同样我们也可以把 $z=C$ 看成是变量 x，y 的一个二元函数. 这是因为对于变量 x,y 的每一组数值，都有 $z=C$ 这个值与之对应，这是一种确定的对应关系. 由函数定义可知 $z=C$ 是定义在全平面上的一个二元函数. 有时我们甚至可以把一元函数 $z=f(x)\,(a<x<b)$ 视为定义在平面区域 D：

$$D=\{(x,y)\,|\,a<x<b,\ -\infty<y<+\infty\}$$

上的一个二元函数. 这样一来，有时会给我们所讨论的问题带来很大的方便.

与一元函数相仿，对于一般的二元函数，我们通常所说的定义域都是指它的自然定义域；当函数具有某种实际意义时，应该根据它的实际意义确定函数的定义域. 例如，例1中的矩形面积 $S=a\cdot b$ 的定义域不是全平面，而是 $\{(a,b)\,|\,a>0,b>0\}$.

例3 求函数 $z=\sqrt{1-x^2-y^2}$ 的定义域.

解 要使表达式 $z=\sqrt{1-x^2-y^2}$ 有意义，必须有

$$1-x^2-y^2\geqslant 0,$$

即

$$x^2+y^2\leqslant 1.$$

由此可见 z 的定义域是一个以 O 为圆心，以1为半径的闭圆，也可以写作

$$D=\{(x,y)\,|\,-1\leqslant x\leqslant 1,\ -\sqrt{1-x^2}\leqslant y\leqslant\sqrt{1-x^2}\}.$$

设给定一个二元函数 $z=f(x,y)$，$(x,y)\in D$. 取定一个空间直角坐标系 $Oxyz$，在 xOy 平面上画出函数的定义域 D. 在 D 内任取一点 $P(x,y)$，按照 $z=f(x,y)$ 就有空间中的一个点 $M(x,y,z)$ 与

之对应(见图4-1). 当点 P 在 D 中变化时,相应的点 M 就在空间中变动;而当点 P 取遍整个定义域 D 内的值时,点 M 的全体就是函数 $z=f(x,y)$ 的图形. 一般来说,二元函数 $z=f(x,y)$ 的图形都是空间中的一张曲面.

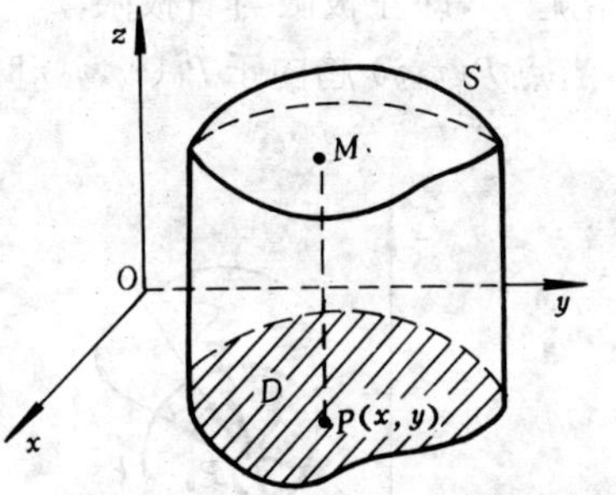

图 4-1

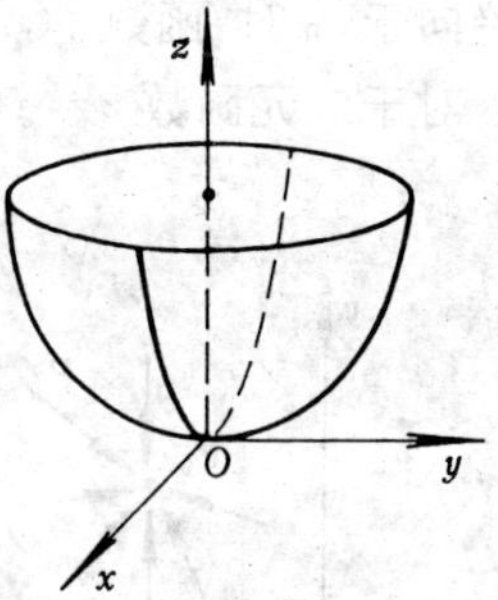

图 4-2

例4 作函数 $z=x^2+y^2$ 的图形.

解 函数 $z=x^2+y^2$ 的定义域为全平面. 由方程 $z=x^2+y^2$ 可知,这个二次曲面的图形是一个位于 xOy 平面上方的旋转抛物面(见图4-2).

1.2 二元函数的极限与连续

我们知道,函数的极限与连续描述了当自变量变化时,函数的变化趋势. 在这个问题上,多元函数与一元函数是类似的,只是自变量的变化过程复杂多了.

在一元函数中,我们把函数 $y=f(x)$ 当 $x\to x_0$ 时以 A 为极限,记作

$$\lim_{x\to x_0} f(x)=A,$$

也就是说:当 $x-x_0\to 0$ 时, $f(x)-A\to 0$.

如果我们把 x 与 x_0 之间的距离记作 ρ ,即 $\rho=|x-x_0|$, 那么

极限过程 $x - x_0 \to 0$ 就可以表示为 $\rho \to 0$. 因此一元函数的极限又可以记为

$$f(x) \to A \quad (\rho \to 0),$$

这里的 $\rho \to 0$ 描述了当 x 在 x 轴分别从点 x_0 的左侧或右侧两个方向趋向于 x_0 时,函数 $f(x)$ 的变化趋势,即左极限与右极限.

对于二元函数 $z = f(x,y)$,当点 $P(x,y)$ 趋向于 $P_0(x_0,y_0)$ 时以

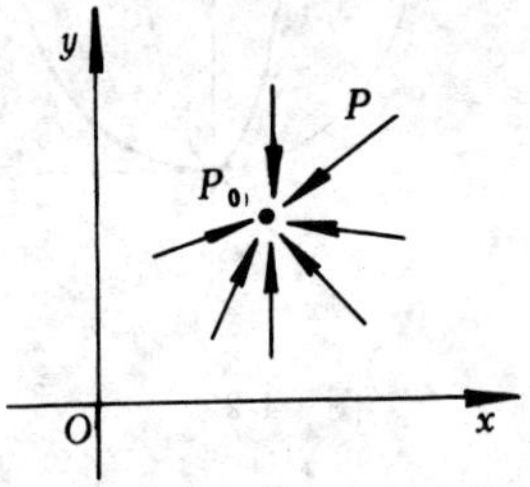

图 4-3

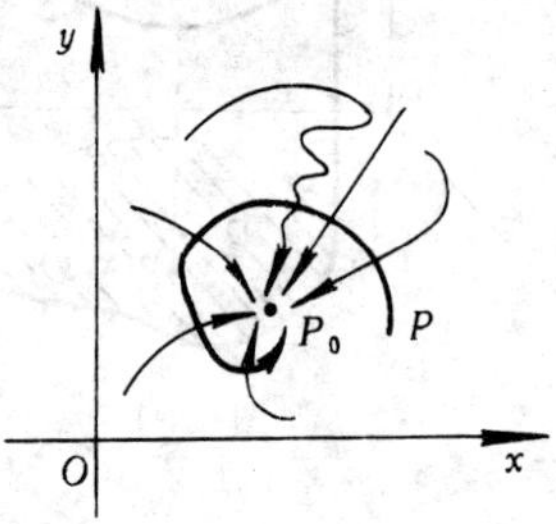

图 4-4

A 为极限应当怎样描述呢?

从图4-3与图4-4中容易看出, P 趋向于 P_0 的方向可以有任意多个,路径又是多种多样的,这就是说 P 能以任意的方式趋向于 P_0. 如果我们把 P 点与 P_0 点之间距离也记作 ρ ,即

$$\rho = \sqrt{(x - x_0)^2 + (y - y_0)^2},$$

那么不论 P 趋向于 P_0 的过程多么复杂,都可以用 $\rho \to 0$ 来表示 $P \to P_0$ 这一极限过程. 这样,我们就可以在一元函数极限概念的基础上给出二元函数极限的一般定义.

定义 设函数 $z = f(x,y)$ 在 $N(\overline{P}_0)$ 上有定义, $\forall P \in N(\overline{P}_0)$. 如果点 $P(x,y)$ 与定点 $P_0(x_0,y_0)$ 之间的距离

$$\rho = \sqrt{(x - x_0)^2 + (y - y_0)^2}$$

趋向于0时, $f(x,y)$ 趋向于一个常数 A ,那么我们就称 A 为 P **趋于 P_0 时**(或在 P_0 处)**函数 $f(x,y)$ 的极限**,记作

$$\lim_{(x,y)\to(x_0,y_0)} f(x,y)=A \quad 或 \quad f(x,y)\to A \quad (\rho\to 0).$$

我们也可以用“$\varepsilon-\delta$”的语言来叙述：对于任意给定的正数 ε，不论它怎样小，都存在着这样的一个正数 δ，使得当 $0<\rho<\delta$ 时，不等式

$$|f(x,y)-A|<\varepsilon$$

都成立.

例5 证明 $\lim\limits_{(x,y)\to(0,0)} \dfrac{x^2y}{x^2+y^2}=0.$

证明 由 $(|x|-|y|)^2\geqslant 0$，可知 $x^2+y^2\geqslant 2|x||y|$，有

$$\left|\frac{x^2y}{x^2+y^2}\right|=|x|\frac{|xy|}{x^2+y^2}\leqslant\frac{1}{2}|x|$$

$$\leqslant\frac{1}{2}\sqrt{x^2+y^2}=\frac{1}{2}\rho,$$

其中 $\rho=\sqrt{x^2+y^2}$.

$\forall\ \varepsilon>0$，若要

$$\left|\frac{x^2y}{x^2+y^2}-0\right|<\varepsilon$$

只要

$$\frac{1}{2}\rho<\varepsilon.$$

取 $\delta=2\varepsilon$，则当 $0<\rho<\delta$ 时，就有

$$\left|\frac{x^2y}{x^2+y^2}-0\right|<\varepsilon.$$

根据函数极限的定义可知

$$\lim_{(x,y)\to(0,0)}\frac{x^2y}{x^2+y^2}=0.$$

需要指出的是，在我们讨论二元函数极限时，总是指点 P 以任意的方式趋向于点 P_0（通常称这种极限为全面极限）. 由此可见，如果点 P 沿着两个不同的路径趋向于点 P_0 时，$f(x,y)$ 分别趋向于两个不同的常数，那么我们就可以说，当 P 趋向于 P_0 时，函数 $f(x,y)$ 的极限不存在，因为它不满足定义中的要求.

例6 讨论函数

$$f(x,y)=\frac{xy}{x^2+y^2},$$

当 $(x,y)\to(0,0)$ 时的极限.

解 粗略地看,当 $(x,y)\to(0,0)$ 时,函数 $f(x,y)$ 的分子,分母都趋向于0,并且趋向于0的速度也差不多.但是如果我们令点 (x,y) 沿直线 $y=kx(k\neq0)$ 趋向于点(0,0)时,由于 $y=kx$,这时 $(x,y)\to(0,0)$ 就等价于 $x\to0$.于是有

$$\begin{aligned}\lim_{(x,y)\to(0,0)}f(x,y)&=\lim_{x\to0}f(x,kx)\\&=\lim_{x\to0}\frac{kx^2}{x^2+(kx)^2}\\&=\lim_{x\to0}\frac{k}{1+k^2}=\frac{k}{1+k^2}\neq0.\end{aligned}$$

可见,令 $k=1$ 及 $k=2$ 时,即当点 (x,y) 沿着 $y=x$ 及 $y=2x$ 两条不同直线趋向于(0,0)时,函数 $f(x,y)$ 就分别趋向于1/2和2/5.因此,当 $(x,y)\to(0,0)$ 时,函数 $f(x,y)=\dfrac{xy}{x^2+y^2}$ 的极限是不存在的.

有了极限的概念以后,我们就可以给出二元函数连续的定义.

定义 设函数 $z=f(x,y)$ 在 $N(P_0)$ 上有定义,如果当 $P(x,y)$ 趋向于 $P_0(x_0,y_0)$ 时,函数 $f(x,y)$ 以 $f(x_0,y_0)$ 为极限,即

$$\lim_{(x,y)\to(x_0,y_0)}f(x,y)=f(x_0,y_0),$$

则称函数 $f(x,y)$ 在点 P_0 处是**连续**的.

例7 讨论函数

$$f(x,y)=\begin{cases}\dfrac{xy}{x^2+y^2}, & (x;y)\neq(0,0),\\ 0 & (x,y)=(0,0)\end{cases}$$

在点(0,0)处的连续性.

解 由连续的定义可以看出,函数 $f(x,y)$ 在一点处连续的一个必要条件是:它在该点有极限.由例6的讨论我们知道,当 (x,y)

$\to(0,0)$ 时，函数 $\dfrac{xy}{x^2+y^2}$ 的极限不存在. 因而函数

$$f(x,y)=\begin{cases}\dfrac{xy}{x^2+y^2}, & (x,y)\neq(0,0),\\ 0 & (x,y)=(0,0)\end{cases}$$

当 $(x,y)\to(0,0)$ 时极限也不存在(这是因为在$(0,0)$点附近，且$(x,y)\neq(0,0)$时，$f(x,y)=\dfrac{xy}{x^2+y^2}$ 的缘故). 这就证明了 $f(x,y)$ 在$(0,0)$ 点是不连续的.

与一元函数类似，如果函数 $z=f(x,y)$ 在平面区域 D 内的每一个点上都连续，那么我们就说函数 $f(x,y)$ 在 D 内是连续的. 一般来说，区域上连续函数的图形是一张连续的曲面.

关于一元连续函数的四则运算定理，以及复合函数的连续性定理，对于多个变量的连续函数也是成立的.

§2 偏导数与全微分

2.1 偏导数

在一元函数中，我们从研究函数的变化率入手引进了导数的概念，对于多元函数同样需要讨论它的变化率. 下面我们先来介绍偏导数的概念.

定义 设函数 $z=f(x,y)$ 在 $N(P_0)$ 上有定义，固定 $y=y_0$，得到 x 的一元函数

$$z=f(x,y_0),$$

如果这个一元函数在 $x=x_0$ 点导数存在，那么我们就称一元函数 $z=f(x,y_0)$ 在 x_0 点的导数为二元函数 $z=f(x,y)$ 在 $P_0(x_0,y_0)$ 点对 x 的**偏导数**(或**偏微商**)，记作

$$f'_x(x_0,y_0),\quad \frac{\partial f(x_0,y_0)}{\partial x}\ 或 \frac{\partial z}{\partial x}\bigg|_{(x_0,y_0)}.$$

同样可以定义函数 $z=f(x,y)$ 在点 (x_0,y_0) 处对 y 的偏导数，记作

$$f'_y(x_0,y_0),\ \frac{\partial f(x_0,y_0)}{\partial y}\ 或\frac{\partial z}{\partial y}\bigg|_{(x_0,y_0)}.$$

如果函数 $z=f(x,y)$ 在平面区域 D 内每一点 (x,y) 处 $f'_x(x,y)$ 与 $f'_y(x,y)$ 都存在，那么我们就说它在区域 D 内偏导数存在，并说它在区域 D 内是可导的. 与一元函数类似，$f'_x(x,y)$ 与 $f'_y(x,y)$ 在区域 D 内仍是 x,y 的二元函数，我们称它们为偏导函数，简称为偏导数，记为

$$f'_x(x,y)\ 或\ \frac{\partial f(x,y)}{\partial x},$$

$$f'_y(x,y)\ 或\frac{\partial f(x,y)}{\partial y};$$

也可简记为

$$f'_x\quad 或\ \frac{\partial f}{\partial x},$$

以及

$$f'_y\quad 或\ \frac{\partial f}{\partial y}.$$

例1　求 $z=x^2y^3$ 的偏导数.

解　对 x 求偏导数时，把 y 看成常数，只要对 x 求导数就可以得到

$$\frac{\partial z}{\partial x}=2xy^3;$$

对 y 求偏导数时，把 x 看成常数，即得

$$\frac{\partial z}{\partial y}=3x^2y^2.$$

例2　求函数 $u=\ln(x^2+y^2+z^2)$ 的偏导数.

解　与二元函数类似，对三元函数 $u=\ln(x^2+y^2+z^2)$ 要求

$\frac{\partial u}{\partial x}$,只要在 $u=\ln(x^2+y^2+z^2)$ 中把 y 和 z 都看作常量,仅对 x 求导数就可以了,所以

$$\frac{\partial u}{\partial x}=\frac{1}{x^2+y^2+z^2}(x^2+y^2+z^2)'_x=\frac{2x}{x^2+y^2+z^2}.$$

类似地有

$$\frac{\partial u}{\partial y}=\frac{2y}{x^2+y^2+z^2},\quad \frac{\partial u}{\partial z}=\frac{2z}{x^2+y^2+z^2}.$$

由此可见,在函数 $u=\ln(x^2+y^2+z^2)$ 中,将自变量 x 和 y 互换以后,函数关系不发生任何变化(这时我们可以称函数关于 x,y 是对称的,并称 x 与 y 为对称变量). 计算对称函数的偏导数时,只要对其中一个变量求偏导数即可,而不必再计算其它变量的偏导数了,可以利用对称性将求出结果中的自变量互换即可.

例3 求函数

$$f(x,y)=\begin{cases}\dfrac{xy}{x^2+y^2}, & x^2+y^2\neq 0,\\ 0 & x^2+y^2=0\end{cases}$$

的偏导数.

解 由于函数 $f(x,y)$ 在不同的范围内表达式不同,因此在计算它的偏导数时,也应分情形来讨论.

当 $(x,y)\neq(0,0)$ 时,有

$$\frac{\partial f}{\partial x}=\frac{y(x^2+y^2)-xy\cdot 2x}{(x^2+y^2)^2}=\frac{y(y^2-x^2)}{(x^2+y^2)^2};$$

由对称性,有

$$\frac{\partial f}{\partial y}=\frac{x(x^2-y^2)}{(x^2+y^2)^2}.$$

当 $(x,y)=(0,0)$ 时,考虑到

$$f(x,0)\equiv 0\quad(-\infty<x<+\infty),$$

所以

$$\frac{\partial f(0,0)}{\partial x} = 0,$$

同理

$$\frac{\partial f(0,0)}{\partial y} = 0.$$

这个函数在原点不连续(见§1中例7),但在原点的两个偏导数却都存在.一般来说,二元函数 $f(x,y)$ 在一点处不连续的情况下,它的偏导数还是可以存在的.这是由于偏导数仅刻划了函数沿 x 轴或 y 轴方向上的变化率,并不能给出函数在其它方向上的变化情况的缘故.

2.2 高阶偏导数

前面已经指出,二元函数 $z = f(x,y)$ 的两个偏导数 f'_x 和 f'_y 仍是 x,y 的二元函数,因此我们还可以继续讨论它们关于 x 和 y 的偏导数.我们把 f'_x 和 f'_y 的偏导数叫做 $f(x,y)$ 的**二阶偏导数**.显然二元函数的二阶偏导数共有四个,分别记作:

$$\frac{\partial}{\partial x}(f'_x) = \frac{\partial}{\partial x}\left(\frac{\partial f}{\partial x}\right) \triangleq \frac{\partial^2 f}{\partial x^2},\text{简记为 } f''_{xx} \text{ 或 } z''_{xx};$$

$$\frac{\partial}{\partial y}(f'_x) = \frac{\partial}{\partial y}\left(\frac{\partial f}{\partial x}\right) \triangleq \frac{\partial^2 f}{\partial x \partial y},\text{简记为 } f''_{xy} \text{ 或 } z''_{xy};$$

$$\frac{\partial}{\partial x}(f'_y) = \frac{\partial}{\partial x}\left(\frac{\partial f}{\partial y}\right) \triangleq \frac{\partial^2 f}{\partial y \partial x},\text{简记为 } f''_{yx} \text{ 或 } z''_{yx};$$

$$\frac{\partial}{\partial y}(f'_y) = \frac{\partial}{\partial y}\left(\frac{\partial f}{\partial y}\right) \triangleq \frac{\partial^2 f}{\partial y^2},\text{简记为 } f''_{yy} \text{ 或 } z''_{yy}.$$

其中 f''_{xy} 和 f''_{yx} 称为 $f(x,y)$ 的二阶混合偏导数,因为它们包含着对不同自变量的偏导数.

同样,我们还可以定义更高阶的偏导数,例如

$$\frac{\partial}{\partial x}\left(\frac{\partial^2 f}{\partial x^2}\right) \triangleq \frac{\partial^3 f}{\partial x^3}, \quad \frac{\partial}{\partial y}\left(\frac{\partial^2 f}{\partial x^2}\right) \triangleq \frac{\partial^3 f}{\partial x^2 \partial y}$$

等等.

例4 求函数 $z = x^3 + 2x^2y + y^4$ 的二阶偏导数.

解 由

$$\frac{\partial z}{\partial x} = 3x^2 + 4xy, \quad \frac{\partial z}{\partial y} = 2x^2 + 4y^3,$$

有

$$\frac{\partial^2 z}{\partial x^2} = 6x + 4y, \quad \frac{\partial^2 z}{\partial x \partial y} = 4x,$$

$$\frac{\partial^2 z}{\partial y \partial x} = 4x, \quad \frac{\partial^2 z}{\partial y^2} = 12y^2.$$

例5 求函数 $z = x^2 y \mathrm{e}^y$ 的二阶偏导数.

解 由

$$\frac{\partial z}{\partial x} = 2xy\mathrm{e}^y, \quad \frac{\partial z}{\partial y} = x^2(1 + y)\mathrm{e}^y,$$

有

$$\frac{\partial^2 z}{\partial x^2} = 2y\mathrm{e}^y, \quad \frac{\partial^2 z}{\partial x \partial y} = 2x(1 + y)\mathrm{e}^y,$$

$$\frac{\partial^2 z}{\partial y \partial x} = 2x(1 + y)\mathrm{e}^y, \quad \frac{\partial^2 z}{\partial y^2} = x^2(2 + y)\mathrm{e}^y.$$

在上面的两个例子中,都有

$$\frac{\partial^2 z}{\partial x\, \partial y} = \frac{\partial^2 z}{\partial y\, \partial x},$$

这就是说,混合偏导数与求导的先后次序无关,但是这个结论并不是对所有的函数都成立.可以证明:**如果二元函数 $f(x,y)$ 的两个混合偏导数在区域 D 上连续,则它们必然相等**.通常我们所遇到的都是初等函数,它们的各阶偏导数都是连续的,因此它们的混合偏导数总是相等的.

例6 验证函数 $u = \dfrac{1}{\sqrt{x^2 + y^2 + z^2}}$ 满足方程

$$\frac{\partial^2 u}{\partial x^2} + \frac{\partial^2 u}{\partial y^2} + \frac{\partial^2 u}{\partial z^2} = 0.$$

解 由

$$\frac{\partial u}{\partial x} = -(x^2+y^2+z^2)^{-2/2} \cdot \frac{1}{2}(x^2+y^2+z^2)^{-1/2} \cdot (2x)$$

$$= -x(x^2+y^2+z^2)^{-3/2},$$

得到

$$\frac{\partial^2 u}{\partial x^2} = -(x^2+y^2+z^2)^{-3/2} + 3x^2(x^2+y^2+z^2)^{-5/2}.$$

由 x,y,z 的对称性，有

$$\frac{\partial^2 u}{\partial y^2} = -(x^2+y^2+z^2)^{-3/2} + 3y^2(x^2+y^2+z^2)^{-5/2},$$

$$\frac{\partial^2 u}{\partial z^2} = -(x^2+y^2+z^2)^{-3/2} + 3z^2(x^2+y^2+z^2)^{-5/2}.$$

于是有

$$\frac{\partial^2 u}{\partial x^2} + \frac{\partial^2 u}{\partial y^2} + \frac{\partial^2 u}{\partial z^2} = -3(x^2+y^2+z^2)^{-3/2}$$

$$+ (3x^2+3y^2+3z^2)(x^2+y^2+z^2)^{-5/2} = 0.$$

方程

$$\frac{\partial^2 u}{\partial x^2} + \frac{\partial^2 u}{\partial y^2} + \frac{\partial^2 u}{\partial z^2} = 0$$

叫做拉普拉斯(Laplace)方程. 在很多实际问题中都要遇到它. 方程左边可以写成 $\left(\frac{\partial^2}{\partial x^2} + \frac{\partial^2}{\partial y^2} + \frac{\partial^2}{\partial z^2}\right)u$，运算符号 $\frac{\partial^2}{\partial x^2} + \frac{\partial^2}{\partial y^2} + \frac{\partial^2}{\partial z^2}$ 也可以用 Δ 表示，称之为拉普拉斯算子. 于是，方程可以简单地写成

$$\Delta u = 0.$$

2.3 全微分

在一元函数微分学中，我们通过对函数改变量的分解，得到了一元函数微分的概念. 即若存在着一个常数 A，使得函数 $y = f(x)$ 的改变量 Δy 可以表成：

$$\Delta y = A \cdot \Delta x + o(\Delta x) \quad (\Delta x \neq 0, \Delta x \to 0)$$

的形式，则称 $A \cdot \Delta x$ 为 $f(x)$ 在点 x 处的微分，记作 $\mathrm{d}y = A \cdot \Delta x$，其中 $A = f'(x)$，并称函数 $f(x)$ 在点 x 处可微. 类似地，我们来讨论

二元函数在两个自变量都有微小改变时，函数改变量的分解情况.

例如，矩形面积 S 可以用它的长 x 与宽 y 表示出来，即 $S=xy$，显然 S 是 x，y 的一个二元函数. 如果分别给边长 x 与 y 增量为 Δx 与 Δy，则面积 S 就相应地有一个增量

$$\begin{aligned}\Delta S &= (x+\Delta x)(y+\Delta y)-xy\\ &= y\cdot\Delta x+x\cdot\Delta y+\Delta x\cdot\Delta y\end{aligned}$$

于是 ΔS 被分成了两部分：第一部分 $y\cdot\Delta x+x\cdot\Delta y$ 为 $\Delta x,\Delta y$ 的一次式；而第二部分 $\Delta x\cdot\Delta y$ 为 Δx，Δy 的二次式，当 $\Delta x\to 0,\Delta y\to 0$ 时，它是比 $\rho=\sqrt{\Delta x^2+\Delta y^2}$ 更高阶的无穷小. 于是当 $\rho\to 0$ 时，有

$$\Delta S=y\Delta x+x\Delta y+o(\rho).$$

这里，我们把 $y\Delta x+x\Delta y$ 叫做面积 S 的**全微分**，记作 $\mathrm{d}S$，即

$$\mathrm{d}S=y\Delta x+x\Delta y.$$

对于一般的二元函数 $z=f(x,y)$，我们有

定义 设函数 $z=f(x,y)$ 在 $N(P_0)$ 上有定义，给 x_0 一个改变量 Δx、y_0 一个改变量 Δy，使得 $P(x_0+\Delta x,y_0+\Delta y)\in N(P_0)$，函数 $f(x,y)$ 相应地有改变量

$$\Delta z=f(x_0+\Delta x,y_0+\Delta y)-f(x_0,y_0).$$

如果存在着这样的常数 A 和 B，使得

$$\Delta z=A\cdot\Delta x+B\cdot\Delta y+o(\rho)\quad(\rho=\sqrt{\Delta x^2+\Delta y^2},\rho\neq 0,\rho\to 0),$$

那么就称 $A\cdot\Delta x+B\cdot\Delta y$ 为函数 $f(x,y)$ 在点 $P_0(x_0,y_0)$ 处的**全微分**，记作

$$\mathrm{d}f(x_0,y_0)=A\cdot\Delta x+B\cdot\Delta y.$$

并称函数 $z=f(x,y)$ 在点 P_0 处是可微的.

如果函数 $z=f(x,y)$ 在区域 D 内的每一点处都可微，则称 $f(x,y)$ 在区域 D 内可微，记作 $\mathrm{d}f(x,y)$ 或 $\mathrm{d}z$.

下面我们根据全微分与偏导数的定义来讨论函数在一点处可微的必要条件与充分条件.

定理（可微的必要条件） 设函数 $z=f(x,y)$ 在点 $P_0(x_0,y_0)$

处可微，则函数在该点处的两个偏导数存在，并且

$$A = f'_x(x_0,y_0),\quad B = f'_y(x_0,y_0).$$

证明 由函数 $z = f(x,y)$ 在点 P_0 处可微，即对 $\forall\ \Delta x,\Delta y$ 有

$$\Delta z = A\cdot\Delta x + B\cdot\Delta y + o(\rho)\quad (\rho\to 0).$$

令 $\Delta y = 0$，则

$$\Delta z = A\cdot\Delta x + o(\Delta x).$$

上式两边同除以 $\Delta x\quad(\Delta x\neq 0)$ 得到

$$\frac{\Delta z}{\Delta x} = A + \frac{o(\Delta x)}{\Delta x},$$

令 $\Delta x\to 0$，有

$$\lim_{\Delta x\to 0}\frac{\Delta z}{\Delta x} = A,$$

即

$$A = f'_x(x_0,y_0).$$

同理可得

$$B = f'_y(x_0,y_0).$$

根据偏导数的定义，可知函数 $z = f(x,y)$ 在点 P_0 处是可导的. 于是函数 $f(x,y)$ 在点 P_0 处的全微分可以表成

$$\mathrm{d}z = f'_x(x_0,y_0)\Delta x + f'_y(x_0,y_0)\Delta y.$$

定理说明若函数可微，则两个偏导数存在（即可微必可导）；反过来，若两个偏导数在 (x_0,y_0) 点存在，函数在该点不一定可微. 这一点可由2.1中的例3知道，若仅有函数在一点的两个偏导数存在，函数可以在该点不连续，当然更谈不上可微了. 由此可见，对一元函数来说，可微与可导是一回事，而对多元函数来说，偏导数存在并不一定可微，这正是引进全微分的必要性. 因为函数 $f(x,y)$ 的偏导数仅描述了函数在一点处沿着坐标轴的变化率，而全微分是描述了函数沿各个方向的变化状况.

如果对偏导数再加些条件，就可以保证函数是可微的. 我们有下面的定理.

定理（可微的充分条件）　设二元函数 $z=f(x,y)$ 的偏导数 $f'_x(x,y),f'_y(x,y)$ 在 (x_0,y_0) 点及它的某一个邻域内存在，并且在该点连续，则函数在该点可微.

证明　考虑函数的改变量 Δz，我们有：

$$\begin{aligned}\Delta z&=f(x_0+\Delta x,y_0+\Delta y)-f(x_0,y_0)\\&=[f(x_0+\Delta x,y_0+\Delta y)-f(x_0,y_0+\Delta y)]\\&\quad+[f(x_0,y_0+\Delta y)-f(x_0,y_0)].\end{aligned}$$

将上式每个方括号内的式子视为一元函数在两点的函数值之差，由拉格朗日中值定理，有

$$\Delta z=f'_x(x_0+\theta_1\Delta x,y_0+\Delta y)\Delta x+f'_y(x_0,y_0+\theta_2\Delta y)\Delta y,$$

其中 $0<\theta_1<1,0<\theta_2<1$. 由假设 $f'_x(x,y)$ 和 $f'_y(x,y)$ 在点 (x_0,y_0) 处连续，所以有

$$f'_x(x_0+\theta_1\Delta x,y_0+\Delta y)=f'_x(x_0,y_0)+\alpha_1,$$
$$f'_y(x_0,y_0+\theta_2\Delta y)=f'_y(x_0,y_0)+\alpha_2,$$

其中当 $\rho\to 0$ 时，$\alpha_1\to 0$，　$\alpha_2\to 0$，并且 $\alpha_1\dfrac{\Delta x}{\sqrt{\Delta x^2+\Delta y^2}}\to 0$，$\alpha_2\dfrac{\Delta y}{\sqrt{\Delta x^2+\Delta y^2}}\to 0$. 于是，我们得到：

$$\Delta z=f'_x(x_0,y_0)\Delta x+f'_y(x_0,y_0)\Delta y+\alpha_1\Delta x+\alpha_2\Delta y,$$

且有

$$\frac{\alpha_1\Delta x+\alpha_2\Delta y}{\sqrt{\Delta x^2+\Delta y^3}}=\alpha_1\frac{\Delta x}{\sqrt{\Delta x^2+\Delta y^2}}+\alpha_2\frac{\Delta y}{\sqrt{\Delta x^2+\Delta y^2}}\to 0$$
$$(\rho\to 0).$$

即

$$\alpha_1\Delta x+\alpha_2\Delta y=o(\rho).$$

这样我们就证明了：

$$\begin{aligned}\Delta z&=f'_x(x_0,y_0)\Delta x+f'_y(x_0,y_0)\Delta y+o(\rho)\\&=\mathrm{d}z+o(\rho).\end{aligned}$$

即函数 $z=f(x,y)$ 在 (x_0,y_0) 可微.

注意,上述定理给出的仅是可微的充分条件,并非必要条件.例如下面的函数:

$$f(x,y)=\begin{cases}(x^2+y^2)\sin\dfrac{1}{x^2+y^2} & (x^2+y^2\neq 0),\\ 0 & (x^2+y^2=0).\end{cases}$$

在(0,0)是可微的.虽然 $f'_x(x,y)$ 和 $f'_y(x,y)$ 都存在,但都不连续正说明了这一点.

下面我们考虑函数 $z=x$ 的全微分,由于它有连续的偏导数:

$$\frac{\partial z}{\partial x}=1,\quad \frac{\partial z}{\partial y}=0.$$

由定理可知,$z=x$ 是可微的,且有

$$dz=dx=1\cdot\Delta x+0\cdot\Delta y=\Delta x.$$

为了使上式对 x 是自变量时也有意义,我们规定:自变量 x 的微分就等于它的改变量,即

$$dx\triangleq\Delta x$$

同样地,有

$$dy\triangleq\Delta y.$$

于是,二元函数的全 微分就可以写成:

$$dz=\frac{\partial f}{\partial x}dx+\frac{\partial f}{\partial y}dy.$$

我们把上式的第一项$\frac{\partial f}{\partial x}dx$ 和第二项$\frac{\partial f}{\partial y}dy$ 分别称为函数在点 (x,y) 处对 x 和 y 的偏微分.于是,全微分 dz 就是这两个偏微分之和.

上述的两个定理把判断函数在一点是否可微与求微分的问题都归结为求偏导数和验证偏导数是否连续的问题了.

例7 求函数 $z=x^2+4xy^2+y^2$的全微分.

解 $\frac{\partial z}{\partial x}=2x+4y^2,\quad \frac{\partial z}{\partial y}=8xy+2y.$

容易看出它们在全平面上是连续的.由定理可知,函数 z 在全平面

可微,且

$$dz = (2x + 4y^2)dx + (8xy + 2y)dy.$$

二元函数的全微分具有与一元函数的微分相似的特征,即 $\Delta z - dz = o(\rho)$是一个比 ρ 高阶的无穷小量,因而我们有近似公式

$$\Delta z \doteq dz$$

即

$$\Delta z \doteq f'_x(x_0, y_0)\Delta x + f'_y(x_0, y_0)\Delta y,$$

或

$$f(x, y) \doteq f(x_0, y_0) + f'_x(x_0, y_0)\Delta x + f'_y(x_0, y_0)\Delta y.$$

可见,二元函数在近似计算上与一元函数的作用也是一样的,这里我们不多讨论了.

§3 复合函数与隐函数的微分法则

求函数的偏导数或全微分统称为多元函数的微分法. 在上一节里我们讨论了显函数的微分法,本节将讨论复合函数与隐函数的微分法,它们都是微分法在函数关系方面的推广.

3.1 复合函数的微分法

设函数 $z = f(u, v)$通过中间变量 $u = u(x, y)$, $v = v(x, y)$复合后得到

$$z = f[u(x, y), v(x, y)],$$

它是 x, y 的二元函数,如何求$\frac{\partial z}{\partial x}$与$\frac{\partial z}{\partial y}$呢?

定理(链锁法则) 设函数 $u = u(x, y)$, $v = v(x, y)$在点(x, y)处可导,且在对应于(x, y)的点(u, v)处,函数 $z = f(u, v)$可微,则复合函数 $f[u(x, y), v(x, y)]$在点(x, y)处也可导,且

$$\frac{\partial z}{\partial x} = \frac{\partial f}{\partial u}\frac{\partial u}{\partial x} + \frac{\partial f}{\partial v}\frac{\partial v}{\partial x},$$

$$\frac{\partial z}{\partial y}=\frac{\partial f}{\partial u}\frac{\partial u}{\partial y}+\frac{\partial f}{\partial v}\frac{\partial v}{\partial y}.$$

证明 将 y 固定，给自变量 x 一个改变量 Δx，于是函数 $u=u(x,y)$，$v=v(x,y)$就有相应的改变量 $\Delta u,\Delta v$，从而函数 $z=f(u,v)$有相应的改变量 Δz，由于 $f(u,v)$是可微的，所以

$$\Delta z=\frac{\partial f}{\partial u}\Delta u+\frac{\partial f}{\partial v}\Delta v+o(\rho),$$

其中 $\rho=\sqrt{\Delta u^2+\Delta v^2}$.

用 Δx 去除上式的两边，便得到

$$\begin{aligned}\frac{\Delta z}{\Delta x}&=\frac{\partial f}{\partial u}\frac{\Delta u}{\Delta x}+\frac{\partial f}{\partial v}\frac{\Delta v}{\Delta x}+\frac{o(\rho)}{\Delta x}\\&=\frac{\partial f}{\partial u}\frac{\Delta u}{\Delta x}+\frac{\partial f}{\partial v}\frac{\Delta v}{\Delta x}+\frac{o(\rho)}{\rho}\sqrt{\left(\frac{\Delta u}{\Delta x}\right)^2+\left(\frac{\Delta v}{\Delta x}\right)^2}.\end{aligned}$$

当 $\Delta x\to 0$时，对上式的两边取极限，由定理的条件可得到公式

$$\frac{\partial z}{\partial x}=\frac{\partial f}{\partial u}\frac{\partial u}{\partial x}+\frac{\partial f}{\partial v}\frac{\partial v}{\partial x}.$$

同理可证

$$\frac{\partial z}{\partial y}=\frac{\partial f}{\partial u}\frac{\partial u}{\partial y}+\frac{\partial f}{\partial v}\frac{\partial v}{\partial y}.$$

例1 设 $z=e^u\sin v$，$u=x^2+y^2$，$v=xy$，求$\frac{\partial z}{\partial x}$，$\frac{\partial z}{\partial y}$.

解

$$\frac{\partial u}{\partial x}=2x,\ \frac{\partial u}{\partial y}=2y;\ \frac{\partial v}{\partial x}=y,\ \frac{\partial v}{\partial y}=x;$$

$$\frac{\partial f}{\partial u}=e^u\sin v,\quad \frac{\partial f}{\partial v}=e^u\cos v.$$

于是

$$\begin{aligned}\frac{\partial z}{\partial x}&=\frac{\partial f}{\partial u}\frac{\partial u}{\partial x}+\frac{\partial f}{\partial v}\frac{\partial v}{\partial x}\\&=(e^u\sin v)2x+(e^u\cos v)y\\&=e^u(2x\sin v+y\cos v).\end{aligned}$$

类似地，有

$$\frac{\partial z}{\partial y} = e^u(2y\sin v + x\cos v).$$

与一元复合求导法则类似，上述链锁法则也可以推广到多次复合的情形，这里我们不再作详细的讨论了. 而对于中间变量或自变量多于两个的情形也有类似结果.

例2 设 $z=f(u,v,w)$，$u=x^2+y^2$，$v=x^2-y^2$，$w=2xy$，求$\frac{\partial z}{\partial x}$.

解

$$\frac{\partial u}{\partial x} = 2x,\quad \frac{\partial v}{\partial x} = 2x,\quad \frac{\partial w}{\partial x} = 2y;$$

$$\frac{\partial f}{\partial u} \triangleq f'_1,\quad \frac{\partial f}{\partial v} \triangleq f'_2,\quad \frac{\partial f}{\partial w} \triangleq f'_3.$$

记号 f'_1，f'_2和 f'_3分别表示对第一、二和第三个中间变量求偏导数. 因为函数 f 的具体表达式没有给出，所以结果也只能写到这里. 于是

$$\begin{aligned}\frac{\partial z}{\partial x} &= \frac{\partial f}{\partial u}\frac{\partial u}{\partial x} + \frac{\partial f}{\partial v}\frac{\partial v}{\partial x} + \frac{\partial f}{\partial w}\frac{\partial w}{\partial x} \\ &= f'_1\cdot 2x + f'_2\cdot 2x + f'_3\cdot 2y \\ &= 2(xf'_1 + xf'_2 + yf'_3).\end{aligned}$$

特别地，若 $z=f(u,v)$，而 $u=u(x)$，$v=v(x)$，则复合函数

$$z = f[u(x),v(x)]$$

是 x 的一元函数. 这时，我们称 z 对 x 的导数

$$\frac{dz}{dx} = \frac{\partial f}{\partial u}\frac{du}{dx} + \frac{\partial f}{\partial v}\frac{dv}{dx}$$

为二元函数 $f(u,v)$对 x 的**全导数**(或**全微商**).

例3 设 $z=u^2-v^2$，$u=\sin x$，$v=\cos x$，求$\frac{dz}{dx}$.

解

$$\frac{\partial f}{\partial u} = 2u,\quad \frac{\partial f}{\partial v} = -2v;$$

$$\frac{\mathrm{d}u}{\mathrm{d}x}=\cos x,\quad \frac{\mathrm{d}v}{\mathrm{d}x}=-\sin x.$$

于是

$$\begin{aligned}\frac{\mathrm{d}z}{\mathrm{d}x}&=\frac{\partial f}{\partial u}\frac{\mathrm{d}u}{\mathrm{d}x}+\frac{\partial f}{\partial v}\frac{\mathrm{d}v}{\mathrm{d}x}\\&=2u\cos x+2v\sin x\\&=2\sin x\cos x+2\cos x\sin x\\&=2\sin 2x.\end{aligned}$$

3.2 一阶全微分形式的不变性

给定二元函数 $z=f(u,v)$，当 u,v 为自变量时，函数的全微分式为

$$\mathrm{d}z=\frac{\partial f}{\partial u}\mathrm{d}u+\frac{\partial f}{\partial v}\mathrm{d}v.$$

而当 u,v 是 x,y 的函数

$$\begin{cases}u=u(x,y),\\v=v(x,y)\end{cases}$$

时，复合后得到 x,y 的二元函数

$$z=f[u(x,y),v(x,y)],$$

它的全微分是

$$\mathrm{d}z=\frac{\partial z}{\partial x}\mathrm{d}x+\frac{\partial z}{\partial y}\mathrm{d}y.$$

由链锁法则

$$\begin{cases}\dfrac{\partial z}{\partial x}=\dfrac{\partial f}{\partial u}\dfrac{\partial u}{\partial x}+\dfrac{\partial f}{\partial v}\dfrac{\partial v}{\partial x},\\[2ex]\dfrac{\partial z}{\partial y}=\dfrac{\partial f}{\partial u}\dfrac{\partial u}{\partial y}+\dfrac{\partial f}{\partial v}\dfrac{\partial v}{\partial y}.\end{cases}$$

把它们代入 $\mathrm{d}z$ 的表达式中，并合并同类项得到

$$\mathrm{d}z=\frac{\partial f}{\partial u}\left(\frac{\partial u}{\partial x}\mathrm{d}x+\frac{\partial u}{\partial y}\mathrm{d}y\right)+\frac{\partial f}{\partial v}\left(\frac{\partial v}{\partial x}\mathrm{d}x+\frac{\partial v}{\partial y}\mathrm{d}y\right).$$

不难看出，上式中的 $\frac{\partial u}{\partial x}\mathrm{d}x+\frac{\partial u}{\partial y}\mathrm{d}y$ 与 $\frac{\partial v}{\partial x}\mathrm{d}x+\frac{\partial v}{\partial y}\mathrm{d}y$ 正是函数 $u=u(x,y)$ 与 $v=v(x,y)$ 的全微分. 因此有

$$\mathrm{d}z=\frac{\partial f}{\partial u}\mathrm{d}u+\frac{\partial f}{\partial v}\mathrm{d}v.$$

根据上面的讨论，我们可以看出，不论 u,v 是自变量还是中间变量，它们的全微分都具有相同的形式，我们称这个性质为**一阶全微分形式的不变性**.

我们知道，当 u,v 是自变量时，有

$$\mathrm{d}(u\pm v)=\mathrm{d}u\pm\mathrm{d}v,$$

$$\mathrm{d}(u\cdot v)=v\mathrm{d}u+u\mathrm{d}v,$$

$$\mathrm{d}\left(\frac{u}{v}\right)=\frac{v\mathrm{d}u-u\mathrm{d}v}{v^2}.$$

由一阶全微分形式的不变性可知，当 u,v 为中间变量时，上式仍然成立. 此外，当 f 仅为 u 的一元函数时，即

$$z=f(u),\quad u=u(x,y).$$

可以得到

$$\mathrm{d}z=\mathrm{d}(f[u(x,y)])=f'_u([u(x,y)])\mathrm{d}u$$

这样连同上面的微分四则运算法则，就可以通过微分来求偏导数(或全导数).

例4 设 $z=\operatorname{arc\,tg}\frac{y}{x}$，求 $\frac{\partial z}{\partial x},\frac{\partial z}{\partial y}$.

解

$$\mathrm{d}z=\mathrm{d}\left(\operatorname{arc\,tg}\frac{y}{x}\right)=\frac{1}{1+\left(\frac{y}{x}\right)^2}\mathrm{d}\left(\frac{y}{x}\right)$$

$$=\frac{x^2}{x^2+y^2}\frac{x\mathrm{d}y-y\mathrm{d}x}{x^2}$$

$$=\frac{x}{x^2+y^2}\mathrm{d}y-\frac{y}{x^2+y^2}\mathrm{d}x.$$

所以

$$\frac{\partial z}{\partial x}=-\frac{y}{x^2+y^2},\quad \frac{\partial z}{\partial y}=\frac{x}{x^2+y^2}.$$

例5 设 $u=f(xy,yz,zx)$ 求 $\frac{\partial u}{\partial x}$, $\frac{\partial u}{\partial y}$, $\frac{\partial u}{\partial z}$.

解

$$\begin{aligned}
du &= d(f(xy,yz,zx)) \\
&= f_1'd(xy)+f_2'd(yz)+f_3'd(zx) \\
&= f_1'(ydx+xdy)+f_2'(zdy+ydz)+f_3'(xdz+zdx) \\
&= (yf_1'+zf_3')dx+(xf_1'+zf_2')dy+(yf_2'+xf_3')dz
\end{aligned}$$

所以

$$\frac{\partial u}{\partial x}=yf_1'+zf_3',\quad \frac{\partial u}{\partial y}=xf_1'+zf_2',$$

$$\frac{\partial u}{\partial z}=yf_2'+xf_3'.$$

3.3 隐函数的微分法

在一元微分学中，我们可以利用复合函数求导法则求出由方程 $F(x,y)=0$ 所确定的隐函数 $y=f(x)$ 的导数 $\frac{dy}{dx}$. 下面我们利用二元复合函数的求导法则导出它的一般公式.

将函数 $y=f(x)$ 代回到原方程，得到

$$F(x,f(x))\equiv 0.$$

有

$$\frac{\partial F}{\partial x}+\frac{\partial F}{\partial y}\frac{dy}{dx}=0,$$

于是，当 $\frac{\partial F}{\partial y}\neq 0$ 时，便得到公式

$$\frac{dy}{dx}=-\frac{\frac{\partial F}{\partial x}}{\frac{\partial F}{\partial y}}\triangleq -\frac{F_x'}{F_y'}.$$

例6 求由方程 $xy+2^x-y^3=10$ 所确定的隐函数 $y=f(x)$ 的导

数$\frac{\mathrm{d}y}{\mathrm{d}x}$.

解 设$F(x,y)=xy+2^x-y^3-10$. 我们有

$$F'_x=y+2^x\ln 2,\quad F'_y=x-3y^2,$$

所以

$$\frac{\mathrm{d}y}{\mathrm{d}x}=-\frac{F'_x}{F'_y}=\frac{y+2^x\ln 2}{3y^2-x}.$$

对于由方程$F(x,y,z)=0$所确定的隐函数$z=f(x,y)$,如果$\frac{\partial F}{\partial z}\neq 0$,则由

$$F(x,y,f(x,y))\equiv 0$$

分别有

$$\frac{\partial F}{\partial x}+\frac{\partial F}{\partial z}\frac{\partial z}{\partial x}=0,\quad \frac{\partial F}{\partial y}+\frac{\partial F}{\partial z}\frac{\partial z}{\partial y}=0$$

得到公式

$$\frac{\partial z}{\partial x}=-\frac{F'_x}{F'_z},\quad \frac{\partial z}{\partial y}=-\frac{F'_y}{F'_z}.$$

例7 求由方程$x^2+y^2+z^2=2z$所确定的隐函数$z=f(x,y)$的偏导数$\frac{\partial z}{\partial x}$与$\frac{\partial z}{\partial y}$.

解 设$F(x,y,z)=x^2+y^2+z^2-2z$. 我们有

$$F'_x=2x,\quad F'_y=2y,\quad F'_z=2z-2,$$

所以

$$\frac{\partial z}{\partial x}=-\frac{F'_x}{F'_z}=\frac{x}{1-z},\quad \frac{\partial z}{\partial y}=-\frac{F'_y}{F'_z}=\frac{y}{1-z}.$$

例8 在方程$F(x,y,z)=0$中,任一变量都可以看作是其它两个变量的函数,试证明

$$\frac{\partial z}{\partial x}\cdot\frac{\partial x}{\partial y}\cdot\frac{\partial y}{\partial z}=-1.$$

证明 由隐函数的求导法则,有

$$\frac{\partial z}{\partial x}=-\frac{F'_x}{F'_z},\quad \frac{\partial x}{\partial y}=-\frac{F'_y}{F'_x},\quad \frac{\partial y}{\partial z}=-\frac{F'_z}{F'_y}.$$

于是

$$\frac{\partial z}{\partial x}\cdot\frac{\partial x}{\partial y}\cdot\frac{\partial y}{\partial z}=\left(-\frac{F'_x}{F'_z}\right)\left(-\frac{F'_y}{F'_x}\right)\left(-\frac{F'_z}{F'_y}\right)=-1.$$

这个例子表明，二元函数的偏导数记号$\frac{\partial z}{\partial x}$是表示一个整体的记号，不能看成一个分式，否则从上例中就会得到$1=-1$这样的荒谬的结果.

§4 多元函数的极值

在实际问题中我们经常遇到求多元函数的最大(小)值的问题. 与一元函数类似，求多元函数在闭区域上的最大(小)值，我们也是先设法求出区域内部的所有极值. 为此，我们需要研究多元函数的极值.

4.1 通常极值

定义 设函数 $z=f(x,y)$ 在 $N(P_0)$ 上有定义，若对于 $\forall P(x,y)\in N(\overline{P}_0)$ 都有

$$f(x_0,y_0)>f(x,y)\quad (f(x_0,y_0)<f(x,y))$$

则称函数 $f(x,y)$ 在点 $P_0(x_0,y_0)$ 处取得极大(小)值，并称点 $P_0(x_0,y_0)$ 为极值点.

例如，函数 $z=\sqrt{4-x^2-y^2}$ 在点$(0,0)$处的值为2，而在$(0,0)$点附近的值都小于2，因此函数$\sqrt{4-x^2-y^2}$在点$(0,0)$处取得极大值. 又如函数 $z=\sqrt{x^2+y^2}$ 在点$(0,0)$处的值为0，而在$(0,0)$点附近的值都大于0，因此函数$\sqrt{x^2+y^2}$在点$(0,0)$处取得极小值.

下面我们利用偏导数来研究二元函数极值问题. 与一元函数类似，分别给出可微函数在一点取得极值的必要条件和充分条件.

定理(可微函数取得极值的必要条件)　设可微函数 $z=f(x,y)$ 在点(x_0,y_0)处取得极值，则在该点处函数 $z=f(x,y)$ 的偏导数都

为0,即

$$f'_x(x_0,y_0)=0,\quad f'_y(x_0,y_0)=0.$$

证明 不妨假设函数 $z=f(x,y)$ 在点 (x_0,y_0) 处取得极大值. 根据定义,在 (x_0,y_0) 的某个邻域内均有

$$f(x,y)<f(x_0,y_0).$$

在此邻域内当固定 $y=y_0$,而 $x\neq x_0$ 时,总有 $f(x,y_0)<f(x_0,y_0)$. 这就是说一元函数 $f(x,y_0)$ 在点 $x=x_0$ 处取得极大值. 于是根据一元函数的极值定理,我们有

$$f'_x(x_0,y_0)=0.$$

同样地,固定 $x=x_0$,而 $y\neq y_0$. 一元函数 $f(x_0,y)$ 在点 $y=y_0$ 处取得极大值,于是

$$f'_y(x_0,y_0)=0.$$

同一元函数类似,我们把同时满足 $f'_x(x,y)=0$,和 $f'_y(x,y)=0$ 的点 (x_0,y_0) 称为函数 $f(x,y)$ 的**驻点**(也称为**稳定点**). 定理告诉我们可微函数的极值点必是驻点,但驻点不一定是极值点. 例如,函数 $z=xy$ 在点(0,0)处有 $f'_x(0,0)=0$, $f'_y(0,0)=0$,所以(0,0)点是它的一个驻点,但是在(0,0)点的任意小的邻域内总有函数值大于0和小于0的点同时存在,因此(0,0)点不是函数 $z=xy$ 的极值点.

定理(可微函数取得极值的充分条件) 设函数 $z=f(x,y)$ 在定义域内有一驻点 (x_0,y_0),且函数在该点有二阶连续偏导数. 记 $f''_{xx}(x_0,y_0)=A$, $f''_{xy}(x_0,y_0)=B$, $f''_{yy}(x_0,y_0)=C$.

(1) 当 $AC-B^2>0$ 时,函数在点 (x_0,y_0) 处达到极值;并且当 $A>0$ 时,取得极小值;当 $A<0$ 时,取得极大值.

(2) 当 $AC-B^2<0$ 时,函数在点 (x_0,y_0) 处不取得极值.

(3) 当 $AC-B^2=0$ 时,情况是不定的,即可能函数在点 (x_0,y_0) 处取得极值,也可能不取得极值.

定理证明从略.

例1 求函数 $z=x^3+y^3-3xy$ 的极值.

解 由方程组

$$\begin{cases} f'_x = 3x^2 - 3y = 0, \\ f'_y = 3y^2 - 3x = 0 \end{cases}$$

得到

$$\begin{cases} x_1 = 0, \\ y_1 = 0; \end{cases} \quad 及 \quad \begin{cases} x_2 = 1, \\ y_2 = 1. \end{cases}$$

再由

$$f''_{xx} = 6x, \quad f''_{xy} = -3, \quad f''_{yy} = 6y$$

可知：

在点(0,0)处，$A=C=0, B=-3, AC-B^2=-9<0$，所以(0,0)点不是函数的极值点.

在点(1,1)处，$A=C=6, B=-3, AC-B^2=27>0$，并且 $A>0$，所以函数 $z=x^3+y^3-3xy$ 在(1,1)点取得极小值，极小值为

$$z|_{(1,1)} = 1^3 + 1^3 - 3 \times 1 \times 1 = -1.$$

下面我们讨论二元函数的最大(小)值问题. 同一元函数一样，二元函数的最大(小)值与极值是有区别的. 但在解决实际问题时，如果能够从问题的实际意义判断出函数在闭区域内部达到最大(小)值，则这个最大(小)值也就是极大(小)值. 这时如果函数在区域内部只有唯一的一个驻点，那么这个点一定会使所求函数达到最大(小)值，而不必进行检验.

例2 欲造一个容积为4m^3的无盖长方盒，问如何设计才能使所用的材料最少？

解 设长方盒的长为 x，宽为 y，高为 h，表面积为 S. 由题设可知 $h=\dfrac{4}{xy}$，因此

$$\begin{aligned} S &= xy + \frac{4}{xy}(2x + 2y) \\ &= xy + 8\left(\frac{1}{x} + \frac{1}{y}\right) \quad (x > 0, y > 0). \end{aligned}$$

由

$$\begin{cases} S'_x = y - \dfrac{8}{x^2} = 0, \\ S'_y = x - \dfrac{8}{y^2} = 0, \end{cases}$$

得到

$$\begin{cases} x = 2, \\ y = 2. \end{cases}$$

可见这是函数 S 在定义域内唯一的一个驻点. 根据问题的实际意义我们可以判定它有最小值,所以(2,2)是使 S 达到最小值的点. 此时 $h=\dfrac{4}{2\times 2}=1$. 这说明当无盖长方盒的高为1m,底边长和宽都为2m 时,所用的材料最小.

4.2 条件极值

在上面讨论的极值问题中,对自变量没有任何约束,它可以在定义域上自由地变化,这种极值问题我们称为**通常极值**. 但在实际中我们所遇到的极值问题,其自变量的变化常常受到一些附加条件的约束. 例如,求函数

$$z = \sqrt{1 - x^2 - y^2}$$

当 $y=\dfrac{1}{2}$时的极值. 容易求出$\left(0,\dfrac{1}{2}\right)$是它的极大值点,极大值为$\sqrt{3}/2$. 显然它与函数 $z=\sqrt{1-x^2-y^2}$的通常极值是不同的.

一般来说,给自变量一些约束条件,使得自变量不能在定义域上自由地变化,而只能在定义域的某一个范围内变化,我们把这种极值问题称为**条件极值**. 下面讨论自变量在等式约束条件下求极值的方法.

为了简便起见,我们仅讨论二元函数 $z=f(x,y)$在约束条件 $\varphi(x,y)=0$下的极值. 这里我们假定函数 $f(x,y)$与 $\varphi(x,y)$在所考虑的范围内都有连续的偏导数.

一种很自然的想法是:当约束条件比较简单时,如果我们能从

条件 $\varphi(x,y)=0$中解出 $y=y(x)$，那么将它代入函数 $z=f(x,y)$中，便得到一个一元函数

$$z = f(x,y(x)).$$

这样一来，就把二元函数条件极值问题转化为一元函数的通常极值问题了. 但是在很多情况下，这种转化是有困难的，这是因为从约束条件中解出某个变量往往非常麻烦，有时甚至是不能的. 下面我们介绍另一种求条件极值的方法——**拉格朗日乘数法**. 利用这种方法求极值时，不必从条件中解出变量，有时比较方便.

设方程 $\varphi(x,y)=0$所确定的隐函数为 $y=y(x)$，将 $y(x)$代入到 $f(x,y)$中，便得到一元函数

$$z = f(x,y(x)).$$

z 对 x 的全导数为

$$\frac{\mathrm{d}z}{\mathrm{d}x} = \frac{\partial f}{\partial x} + \frac{\partial f}{\partial y}\frac{\mathrm{d}y}{\mathrm{d}x},$$

根据一元函数极值存在的必要条件可知，在极点处有

$$\frac{\partial f}{\partial x} + \frac{\partial f}{\partial y}\frac{\mathrm{d}y}{\mathrm{d}x} = 0. \tag{1}$$

利用隐函数的导数公式，$\frac{\mathrm{d}y}{\mathrm{d}x}$可由 $\varphi(x,y)=0$导出：

$$\frac{\mathrm{d}y}{\mathrm{d}x} = -\frac{\dfrac{\partial \varphi}{\partial x}}{\dfrac{\partial \varphi}{\partial y}}. \tag{2}$$

将(2)代入到(1)式，得到

$$\frac{\dfrac{\partial f}{\partial x}}{\dfrac{\partial \varphi}{\partial x}} = \frac{\dfrac{\partial f}{\partial y}}{\dfrac{\partial \varphi}{\partial y}},$$

简记为

$$\frac{f'_x}{\varphi'_x} = \frac{f'_y}{\varphi'_y}.$$

令这个比值为 λ,得到

$$f'_x - \lambda\varphi'_x = 0, \quad f'_y - \lambda\varphi'_y = 0.$$

这样一来,我们就可以得到一个含有 x,y,λ 的三元方程组

$$\begin{cases} f'_x - \lambda\varphi'_x = 0, \\ f'_y - \lambda\varphi'_y = 0, \\ \varphi(x,y) = 0. \end{cases} \tag{3}$$

从这个方程组解出 x,y,λ,其中(x,y)即为可能的极值点.

为了从函数 $z=f(x,y)$和条件 $\varphi(x,y)=0$直接导出方程组(3),我们可以构造这样的一个辅助函数

$$F(x,y) = f(x,y) - \lambda\varphi(x,y),$$

其中 λ 为待定常数. 将 $F(x,y)$分别对 x,y 求偏导数,并令其为0,再加上给出的约束条件 $\varphi(x,y)=0$,便得到方程组(3).

需要指出的是:方程组(3)是二元函数 $z=f(x,y)$在约束条件 $\varphi(x,y)=0$下取得极值的必要条件. 至于求得的驻点是否为极值点需要作进一步的讨论. 但在实际问题中,我们可以根据问题本身的实际意义作出判断.

例3 求函数 $z=\sqrt{1-x^2-y^2}$在 $y-\dfrac{1}{2}=0$之下的极值.

解 设 $F(x,y)=\sqrt{1-x^2-y^2}-\lambda\left(y-\dfrac{1}{2}\right)$,有

$$F'_x = \frac{-x}{\sqrt{1-x^2-y^2}}, \quad F'_y = \frac{-y}{\sqrt{1-x^2-y^2}} - \lambda.$$

令 $F'_x=0, F'_y=0$得到

$$\begin{cases} \dfrac{-x}{\sqrt{1-x^2-y^2}} = 0, \\ \dfrac{-y}{\sqrt{1-x^2-y^2}} - \lambda = 0, \\ y - \dfrac{1}{2} = 0. \end{cases}$$

解得

$$x = 0, \quad y = \frac{1}{2}, \quad \lambda = -\frac{\sqrt{3}}{3}.$$

可知$\left(0, \frac{1}{2}\right)$是极大值点，极大值为$\sqrt{3}/2$.

拉格朗日乘数法可以推广到一般的情形：求 n 元函数

$$u = f(x_1, x_2, \cdots, x_n)$$

在 m 个约束条件

$$\varphi_i(x_1, x_2, \cdots, x_n) = 0 \quad (i = 1, 2, \cdots, m; m \leqslant n)$$

下可能的极值点. 先作辅助函数

$$F(x_1, x_2, \cdots, x_n) = f(x_1, x_2, \cdots, x_n) - \sum_{i=1}^{m} \lambda_i \varphi_i(x_1, x_2, \cdots, x_n),$$

其中 $\lambda_i (i=1,2,\cdots,m)$为待定常数. 然后将 $F(x_1, x_2, \cdots, x_n)$分别对 $x_j (j=1,2,\cdots,n)$求偏导数，并令其为0，再加上 m 个条件方程，便得到一个 $m+n$ 元的方程组

$$\begin{cases} f'_{x_j} - \sum_{i=1}^{m} \lambda_i (\varphi_i)'_{x_j} = 0 \quad (j = 1, 2, \cdots, n), \\ \varphi_i(x_1, x_2, \cdots, x_n) = 0 \quad (i = 1, 2, \cdots, m), \end{cases}$$

从中解出 $m+n$ 个未知数 $\lambda_1, \lambda_2, \cdots, \lambda_m; x_1, x_2, \cdots, x_n$. 从而得到可能极值点的坐标.

例4 用拉格朗日乘数法解例2.

解 设盒的长为 x，宽为 y，高为 z，表面积为 S. 问题化成求函数 $S = xy + 2(x+y)z$ 在条件 $xyz = 4$之下的极值.

设 $F(x, y, z) = xy + 2(x+y)z - \lambda(xyz - 4)$，有

$$F'_x = y + 2z - \lambda yz, \quad F'_y = x + 2z - \lambda xz,$$
$$F'_z = 2(x + y) - \lambda xy.$$

令 $F'_x = F'_y = F'_z = 0$，得到

$$\begin{cases} y + 2z - \lambda yz = 0, \\ x + 2z - \lambda xz = 0, \\ 2x + 2y - \lambda xy = 0, \\ xyz - 4 = 0. \end{cases}$$

解得

$$x=2,\quad y=2,\quad z=1,\quad \lambda=2.$$

由该问题本身可以看出在体积一定的条件下，表面积最小的长方体是存在的，又由于(2,2,1)是函数 S 在定义域内唯一的一个驻点，因此(2,2,1)是使 S 达到最小的点. 这就是说，当无盖长方盒的长和宽都为2m，高为1m 时，所用材料最少.

§5　二重积分的概念与性质

由于定积分所研究的对象是一元函数，并且积分是在一个闭区间上进行的，这样对定积分所能解决问题的范围给了很大的限制. 例如我们利用定积分无法计算出一般的曲面所围成的立体的体积以及非均匀密度的薄板的质量等等. 为了解决这样一些实际问题，我们有必要把定积分的基本思想加以推广，从而建立多重积分的概念. 本书只讨论二重积分.

5.1　二重积分的概念

为了引入二重积分的概念，我们先看下面两个例子.

例1　求曲顶柱体的体积.

设 D 是由 xOy 平面上的连续闭曲线 C 所围成的区域，曲面 S 是定义在 D 上的正的二元连续函数 $z=f(x,y)$ 的图形，我们把由曲面 S，xOy 平面及以曲线 C 为准线，母线垂直于 xOy 平面的柱面所围成的立体称为以区域 D 为底的曲顶柱体(见图4-5).

求曲顶柱体的体积 V 与求曲边梯形面积的作法相仿：先在局部上“以直代曲”找到曲顶柱体体积的近似值；然后把这些值相加，就得到整个曲顶柱体体积的一个近似值；最后通过取极限，由近似值得到曲顶柱体体积的精确值. 具体作法如下.

(1) 分割. 用有限条曲线把区域 D 分成 n 个小区域，

$$\Delta\sigma_1,\Delta\sigma_2,\cdots,\Delta\sigma_n,$$

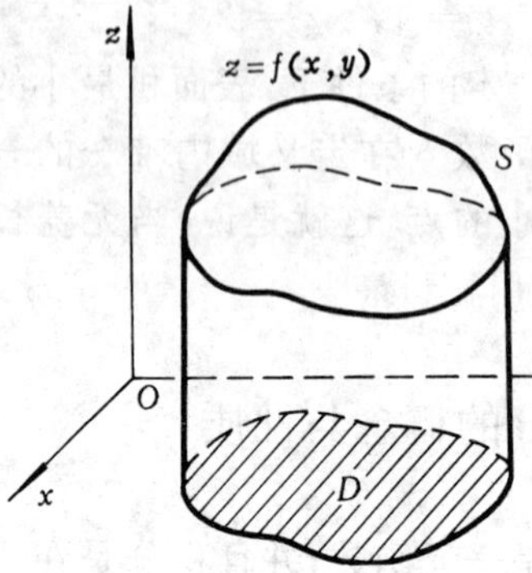

图 4-5

同时也用 $\Delta\sigma_i(i=1,2,\cdots,n)$表示第 i 个小区域的面积. 相应地,此曲顶柱体被分为 n 个小曲顶柱体;

(2) 代替. 在每个小区域上都任取一点: (x_1,y_1), (x_2,y_2), $\cdots$, (x_n,y_n). 用高为 $f(x_i,y_i)$,底为 $\Delta\sigma_i$ 的平顶柱体的体积 $f(x_i,y_i)\Delta\sigma_i$ 来作为第 i 个小曲顶柱体体积的近似值;

(3) 求和. 这 n 个平顶柱体体积之和:

$$\sum_{i=1}^{n} f(x_i,y_i)\Delta\sigma_i$$

就是曲顶柱体体积的一个近似值;

(4) 取极限. 当 n 无限增大,而这 n 个小区域中的最大直径①趋向于0时(记为 $\|\Delta\sigma\|\to 0$),即当这每一个小区域都趋向于一点时,上述和式的极限就是曲顶柱体的体积 V,即

$$V=\lim_{\|\Delta\sigma\|\to 0}\sum_{i=1}^{n} f(x_i,y_i)\Delta\sigma_i.$$

以上我们用定积分的基本思想解决了求曲顶柱体体积的问题. 下面用同样的方法,求面密度不均匀的薄板的质量.

例2 求非均匀密度的薄板的质量.

设薄板在 xOy 平面上占有区域 D,该薄板在点 (x,y) 处的面密

① 一个闭区域的直径是指这个区域上任意两点的距离的最大者,设 d_i 表示 $\Delta\sigma_i(i=1,2,\cdots,n)$的直径,$d$ 是其中最大者,我们用记号 $\|\Delta\sigma\|\to 0$ 来表示 $d\to 0$,它表示各个小区域从各方面无限缩小趋向于一点的意思.

度是 $\rho=\rho(x,y)$. 求薄板的质量 M.

把区域 D 分为 n 个小区域 $\Delta\sigma_1,\Delta\sigma_2,\cdots,\Delta\sigma_n$,在每一个小区域上都任取一点 $(x_1,y_1),(x_2,y_2),\cdots,(x_n,y_n)$. 以点 (x_i,y_i) 处的面密度 $\rho(x_i,y_i)$(见图4-6)近似地代替小区域 $\Delta\sigma_i$ 上各点处的面密度,得到

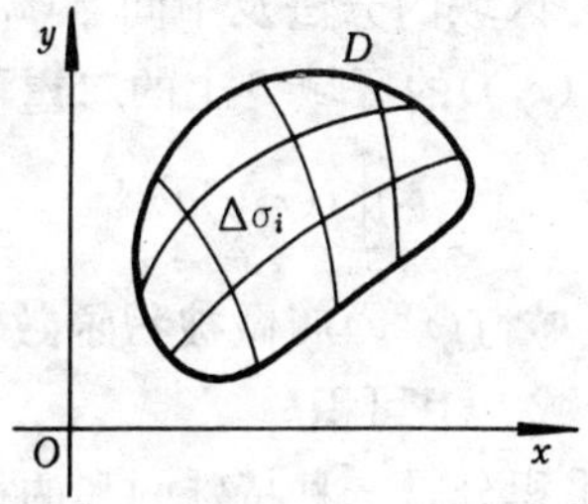

图 4-6

第 i 块小薄板的质量的近似值:

$$\rho(x_i,y_i)\Delta\sigma_i,$$

整个薄板质量的近似值是:

$$\sum_{i=1}^{n}\rho(x_i,y_i)\Delta\sigma_i.$$

令这 n 个小区域的最大的直径趋向于0,上述和式的极限就是薄板的质量 M,即

$$M=\lim_{\|\Delta\sigma\|\to 0}\sum_{i=1}^{n}\rho(x_i,y_i)\Delta\sigma_i.$$

虽然求曲顶柱体的体积和求薄板的质量这两个问题的具体含义是不同的,但它们都是计算同一种形式的和的极限,而且解决问题的方法是一样的. 如果我们抽去和式中 $f(x,y)$ 与 $\rho(x,y)$ 的具体含意,只考虑它们的数量关系,那么,容易看出上面两个和式的结构是完全相同的. 由此给出二重积分的定义.

定义 设函数 $f(x,y)$ 在有界闭区域 D 上有定义. 将区域 D 任

意分成 n 个小区域 $\Delta\sigma_i(i=1,2,\cdots,n)$，在每个小区域 $\Delta\sigma_i$ 上都任取一点 $(x_i,y_i)(i=1,2,\cdots,n)$，作和式

$$\sum_{i=1}^{n} f(x_i,y_i)\Delta\sigma_i$$

当 $\|\Delta\sigma\|\to 0$ 时，若上述和式的极限

$$\lim_{\|\Delta\sigma\|\to 0}\sum_{i=1}^{n} f(x_i,y_i)\Delta\sigma_i$$

存在，并且此极限与区域的分法及中间点 (x_i,y_i) 的取法无关，则称此极限为函数 $z=f(x,y)$ 的区域 D 上的**二重积分**，记作

$$\iint_D f(x,y)\mathrm{d}\sigma,$$

其中 D 叫做**积分区域**，$f(x,y)$ 叫做**被积函数**，$\mathrm{d}\sigma$ 叫**面积元素**. 并称函数 $f(x,y)$ 在闭区域 D 上**可积**.

简单地说，二重积分是一种特殊的和的极限，即

$$\lim_{\|\Delta\sigma\|\to 0}\sum_{i=1}^{n} f(x_i,y_i)\Delta\sigma_i = \iint_D f(x,y)\mathrm{d}\sigma,$$

由定义可见，曲顶柱体的体积 V 等于曲顶立标函数 $f(x,y)$ 在其底面 D 上的二重积分，即

$$V = \iint_D f(x,y)\mathrm{d}\sigma.$$

平面薄板的质量 M 等于面密度函数 $\rho(x,y)$ 在其所占平面区域 D 上的二重积分，即

$$M = \iint_D \rho(x,y)\mathrm{d}\sigma.$$

下面我们讨论二重积分的几何意义. 若 $f(x,y)\geqslant 0$，则二重积分

$$\iint_D f(x,y)\mathrm{d}\sigma$$

表示以区域 D 为底，以曲面 $z=f(x,y)$ 为顶的曲顶柱体的体积；若 $f(x,y)\leqslant 0$，则二重积分

$$\iint_D f(x,y)\mathrm{d}\sigma$$

等于倒置着的以区域 D 为底，以曲面 $z=f(x,y)$ 为顶的曲顶柱体的体积的负值．由上面的讨论可以得到这样的结论：函数 $f(x,y)$ 在区域 D 上的二重积分在几何上表示以 xOy 平面上的区域 D 为底，以 $z=f(x,y)$ 为顶的曲顶柱体体积的代数和（即在 xOy 面上方的体积取正号，在 xOy 面下方的体积取负号）．

与定积分类似，有界只是函数可积的必要条件．究竟什么样的函数在 D 上是可积的呢？这里我们不加证明地给出两种常见的可积情形：

（1）函数 $f(x,y)$ 在闭区域 D 上是连续的；

（2）函数 $f(x,y)$ 在闭区域 D 上除去有限条曲线以及有限个点外都连续，并在 D 上有界．

在以后的讨论中，我们所遇到的被积函数在闭区域 D 上多数都是连续的，因此它们的二重积分是存在的．

5.2　二重积分的性质

与定积分类似，下面我们来讨论二重积分的几个简单的性质．

设二元函数 $f(x,y)$ 与 $g(x,y)$ 在闭区域 D 上都是可积的，根据二重积分定义容易证明它们具有以下的性质：

（1）常数因子可以从积分号里面提出来．即

$$\iint_D kf(x,y)\mathrm{d}\sigma = k\iint_D f(x,y)\mathrm{d}\sigma \quad (k\text{ 为常数})；$$

（2）函数的代数和的积分等于函数积分的代数和．即

$$\iint_D [f(x,y) \pm g(x,y)]\mathrm{d}\sigma = \iint_D f(x,y)\mathrm{d}\sigma \pm \iint_D g(x,y)\mathrm{d}\sigma；$$

（3）二重积分对于区域 D 具有可加性．即

$$\iint_D f(x,y)\mathrm{d}\sigma = \iint_{D_1} f(x,y)\mathrm{d}\sigma + \iint_{D_2} f(x,y)\mathrm{d}\sigma,$$

其中 $D_1 \bigcup D_2 = D, D_1 \bigcap D_2 = \varnothing$;

(4) 若在 D 上,$f(x,y) \equiv 1$,用 S_D 表示 D 的面积,则

$$\iint_D f(x,y)\mathrm{d}\sigma = \iint_D \mathrm{d}\sigma = S_D,$$

这就是说,二重积分 $\iint_D \mathrm{d}\sigma$ 在数值上等于区域 D 的面积. 从几何上看,高度为1的平顶柱体的体积在数值上等于柱体的底面积;

(5) 若在 D 上 $f(x,y) \leqslant g(x,y)$,则

$$\iint_D f(x,y)\mathrm{d}\sigma \leqslant \iint_D g(x,y)\mathrm{d}\sigma.$$

特别地,由于

$$-|f(x,y)| \leqslant f(x,y) \leqslant |f(x,y)|,$$

故有

$$\left|\iint_D f(x,y)\mathrm{d}\sigma\right| \leqslant \iint_D |f(x,y)|\mathrm{d}\sigma;$$

(6) 若在 D 上 $m \leqslant f(x,y) \leqslant M$,用 S_D 表示 D 的面积,则

$$m \cdot S_D \leqslant \iint_D f(x,y)\mathrm{d}\sigma \leqslant M \cdot S_D;$$

(7) **积分中值定理** 若函数 $f(x,y)$ 在 D 上连续,用 S_D 表示 D 的面积,则在 D 上至少存在一点 (x_0,y_0),使得

$$\iint_D f(x,y)\mathrm{d}\sigma = f(x_0,y_0) \cdot S_D.$$

积分中值定理的几何意义是:对于任意的曲顶柱体,当它的立坐标连续变化时,曲顶柱体的体积等于以某一立坐标为高的同底平顶柱体的体积.

通常我们称 $f(x_0,y_0)$ 为二元函数 $f(x,y)$ 在区域 D 上的平均值.

§6　二重积分的计算与应用

我们知道，二重积分定义本身为我们提供了一种计算它的方法——求积分和的极限．但是，在我们具体使用这个方法计算二重积分时，就会发现它不仅是复杂的和十分困难的，而且在一般情况下几乎是不可能的．因此需要我们探讨求二重积分的简便可行的算法．本节将根据二重积分的几何意义，把二重积分化成接连计算两个定积分（称之为累次积分）问题，然后介绍二重积分的几何应用．

6.1　在直角坐标系中计算二重积分

由定义我们知道，二重积分的值与区域 D 的分法是无关的．所以在直角坐标系里，我们可以用平行于 x 轴和 y 轴的直线来分割区域 D．这时小区域 $\Delta\sigma$ 是一个边长为 Δx 与 Δy 的小矩形．因而 $\Delta\sigma=\Delta x\cdot\Delta y$（见图4-7）．这样一来，我们也把 $\mathrm{d}\sigma$ 记成 $\mathrm{d}x\mathrm{d}y$，并称它为直角坐标系中的**面积元素**．因此二重积分也常记成 $\iint\limits_D f(x,y)\mathrm{d}x\mathrm{d}y$，

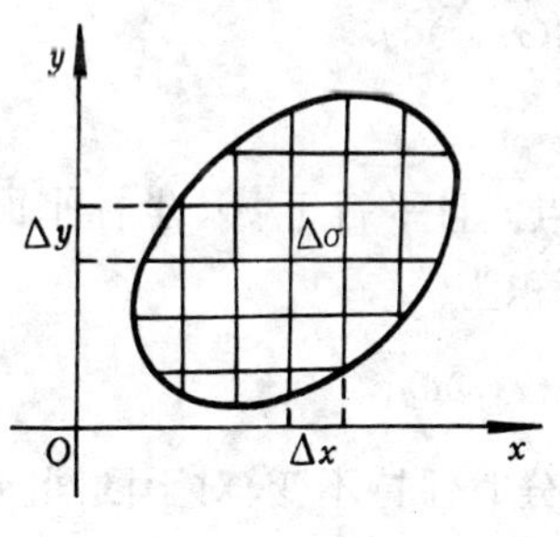

图　4-7

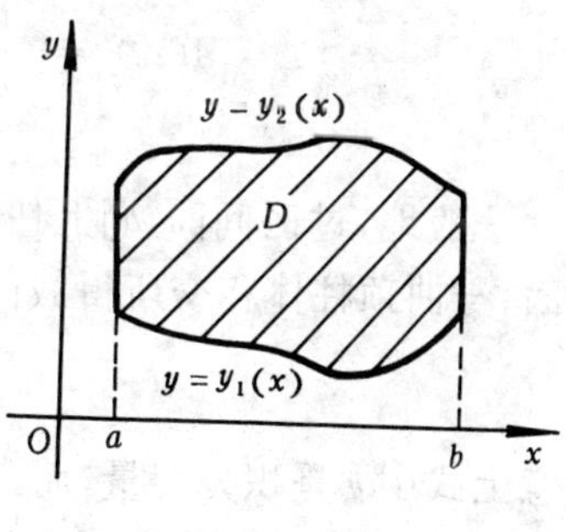

图　4-8

即

$$\iint_D f(x,y)\mathrm{d}\sigma = \iint_D f(x,y)\mathrm{d}x\mathrm{d}y.$$

下面我们先来讨论连续函数 $f(x,y)\geqslant 0$时，二重积分

$$\iint_D f(x,y)\mathrm{d}x\mathrm{d}y$$

的计算问题.

设积分区域 D 是由两条平行直线 $x=a,x=b$ 以及两条连续曲线 $y=y_1(x),y=y_2(x)$所围成，即区域 D 可用联立不等式

$$\begin{cases} a \leqslant x \leqslant b, \\ y_1(x) \leqslant y \leqslant y_2(x), \end{cases}$$

来表示(见图4-8).

根据二重积分的几何意义，$\iint_D f(x,y)\mathrm{d}x\mathrm{d}y$ 的值等于以区域 D 为底、以曲面 $z=f(x,y)$为顶的曲顶柱体的体积.下面我们用“微元法”来计算曲顶柱体的体积 V.

过区间$[a,b]$上一点 x_0，作与 yOz 坐标平面平行的平面 $x=x_0$，此平面与曲顶柱体相交所得的截面是一个以区间$[y_1(x_0),y_2(x_0)]$为底，以 $z=f(x_0,y)$为曲边的曲边梯形(见图4-9中的阴影部分).显然这个截面的面积为

$$A(x_0) = \int_{y_1(x_0)}^{y_2(x_0)} f(x_0,y)\mathrm{d}y.$$

一般地，过区间$[a,b]$上任意一点 x 且平行于 yOz 坐标平面的平面，与曲顶柱体相交所得截面的面积为

$$A(x) = \int_{y_1(x)}^{y_2(x)} f(x,y)\mathrm{d}y.$$

注意上式中 y 是积分变量，而 x 在积分时保持不变.对于区间$[a,b]$上每一个 x，都有截面积 $A(x)$与之对应，可以证明 $A(x)$为 x 的连续函数.因此，对于区间$[a,b]$上任意一个小区间$[x,x+\mathrm{d}x]$由微元法

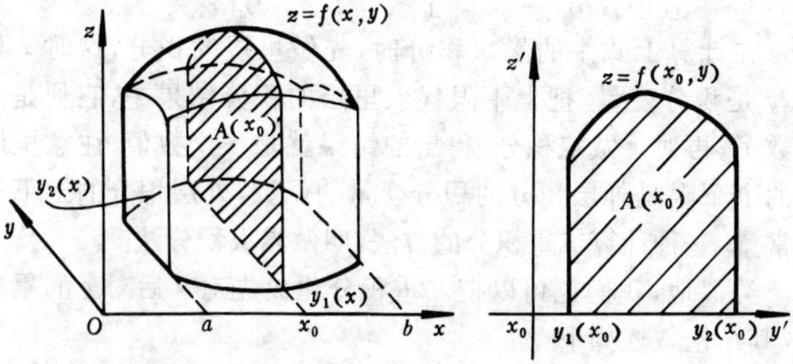

图 4-9

可知曲顶柱体的体积的微元为

$$\mathrm{d}V = A(x)\mathrm{d}x.$$

将 $\mathrm{d}V$ 从 a 到 b 求定积分，就得到曲顶柱体的体积

$$V = \int_a^b A(x)\mathrm{d}x = \int_a^b \left[\int_{y_1(x)}^{y_2(x)} f(x,y)\mathrm{d}y\right]\mathrm{d}x.$$

于是，就得到了二重积分的计算公式

$$\iint_D f(x,y)\mathrm{d}x\mathrm{d}y = \int_a^b \left[\int_{y_1(x)}^{y_2(x)} f(x,y)\mathrm{d}y\right]\mathrm{d}x.$$

由此看到，要计算一个二重积分，可以化成先后计算两次定积分，也叫做计算累次积分. 其中每个定积分的上下限可以由区域 D 的联立不等式给出.

注意，在上面的讨论中，我们假定了 $f(x,y)\geqslant 0$. 实际上，没有这个条件上面的公式仍然正确. 关于这一点本书不再讨论，只把结论叙述如下：

若函数 $z=f(x,y)$ 在区域 D 上连续，其中 D：$a\leqslant x\leqslant b$，$y_1(x)\leqslant y\leqslant y_2(x)$，则

$$\iint_D f(x,y)\mathrm{d}x\mathrm{d}y = \int_a^b \left[\int_{y_1(x)}^{y_2(x)} f(x,y)\mathrm{d}y\right]\mathrm{d}x.$$

有时为了方便起见，我们把等式右边的累次积分写成下面的形式：

$$\int_a^b \left[\int_{y_1(x)}^{y_2(x)} f(x,y)\mathrm{d}y \right] \mathrm{d}x \triangleq \int_a^b \mathrm{d}x \int_{y_1(x)}^{y_2(x)} f(x,y)\mathrm{d}y.$$

在计算上式中的累次积分时，先做里层的积分，这时 x 是参量，y 是积分变量. 把上下限代入里层的积分结果中，它便是 x 的函数了；再对 x 做定积分，得出的结果就是一个数值. 注意里层积分的上下限是外层积分的积分变量的函数，外层积分的上下限是个常量. 这种计算二重积分的方法，叫做**累次积分法**.

类似地，我们也可以把二重积分化成先对 x 后对 y 的累次积分. 其结论叙述如下：

若函数 $z=f(x,y)$ 在区域 D 上连续，其中 D：$c\leqslant y\leqslant d$，$x_1(y)\leqslant x\leqslant x_2(y)$（见图4-10），则

$$\iint_D f(x,y)\mathrm{d}x\mathrm{d}y = \int_c^d \left[\int_{x_1(y)}^{x_2(y)} f(x,y)\mathrm{d}x \right] \mathrm{d}y$$

$$\triangleq \int_c^d \mathrm{d}y \int_{x_1(y)}^{x_2(y)} f(x,y)\mathrm{d}x.$$

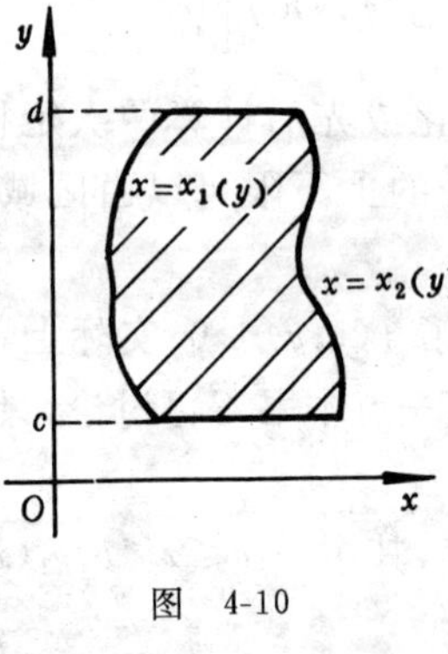

图 4-10

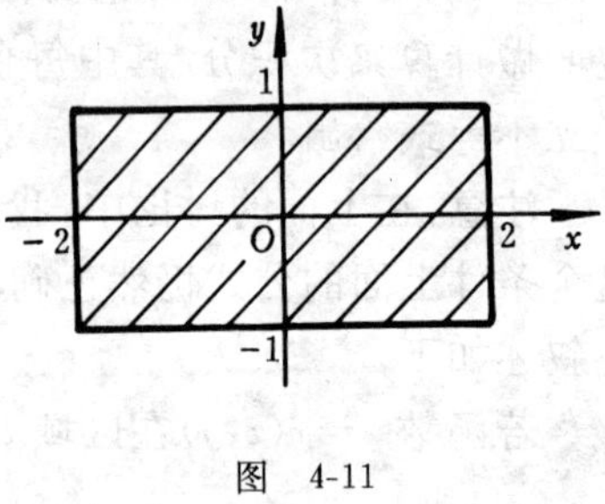

图 4-11

例1 计算二重积分 $I=\iint_D\left(4-\frac{x}{2}-y\right)\mathrm{d}x\mathrm{d}y$，其中 D：$-2\leqslant x\leqslant 2$，$-1\leqslant y\leqslant 1$.

解 区域 D 如图4-11所示. 若先对 y 再对 x 积分,则将区域 D 表为

$$D:\begin{cases}-2\leqslant x\leqslant 2,\\ -1\leqslant y\leqslant 1.\end{cases}$$

其中第一个不等式定出累次积分中外层积分的上下限,而第二个不等式定出里层积分的上下限. 这就是说,在考虑先对 y 积分时,首先在区间$[-2,2]$上固定一点 x,沿着 y 轴的正方向从直线 $y=-1$到直线 $y=1$对 y 积分. 这时变量 x 的函数 $y_2(x)=1,y_1(x)=-1$就分别是 y 的上下限;然后再沿着 x 轴的正方向从点$(-2,0)$到点$(2,0)$对 x 积分,这时数值2与-2就分别是 x 的上下限. 于是

$$\begin{aligned}I&=\int_{-2}^{2}\mathrm{d}x\int_{-1}^{1}\left(4-\frac{x}{2}-y\right)\mathrm{d}y\\&=\int_{-2}^{2}\left(4y-\frac{1}{2}xy-\frac{1}{2}y^2\right)\Bigg|_{-1}^{1}\mathrm{d}x\\&=\int_{-2}^{2}(8-x)\mathrm{d}x=32.\end{aligned}$$

一般情况下,若区域 D 是一闭矩形时,即

$$D:\begin{cases}a\leqslant x\leqslant b,\\ c\leqslant y\leqslant d\end{cases}\quad\text{或者}\quad D:\begin{cases}c\leqslant y\leqslant d,\\ a\leqslant x\leqslant b.\end{cases}$$

则二重积分就可以化成:

$$\iint\limits_D f(x,y)\mathrm{d}x\mathrm{d}y=\int_a^b\mathrm{d}x\int_c^d f(x,y)\mathrm{d}y,$$

或者

$$\iint\limits_D f(x,y)\mathrm{d}x\mathrm{d}y=\int_c^d\mathrm{d}y\int_a^b f(x,y)\mathrm{d}x.$$

特别地,当被积函数的自变量可以分离时,即

$$f(x,y)=f_1(x)\cdot f_2(y),$$

则
$$\iint\limits_D f(x,y)\mathrm{d}x\mathrm{d}y=\int_a^b\mathrm{d}x\int_c^d[f_1(x)\cdot f_2(y)]\mathrm{d}y$$

$$= \left(\int_a^b f_1(x)\mathrm{d}x \right) \left(\int_c^d f_2(y)\mathrm{d}y \right).$$

这就化成了两个定积分相乘的形式. 例如在例1的积分区域上, 当被积函数 $f(x,y)=x^2y^4$时, 有

$$\iint_D f(x,y)\mathrm{d}x\,\mathrm{d}y = \left(\int_{-2}^{2} x^2\mathrm{d}x \right) \left(\int_{-1}^{1} y^4\mathrm{d}y \right)$$

$$= \frac{16}{3} \cdot \frac{2}{5} = \frac{32}{15}.$$

例2 计算二重积分 $I = \iint_D xy\mathrm{d}x\mathrm{d}y$, 其中 D 是由直线 $y=x$ 与抛物线 $y=x^2$所围成的区域(见图4-12).

解 若先对 y 再对 x 积分, 可将区域 D 表示为

$$\begin{cases} 0 \leqslant x \leqslant 1, \\ x^2 \leqslant y \leqslant x. \end{cases}$$

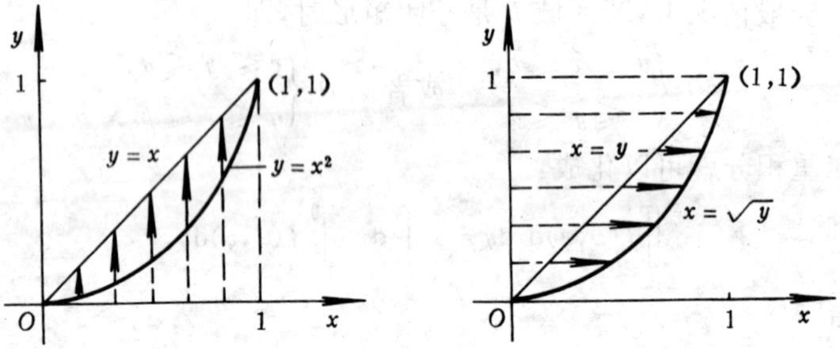

图 4-12

于是

$$I = \int_0^1 \mathrm{d}x \int_{x^2}^{x} xy\,\mathrm{d}y$$

$$=\int_0^1 \frac{1}{2}xy^2\Big|_{x^2}^{x}\mathrm{d}x$$

$$=\frac{1}{2}\int_0^1 x(x^2-x^4)\mathrm{d}x=\frac{1}{24}.$$

若先对 x 再对 y 积分，可将区域 D 表示为

$$\begin{cases}0\leqslant y\leqslant 1,\\ y\leqslant x\leqslant \sqrt{y}.\end{cases}$$

于是

$$I=\int_0^1 \mathrm{d}y\int_y^{y^{1/2}} xy\mathrm{d}x$$

$$=\int_0^1 \frac{1}{2}yx^2\Big|_y^{y^{1/2}}\mathrm{d}y$$

$$=\frac{1}{2}\int_0^1 y(y-y^2)\mathrm{d}y=\frac{1}{24}.$$

化二重积分为累次积分是计算二重积分的基本方法，而确定累次积分的上下限又是计算积分的关键之一. 因此，我们要熟练地掌握区域 D 的两种表示法：

$$\begin{cases}a\leqslant x\leqslant b,\\ y_1(x)\leqslant y\leqslant y_2(x)\end{cases}\text{与}\begin{cases}c\leqslant y\leqslant d,\\ x_1(y)\leqslant x\leqslant x_2(y).\end{cases}$$

另外，积分次序选择有时对计算的繁简影响很大，若选择不当，甚至可能无法计算.

例3 将二重积分 $I=\iint\limits_D ye^{xy}\mathrm{d}x\mathrm{d}y$ 表为两种累次积分，其中区域 D 的两种表示方法如下：

$$D:\begin{cases}c\leqslant y\leqslant d,\\ \psi_1(y)\leqslant x\leqslant \psi_2(y);\end{cases}$$

或者

$$D:\begin{cases}a\leqslant x\leqslant b,\\ \varphi_1(x)\leqslant y\leqslant \varphi_2(x).\end{cases}$$

解 先对 x 积分，有

$$I = \int_c^d \mathrm{d}y \int_{\psi_1(y)}^{\psi_2(y)} y\mathrm{e}^{xy}\mathrm{d}x = \int_c^d \mathrm{d}y \int_{\psi_1(y)}^{\psi_2(y)} \mathrm{e}^{xy}\,\mathrm{d}xy$$

$$= \int_c^d [\mathrm{e}^{y\psi_2(y)} - \mathrm{e}^{y\psi_1(y)}]\mathrm{d}y = \cdots;$$

而先对 y 积分，有

$$I = \int_a^b \mathrm{d}x \int_{\varphi_1(x)}^{\varphi_2(x)} y\mathrm{e}^{xy}\mathrm{d}y = \int_a^b \mathrm{d}x \int_{\varphi_1(x)}^{\varphi_2(x)} \frac{y}{x}\mathrm{d}\mathrm{e}^{xy}$$

$$= \int_a^b \left(\frac{y}{x}\mathrm{e}^{xy}\Big|_{\varphi_1(x)}^{\varphi_2(x)} - \int_{\varphi_1(x)}^{\varphi_2(x)} \mathrm{e}^{xy}\mathrm{d}\,\frac{y}{x} \right)\mathrm{d}x$$

$$= \int_a^b \left(\frac{\varphi_2(x)}{x}\mathrm{e}^{x\varphi_2}(x) - \frac{\varphi_1(x)}{x}\mathrm{e}^{x\varphi_1(x)} - \int_{\varphi_1(x)}^{\varphi_2(x)} \frac{1}{x^2}\mathrm{d}\mathrm{e}^{xy} \right)\mathrm{d}x$$

$$= \int_a^b \frac{1}{x^2}[x\varphi_2(x)\mathrm{e}^{x\varphi_2(x)} - x\varphi_1(x)\mathrm{e}^{x\varphi_1(x)} - (\mathrm{e}^{x\varphi_2(x)} - \mathrm{e}^{x\varphi_1(x)})]\mathrm{d}x$$

$$= \int_a^b \frac{1}{x^2}[(x\varphi_2(x) - 1)\mathrm{e}^{x\varphi_2(x)} - (x\varphi_1(x) - 1)\mathrm{e}^{x\varphi_1(x)}]\mathrm{d}x$$

$$= \cdots.$$

由例3可以看出先对 x 积分比先对 y 积分要简单得多.

对于二重积分

$$\iint_D \frac{\sin y}{y}\mathrm{d}x\mathrm{d}y, \quad D: \begin{cases} 0 \leqslant y \leqslant \pi, \\ 0 \leqslant x \leqslant y \end{cases}$$

来说，从被积函数可以看出，如果我们先对 y 积分，那么$\int \frac{\sin y}{y}\mathrm{d}y$ 不能用初等函数表达出来，即不可求积，故先对 y 积分无法进行；但如果我们先对 x 积分，就有可能进行了：

$$\iint_D \frac{\sin y}{y}\mathrm{d}x\mathrm{d}y = \int_0^\pi \mathrm{d}y \int_0^y \frac{\sin y}{y}\mathrm{d}x$$

$$= \int_0^\pi \frac{\sin y}{y}\left(x\Big|_0^y \right)\mathrm{d}y$$

$$= \int_0^\pi \sin y\mathrm{d}y$$

$$= -\cos y \Big|_0^{\pi} = 2.$$

例4 将二重积分 $\iint\limits_D f(x,y)\,dxdy$ 表为两种累次积分,其中 D 是由 $y=1/x, x=1, x=2, y=2$所围成的区域.

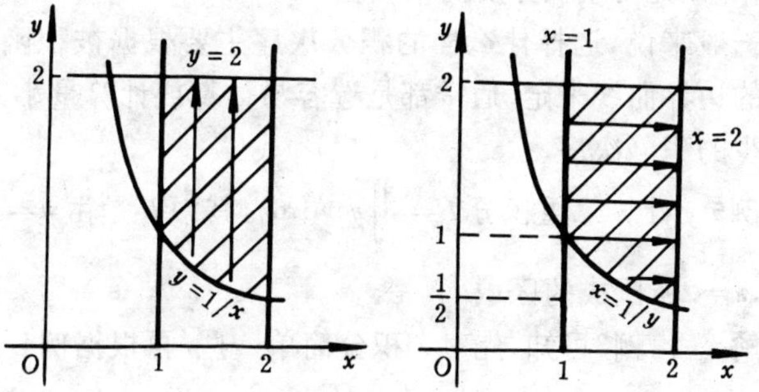

图 4-13

解 区域 D 有下面两种表示方法(见图4-13左图)

$$D:\begin{cases}1 \leqslant x \leqslant 2,\\ \dfrac{1}{x} \leqslant y \leqslant 2.\end{cases}$$

或者 D·由 D_1和 D_2组成(见图4-13右图):

$$D_1:\begin{cases}\dfrac{1}{2} \leqslant y \leqslant 1,\\ \dfrac{1}{y} \leqslant x \leqslant 2.\end{cases} \quad 或 \quad D_2:\begin{cases}1 \leqslant y \leqslant 2,\\ 1 \leqslant x \leqslant 2.\end{cases}$$

若先对 y 积分,则

$$\iint\limits_D f(x,y)\,dxdy = \int_1^2 dx \int_{\frac{1}{x}}^2 f(x,y)\,dy;$$

若先对 x 积分,则

$$\iint_D f(x,y)\mathrm{d}x\mathrm{d}y = \iint_{D_1} f(x,y)\mathrm{d}x\mathrm{d}y + \iint_{D_2} f(x,y)\mathrm{d}x\mathrm{d}y$$

$$= \int_{\frac{1}{2}}^{1} \mathrm{d}y \int_{\frac{1}{y}}^{2} f(x,y)\mathrm{d}x + \int_{1}^{2} \mathrm{d}y \int_{1}^{2} f(x,y)\mathrm{d}x.$$

容易看出，在例4中如果 $\int_{\frac{1}{y}}^{2} f(x,y)\mathrm{d}y$ 与 $\int_{\frac{1}{x}}^{2} f(x,y)\mathrm{d}x$ 的计算量相等时，那么先对 y 积分要简单一些.

一般来说，选择什么样的积分次序主要根据被积函数和积分区域的边界曲线来定. 通常都是选容易计算或计算量小、积分区域个数少的积分次序.

例5 计算二重积分 $I = \iint_D y\mathrm{e}^{xy}\mathrm{d}x\mathrm{d}y$，其中 D 是由 $y=1/x, x=1, x=2, y=2$ 所围成的区域.

解 由例3可知，先对 x 积分简单一些. 再根据例4

$$I = \int_{\frac{1}{2}}^{1} \mathrm{d}y \int_{\frac{1}{y}}^{2} y\mathrm{e}^{xy}\mathrm{d}x + \int_{1}^{2} \mathrm{d}y \int_{1}^{2} y\mathrm{e}^{xy}\mathrm{d}x$$

$$= \int_{\frac{1}{2}}^{1} \mathrm{d}y \int_{\frac{1}{y}}^{2} \mathrm{e}^{xy}\mathrm{d}xy + \int_{1}^{2} \mathrm{d}y \int_{1}^{2} \mathrm{e}^{xy}\mathrm{d}xy$$

$$= \int_{\frac{1}{2}}^{1} \left(\mathrm{e}^{xy} \Big|_{\frac{1}{y}}^{2} \right) \mathrm{d}y + \int_{1}^{2} \left(\mathrm{e}^{xy} \Big|_{1}^{2} \right) \mathrm{d}y$$

$$= \int_{\frac{1}{2}}^{1} (\mathrm{e}^{2y} - \mathrm{e})\mathrm{d}y + \int_{1}^{2} (\mathrm{e}^{2y} - \mathrm{e}^{y})\mathrm{d}y$$

$$= \frac{1}{2}\mathrm{e}^{2y}\Big|_{\frac{1}{2}}^{1} - \mathrm{e}y\Big|_{\frac{1}{2}}^{1} + \frac{1}{2}\mathrm{e}^{2y}\Big|_{1}^{2} - \mathrm{e}^{y}\Big|_{1}^{2} = \frac{1}{2}\mathrm{e}^{4} - \mathrm{e}^{2}.$$

6.2 在极坐标系中计算二重积分

换元法是一种计算定积分的十分有效的方法. 这是因为计算定积分时，求积的困难在于被积函数，通过换元法可以变换被积函数的形式，使得换元后的被积函数可以用基本积分公式进行计算. 在计算重积分时，求积的困难不仅在于被积函数，而且还在于积分区域. 有时甚至积分区域造成的困难是主要的. 因此,针对不同形状的积分区域,讨论重积分的不同的计算方法是一个很重要的问题. 下面我们仅就在极坐标系中如何计算二重积分作一般的介绍.

设函数 $z=f(x,y)$ 在区域 D 上连续,由极坐标变换

$$\begin{cases} x = r\cos\theta \\ y = r\sin\theta \end{cases} \quad (0 \leqslant r < +\infty, 0 \leqslant \theta \leqslant 2\pi),$$

于是函数 $f(x,y)$ 在极坐标下就可以写成

$$f(x,y) = f(r\cos\theta, r\sin\theta) \triangleq F(r,\theta)$$

假设区域 D 的边界与从极点出发的射线至多交于两点. 在极坐标系里,我们用一族以极点为圆心的同心圆周($r=$常数)和一族从极点出发的射线($\theta=$常数)来分割区域 D. 这时小区域 $\Delta\sigma$ 可以近似地看成边长是 Δr 与 $r\Delta\theta$ 的小矩形(见图 4-14),因而 $\Delta\sigma = r\cdot\Delta r\cdot\Delta\theta$. 这样一来,我们也把 $\mathrm{d}\sigma$ 记成 $r\mathrm{d}r\mathrm{d}\theta$,并称它为极坐标系中的面积元素. 因此二重积分也常写成 $\iint\limits_D F(r,\theta)r\mathrm{d}r\mathrm{d}\theta$,即

$$\iint\limits_D f(x,y)\mathrm{d}\sigma = \iint\limits_D f(r\cos\theta, r\sin\theta) r\,\mathrm{d}r\mathrm{d}\theta.$$

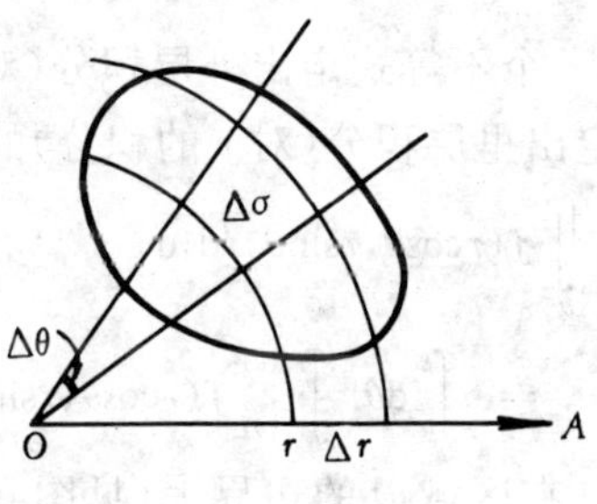

图 4-14

可见,把二重积分 $\iint\limits_D f(x,y)\mathrm{d}\sigma$ 化成极坐标系中的二重积分时,只要把被积函数中的 x 和 y 分别换成 $r\cos\theta$ 和 $r\sin\theta$,再把 $\mathrm{d}\sigma$ 换

成 $r\mathrm{d}r\mathrm{d}\theta$ 即可. 在极坐标系中同样可以把二重积分化成累次积分来计算. 下面我们根据极点 O 与区域 D 的位置分三种情况加以说明:

(1) 极点 O 在区域 D 之外(见图4-15), 这时区域 D 可用联立不等式

$$\begin{cases}\alpha\leqslant\theta\leqslant\beta,\\ r_1(\theta)\leqslant r\leqslant r_2(\theta)\end{cases}$$

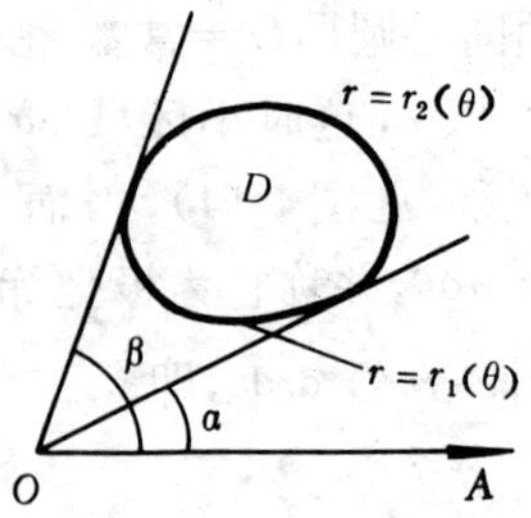

图 4-15

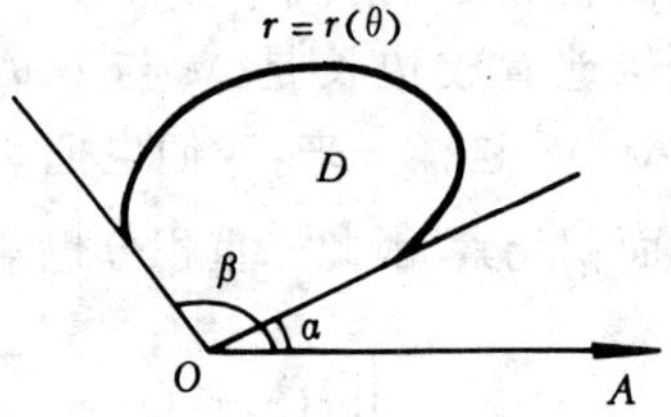

图 4-16

来表示. 其中第一个不等式定出外层积分(对 θ 的积分)的上下限, 第二个不等式定出里层积分(对 r 的积分)的上下限. 于是有

$$\iint_D f(r\cos\theta, r\sin\theta)r\mathrm{d}r\mathrm{d}\theta$$

$$=\int_\alpha^\beta \mathrm{d}\theta\int_{r_1(\theta)}^{r_2(\theta)} f(r\cos\theta, r\sin\theta)r\mathrm{d}r.$$

(2) 极点 O 在区域 D 的边界上(见图4-16), 这时区域 D 可用联立不等式

$$\begin{cases}\alpha\leqslant\theta\leqslant\beta,\\ 0\leqslant r\leqslant r(\theta)\end{cases}$$

来表示. 于是有

$$\iint_D f(r\cos\theta, r\sin\theta) r\mathrm{d}r\mathrm{d}\theta$$
$$= \int_\alpha^\beta \mathrm{d}\theta \int_0^{r(\theta)} f(r\cos\theta, r\sin\theta) r\mathrm{d}r.$$

(3) 极点 O 在区域 D 的内部(见图4-17),这时区域 D 可用联

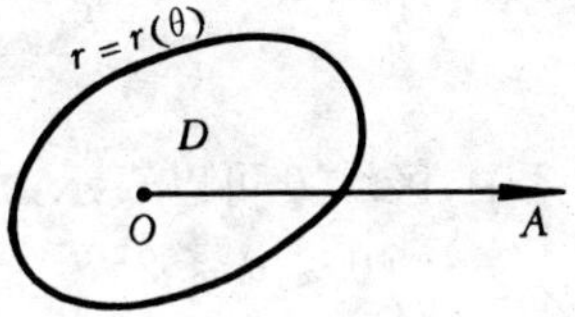

图 4-17

立不等式

$$\begin{cases} 0 \leqslant \theta \leqslant 2\pi, \\ 0 \leqslant r \leqslant r(\theta) \end{cases}$$

来表示. 于是有

$$\iint_D f(r\cos\theta, r\sin\theta) r\mathrm{d}r\mathrm{d}\theta$$
$$= \int_0^{2\pi} \mathrm{d}\theta \int_0^{r(\theta)} f(r\cos\theta, r\sin\theta) r\mathrm{d}r.$$

例6 计算二重积分 $\iint_D \frac{1}{1+x^2+y^2}\mathrm{d}\sigma$,其中区域 $D: x^2+y^2 \leqslant 1$.

解 在极坐标系中,区域 D 可以表示为

$$\begin{cases} 0 \leqslant \theta \leqslant 2\pi, \\ 0 \leqslant r \leqslant 1; \end{cases}$$

而被积函数

$$\frac{1}{1+x^2+y^2} = \frac{1}{1+r^2}.$$

所以

$$\iint_D \frac{1}{1+x^2+y^2}\mathrm{d}\sigma = \int_0^{2\pi}\mathrm{d}\theta \int_0^1 \frac{1}{1+r^2} r\mathrm{d}r$$

$$= \left(\int_0^{2\pi}\mathrm{d}\theta\right)\left(\int_0^1 \frac{r}{1+r^2}\mathrm{d}r\right)$$

$$= 2\pi \cdot \frac{1}{2}\ln 2 = \pi\ln 2.$$

例7 计算二重积分 $\iint\limits_D x^2\mathrm{d}\sigma$,其中 D 是圆 $x^2+y^2=1$ 与 $x^2+y^2=4$ 之间的环形区域.

解 在极坐标系中,区域 D 可以表示为

$$\begin{cases} 0 \leqslant \theta \leqslant 2\pi, \\ 1 \leqslant r \leqslant 2; \end{cases}$$

而被积函数 $x^2=r^2\cos^2\theta$. 所以

$$\iint_D x^2\mathrm{d}\sigma = \int_0^{2\pi}\mathrm{d}\theta \int_1^2 r^2\cos^2\theta \cdot r\mathrm{d}r$$

$$= \left(\int_0^{2\pi}\cos^2\theta\,\mathrm{d}\theta\right)\left(\int_1^2 r^3\,\mathrm{d}r\right)$$

$$= \frac{15}{4}\pi.$$

例8 计算二重积分 $\iint\limits_D \mathrm{e}^{-x^2-y^2}\mathrm{d}\sigma$,其中 D 是圆 $x^2+y^2\leqslant a^2$ 在第一象限的部分.

解 在极坐标系中,区域 D 可以表示为

$$\begin{cases} 0 \leqslant \theta \leqslant \pi/2, \\ 0 \leqslant r \leqslant a; \end{cases}$$

而被积函数 $\mathrm{e}^{-x^2-y^2}=\mathrm{e}^{-r^2}$. 所以

$$\iint_D \mathrm{e}^{-x^2-y^2}\mathrm{d}\sigma = \int_0^{\pi/2}\mathrm{d}\theta \int_0^a \mathrm{e}^{-r^2} r\mathrm{d}r$$

$$= \frac{\pi}{2}\left(-\frac{1}{2}\mathrm{e}^{-r^2}\Big|_0^a\right)$$

$$= \frac{\pi}{4}(1 - e^{-a^2}).$$

可见,当区域 D 的边界是由圆弧与射线组成时,采用极坐标计算二重积分比较方便.

6.3 二重积分的简单应用

1. 计算平面图形的面积

例9 计算由 $y=x^2$ 和 $x=y^2$ 所围成的平面图形(见图4-18)的面积.

解 由二重积分的性质可知,当 $f(x,y)\equiv 1$ 时,二重积分

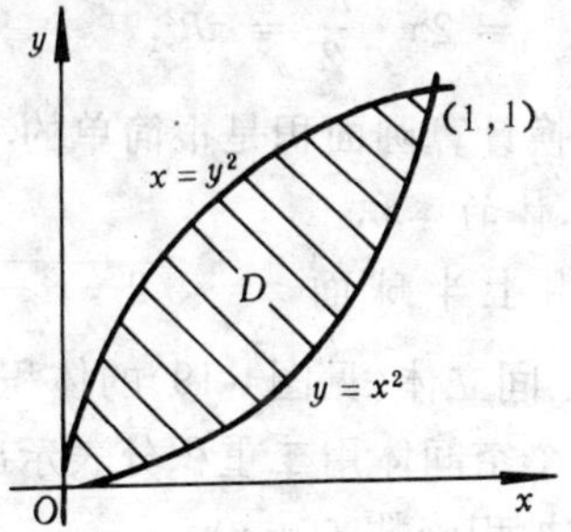

图 4-18

$\iint\limits_D 1\mathrm{d}\sigma$ 在数值上等于区域 D 的面积 S_D,即

$$S_D = \iint\limits_D \mathrm{d}\sigma,$$

其中 D 是由 $y=x^2$ 和 $x=y^2$ 所围 成的区域,在直角坐标系中,它可以表示为

$$\begin{cases} 0 \leqslant x \leqslant 1, \\ x^2 \leqslant y \leqslant \sqrt{x}. \end{cases}$$

于是由 $y=x^2$ 与 $x=y^2$ 所围成的平面图形面积

$$S_D = \iint_D \mathrm{d}\sigma = \int_0^1 \mathrm{d}x \int_{x^2}^{x^{1/2}} \mathrm{d}y$$

$$= \int_0^1 (\sqrt{x} - x^2)\mathrm{d}x = \frac{1}{3}.$$

例10 计算半径为 R 的圆面积.

解 设 D 是 $x^2+y^2\leqslant R^2$,在极坐标系中它可以表示为

$$\begin{cases} 0 \leqslant \theta \leqslant 2\pi, \\ 0 \leqslant r \leqslant R. \end{cases}$$

于是

$$S_D = \iint_D 1\mathrm{d}\sigma = \int_0^{2\pi} \mathrm{d}\theta \int_0^R r\mathrm{d}r$$

$$= 2\pi \cdot \frac{R^2}{2} = \pi R^2.$$

可见利用极坐标变换计算圆面积是很简单的.

2. 计算空间立体的体积

例11 计算由上半球面 $z=\sqrt{2-x^2-y^2}$ 与上半锥面 $z=\sqrt{x^2+y^2}$ 所围成的空间立体(见图4-19)的体积 V.

解 首先把这个空间体用二重积分表示出来.为此,我们分别考虑积分区域 D 与被积函数 $f(x,y)$.

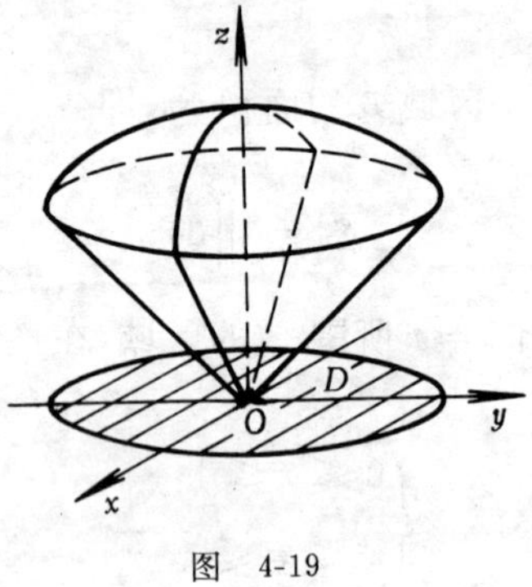

图 4-19

两个曲面的交线方程为

$$\begin{cases}z = \sqrt{2 - x^2 - y^2},\\ z = \sqrt{x^2 + y^2},\end{cases}$$

可以化成

$$\begin{cases}x^2 + y^2 = 1,\\ z = 1.\end{cases}$$

这个交线在 xOy 平面的投影为

$$\begin{cases}x^2 + y^2 = 1,\\ z = 0.\end{cases}$$

因此，积分区域 D 为 $x^2+y^2\leqslant 1$.

我们知道，以上半球面 $z=\sqrt{2-x^2-y^2}$ 为顶，以区域 D 为底的曲顶柱体的体积 V_1 为

$$V_1 = \iint\limits_D \sqrt{2 - x^2 - y^2}\mathrm{d}\sigma,$$

而以上半锥面 $z=\sqrt{x^2+y^2}$ 为顶，以区域 D 为底的曲顶柱体的体积 V_2 为

$$V_2 = \iint\limits_D \sqrt{x^2 + y^2}\mathrm{d}\sigma.$$

于是由上半球面 $z=\sqrt{2-x^2-y^2}$ 与上半锥面 $z=\sqrt{x^2+y^2}$ 所围成的立体的体积 V 可以表成

$$\begin{aligned}V = V_1 - V_2 &= \iint\limits_D \sqrt{2 - x^2 - y^2}\mathrm{d}\sigma - \iint\limits_D \sqrt{x^2 + y^2}\mathrm{d}\sigma\\ &= \iint\limits_D (\sqrt{2 - x^2 - y^2} - \sqrt{x^2 + y^2})\mathrm{d}\sigma.\end{aligned}$$

然后我们来计算这个二重积分，根据区域 D 的形状、被积函数特点，可见在极坐标系中计算比较简便，为此，把区域 D 用极坐标表示：

$$D:\begin{cases}0 \leqslant \theta \leqslant 2\pi,\\ 0 \leqslant r \leqslant 1.\end{cases}$$

于是

$$V=\iint_D(\sqrt{2-x^2-y^2}-\sqrt{x^2+y^2})\mathrm{d}\sigma$$

$$=\int_0^{2\pi}\mathrm{d}\theta\int_0^1(\sqrt{2-r^2}-r)r\,\mathrm{d}r$$

$$=2\pi\left(\int_0^1\sqrt{2-r^2}r\mathrm{d}r-\int_0^1 r^2\,\mathrm{d}r\right)$$

$$=\frac{4}{3}\pi(\sqrt{2}-1).$$

3. 计算某些广义积分

例12 计算广义积分 $\int_0^{+\infty}\mathrm{e}^{-x^2}\mathrm{d}x$.

在第三章中,我们曾指出 e^{-x^2} 的原函数不是初等函数(即不可求积),不能直接用定积分方法求出它的积分值.为此我们先令

$$I=\int_0^a\mathrm{e}^{-x^2}\mathrm{d}x\quad(a>0).$$

再考虑二重积分

$$\iint_D\mathrm{e}^{-x^2-y^2}\mathrm{d}x\mathrm{d}y,$$

其中 D 是正方形:$0\leqslant x\leqslant a,0\leqslant y\leqslant a$,将此二重积分化为累次积分得

$$\iint_D\mathrm{e}^{-x^2-y^2}\mathrm{d}x\mathrm{d}y=\left(\int_0^a\mathrm{e}^{-x^2}\mathrm{d}x\right)\left(\int_0^a\mathrm{e}^{-y^2}\mathrm{d}y\right)=I^2.$$

我们分别用 D_1表示扇形 $x^2+y^2\leqslant a^2,x\geqslant0,y\geqslant0$;用 D_2表示扇形 $x^2+y^2\leqslant 2a^2,x\geqslant0,y\geqslant0$(见图4-20).由于 $\mathrm{e}^{-x^2-y^2}\geqslant0$,故有

$$\iint_{D_1}\mathrm{e}^{-x^2-y^2}\mathrm{d}x\mathrm{d}y\leqslant I^2=\iint_D\mathrm{e}^{-x^2-y^2}\mathrm{d}x\mathrm{d}y\leqslant\iint_{D_2}\mathrm{e}^{-x^2-y^2}\mathrm{d}x\mathrm{d}y.$$

利用例8的结果得

$$\frac{\pi}{4}(1-\mathrm{e}^{-a^2})\leqslant I^2\leqslant\frac{\pi}{4}(1-e^{-2a^2}).$$

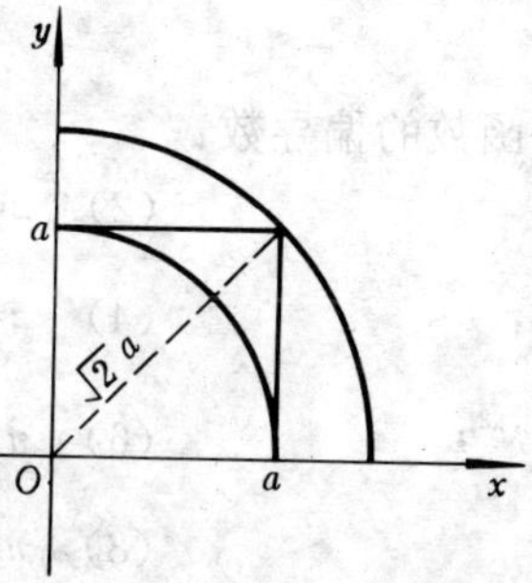

图 4-20

当 $a\to+\infty$ 时，$e^{-a^2}\to 0$，上式两边的极限都是 $\frac{\pi}{4}$，所以

$$\left(\int_0^{+\infty} e^{-x^2}dx\right)^2=\left(\lim_{a\to+\infty} I\right)^2=\lim_{a\to+\infty} I^2=\frac{\pi}{4}.$$

即

$$\int_0^{+\infty} e^{-x^2}dx=\frac{\sqrt{\pi}}{2}.$$

我们称此积分为**概率积分**. 有时把它写成下面的形式：

$$\int_{-\infty}^{+\infty}\frac{1}{\sqrt{2\pi}}e^{-\frac{x^2}{2}}dx=1.$$

习 题 五

1. 求下列函数的定义域，并画出其图形.

(1) $z=x+\sqrt{y}$； (2) $z=\sqrt{xy}$；

(3) $z=\ln(x+y)$； (4) $z=\sqrt{1-x^2}+\sqrt{y^2-4}$；

(5) $z=\sqrt{1-\frac{x^2}{9}-\frac{y^2}{4}}$； (6) $z=\arcsin\frac{x^2+y^2}{4}$.

2. 设 $z=x+y-\sqrt{x^2+y^2}$，求 $f_x'(3,4)$ 和 $f_y'(4,3)$.

3. 设 $z=(1+xy)^y$，求 $f_x'(1,1)$ 和 $f_y'(1,1)$.

4. 设 $u=\ln(1+x+y^2+z^3)$，当 $x=y=z=1$时，计算 $u'_x+u'_y+u'_z$ 之值.

5. 求下列各函数的偏导数：

(1) $z=x^3y^2$； (2) $z=x^4+y^3$；

(3) $z=\ln\dfrac{y}{x}$； (4) $z=\dfrac{xy}{x+y}$；

(5) $z=e^{xy}+yx^2$； (6) $u=\sqrt{x^2+y^2+z^2}$；

(7) $u=x^{\frac{z}{y}}$； (8) $u=\dfrac{y}{x}+\dfrac{z}{y}+\dfrac{x}{z}$.

6. 求下列各函数的全微分：

(1) $z=x^2y$； (2) $z=\sqrt{x/y}$；

(3) $z=\dfrac{x+y}{x-y}$； (4) $u=\ln(x^2+y^2+z^2)$.

7. 设 $z=xy$，求当 $x=5, y=4, \Delta x=0.1, \Delta y=-0.2$时的全微分与全增量.

8. 设 $z=\dfrac{y}{x}$，求当 $x=2, y=1, \Delta x=0.1, \Delta y=0.2$时的全微分与全增量.

9. 求下列函数的二阶偏导数：

(1) $z=x^4+3x^2y+y^3$； (2) $z=x\ln(x+y)$；

(3) $z=\arcsin(xy)$； (4) $z=\sin^2(3x+2y)$.

10. 设 $z=\ln(\sqrt{x}+\sqrt{y})$，证明

$$x\frac{\partial z}{\partial x}+y\frac{\partial z}{\partial y}=\frac{1}{2}.$$

11. 设 $z=x^y$，证明

$$\frac{x}{y}\frac{\partial z}{\partial x}+\frac{1}{\ln x}\frac{\partial z}{\partial y}=2z.$$

12. 设 $f(x,y,z)=xy^2+yz^2+zx^2$，分别求出 $f''_{xx}(0,0,1)$，$f''_{xz}(1,

0,2)，$f''_{yz}(0,-1,0)$以及 $f'''_{zzx}(2,0,1)$之值.

13. 求下列各函数的偏导数或全导数：

(1) $z=\sqrt{u^2+v^2}, u=\sin x, v=e^x$；

(2) $z=u^2\ln v, u=\dfrac{x}{y}, v=3x-2y$；

(3) $z=\dfrac{v}{u}, u=e^x, v=1-e^{2x}$；

(4) $z=u^2v^3, u=x+2y, v=x-y$；

(5) $z=y+f(u), u=y^2-x^2$；

(6) $z=xe^y, y=\varphi(x)$；

(7) $z=f(x^2-y^2, e^{xy})$；

(8) $u=f(x, xy, xyz)$.

14. 设 $z=f(x,y), x=e^s\cos t, y=e^s\sin t$，求证

$$\frac{\partial^2 z}{\partial x^2}+\frac{\partial^2 z}{\partial y^2}=e^{-2s}\left(\frac{\partial^2 z}{\partial s^2}+\frac{\partial^2 z}{\partial t^2}\right).$$

15. 求下列各函数的导数$\dfrac{dy}{dx}$：

(1) $xy+x^2+y^2=2$；　　(2) $xy-\ln y=1$；

(3) $\sin y+e^x-xy^2=0$；　　(4) $\ln\sqrt{x^2+y^2}=\operatorname{arc\,tg}\dfrac{y}{x}$.

16. 求由下列各方程所确定的函数 $z=f(x,y)$的偏导数：

(1) $e^z-xyz=0$；　　(2) $x^3+y^3+z^3=3xyz$；

(3) $\sin(x+y-z)=z+x$；　　(4) $\dfrac{x}{z}=\ln\dfrac{z}{y}$.

17. 求由方程 $\cos^2x+\cos^2y+\cos^2z=1$所确定的函数 $z=f(x,y)$的全微分.

18. 求下列各函数的极值：

(1) $z=x^2+xy+y^2+x-y+1$；

(2) $z=4(x-y)-x^2-y^2$；

(3) $z=x^2+xy+y^2-4\ln x-10\ln y$；

(4) $z=e^{2x}(x+y^2+2y)$.

19. 求下列各函数在指定条件下的极值：

(1) $z=xy, x+y=1$；

(2) $z=x^2+y^2, \frac{x}{2}+\frac{y}{3}=1$；

(3) $z=\cos^2 x+\cos^2 y, x-y=\pi/4$；

(4) $u=x-2y+2z, x^2+y^2+z^2=1$.

20. 从斜边之长为4的所有直角三角形中求周长最大的直角三角形.

21. 在半径为 a 的半球内，内接一长方体，问长、宽、高如何选取时，其体积最大.

22. 求表面积为 S 的长方体的最大体积.

23. 某工厂生产的甲、乙两种衬衣的出售价分别为10元和9元，已知生产 x 件甲种与生产 y 件乙种衬衣的总费用为

$$400+2x+3y+0.01(3x^2+xy+3y^2)\text{(元)}.$$

问两种衬衣各生产多少件时所获得利润最大.

24. 将下列各积分次序更换：

(1) $\int_1^e dx \int_0^{\ln x} f(x,y)dy$；

(2) $\int_{-1}^1 dx \int_0^{\sqrt{1-x^2}} f(x,y)dy$；

(3) $\int_0^1 dy \int_0^y f(x,y)dx+\int_1^{\sqrt{2}} dy \int_0^{\sqrt{2-y^2}} f(x,y)dx$；

(4) $\int_1^2 dx \int_x^{3x} f(x,y)dy$.

25. 计算下列各积分：

(1) $\iint\limits_D y e^{\frac{xy}{2}} d\sigma$，$D$ 是由 $x=2, x=4, y=\ln 2$ 和 $y=\ln 3$ 所围成的区域；

(2) $\iint\limits_D x\sin(x+y)d\sigma$，$D$ 是由 $x=0, x=\pi, y=0$ 和 $y=\frac{\pi}{2}$ 所围成的区域；

(3) $\iint\limits_D (12x^2y^2+16x^3y^3)\mathrm{d}\sigma$, D 是由 $x=1$, $y=x^2$ 和 $y=-\sqrt{x}$ 所围成的区域；

(4) $\iint\limits_D \frac{x^2}{y^2}\mathrm{d}\sigma$, D 是由 $x=2$, $y=x$ 和 $xy=1$ 所围成的区域；

(5) $\iint\limits_D y^2\cos\frac{xy}{2}\mathrm{d}\sigma$, D 是由 $x=0$, $y=\sqrt{2\pi}$ 和 $y=2x$ 所围成的区域；

(6) $\iint\limits_D (x+6y)\mathrm{d}\sigma$, D 是由 $x=2$, $y=x$ 和 $y=2x$ 所围成的区域；

(7) $\iint\limits_D y\mathrm{d}\sigma$, D 是由 $y=0$, $y=x$ 和 $y=\sqrt{1-x^2}$ 所围成的在第一象限中的区域；

(8) $\iint\limits_D \sqrt{x^2+y^2}\mathrm{d}\sigma$, D 是圆周 $x^2+y^2=9$ 所围成的区域；

(9) $\iint\limits_D \mathrm{e}^{-(x^2+y^2)}\mathrm{d}\sigma$, D 是圆周 $x^2+y^2=1$ 所围成的区域；

(10) $\iint\limits_D \sin\sqrt{x^2+y^2}\mathrm{d}\sigma$, D 是 $x^2+y^2\leqslant 4\pi^2$, $x^2+y^2\geqslant\pi^2$ 的公共部分.

26. 计算下列曲线所围成的平面图形的面积：

(1) $x=1$, $y=x$ 和 $y=5x$；

(2) $y-x^2$ 和 $y=x+2$；

(3) $y=x$, $y=\sin x$ 和 $x=\pi$；

(4) $y^2-2y+x^2=0$, $y^2-4y+x^2=0$, $y=\sqrt{3}x$ 和 $y=\frac{\sqrt{3}}{3}x$.

27. 计算下列曲面所围成的立体的体积：

(1) $x=0$, $y=0$, $z=0$, $x+y+z=1$；

(2) $x=0$, $y=0$, $x+y=1$, $z=0$, $z=1+x+y$；

(3) $x=0$, $y=0$, $z=4$, $z=x^2+y^2$ 在第一卦限中的部分；

(4) $z=0$, $x+z=2$, $y=16\sqrt{2x}$, $y=\sqrt{2x}$.

第五章　无穷级数与常微分方程

无穷级数是一种重要的数学工具，它在表示函数、数值计算、求解微分方程等方面都起着重要的作用．它不仅对数学，而且对物理学、力学、生物学、经济学等学科的发展都有着重大的影响．

许多自然科学的定律只有通过微分方程才能得到比较精确的表达．因此，微分方程是数学联系实际的重要渠道之一．在自然科学、工程技术以及社会学、经济学等领域中都有着微分方程问题．微分方程是人们为解决科学问题必须精通的一种工具．

本章将分别介绍无穷级数的一些基本理论和简单应用以及常微分方程的基本概念和某些简单微分方程的解法．

§1　数项级数

无穷级数是一个与数列极限有着密切联系的概念．早在我国古代，数学家刘徽就运用无穷级数的思想计算过圆的面积，但是无穷级数的严谨的数学概念是在十九世纪初随着极限的概念一同建立起来的．下面给出它的定义：

设给定序列$\{y_n\}$：$y_1,y_2,\cdots,y_n,\cdots$．我们把形如

$$y_1+y_2+\cdots+y_n+\cdots \tag{1}$$

的式子称为一个**无穷级数**，简称为**级数**，记作$\sum_{n=1}^{\infty}y_n$．(1)式中的每一个元素称为**级数的项**，并称第n项y_n为级数的**一般项**(或**通项**)．

若级数的每一项都是常数，则称这种级数为**数项级数**，记作$\sum_{n=1}^{\infty}u_n$；若级数的每一项都是函数，则称这种级数为**函数项级数**，记

作 $\sum_{n=1}^{\infty} u_n(x)$. 本节先来讨论数项级数.

1.1 数项级数的基本概念与简单性质

对于给定的一个数项级数

$$u_1 + u_2 + \cdots + u_n + \cdots, \tag{2}$$

我们用 S_n 表示其前 n 项的和,即

$$S_n = u_1 + u_2 + \cdots + u_n = \sum_{k=1}^{n} u_k.$$

于是,令 $n=1,2,\cdots$ 就得到一个数列 $\{S_n\}$:

$$S_1, S_2, \cdots, S_n, \cdots,$$

称之为级数(2)的**前 n 项和数列**(或**部分和数列**).

定义 若级数 $\sum_{n=1}^{\infty} u_n$ 的部分和数列 $\{S_n\}$ 有极限存在,即

$$\lim_{n\to\infty} S_n = S,$$

则称级数 $\sum_{n=1}^{\infty} u_n$ **是收敛的**,并称 S 为级数 $\sum_{n=1}^{\infty} u_n$ 的**和**,记作

$$\sum_{n=1}^{\infty} u_n = u_1 + u_2 + \cdots + u_n + \cdots = S.$$

否则称级数 $\sum_{n=1}^{\infty} u_n$ 是**发散的**,发散的级数没有和.

当级数发散时,(2)式只是一种形式.

由上述定义可知,判断一个级数是收敛还是发散的,只要看它的部分和数列有没有极限就可以了.

例1 判断级数

$$\frac{1}{1\cdot 2} + \frac{1}{2\cdot 3} + \frac{1}{3\cdot 4} + \cdots + \frac{1}{n\cdot(n+1)} + \cdots$$

的敛散性.

解 用裂项法写出级数的部分和

$$S_n=\frac{1}{1\cdot 2}+\frac{1}{2\cdot 3}+\cdots+\frac{1}{n\cdot(n+1)}$$
$$=\left(1-\frac{1}{2}\right)+\left(\frac{1}{2}-\frac{1}{3}\right)+\cdots+\left(\frac{1}{n}-\frac{1}{n+1}\right)$$
$$=1-\frac{1}{n+1}.$$

由

$$\lim_{n\to\infty}S_n=\lim_{n\to\infty}\left(1-\frac{1}{n+1}\right)=1$$

得到级数 $\sum_{n=1}^{\infty}\frac{1}{n(n+1)}$ 收敛,其和为1.

例2 讨论几何级数(等比级数)

$$\sum_{n=1}^{\infty}ar^{n-1}=a+ar+ar^2+\cdots+ar^{n-1}+\cdots \tag{3}$$

的敛散性(其中 $a\neq 0$).

解 写出级数(3)的部分和

$$S_n=a+ar+\cdots+ar^{n-1}=\frac{a(1-r^n)}{1-r}.$$

下面我们分三种情况讨论它的敛散性.

(1) 当 $|r|<1$时,因为 $\lim_{n\to\infty}r^n=0$,

所以

$$\lim_{n\to\infty}S_n=\frac{a}{1-r}.$$

这时级数是收敛的.

(2) 当 $|r|>1$时,因为 $\lim_{n\to\infty}r^n=\infty$,所以 $\lim_{n\to\infty}S_n=\infty$,因而级数是发散的.

(3) 当 $r=1$时,$S_n=na$. 因为 $\lim_{n\to\infty}na=\infty$,所以级数是发散的.

当 $r=-1$时,级数可写成 $a-a+a-a+\cdots$. 因为

$$\lim_{n\to\infty}S_{2n}=0,\quad \lim_{n\to\infty}S_{2n+1}=a,$$

所以部分和数列$\{S_n\}$的极限不存在,因而级数是发散的.

综上所述，当$|r|<1$时级数$\sum\limits_{n=1}^{\infty}ar^{n-1}$收敛；当$|r|\geqslant 1$时级数$\sum\limits_{n=1}^{\infty}ar^{n-1}$发散.

例3 判断调和级数

$$\sum_{n=1}^{\infty}\frac{1}{n}=1+\frac{1}{2}+\cdots+\frac{1}{n}+\cdots$$

的敛散性.

解 考虑级数$\sum\limits_{n=1}^{\infty}\frac{1}{n}$的部分和，有

$$S_1=1,$$

$$S_2=1+\frac{1}{2},$$

$$S_{2^2}=S_4=1+\frac{1}{2}+\left(\frac{1}{3}+\frac{1}{4}\right)>1+\frac{1}{2}+\left(\frac{1}{4}+\frac{1}{4}\right)$$
$$=1+\frac{1}{2}+\frac{1}{2}=1+\frac{2}{2},$$

$$S_{2^3}=S_8=1+\frac{1}{2}+\left(\frac{1}{3}+\frac{1}{4}\right)+\left(\frac{1}{5}+\frac{1}{6}+\frac{1}{7}+\frac{1}{8}\right)$$
$$>1+\frac{1}{2}+\left(\frac{1}{4}+\frac{1}{4}\right)+\left(\frac{1}{8}+\frac{1}{8}+\frac{1}{8}+\frac{1}{8}\right)$$
$$=1+\frac{1}{2}+\frac{1}{2}+\frac{1}{2}=1+\frac{3}{2},$$

………………………………………….

一般地有

$$S_{2^n}\geqslant 1+\frac{n}{2},$$

…………….

所以当$n\to\infty$时，$1+\frac{n}{2}\to\infty$，从而$S_{2^n}\to\infty$，所以调和级数$\sum\limits_{n=1}^{\infty}\frac{1}{n}$是发散的.

下面给出数项级数几个简单性质：

1. 设级数 $\sum_{n=1}^{\infty} u_n$ 是收敛的，其和为 S，则级数 $\sum_{n=1}^{\infty} Cu_n$ 也是收敛的，其和为 CS. 即对收敛的级数有

$$\sum_{n=1}^{\infty} Cu_n = C \sum_{n=1}^{\infty} u_n.$$

证明　已知级数 $\sum_{n=1}^{\infty} u_n$ 是收敛的，所以 $S = \lim_{n\to\infty} \sum_{k=1}^{n} u_k$. 考虑 $\sum_{n=1}^{\infty} Cu_n$ 的部分和

$$S_n = \sum_{k=1}^{n} Cu_k.$$

令 $n\to\infty$，在上式的两端取极限

$$\lim_{n\to\infty} S_n = \lim_{n\to\infty} \sum_{k=1}^{n} Cu_k = C \lim_{n\to\infty} \sum_{k=1}^{n} u_k = CS.$$

上式说明级数 $\sum_{n=1}^{\infty} Cu_n$ 是收敛的，其和为 CS.

2. 设级数 $\sum_{n=1}^{\infty} u_n$ 与 $\sum_{n=1}^{\infty} v_n$ 都是收敛的，其和分别为 A 与 B，则级数 $\sum_{n=1}^{\infty} (u_n \pm v_n)$ 也是收敛的，且其和为 $A\pm B$.

证明　已知级数 $\sum_{n=1}^{\infty} u_n$ 与 $\sum_{n=1}^{\infty} v_n$ 都是收敛的，所以

$$A = \lim_{n\to\infty} \sum_{k=1}^{n} u_k, \qquad B = \lim_{n\to\infty} \sum_{k=1}^{n} v_k.$$

考虑级数 $\sum_{n=1}^{\infty} (u_n \pm v_n)$ 的部分和

$$S_n = \sum_{k=1}^{n} (u_k \pm v_k) = \sum_{k=1}^{n} u_k \pm \sum_{k=1}^{n} v_k.$$

令 $n\to\infty$，在上式的两端取极限

$$\lim_{n\to\infty} S_n = \lim_{n\to\infty}\sum_{k=1}^{n}(u_k \pm v_k)$$

$$= \lim_{n\to\infty}\sum_{k=1}^{n}u_k \pm \lim_{n\to\infty}\sum_{k=1}^{n}v_k = A \pm B.$$

这表明级数 $\sum_{n=1}^{\infty}(u_n \pm v_n)$收敛,且其和为 $A\pm B$.

3. 对收敛级数加括号后所组成的新级数仍然收敛于原级数的和. 反之不真.

事实上,加括号后所成的级数的部分和数列是原级数部分和数列的一部分,所以与原级数的部分和数列有相同的极限. 即新的级数收敛于原级数的和.

下面举例说明,级数是发散的,加括号后可能收敛. 例如,级数 $1-1+1-1+\cdots$是发散的,但加上括号后的级数$(1-1)+(1-1)+\cdots$却是收敛的.

推论 若加括号后所成的新级数发散,则原级数发散.

4. 级数

$$\sum_{n=1}^{\infty}u_n = u_1 + u_2 + \cdots + u_n + \cdots$$

收敛的必要条件是

$$\lim_{n\to\infty}u_n = 0.$$

证明 令

$$\sum_{n=1}^{\infty}u_n = S,$$

因为级数 $\sum_{n=1}^{\infty}u_n$ 收敛,所以 $\lim_{n\to\infty}S_n = S$ 且 $\lim_{n\to\infty}S_{n-1} = S$. 由

$$S_n = u_1 + u_2 + \cdots + u_{n-1} + u_n = S_{n-1} + u_n$$

故

$$u_n = S_n - S_{n-1}.$$

于是有 $$\lim_{n\to\infty}u_n = \lim_{n\to\infty}(S_n - S_{n-1}) = S - S = 0.$$

推论　若级数的一般项 u_n 不趋向零(包括 u_n 没有极限或虽有极限但不为0),则级数 $\sum_{n=1}^{\infty} u_n$ 发散.

例如级数

$$\frac{1}{101}+\frac{2}{201}+\cdots+\frac{n}{100n+1}+\cdots$$

的一般项 $u_n=\frac{n}{100n+1}\to\frac{1}{100}\neq 0(n\to\infty)$,所以此级数是发散的.

注意,一般项趋向于零的级数不一定收敛.例如调和级数,它的一般项 $u_n=\frac{1}{n}\to 0(n\to\infty)$,但调和级数却是发散的.

前面我们给出了级数收敛的定义以及级数收敛的必要条件.我们可以由一般项不趋于零来判断级数是发散的,也可以根据级数的部分和数列的极限是否存在来判断级数的敛散性.但是,一般来说,直接求级数的部分和数列 $\{S_n\}$ 的极限是不容易的.因此需要根据级数本身的特性找出一些判断级数敛散的方法.

下面我们分别介绍正项级数与交错级数的收敛判别法.

1.2　正项级数

给定一个级数 $\sum_{n=1}^{\infty} u_n$,如果它的每一项都是非负的,即

$$u_n\geqslant 0\quad (n=1,2,\cdots),$$

则称级数 $\sum_{n=1}^{\infty} u_n$ 为正项级数.

显然,正项级数的部分和 S_n 满足:$S_{n+1}-S_n=u_{n+1}\geqslant 0$,因而有 $S_{n+1}\geqslant S_n(n=1,2,\cdots)$,即正项级数的部分和数列 $\{S_n\}$ 是不减的.根据单调数列极限存在的准则可知,当 $\{S_n\}$ 有上界时,就收敛;当 $\{S_n\}$ 无上界时,就发散.由级数收敛的定义得到

定理1(正项级数收敛准则)　正项级数收敛 的充要条件是它的部分和数列有上界.

应用正项级数的收敛准则,可以得到下面的收敛判别法.

定理2（比较判别法） 设 $\sum_{n=1}^{\infty}u_n$ 与 $\sum_{n=1}^{\infty}v_n$ 是两个正项级数，并且 $v_n \geqslant u_n \geqslant 0 (n=1,2,\cdots)$，

(1) 若 $\sum_{n=1}^{\infty}v_n$ 收敛，则 $\sum_{n=1}^{\infty}u_n$ 收敛；

(2) 若 $\sum_{n=1}^{\infty}u_n$ 发散，则 $\sum_{n=1}^{\infty}v_n$ 发散.

证明 (1) 根据假设

$$u_k \leqslant v_k \quad (k \geqslant 1),$$

所以

$$S_n = \sum_{k=1}^{n}u_k \leqslant \sum_{k=1}^{n}v_k.$$

因为正项级数 $\sum_{n=1}^{\infty}v_n$ 是收敛的，设

$$\sum_{n=1}^{\infty}v_n = S,$$

从而

$$S_n = \sum_{k=1}^{n}u_k \leqslant \sum_{k=1}^{n}v_k \leqslant \sum_{n=1}^{\infty}v_n = S.$$

根据定理1，正项级数 $\sum_{n=1}^{\infty}u_n$ 是收敛的.

(2) 反证法. 如果正项级数 $\sum_{n=1}^{\infty}v_n$ 收敛，那么由已经证明的(1)可以推断，正项级数 $\sum_{n=1}^{\infty}u_n$ 也是收敛的. 这与已知正项级数 $\sum_{n=1}^{\infty}u_n$ 是发散的相矛盾，所以正项级数 $\sum_{n=1}^{\infty}v_n$ 不能收敛，一定是发散的.

比较判别法指出，判断一个正项级数是否收敛，可以拿它与一个敛散性已知的正项级数比较，从而得出结论.

例4 讨论 p-级数：

$$\sum_{n=1}^{\infty}\frac{1}{n^p}=1+\frac{1}{2^p}+\frac{1}{3^p}+\cdots+\frac{1}{n^p}+\cdots(p>0) \qquad (4)$$

的敛散性.

我们分 $p=1, p>1, 0<p<1$ 三种情形讨论:

(1) 当 $p=1$ 时,p-级数就是调和级数 $\sum_{n=1}^{\infty}\frac{1}{n}$,在例3中已讨论过,它是发散的.

(2) 当 $0<p<1$ 时,级数的每一项都大于调和级数的对应项,即

$$u_n=\frac{1}{n^p}>\frac{1}{n}.$$

已知调和级数 $\sum_{n=1}^{\infty}\frac{1}{n}$ 是发散的,由比较法可知 $\sum_{n=1}^{\infty}\frac{1}{n^p}$ 是发散的.

(3) 当 $p>1$ 时,依次把级数(4)的1项、2项、4项、8项,…分别括在一起,

$$\begin{aligned}&1+\left(\frac{1}{2^p}+\frac{1}{3^p}\right)+\left(\frac{1}{4^p}+\frac{1}{5^p}+\frac{1}{6^p}+\frac{1}{7^p}\right)\\&+\left(\frac{1}{8^p}+\cdots+\frac{1}{15^p}\right)+\cdots.\end{aligned} \qquad (5)$$

显然,它的各项小于下述级数对应的各项:

$$\begin{aligned}&1+\left(\frac{1}{2^p}+\frac{1}{2^p}\right)+\left(\frac{1}{4^p}+\cdots+\frac{1}{4^p}\right)+\left(\frac{1}{8^p}+\cdots+\frac{1}{8^p}\right)+\cdots\\&=1+\frac{1}{2^{p-1}}+\left(\frac{1}{2^{p-1}}\right)^2+\left(\frac{1}{2^{p-1}}\right)^3+\cdots.\end{aligned} \qquad (6)$$

级数(6)是一个以 $\frac{1}{2^{p-1}}<1$ 为公比的几何级数,故它是收敛的. 由比较判别法可知级数(5)也是收敛的. 由于收敛的正项级数去括号后仍是收敛的,故 p-级数($p>1$)是收敛的.

通过上面的讨论,我们得到当 $p>1$ 时级数 $\sum_{n=1}^{\infty}\frac{1}{n^p}$ 收敛;当 $p\leqslant 1$ 时 $\sum_{n=1}^{\infty}\frac{1}{n^p}$ 发散. 例如

$$\sum_{n=1}^{\infty}\frac{1}{n^2}=1+\frac{1}{2^2}+\frac{1}{3^2}+\cdots$$

是 $p=2$的 p-级数.因而是收敛的;而

$$\sum_{n=1}^{\infty}\frac{1}{\sqrt{n}}=1+\frac{1}{\sqrt{2}}+\frac{1}{\sqrt{3}}+\cdots$$

是 $p=1/2$的 p-级数,因而它是发散的.

p-级数与几何级数都是非常重要的数项级数.在判别级数的敛散性时经常要用到它们.例如,可用 p-级数来讨论例1.对于级数

$$\sum_{n=1}^{\infty}\frac{1}{n(n+1)}=\frac{1}{1\cdot 2}+\frac{1}{2\cdot 3}+\frac{1}{3\cdot 4}+\cdots$$

的每一项都有$\frac{1}{n(n+1)}<\frac{1}{n^2}$.由比较法得知 $\sum_{n=1}^{\infty}\frac{1}{n(n+1)}$是收敛的.

定理3(比值判别法) 设 $\sum_{n=1}^{\infty}u_n$ 是一个正项级数,并且 $\lim_{n\to\infty}\frac{u_{n+1}}{u_n}=\rho$ (或$+\infty$),

(1) 若 $\rho<1$,则 $\sum_{n=1}^{\infty}u_n$ 收敛;

(2) 若 $\rho>1$(或 $\lim_{n\to\infty}\frac{u_{n+1}}{u_n}=+\infty$) ,则 $\sum_{n=1}^{\infty}u_n$ 发散.

这个判别法又称为达朗贝尔(D'Alembert)判别法.

证明 (1) 当 $\rho<1$时,取 $\varepsilon>0$,使得 $r=\rho+\varepsilon<1$. 对于这个 $\varepsilon>0$,根据 $\lim_{n\to\infty}\frac{u_{n+1}}{u_n}=\rho$, 总可找到 $N>0$,使得当 $n\geqslant N$ 时,有

$$\frac{u_{n+1}}{u_n}<\rho+\varepsilon=r,$$

即

$$u_{n+1}<ru_n.$$

于是让 $n=N+1,N+2,\cdots$,就得到以下的一系列不等式:

$$u_{N+1}<ru_N,$$

$$u_{N+2}<ru_{N+1}<r^2u_N,$$

$$\cdots\cdots\cdots\cdots$$

$$u_{N+l}<r^lu_N,$$

$$\cdots\cdots\cdots\cdots.$$

因此级数

$$u_N+ru_N+r^2u_N+\cdots+r^lu_N+\cdots \tag{7}$$

的每一项分别大于或等于级数

$$u_N+u_{N+1}+u_{N+2}+\cdots+u_{N+l}+\cdots \tag{8}$$

的对应项. 由于级数(7)是公比 $r<1$的几何级数,故它是收敛的. 由比较判别法可知级数(8)也是收敛的. 由于在一个收敛级数的前面加上有限项,得到的级数仍然是收敛的. 故

$$u_1+u_2+\cdots+u_N+u_{N+1}+u_{N+2}+\cdots$$

是收敛的.

(2) 当 $\rho>1$时,取 $\varepsilon>0$,使得 $\rho-\varepsilon>1$. 因为

$$\lim_{n\to\infty}\frac{u_{n+1}}{u_n}=\rho,$$

所以,根据极限定义存在一个 $N>0$,使得当 $n>N$ 时,就有

$$\frac{u_{n+1}}{u_n}>\rho-\varepsilon>1,$$

即

$$u_{n+1}>u_n.$$

可见当 $n>N$ 时,$\{u_n\}$是单调递增的,从而

$$\lim_{n\to\infty}u_n\neq 0.$$

由数项级数的性质4可知,级数 $\sum_{n=1}^{\infty}u_n$ 是发散的.

对于 $\lim_{n\to\infty}\frac{u_{n+1}}{u_n}=+\infty$的情形,证明是相同的.

注意当 $\rho=1$时,不能根据比值判别法判断级数的敛散性. 例

如对于 p-级数，有

$$\lim_{n\to\infty}\frac{u_{n+1}}{u_n}=\lim_{n\to\infty}\frac{\frac{1}{(n+1)^p}}{\frac{1}{n^p}}=\lim_{n\to\infty}\left(\frac{n}{n+1}\right)^p=1\quad(p>0).$$

我们知道：当 $p\leqslant1$时级数是发散的；当 $p>1$时级数是收敛的.

例5 判断级数

$$\sum_{n=1}^{\infty}\frac{n^3}{3^n}=\frac{1}{3}+\frac{2^3}{3^2}+\frac{3^3}{3^3}+\cdots$$

的敛散性.

解 由 $u_n=\frac{n^3}{3^n},\quad u_{n+1}=\frac{(n+1)^3}{3^{n+1}}$，得到

$$\lim_{n\to\infty}\frac{u_{n+1}}{u_n}=\lim_{n\to\infty}\frac{\frac{(n+1)^3}{3^{n+1}}}{\frac{n^3}{3^n}}=\frac{1}{3}\lim_{n\to\infty}\left(\frac{n+1}{n}\right)^3$$

$$=\frac{1}{3}<1.$$

根据比值判别法可知，级数 $\sum_{n=1}^{\infty}\frac{n^3}{3^n}$是收敛的.

例6 判断级数

$$\sum_{n=1}^{\infty}\frac{n!}{3^n}=\frac{1}{3}+\frac{2}{3^2}+\frac{6}{3^3}+\cdots$$

的敛散性.

解 由 $u_n=\frac{n!}{3^n},\quad u_{n+1}=\frac{(n+1)!}{3^{n+1}}$，得到

$$\lim_{n\to\infty}\frac{u_{n+1}}{u_n}=\lim_{n\to\infty}\frac{\frac{(n+1)!}{3^{n+1}}}{\frac{n!}{3^n}}$$

$$=\lim_{n\to\infty}\frac{n+1}{3}=+\infty.$$

根据比值判别法可知，级数 $\sum_{n=1}^{\infty}\frac{n!}{3^n}$ 是发散的.

例7 讨论级数

$$\sum_{n=1}^{\infty}\frac{x^n}{n} \quad (x>0)$$

的敛散性.

解 由 $u_n=\frac{x^n}{n}$，$u_{n+1}=\frac{x^{n+1}}{n+1}$，得到

$$\lim_{n\to\infty}\frac{u_{n+1}}{u_n}=\lim_{n\to\infty}\frac{\frac{x^{n+1}}{n+1}}{\frac{x^n}{n}}$$

$$=\lim_{n\to\infty}\frac{n}{n+1}x=x.$$

根据比值判别法可知，当 $0<x<1$ 时，级数 $\sum_{n=1}^{\infty}\frac{x^n}{n}$ 是收敛的；当 $x\geqslant 1$ 时，级数 $\sum_{n=1}^{\infty}\frac{x^n}{n}$ 是发散的.

判别正项级数的敛散性除了比较判别法与比值判别法外，还有根值判别法，积分判别法等等. 在这里我们不一一介绍了.

1.3 交错级数

给定一个级数 $\sum_{n=1}^{\infty}u_n$，如果它的各项是正负相间的，即

$$u_n=(-1)^{n+1}a_n \quad (a_n>0; n=1,2,\cdots),$$

则称级数 $\sum_{n=1}^{\infty}(-1)^{n+1}a_n$ 为**交错级数**.

例如：

$$1-1+1-1+1-1+\cdots$$

$$1-\frac{1}{2}+\frac{1}{3}-\frac{1}{4}+\cdots$$

等等都是交错级数. 对于交错级数，有一个很简单的判别法——莱

布尼兹判别法.

定理4（莱布尼兹判别法） 若交错级数 $\sum_{n=1}^{\infty}(-1)^{n+1}a_n(a_n>0;$ $n=1,2,\cdots)$满足：

(1) $a_n \geqslant a_{n+1}>0 \quad (n=1,2,\cdots)$,

(2) $\lim_{n\to\infty} a_n = 0$,

则级数 $\sum_{n=1}^{\infty}(-1)^{n+1}a_n$ 收敛，并且其和$0\leqslant S\leqslant a_1$.

证明 由级数的收敛定义，只要证明部分和数列$\{S_n\}$收敛即可，为此我们先证明$\{S_{2n}\}$极限存在，然后证明$\{S_{2n+1}\}$的极限也存在，并且这两个极限相等.

$$S_{2n}=(a_1-a_2)+(a_3-a_4)+\cdots+(a_{2n-1}-a_{2n}).$$

由 $a_n\geqslant a_{n+1}$，即 $a_n-a_{n+1}\geqslant 0 \quad (n=1,2,\cdots)$可知，$\{S_{2n}\}$是单调递增的. 将 S_{2n}改写为

$$S_{2n}=a_1-(a_2-a_3)-(a_4-a_5)-\cdots-(a_{2n-2}-a_{2n-1})-a_{2n}.$$

故有 $S_{2n}\leqslant a_1$，可见$\{S_{2n}\}$是一个单调递增且有上界的数列，因此 $\lim_{n\to\infty}S_{2n}$ 存在. 设此极限为 S，则

$$\lim_{n\to\infty}S_{2n}=S\leqslant a_1.$$

又由于 $\lim_{n\to\infty}a_n=0$，可知

$$\begin{aligned}\lim_{n\to\infty}S_{2n+1}&=\lim_{n\to\infty}(S_{2n}+a_{2n+1})\\&=\lim_{n\to\infty}S_{2n}+\lim_{n\to\infty}a_{2n+1}\\&=\lim_{n\to\infty}S_{2n}=S.\end{aligned}$$

由
$$\lim_{n\to\infty}S_{2n}=\lim_{n\to\infty}S_{2n+1}=S,$$
可得
$$\lim_{n\to\infty}S_n=S \quad 且\ S\leqslant a_1.$$

这就证明了交错级数 $\sum_{n=1}^{\infty}(-1)^{n+1}a_n$ 收敛，并且其和 $S\leqslant a_1$.

例8 判断级数

$$\sum_{n=1}^{\infty}(-1)^{n+1}\frac{1}{n}=1-\frac{1}{2}+\frac{1}{3}-\frac{1}{4}+\cdots$$

的敛散性.

解 因为 $a_n=\frac{1}{n}>\frac{1}{n+1}=a_{n+1}>0(n=1,2,\cdots)$,并且

$$\lim_{n\to\infty}\frac{1}{n}=0$$

根据莱布尼兹判别法可知,级数 $\sum\limits_{n=1}^{\infty}(-1)^{n+1}\frac{1}{n}$是收敛的,并且其和 $S\leqslant 1$.

1.4 任意项级数

下面我们来讨论一般的任意项级数的敛散性. 所谓任意项级数是指级数的各项可以随意地取正数、负数或零. 首先引进绝对收敛与条件收敛两个概念.

定义 若任意项级数 $\sum\limits_{n=1}^{\infty}u_n$ 的各项取绝对值所成的级数 $\sum\limits_{n=1}^{\infty}|u_n|$ 收敛,则称 级数 $\sum\limits_{n=1}^{\infty}u_n$ 是**绝对收敛的**;若 $\sum\limits_{n=1}^{\infty}|u_n|$发散,而级数 $\sum\limits_{n=1}^{\infty}u_n$ 收敛,则称级数 $\sum\limits_{n=1}^{\infty}u_n$ 是**条件收敛的**.

例如,级数 $\sum\limits_{n=1}^{\infty}(-1)^{n+1}\frac{1}{n}$是收敛的,但各项取绝对值所成的级数

$$\sum_{n=1}^{\infty}\left|(-1)^{n+1}\frac{1}{n}\right|=1+\frac{1}{2}+\cdots+\frac{1}{n}+\cdots$$

是发散的,因而级数 $\sum\limits_{n=1}^{\infty}(-1)^{n+1}\frac{1}{n}$是条件收敛. 又如,级数 $\sum\limits_{n=1}^{\infty}(-1)^{n+1}\frac{1}{n^2}$各项取绝对值所成级数

$$\sum_{n=1}^{\infty}\left|(-1)^{n+1}\frac{1}{n^2}\right|=1+\frac{1}{2^2}+\cdots+\frac{1}{n^2}+\cdots$$

是收敛的，因而级数 $\sum\limits_{n=1}^{\infty}(-1)^{n+1}\frac{1}{n^2}$是绝对收敛的.

定理5 若级数 $\sum\limits_{n=1}^{\infty}u_n$ 绝对收敛，则 $\sum\limits_{n=1}^{\infty}u_n$ 也收敛.

证明 令

$$v_n=\frac{1}{2}(u_n+|u_n|)=\begin{cases}u_n & (u_n\geqslant 0),\\ 0 & (u_n<0)\end{cases}\quad(n=1,2,\cdots)$$

于是
$$|u_n|\geqslant v_n\geqslant 0\qquad(n=1,2,\cdots).$$

由 $\sum\limits_{n=1}^{\infty}|u_n|$收敛，根据正项级数的比较判别法，可知级数 $\sum\limits_{n=1}^{\infty}v_n$ 是收敛的.

考虑到
$$u_n=2v_n-|u_n|,$$

根据级数基本性质1和2，可知级数 $\sum\limits_{n=1}^{\infty}u_n$ 是收敛的.

根据定理5，判断任意一个级数 $\sum\limits_{n=1}^{\infty}u_n$ 的敛散性，可以先判断它是否绝对收敛. 如果 $\sum\limits_{n=1}^{\infty}|u_n|$收敛，则 $\sum\limits_{n=1}^{\infty}u_n$ 也收敛. 这样一来，我们可以借助于正项级数的判别法来判断任意项级数的敛散性了. 但是，当级数 $\sum\limits_{n=1}^{\infty}|u_n|$发散时，不能由此推出级数 $\sum\limits_{n=1}^{\infty}u_n$ 也发散.

例9 判断级数

$$\sum_{n=1}^{\infty}\frac{\sin na}{n^2}\quad(a\text{ 为常数})$$

的敛散性.

解 因为

$$\left|\frac{\sin na}{n^2}\right|\leqslant\frac{1}{n^2}\quad(n=1,2,\cdots),$$

并且级数 $\sum_{n=1}^{\infty}\frac{1}{n^2}$ 是收敛的，由正项级数的比较判别法可知级数

$$\sum_{n=1}^{\infty}\left|\frac{\sin na}{n^2}\right|$$

收敛，从而级数

$$\sum_{n=1}^{\infty}\frac{\sin na}{n^2}$$

收敛.

给定一个级数，如何判断它的敛散性呢？一般来说可以按下面的步骤进行判断：

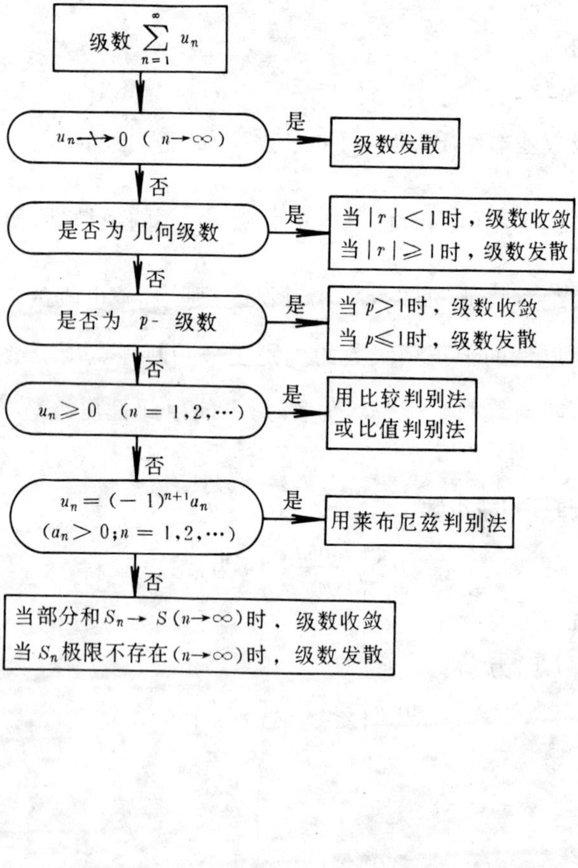

§2 幂 级 数

2.1 幂级数及其收敛半径

幂级数是最简单也是很重要的一类函数项级数. 幂级数的一般形式如下：

$$a_0 + a_1(x - x_0) + a_2(x - x_0)^2 + \cdots + a_n(x - x_0)^n + \cdots,$$

其中 x 是自变量，x_0 与 $a_0, a_1, \cdots, a_n, \cdots$ 都是常数. 经过变换 $y = x - x_0$ 后，上面的级数就可化成下面的形式：

$$a_0 + a_1 y + a_2 y^2 + \cdots + a_n y^n + \cdots.$$

因此，不失一般性，我们以后只讨论下面形式的幂级数：

$$\sum_{n=0}^{\infty} a_n x^n = a_0 + a_1 x + a_2 x^2 + \cdots + a_n x^n + \cdots \tag{1}$$

容易看出(1)式在区间$(-\infty, +\infty)$内是有定义的. 对于每一个固定的点 $x = x_0$，(1)式为数项级数

$$\sum_{n=0}^{\infty} a_n x_0^n = a_0 + a_1 x_0 + a_2 x_0^2 + \cdots + a_n x_0^n + \cdots.$$

它可能是收敛的，也可能是发散的. 所以我们研究幂级数时，首先要讨论 x 取哪些值时级数收敛，取哪些值时发散.

可以证明，对于任何幂级数 $\sum\limits_{n=0}^{\infty} a_n x^n$ 都存在着一个 $R \geqslant 0$.

(1) 若 $R = 0$，幂级数仅在点 $x = 0$ 处收敛，而当 $x \neq 0$ 时，幂级数发散.

(2) 若 $R = +\infty$，幂级数在$(-\infty, +\infty)$内收敛；

(3) 若$0 < R < +\infty$，当 $|x| < R$ 时幂级数收敛，当 $|x| > R$ 时幂级数发散.（当 $|x| = R$ 时可能收敛，也可能发散.）

我们称 R 为幂级数(1)的**收敛半径**，并称$(-R, R)$**为收敛区间**.

下面我们来讨论幂级数 $\sum_{n=0}^{\infty} a_n x^n$ 的收敛区间. 将幂级数的各项取绝对值,得到

$$\sum_{n=0}^{\infty} |a_n x^n| = |a_0| + |a_1 x| + \cdots + |a_n x^n| + \cdots. \tag{2}$$

设幂级数的系数满足

$$\lim_{n\to\infty} \left| \frac{a_{n+1}}{a_n} \right| = l,$$

于是

(1) 若 $l \neq 0$,则 $\lim_{n\to\infty} \left| \frac{a_{n+1}x^{n+1}}{a_n x^n} \right| = l|x|$,根据正项级数的比值判别法,当 $l|x|<1$,即当 $|x|<\frac{1}{l}$时,级数(2)是收敛的,因而幂级数(1)绝对收敛. 当 $l|x|>1$,即当 $|x|>\frac{1}{l}$时,级数(2)的一般项 $|a_n x^n| \not\to 0 (n\to\infty)$,所以 $a_n x^n \not\to 0 (n\to\infty)$,因而幂级数(1)发散. 于是收敛半径 $R=\frac{1}{l}$.

(2) 若 $l=0$,则对一切 x 有

$$\lim_{n\to\infty} \left| \frac{a_{n+1}x^{n+1}}{a_n x^n} \right| = 0,$$

根据正项级数的比值判别法,级数(2)是收敛的,因而幂级数(1)绝对收敛,于是收敛半径 $R=+\infty$.

(3) 若 $l=+\infty$,则当 $x\neq 0$时,级数(2)的一般项 $|a_n x^n| \not\to 0 (n\to\infty)$,所以 $a_n x^n \not\to 0 (n\to\infty)$,因而幂级数(1)发散;当 $x=0$时幂级数(1)收敛,于是收敛半径 $R=0$.

例1 求幂级数

$$\sum_{n=1}^{\infty} (-1)^{n+1} \frac{x^n}{n} = x - \frac{x^2}{2} + \cdots + (-1)^{n+1}\frac{x^n}{n} + \cdots.$$

的收敛区间.

解 由

$$\left|\frac{a_{n+1}}{a_n}\right| = \frac{n}{n+1} \to 1 = l \quad (n \to \infty),$$

可知此级数的收敛半径 $R=\frac{1}{l}=1$. 在 $x=1$处,级数 $\sum_{n=1}^{\infty}(-1)^{n+1}\frac{1}{n}$ 是收敛的;在 $x=-1$处,级数 $\sum_{n=1}^{\infty}(-1)^{n+1}\frac{(-1)^n}{n}=\sum_{n=1}^{\infty}\left(-\frac{1}{n}\right)$是发散的. 所以幂级数 $\sum_{n=1}^{\infty}(-1)^{n+1}\frac{x^n}{n}$的收敛区间为$(-1,1]$.

例2 求幂级数

$$\sum_{n=0}^{\infty}\frac{x^n}{n!} = 1 + x + \frac{x^2}{2!} + \cdots + \frac{x^n}{n!} + \cdots$$

的收敛区间.

解 由

$$\left|\frac{a_{n+1}}{a_n}\right| = \frac{1}{n+1} \to 0 = l \quad (n \to \infty),$$

可知此级数的收敛半径 $R=+\infty$,即幂级数 $\sum_{n=0}^{\infty}\frac{x^n}{n!}$在区间$(-\infty,+\infty)$内收敛.

在幂级数(1)的收敛区间上的任意一点 x 处,幂级数(1)都是一个收敛的数项级数. 每一个数项级数对应有一个确定的和 S,因而在收敛区间上,幂级数(1)的和是 x 的函数 $S(x)$. 称 $S(x)$为幂级数(1)的**和函数**. 记作

$$S(x) = \sum_{n=0}^{\infty} a_n x^n.$$

和函数 $S(x)$的定义域就是幂级数的收敛区间. 例如在区间$(-2,2)$内,有

$$1 + \frac{x}{2} + \frac{x^2}{4} + \cdots + \frac{x^n}{2^n} + \cdots = \frac{2}{2-x}.$$

在幂级数的收敛域上,可用(1)的前 $n+1$项和:

$$S_{n+1}(x) = \sum_{k=0}^{n} a_k x^k$$

来近似地表示和函数 $S(x)$. 这时 $S(x)$ 与 $S_{n+1}(x)$ 的差

$$R_n(x)=S(x)-S_{n+1}(x)=a_{n+1}x^{n+1}+a_{n+2}x^{n+2}+\cdots$$

叫做幂级数(1)的**余项**.

2.2 幂级数的运算

设有两个幂级数:

$$a_0+a_1x+a_2x^2+\cdots+a_nx^n+\cdots=f(x),\quad x\in(-A,A),$$
$$b_0+b_1x+b_2x^2+\cdots+b_nx^n+\cdots=g(x),\quad x\in(-B,B).$$

为了讨论方便起见,不妨假设 $A\leqslant B$. 于是在 $(-A,A)$ 内可以进行下列运算.

1. 加法与减法

$$\begin{aligned}&(a_0+a_1x+a_2x^2+\cdots+a_nx^n+\cdots)\\&\qquad\pm(b_0+b_1x+b_2x^2+\cdots+b_nx^n+\cdots)\\&\quad=(a_0\pm b_0)+(a_1\pm b_1)x+(a_2\pm b_2)x^2+\cdots\\&\qquad+(a_n\pm b_n)x^n+\cdots.\end{aligned}$$

在 $(-A,A)$ 内的任意一点 x 处,根据数项级数的基本性质2允许两个幂级数相加或相减.

2. 乘法

$$\begin{aligned}&(a_0+a_1x+\cdots+a_nx^n+\cdots)(b_0+b_1x+\cdots+b_nx^n+\cdots)\\&\quad=a_0b_0+(a_0b_1+a_1b_0)x+(a_0b_2+a_1b_1+a_2b_0)x^2\\&\qquad+\cdots+(a_0b_n+a_1b_{n-1}+\cdots+a_nb_0)x^n+\cdots.\end{aligned}$$

3. 逐项微商

对于级数

$$f(x)=\sum_{n=0}^{\infty}a_nx^n=a_0+a_1x+a_2x^2+\cdots+a_nx^n+\cdots$$

在 $(-A,A)$ 内有

$$f'(x)=\sum_{n=0}^{\infty}(a_nx^n)'=a_1+2a_2x+3a_3x^2+\cdots+na_nx^{n-1}+\cdots.$$

级数 $\sum_{n=0}^{\infty}(a_nx^n)'$ 与 $\sum_{n=0}^{\infty}a_nx^n$ 有相同的收敛半径.

由性质3可以看出,幂级数 $\sum_{n=0}^{\infty}a_nx^n$ 在其收敛区间$(-A,A)$内逐项微商后所得的幂级数仍在区间$(-A,A)$内收敛,这样我们把所得的结果再逐项微商,如此继续下去,可知幂级数的和函数 $f(x)$ 在其收敛区间$(-A,A)$内有任意阶导数.

4. 逐项积分

对于级数

$$f(x)=\sum_{n=0}^{\infty}a_nx^n=a_0+a_1x+a_2x^2+\cdots+a_nx^n+\cdots$$

在$(-A,A)$内有

$$\begin{aligned}\int_0^x f(x)\mathrm{d}x&=\sum_{n=0}^{\infty}\int_0^x a_nx^n\mathrm{d}x\\&=a_0x+\frac{a_1}{2}x^2+\frac{a_2}{3}x^3+\cdots+\frac{a_n}{n+1}x^{n+1}+\cdots.\end{aligned}$$

级数 $\sum_{n=0}^{\infty}a_nx^n$ 与 $\sum_{n=0}^{\infty}\int_0^x a_nx^n\mathrm{d}x$ 有相同的收敛半径.

例3 求幂级数$1+2x+3x^2+\cdots+nx^{n-1}+\cdots$的和.

解 不难看出此幂级数是对 $x+x^2+\cdots+x^n+\cdots$ 逐项微商而得到的. 已知

$$x+x^2+\cdots+x^n+\cdots=\frac{x}{1-x},\quad x\in(-1,1),$$

所以

$$\begin{aligned}&1+2x+3x^2+\cdots+nx^{n-1}+\cdots\\&\quad=(x)'+(x^2)'+(x^3)'+\cdots+(x^n)'+\cdots\\&\quad=\left(\frac{x}{1-x}\right)'=\frac{1}{(1-x)^2},\quad x\in(-1,1).\end{aligned}$$

例4 求幂级数 $x-\frac{x^3}{3}+\frac{x^5}{5}-\frac{x^7}{7}+\cdots$的和.

解 这个级数是通过对$1-x^2+x^4-x^6+\cdots$逐项积分而得到

的. 已知

$$1 - x^2 + x^4 - x^6 + \cdots = \frac{1}{1 + x^2}, \quad x \in (-1,1),$$

所以

$$x - \frac{x^3}{3} + \frac{x^5}{5} - \frac{x^7}{7} + \cdots$$

$$= \int_0^x \frac{1}{1 + t^2} \mathrm{d}t = \operatorname{arc\,tg} x, \quad x \in (-1,1).$$

§3　函数的幂级数展开式

在上一节里我们讨论了幂级数的收敛区间和它的一些重要性质,本节要研究幂级数的一个重要的应用,这就是用幂级数来表示函数. 我们知道,幂级数的和函数在其收敛区间内有任意阶导数. 现在来考虑这样一个问题:具有任意阶导数的函数能否用一个幂级数来表示它. 下面我们先来介绍麦克劳林(Maclaurin)级数,然后讨论函数的幂级数展开式.

3.1　麦克劳林级数

设函数 $f(x)$ 在 $x=0$ 的邻域 $N(0)$ 内有任意阶导数. 如果存在着这样的一个幂级数 $\sum\limits_{n=0}^{\infty} a_n x^n$ 能够用它来表示函数 $f(x)$,即

$$f(x) = a_0 + a_1 x + a_2 x^2 + \cdots + a_n x^n + \cdots \tag{1}$$

那么这个幂级数的系数 $a_n(n=0,1,2,\cdots)$ 应该是由 $f(x)$ 所确定的. 由幂级数的逐项微商的性质,我们对(1)式两端求各阶微商,有

$$f'(x) = a_1 + 2a_2 x + \cdots + n a_n x^{n-1} + \cdots;$$

$$f''(x) = 2a_2 + 3 \cdot 2 a_3 x + \cdots + n(n-1) a_n r^{n-2} + \cdots;$$

……………………………………………

$$f^{(n)}(x) = n! a_n + (n+1) \cdot n \cdots 3 \cdot 2 a_{n+1} x + \cdots;$$

……………

在(1)式及上面各式中,令 $x=0$,便可得出

$$\left.\begin{aligned} &a_0=f(0), \qquad a_1=f'(0), \\ &a_2=\frac{f''(0)}{2!}, \qquad \cdots\cdots, \\ &a_n=\frac{f^{(n)}(0)}{n!}, \qquad \cdots\cdots. \end{aligned}\right\} \tag{2}$$

于是,幂级数 $\sum\limits_{n=0}^{\infty}a_nx^n$ 可以写成

$$f(0)+f'(0)x+\frac{f''(0)}{2!}x^2+\cdots+\frac{f^{(n)}(0)}{n!}x^n+\cdots$$

$$\triangleq\sum_{n=0}^{\infty}\frac{f^{(n)}(0)}{n!}x^n. \tag{3}$$

从上面的讨论可以看出,对于每一个具有任意阶导数的函数 $f(x)$都有一个系数由 $f(x)$所确定的幂级数 $\sum\limits_{n=0}^{\infty}\frac{f^{(n)}(0)}{n!}x^n$ 与它对应. 至于这个幂级数是否收敛,既使收敛的话,是否收敛到 $f(x)$,还需做进一步的讨论. 为了方便起见,先给出下面的定义.

定义 设函数 $f(x)$在 $x=0$的邻域 $N(0)$内有任意阶导数,则称幂级数

$$\sum_{n=0}^{\infty}\frac{f^{(n)}(0)}{n!}x^n.$$

为函数 $f(x)$在 $N(0)$内所对应的**麦克劳林级数**. 如果幂级数

$$\sum_{n=0}^{\infty}\frac{f^{(n)}(0)}{n!}x^n, \qquad x\in N(0)$$

收敛于 $f(x)$,则称函数 $f(x)$在 $N(0)$内可以**展成**麦克劳林级数,并称此幂级数为 $f(x)$在 $N(0)$内的**麦克劳林展开式**.

从上面的讨论还可以看出,如果函数 $f(x)$在 $N(0)$内能够展成 x 的幂级数,因其系数由(2)式完全确定,这个幂级数就是麦克劳林级数. 即,如果函数能够展为 x 的幂级数时,则它的展开式是唯一的.

如何判断函数 $f(x)$所对应的麦克劳林级数是否为它的麦克

劳林展开式呢?我们给出下面两个定理.

定理1 设函数 $f(x)$在 $x=0$的邻域 $N(0)$内具有直到 $n+1$阶的导数,则当 x 在邻域 $N(0)$内时,$f(x)$可以表示为 x 的一个 n 次多项式 $P_n(x)$与余项 $R_n(x)$的和,即

$$\begin{aligned} f(x) &= P_n(x) + R_n(x) \\ &= f(0) + f'(0)x + \frac{f''(0)}{2!}x^2 + \cdots + \frac{f^{(n)}(0)}{n!}x^n + R_n(x), \end{aligned} \tag{4}$$

其中 $R_n(x)=\dfrac{f^{(n+1)}(x_0)}{(n+1)!}x^{n+1}$,$x_0$是在0与 x 之间.

通常把公式(4)称为函数 $f(x)$在 $x=0$处的 n **阶麦克劳林公式**,而 $R_n(x)$的表达式称为 $f(x)$的**拉格朗日余项**.

定理1证明从略.

定理2 设函数 $f(x)$在 $x=0$的邻域 $N(0)$内具有任意阶导数,则函数 $f(x)$在点 $x=0$处能够展成麦克劳林级数的充要条件是:当 $n\to\infty$时,它的麦克劳林公式中的余项 $R_n(x)\to 0$.

事实上,如果我们把 $f(x)$的 n 阶麦克劳林公式中的多项式 $P_n(x)$ 记为 $S_{n+1}(x)$,它也是 $f(x)$所对应的麦克劳林级数中的前 $n+1$项的和,则

$$\begin{aligned} f(x) &= f(0) + f'(0)x + \frac{f''(0)}{2!}x^2 + \cdots + \frac{f^{(n)}(0)}{n!}x^n + R_n(x) \\ &= S_{n+1}(x) + R_n(x). \end{aligned}$$

当 $\lim\limits_{n\to\infty}R_n(x) = 0$ 时,

$$f(x) = \lim_{n\to\infty}S_{n+1}(x).$$

于是得到

$$f(x) = \sum_{n=0}^{\infty}\frac{f^{(n)}(0)}{n!}x^n.$$

也就是说,函数 $f(x)$可以展成麦克劳林级数的充要条件是它的麦克劳林公式中的余项以零为极限.

3.2 初等函数的幂级数展开式

例1 求 $f(x)=e^x$ 的麦克劳林展开式.

解 对于 $f(x)=e^x$，有

$$f'(x)=f''(x)=\cdots=f^{(n)}(x)=e^x.$$

将 $x=0$代入后，得

$$f(0)=f'(0)=f''(0)=\cdots=f^{(n)}(0)=1.$$

于是

$$a_0=1, a_1=1, a_2=\frac{1}{2!},\cdots,a_n=\frac{1}{n!},\cdots.$$

下面我们讨论当 x 取哪些值时，其余项的极限为零. 在余项

$$R_n(x)=\frac{f^{(n+1)}(c)}{(n+1)!}x^{n+1}=\frac{e^c}{(n+1)!}x^{n+1}$$

中，由于 c 是介于0与 x 之间，故有$|c|<|x|$，因而 $e^c<e^{|x|}$. 对于固定的 x 来说，e^c 是一个有界变量. 因此，对任意的 x 要证明 $R_n(x)\to 0(n\to\infty)$，只要证明

$$\lim_{n\to\infty}\frac{x^{n+1}}{(n+1)!}=\lim_{n\to\infty}\frac{x^n}{n!}=0$$

就可以了.

在上一节例2中已经求出幂级数

$$1+x+\frac{x^2}{2!}+\cdots+\frac{x^n}{n!}+\cdots$$

的收敛半径 $R=+\infty$，根据级数收敛的必要条件，对任意的 x 都应有

$$\lim_{n\to\infty}\frac{x^n}{n!}=0,$$

从而对区间$(-\infty,+\infty)$内任意一点 x，都有

$$\lim_{n\to\infty}R_n(x)=0.$$

这就是说

$$e^x = 1 + x + \frac{x^2}{2!} + \cdots + \frac{x^n}{n!} + \cdots$$

在$(-\infty,+\infty)$内都成立.

例2 求 $f(x)=\sin x$ 的麦克劳林展开式.

解 对于 $f(x)=\sin x$, 有

$$f'(x) = \cos x = \sin\left(x + \frac{\pi}{2}\right),$$

$$f''(x) = \left(\sin\left(x + \frac{\pi}{2}\right)\right)' = \cos\left(x + \frac{\pi}{2}\right)$$

$$= \sin\left(x + 2 \cdot \frac{\pi}{2}\right),$$

……………………………………

$$f^{(n)}(x) = \sin\left(x + n\frac{\pi}{2}\right),$$

……………………………………

将 $x=0$ 依次代入以上诸式,得

$$f(0)=0, f'(0)=1, f''(0)=0,$$

$$f'''(0)=-1, f^{(4)}(0)=0, f^{(5)}(0)=1,$$

………………………………

它的一般规律可以用下列公式来表示:

$$f^{(n)}(0) = \begin{cases} 0 & (n = 2k), \\ (-1)^k & (n = 2k+1). \end{cases} \quad (k = 0,1,\cdots)$$

其拉格朗日余项为

$$R_n(x) = \frac{f^{(n+1)}(c)}{(n+1)!}x^{n+1} = \frac{\sin\left[c + (n+1)\frac{\pi}{2}\right]}{(n+1)!}x^{n+1}.$$

因为 $\left|\sin\left[c + (n+1)\frac{\pi}{2}\right]\right| \leqslant 1$, 而对任意的 x 都有

$$\lim_{n\to\infty}\frac{x^{n+1}}{(n+1)!} = 0,$$

故对任意的 x 都有

$$\lim_{n\to\infty} R_n(x) = 0.$$

这就是说，对区间$(-\infty,+\infty)$内的任一点 x 都有

$$\sin x = x - \frac{x^3}{3!} + \frac{x^5}{5!} - \cdots + (-1)^n \frac{x^{2n+1}}{(2n+1)!} + \cdots$$

$$= \sum_{n=0}^{\infty} (-1)^n \frac{x^{2n+1}}{(2n+1)!}, \quad x \in (-\infty, +\infty).$$

例3 求 $f(x) = \cos x$ 的麦克劳林展开式.

解 因为

$$\sin x = x - \frac{x^3}{3!} + \frac{x^5}{5!} - \frac{x^7}{7!} + \cdots + (-1)^n \frac{x^{2n+1}}{(2n+1)!} + \cdots,$$

所以在 $\sin x$ 的收敛区间$(-\infty,+\infty)$内对上式的两边逐项微分，得到

$$\cos x = 1 - \frac{x^2}{2!} + \frac{x^4}{4!} - \frac{x^6}{6!} + \cdots + (-1)^n \frac{x^{2n}}{(2n)!} + \cdots$$

$$= \sum_{n=0}^{\infty} (-1)^n \frac{x^{2n}}{(2n)!}, \quad x \in (-\infty, +\infty).$$

例4 求函数 $f(x) = (1+x)^{\alpha}$ 的麦克劳林展开式，其中 α 为任意实数.

解 先求 $f(x) = (1+x)^{\alpha}$ 及其各阶导数在 $x=0$处的值. 由

$$f(x) = (1+x)^{\alpha}, f'(x) = \alpha(1+x)^{\alpha-1},$$

$$f''(x) = \alpha(\alpha-1)(1+x)^{\alpha-2},$$

$$\cdots\cdots\cdots\cdots$$

$$f^{(n)}(x) = \alpha(\alpha-1)(\alpha-2)\cdots(\alpha-n+1)(1+x)^{\alpha-n},$$

$$\cdots\cdots\cdots\cdots$$

将 $x=0$代入以上诸式得

$$f(0) = 1, \quad f'(0) = \alpha, \quad f''(0) = \alpha(\alpha-1),$$

$$\cdots\cdots\cdots\cdots$$

$$f^{(n)}(0) = \alpha(\alpha-1)\cdots(\alpha-n+1), \cdots$$

于是我们就可以求出 $f(x)$ 所对应的麦克劳林级数，并求出其收敛半径 $R=1$，进一步我们还可以证明：当 $|x|<1$ 时，其余项 $R_n(x)\to 0$ $(n\to\infty)$，所以

$$
\begin{aligned}
(1+x)^\alpha &= 1+\alpha x+\frac{\alpha(\alpha-1)}{2!}x^2+\cdots \\
&\quad +\frac{\alpha(\alpha-1)\cdots(\alpha-n+1)}{n!}x^n+\cdots \\
&= 1+\sum_{n=1}^{\infty}\frac{\alpha(\alpha-1)\cdots(\alpha-n+1)}{n!}x^n,\quad x\in(-1,1).
\end{aligned}
$$

在区间端点 $x=\pm 1$ 处上式右端级数是否收敛于 $f(x)$ 要视 α 的数值而定，这里我们不再讨论. 此级数通常称为**二项级数**.

特别地，当 α 为正整数时，对于任何 x 有：

$$
(1+x)^\alpha = 1+\alpha x+\frac{\alpha(\alpha-1)}{2!}x^2+\cdots+x^n.
$$

这就是初等代数中的二项式公式. 而且我们不难看出当 $\alpha=-1$ 时，有

$$
\frac{1}{1+x}=\sum_{n=0}^{\infty}(-1)^n x^n,\qquad x\in(-1,1).
$$

再对上式两边逐项积分得到

$$
\begin{aligned}
\ln(1+x) &= x-\frac{x^2}{2}+\frac{x^3}{3}-\frac{x^4}{4}+\cdots+(-1)^{n-1}\frac{x^n}{n}+\cdots \\
&= \sum_{n=1}^{\infty}(-1)^{n-1}\frac{x^n}{n},\quad x\in(-1,1].
\end{aligned}
$$
[①]

利用这些基本初等函数的展开式还可以求出其它一些初等函数的展开式.

---

① 这里推导出的 $\ln(1+x)$ 的麦克劳林展开式的收敛区间应为 $(-1,1)$，容易看出它在 $x=1$ 点也收敛，故收敛区间为 $(-1,1]$.

例5 求函数 $f(x)=\sin x^2$ 的幂级数展开式.

解 把 $\sin x$ 展开式中的 x 换成 x^2,即可得 $\sin x^2$ 的展开式.

$$\begin{aligned}\sin x^2 &= x^2-\frac{x^6}{3!}+\frac{x^{10}}{5!}-\cdots+(-1)^n\frac{x^{2(2n+1)}}{(2n+1)!}+\cdots\\ &=\sum_{n=0}^{\infty}(-1)^n\frac{x^{2(2n+1)}}{(2n+1)!},\qquad x\in(-\infty,+\infty).\end{aligned}$$

如果直接利用公式去求展开式,那么要计算 $\sin x^2$ 的各阶导数在0点的值,那将是非常麻烦的.

3.3 关于欧拉(Euler)公式

在复数计算中,常用到欧拉公式

$$e^{ix}=\cos x+i\sin x.$$

这个公式的正确性可以用 e^{ix},$\cos x$,$\sin x$ 的展开式来说明. 因为

$$e^x=1+x+\frac{x^2}{2!}+\frac{x^3}{3!}+\cdots+\frac{x^n}{n!}+\cdots,$$

所以我们定义

$$\begin{aligned}e^{ix} &= 1+ix+\frac{(ix)^2}{2!}+\frac{(ix)^3}{3!}+\cdots+\frac{(ix)^n}{n!}+\cdots\\ &=1+ix-\frac{x^2}{2!}-i\frac{x^3}{3!}+\cdots.\end{aligned}$$

按 i 合并同类项,有

$$\begin{aligned}e^{ix}=&\left(1-\frac{x^2}{2!}+\frac{x^4}{4!}-\cdots\right)\\ &+i\left(x-\frac{x^3}{3!}+\frac{x^5}{5!}-\cdots\right).\end{aligned}$$

再由

$$\cos x=1-\frac{x^2}{2!}+\frac{x^4}{4!}-\cdots,$$

$$\sin x=x-\frac{x^3}{3!}+\frac{x^5}{5!}-\cdots,$$

便得

$$e^{ix} = \cos x + i \sin x.$$

§ 4 常微分方程的一般概念

我们在研究自然现象和社会现象的某一客观规律时，往往需要找出变量之间的函数关系. 实际上由于客观世界的复杂性，在很多情况下，直接找到某些函数关系是不太容易的；但是有时可以建立函数的导数或微分的关系式，通过这种关系式我们便可得到所要求的函数.

下面先来看两个简单的例子.

例1 设一曲线通过点$(-1,2)$，并且在曲线上每一点(x,y)处的切线的斜率都等于$2x$，求此曲线的方程.

解 设所求的曲线方程为 $y=y(x)$，由导数的几何意义可知

$$\frac{dy}{dx} = 2x,$$

即

$$dy = 2x\, dx.$$

将上式两边积分，便得到

$$y = \int 2x\, dx = x^2 + C,$$

其中 C 为任意常数.

由于曲线通过点$(-1,2)$，即当 $x=-1$时，$y=2$，代入方程 $y=x^2+C$，得到$2=(-1)^2+C$，于是 $C=1$. 故曲线方程为

$$y = x^2 + 1.$$

例2 设自由落体下落时的加速度为常数 $g(g>0)$，求自由落体的运动规律.

解 设自由落体运动的路程 S 随时间 t 变化的规律为 $S=S(t)$. 由加速度是路程 S 对时间 t 的二阶导数可知

$$\frac{d^2S}{dt^2}=g,$$

在上式两边对 t 求一次积分得到

$$\frac{dS}{dt}=gt+C_1,$$

再求一次积分便得到

$$S(t)=\frac{1}{2}gt^2+C_1t+C_2,$$

其中 C_1,C_2 为任意常数.

如果我们进一步假设这个自由落体初始位置为0,初速度为 v_0,即当 $t=0$时,$S=0,v=\frac{dS}{dt}=v_0$. 记为

$$\begin{cases} S\big|_{t=0}=0, \\ \left.\frac{dS}{dt}\right|_{t=0}=v_0. \end{cases}$$

下面根据这两个条件来确定 C_1和 C_2两个任意常数. 因为 $S(0)=0$,所以

$$\frac{1}{2}g\cdot 0^2+C_1\cdot 0+C_2=0,$$

即 $C_2=0$. 又因为 $S'(0)=v_0$,所以

$$g\cdot 0+C_1=v_0,$$

即 $C_1=v_0$. 于是满足上述两个条件的自由落体的运动规律是

$$S=\frac{1}{2}gt^2+v_0t.$$

一般来说,含有未知函数的导数或微分的方程称为**微分方程**. 例如在方程 $\frac{dy}{dx}=2x$ 中,含有未知函数 $y(x)$的导数,而在方程 $\frac{d^2S}{dt^2}=g$ 中,含有未知函数 $S(t)$的二阶导数,因而它们都是微分方程. 未知函数是一元的微分方程称为**常微分方程**,一般可表示为

$$F(x,y,y',\cdots,y^{(n)})=0$$

的形式. 方程中的未知函数的最高阶导数的阶数称为**微分方程的**

阶数. 例如 $\frac{\mathrm{d}y}{\mathrm{d}x}=2x$ 为一阶方程，而 $\frac{\mathrm{d}^2s}{\mathrm{d}t^2}=g$ 为二阶方程. 如果方程中的未知函数及其各阶导数就总体而言都是一次幂的，那么称之为**线性方程**，否则称为**非线性**的. 例如 $y''+y'+y=\sin x$ 是一个二阶线性方程，$y'''+y=0$是三阶线性方程，而 $y'=x^2+y^2$和 $y'\cdot y=4$都是一阶非线性方程.

如果把某一函数代入一个微分方程以后，使得该方程成为恒等式，那么这个函数称为此方程的一个**解**. 不含有任意常数的解称为**特解**. 含有任意常数的个数与方程的阶数相同的解称为**通解**. 由方程的通解确定特解的条件称为**初始条件**.（有时也称为**定解条件**）. 带有初始条件的微分方程求解问题称为**初值问题**. 例如 $S=\frac{1}{2}gt^2+C_1t+C_2$是方程 $\frac{\mathrm{d}^2S}{\mathrm{d}t^2}=g$ 的通解，而 $S=\frac{1}{2}gt^2+v_0t$ 是方程满足初始条件

$$\begin{cases} S\big|_{t=0}=0, \\ \left.\frac{\mathrm{d}S}{\mathrm{d}t}\right|_{t=0}=v_0. \end{cases}$$

的一个特解.

一般来说，微分方程 $F(x,y,y',\cdots,y^{(n)})=0$的一个解对应于平面上的一条曲线，称其为该方程的**积分曲线**；通解对应于平面上的无穷多条积分曲线，称其为该方程的**积分曲线族**. 在常微分方程的通解中，对其中的任意常数取一个确定的数值，相应地在平面上可以画出一条积分曲线. 让任意常数取所有可能的数值，就得到了微分方程的积分曲线族.

§5 常微分方程的初等解法

“求解”是微分方程的一个中心问题. 所谓微分方程的初等解法就是利用初等函数的积分求解微分方程的方法. 它类似于不定积分法在微积分运算中的作用. 因此我们掌握这些解法有重要的

实际意义.

5.1 分离变量法

1. 变量可分离的方程

形如

$$\frac{\mathrm{d}y}{\mathrm{d}x}=P(x)\cdot Q(y) \tag{1}$$

的方程,称为**变量可分离的方程**.

若 $Q(y)=0$,即$\frac{\mathrm{d}y}{\mathrm{d}x}=0$,则 $y=y_0$为方程的一个特解.

若 $Q(y)\neq 0$,则方程(1)可化成下面的形式

$$\frac{\mathrm{d}y}{Q(y)}=P(x)\mathrm{d}x.$$

两边积分

$$\int\frac{\mathrm{d}y}{Q(y)}=\int P(x)\mathrm{d}x,$$

令

$$G(y)=\int\frac{\mathrm{d}y}{Q(y)},\quad H(x)=\int P(x)\mathrm{d}x,$$

从而

$$G(y)=H(x)+C$$

为方程的通解.这种解方程的方法称为分离变量法.

例1 求微分方程$\frac{\mathrm{d}y}{\mathrm{d}x}=2x(1+y)$的通解.

解 方程可分离变量为

$$\frac{\mathrm{d}y}{1+y}=2x\mathrm{d}x\quad(y\neq-1),$$

两边积分得到

$$\ln|1+y|=x^2+C_1,$$

即

$$|1+y|=\mathrm{e}^{x^2+C_1}$$

考虑到 $y=-1$也是方程的解,故令 $\mathrm{e}^{C_1}=C$,则原方程的通解为

$$y = Ce^{x^2} - 1.$$

例2 求微分方程 $y' \cdot y + x = 0$ 满足 $y\big|_{x=3} = 4$ 的特解.

解 方程可分离变量为

$$x\mathrm{d}x = -y\mathrm{d}y,$$

两边积分得到

$$\frac{1}{2}x^2 = -\frac{1}{2}y^2 + C_1,$$

令 $C = 2C_1$，则原方程的通解为

$$x^2 + y^2 = C.$$

将初始条件 $y\big|_{x=3} = 4$ 代入 $x^2 + y^2 = C$ 中，得到 $C = 25$，所以原方程的特解为

$$x^2 + y^2 = 25.$$

在例2中，由关系式 $x^2 + y^2 = 25$ 所确定的隐函数是方程 $y' \cdot y + x = 0$ 的解. 一般情况下，我们把这种确定方程解的关系式 $\Phi(x, y) = 0$ 称为方程的**隐式解**. 为了方便起见，在以后的讨论中，我们不把解和隐式解加以区别，而把它们统称为方程的解.

2. 一阶线性方程

形如

$$\frac{\mathrm{d}y}{\mathrm{d}x} + P(x)y = Q(x)$$

的方程，称为**一阶线性**方程，当 $Q(x) \neq 0$ 时叫做**线性非齐次**方程；当 $Q(x) \equiv 0$ 时叫做**线性齐次**方程.

1）一阶线性齐次方程

$$\frac{\mathrm{d}y}{\mathrm{d}x} + P(x)y = 0. \tag{2}$$

对(2)式分离变量后得到

$$\frac{\mathrm{d}y}{y} = -P(x)\mathrm{d}x.$$

对上式两边积分

$$\ln|y| = -\int P(x)\mathrm{d}x + C_1,$$

即

$$|y| = \mathrm{e}^{C_1} \cdot \mathrm{e}^{-\int P(x)\mathrm{d}x},$$

亦即

$$y = \pm\, \mathrm{e}^{C_1} \cdot \mathrm{e}^{-\int P(x)\mathrm{d}x}.$$

又因为 $y=0$ 也是解，所以一阶齐次方程的通解为

$$y = C\mathrm{e}^{-\int P(x)\mathrm{d}x} \quad (C\text{ 为任意常数}). \tag{3}$$

例3 求微分方程 $\dfrac{\mathrm{d}y}{\mathrm{d}x} + 3y = 0$ 的通解.

解 这是一个一阶线性齐次方程. 可见 $P(x)=3$，代入上面的公式(3)即得通解

$$y = C\mathrm{e}^{-\int 3\,\mathrm{d}x} = C\mathrm{e}^{-3x} \quad (C\text{ 为任意常数}).$$

2) 一阶线性非齐次方程

$$\frac{\mathrm{d}y}{\mathrm{d}x} + P(x)y = Q(x) \quad (Q(x) \not\equiv 0) \tag{4}$$

显然 $y = C\mathrm{e}^{-\int P(x)\mathrm{d}x}$ 不可能是非齐次方程(4)的通解. 考虑用 $C(x)$ 代替 C 有可能是方程的解. 这种将常数变为待定函数的方法通常称为**常数变易法**，这种方法不但适用于一阶线性方程，而且也适用于高阶线性方程和线性方程组. 因此有必要仔细地讨论它.

设非齐次方程(4)的解为

$$y = C(x) \cdot \mathrm{e}^{-\int P(x)\mathrm{d}x}.$$

对上式两边关于 x 求微商，有

$$\begin{aligned}\frac{\mathrm{d}y}{\mathrm{d}x} &= \frac{\mathrm{d}C(x)}{\mathrm{d}x} \cdot \mathrm{e}^{-\int P(x)\mathrm{d}x} + C(x)\mathrm{e}^{-\int P(x)\mathrm{d}x} \cdot [-P(x)] \\ &= \mathrm{e}^{-\int P(x)\mathrm{d}x}\left[\frac{\mathrm{d}C(x)}{\mathrm{d}x} - C(x)P(x)\right].\end{aligned}$$

代入方程(4)有

$$e^{-\int P(x)dx}\left[\frac{dC(x)}{dx}-C(x)P(x)\right]+P(x)\cdot C(x)e^{-\int P(x)dx}=Q(x),$$

即

$$\frac{dC(x)}{dx}e^{-\int P(x)dx}=Q(x).$$

整理后得

$$dC(x)=Q(x)e^{\int P(x)dx}dx.$$

两边积分得到

$$C(x)=\int Q(x)e^{\int P(x)dx}dx+C.$$

将 $C(x)$ 代入 y 中,便得到非齐次方程(4)的通解:

$$y=e^{-\int P(x)dx}\left[\int Q(x)e^{\int P(x)dx}dx+C\right]. \tag{5}$$

例4 求微分方程 $\frac{dy}{dx}+3y=e^{-3x}$ 满足 $y|_{x=1}=0$ 的特解.

解 这是一个一阶线性非齐次方程,可见 $P(x)=3, Q(x)=e^{-3x}$. 代入公式(5)有

$$\begin{aligned}y&=e^{-\int 3dx}\left[\int e^{-3x}e^{\int 3dx}dx+C\right]\\&=e^{-3x}\left[\int e^{-3x}e^{3x}dx+C\right]\\&=e^{-3x}(x+C).\end{aligned}$$

方程的通解为

$$y=e^{-3x}(x+C).$$

将初始条件 $y|_{x=1}=0$ 代入 $y=e^{-3x}(x+C)$ 中,得到 $C=-1$. 所以原方程的特解为

$$y=e^{-3x}(x-1).$$

例5 求微分方程 $x\frac{dy}{dx}+y=\cos x$ 的通解.

解 这是一个一阶线性非齐次方程. 将方程两边同除以 x 得到

$$\frac{dy}{dx}+\frac{y}{x}=\frac{\cos x}{x},$$

这里 $P(x)=\frac{1}{x}$， $Q(x)=\frac{\cos x}{x}$ 代入公式(5)有

$$\begin{aligned} y&=e^{-\int \frac{1}{x}dx}\left[\int \frac{\cos x}{x}e^{\int \frac{1}{x}dx}dx+C\right] \\ &=e^{-\ln|x|}\left[\int \frac{\cos x}{x}e^{\ln|x|}dx+C\right] \\ &=\frac{1}{|x|}\left[\int \frac{\cos x}{x}\cdot|x|dx+C\right]. \end{aligned}$$

当 $x>0$时，$y=\frac{1}{x}\left[\int \cos x dx+C\right]=\frac{1}{x}(\sin x+C)$；

当 $x<0$时，$y=-\frac{1}{x}\left[\int -\cos x dx+C_1\right]=\frac{1}{x}(\sin x+C)$.

所以原方程的通解为

$$y=\frac{1}{x}(\sin x+C).$$

不难看出常数变易法实际上是通过令

$$y=C(x)e^{-\int P(x)dx}$$

把方程(4)变形后，再利用分离变量法求解.

5.2 初等变换法

上面所介绍的变量可分离的方程和一阶线性方程都是可以用初等积分法求解的标准方程. 但在实际问题中，我们所遇到的微分方程却是各种各样的，其中有一些方程可以通过未知函数或自变量的初等变换化成上述两种标准方程之一. 怎样作变换呢？一般情况下没有规律可寻，只能针对具体问题作具体的分析. 下面我们介绍几种常见的变换.

1. 齐次方程

形如

$$\frac{\mathrm{d}y}{\mathrm{d}x}=\varphi\left(\frac{y}{x}\right) \tag{6}$$

的方程称为**齐次方程**.如方程

$$\frac{\mathrm{d}y}{\mathrm{d}x}=\frac{x+y}{x-y} \text{ 与 } \quad \frac{\mathrm{d}y}{\mathrm{d}x}=\frac{x^2+y^2\sin\frac{y}{x}}{xy}$$

分别可以化成

$$\frac{\mathrm{d}y}{\mathrm{d}x}=\frac{1+\frac{y}{x}}{1-\frac{y}{x}} \text{ 与 } \quad \frac{\mathrm{d}y}{\mathrm{d}x}=\frac{1+\left(\frac{y}{x}\right)^2\sin\frac{y}{x}}{\frac{y}{x}}$$

的形式,因而它们都是齐次方程.

对于这类方程,我们可以令 $y/x=u$,即 $y=ux$.再对 x 求导数,有

$$\frac{\mathrm{d}y}{\mathrm{d}x}=u+x\frac{\mathrm{d}u}{\mathrm{d}x}.$$

将上式代回方程(6)中,得到

$$u+x\frac{\mathrm{d}u}{\mathrm{d}x}=\varphi(u),$$

分离变量即得

$$\frac{\mathrm{d}u}{\varphi(u)-u}=\frac{\mathrm{d}x}{x}.$$

对上面的方程求出通解后,再将 $u=y/x$ 代回即得方程(6)的通解.

例6 求微分方程 $\frac{\mathrm{d}y}{\mathrm{d}x}=\frac{y^2}{xy-x^2}$ 的通解.

解 原方程可写为

$$\frac{\mathrm{d}y}{\mathrm{d}x}=\frac{\left(\frac{y}{x}\right)^2}{\frac{y}{x}-1},$$

它是一个齐次方程.令 $\frac{y}{x}=u$,则方程化成

$$u + x\frac{\mathrm{d}u}{\mathrm{d}x} = \frac{u^2}{u-1},$$

即

$$x\frac{\mathrm{d}u}{\mathrm{d}x} = \frac{u}{u-1}.$$

分离变量后得到

$$\frac{\mathrm{d}x}{x} = \left(1 - \frac{1}{u}\right)\mathrm{d}u,$$

两边积分后有

$$\ln|x| + \ln|u| = u + C_1,$$

即

$$|xu| = \mathrm{e}^{u+C_1}$$

亦即

$$xu = \pm\ \mathrm{e}^{u+C_1}$$

考虑到 $u=0$也是解,故原方程的通解为

$$y = C\mathrm{e}^{\frac{y}{x}} \quad (C\ 为任意常数).$$

2. 贝努里 (Bernoulli) 方程

形如

$$\frac{\mathrm{d}y}{\mathrm{d}x} + P(x)y = Q(x)y^{\alpha} \quad (\alpha \neq 0,1) \tag{7}$$

的方程称为**贝努里方程**.

可见,当 $\alpha\neq 0,1$时,贝努里方程虽不是线性方程,但可以通过变量代换把它化成线性方程.事实上,用 $y^{-\alpha}$乘方程(7)的两边,得到

$$y^{-\alpha}\frac{\mathrm{d}y}{\mathrm{d}x} + P(x)y^{1-\alpha} = Q(x).$$

令 $z=y^{1-\alpha}$有

$$\frac{\mathrm{d}z}{\mathrm{d}x} = (1-\alpha)y^{-\alpha}\frac{\mathrm{d}y}{\mathrm{d}x},$$

即

$$y^{-\alpha}\frac{\mathrm{d}y}{\mathrm{d}x}=\frac{1}{1-\alpha}\frac{\mathrm{d}z}{\mathrm{d}x}.$$

代入方程(7),得到

$$\frac{1}{1-\alpha}\frac{\mathrm{d}z}{\mathrm{d}x}+P(x)z=Q(x),$$

即

$$\frac{\mathrm{d}z}{\mathrm{d}x}+(1-\alpha)P(x)z=(1-\alpha)Q(x).$$

这是一个关于新未知函数 z 的线性方程.由公式(5)求出它的通解,然后代回原来的变量 y,便得到方程(7)的通解.

例7 求微分方程$\frac{\mathrm{d}y}{\mathrm{d}x}-\frac{6}{x}y=-xy^2$的通解.

解 这是一个 $\alpha=2$的贝努里方程.令

$$z=y^{1-2}=y^{-1}$$

有

$$\frac{\mathrm{d}z}{\mathrm{d}x}=-y^{-2}\frac{\mathrm{d}y}{\mathrm{d}x}.$$

代入原方程得到

$$\frac{\mathrm{d}z}{\mathrm{d}x}+\frac{6}{x}z=x,$$

这是一个一阶线性非齐次方程,求得它的通解为

$$z=\frac{C}{x^6}+\frac{x^2}{8}.$$

代回原来的变量 y,得到原方程的通解为

$$\frac{x^6}{y}-\frac{x^8}{8}=C.$$

3. 可降阶方程

二阶和二阶以上的微分方程统称为**高阶**微分方程.对于一般的高阶微分方程来说,能够用初等积分法求解的方程是很少的.某些高阶方程可以通过初等变换的方法降低它们的阶数来求解,这些方程称为**可降阶方程**.

二阶微分方程的一般形式为

$$F(x,y,y',y'')=0$$

或

$$y''=f(x,y,y').$$

下面介绍的三种二阶的可降阶方程，它们都可通过变换

$$y'=p$$

化为一阶微分方程来求解.

1）$y''=f(x)$型.

这类方程的特点是不显含 y 和 y'. 令 $y'=p$，原方程可以化为

$$y'=\int f(x)\mathrm{d}x+C_1,$$

两边积分，便得到通解

$$y=\int\left[\int f(x)\mathrm{d}x\right]\mathrm{d}x+C_1x+C_2,$$

改写为

$$y=\int \mathrm{d}x\int f(x)\mathrm{d}x+C_1x+C_2.$$

实际上，这类方程可以通过直接积分两次得出通解. 类似地，我们可以求出 n 阶方程

$$y^{(n)}=f(x)$$

的通解为

$$y=\underbrace{\int \mathrm{d}x\cdots\int f(x)\mathrm{d}x}_{n次}+C_1x^{n-1}+C_2x^{n-2}$$

$$+\cdots+C_{n-1}x+C_n.$$

例8 求微分方程 $y''=x+\sin x$ 的通解.

解 将原方程两边对 x 积分，得到

$$y'=\frac{x^2}{2}-\cos x+C_1,$$

再积分便得到原方程的通解

$$y = \frac{1}{6}x^3 - \sin x + C_1 x + C_2.$$

2) $y''=f(x,y')$型.

这类方程的特点是不显含 y. 令 $y'=p$,则 $y''=p'$. 将 y', y''代入原方程便得到一阶方程

$$p' = f(x,p).$$

设其通解为

$$p = \varphi(x,C_1),$$

即

$$y' = \varphi(x,C_1).$$

两边积分便得到原方程的通解

$$y = \int \varphi(x,C_1)\mathrm{d}x + C_2.$$

例9 求微分方程 $y''=y'+x$ 的通解.

解 令 $y'=p$,则 $y''=p'$. 原方程化为一阶线性非齐次方程

$$p' - p = x,$$

这里 $P(x)=-1$, $Q(x)=x$,代入公式(5)即得

$$p = C_1\mathrm{e}^x - (x+1).$$

即

$$y' = C_1\mathrm{e}^x - (x+1).$$

再积分,便得到原方程的通解

$$y = C_1\mathrm{e}^x - \frac{x^2}{2} - x + C_2.$$

3) $y''=f(y,y')$型.

这类方程的特点是不显含 x. 令 $y'=p$,并考虑把 y 看作自变量,有

$$y'' = \frac{\mathrm{d}p}{\mathrm{d}x} = \frac{\mathrm{d}p}{\mathrm{d}y}\cdot\frac{\mathrm{d}y}{\mathrm{d}x} = \frac{\mathrm{d}p}{\mathrm{d}y}\cdot p.$$

这样,原方程便可以化为

$$\frac{\mathrm{d}p}{\mathrm{d}y}p = f(y,p).$$

设其通解为

$$p = \varphi(y, C_1),$$

即

$$\frac{\mathrm{d}y}{\mathrm{d}x} = \varphi(y, C_1).$$

分离变量后,得到

$$\frac{\mathrm{d}y}{\varphi(y, C_1)} = \mathrm{d}x$$

两边积分便得到原方程的通解

$$x = \int \frac{\mathrm{d}y}{\varphi(y, C_1)} + C_2.$$

例10 求微分方程 $yy'' = 1 - (y')^2$ 的通解.

解 令 $y' = p$,则 $y'' = p\frac{\mathrm{d}p}{\mathrm{d}y}$,原方程可以化为

$$yp\frac{\mathrm{d}p}{\mathrm{d}y} + p^2 = 1.$$

将上式分离变量后,得到

$$\frac{p\mathrm{d}p}{1 - p^2} = \frac{\mathrm{d}y}{y},$$

解得

$$y^2(1 - p^2) = C_1.$$

从而

$$p = \pm\frac{1}{y}\sqrt{y^2 - C_1},$$

即

$$\frac{\mathrm{d}y}{\mathrm{d}x} = \pm\frac{1}{y}\sqrt{y^2 - C_1}.$$

将上式分离变量后,得到

$$\frac{y\mathrm{d}y}{\sqrt{y^2 - C_1}} = \pm\, \mathrm{d}x,$$

解得

$$\sqrt{y^2 - C_1} = \pm\,(x + C_2).$$

所以原方程的通解为

$$y^2 = (x + C_2)^2 + C_1.$$

§6 二阶线性微分方程

在二阶微分方程中，形如

$$y'' + p(x)y' + q(x)y = f(x) \tag{1}$$

的方程称为**二阶线性微分方程**. 若 $f(x)\not\equiv 0$，则称(1)式为**线性非齐次方程**. 若 $f(x)\equiv 0$，即

$$y'' + p(x)y' + q(x)y = 0, \tag{2}$$

则称(2)式为**线性齐次方程**，并且通常称(2)式为(1)式所对应的线性齐次方程. 系数 $p(x)$，$q(x)$ 恒等于常数的方程称为**二阶常系数线性微分方程**.

在这一节里，我们先讨论一般二阶线性微分方程解的性质与结构，然后再给出二阶常系数线性微分方程的求解方法.

6.1 二阶线性微分方程解的结构

定理1(线性齐次方程解的叠加性) 若 y_1，y_2 是二阶线性齐次方程

$$y'' + p(x)y' + q(x)y = 0 \tag{3}$$

的两个解，则 $y=C_1y_1+C_2y_2$ 也是方程(3)的解，其中 C_1，C_2 为任意常数(实数或复数).

证明 因为 y_1，y_2 是方程(3)的解，所以

$$y_1'' + py_1' + qy_1 \equiv 0; \qquad y_2'' + py_2' + qy_2 \equiv 0.$$

现将 $C_1y_1+C_2y_2$ 代入方程(3)的左边,得

$$\begin{aligned}&(C_1y_1+C_2y_2)''+p(C_1y_1+C_2y_2)'+q(C_1y_1+C_2y_2)\\&=C_1y_1''+C_2y_2''+p(C_1y_1'+C_2y_2')+q(C_1y_1+C_2y_2)\\&=C_1(y_1''+py_1'+qy_1)+C_2(y_2''+py_2'+qy_2)\\&=C_1\cdot 0+C_2\cdot 0\equiv 0.\end{aligned}$$

这样一来我们证明了 $y=C_1y_1+C_2y_2$ 是方程(3)的解.

在§4中我们曾指出,通解中含有任意常数的个数必与方程的阶数相同.那么二阶微分方程的通解中应含有两个任意常数.在定理1中我们证明了二阶线性齐次方程的两个解 y_1,y_2 的线性组合 $C_1y_1+C_2y_2$ 也是这个齐次方程的解,但它不一定是通解,因为我们要求通解中的两个任意常数必须是独立的.所谓两个任意常数是独立的,是指它们不能合并成一个任意常数.例如,对于 $y_1=x,y_2=4x$ 有

$$C_1x+C_24x=(C_1+4C_2)x=Cx.$$

即这里的常数 C_1,C_2 可以合并成一个任意常数 C,所以 C_1,C_2 不是独立的;又如当 $y_1=x,y_2=x^2$ 时

$$C_1x+C_2x^2$$

中的两个任意常数 C_1 与 C_2 无论如何也不能合并成一个任意常数,因此它们是相互独立的.(以下的 C_1,C_2 都是相互独立的任意常数,以后不再每次注明.)

一般地,如果方程(3)的两个解 $y_1(x)$ 与 $y_2(x)$ 是线性无关的 $\left(\text{即}\dfrac{y_1(x)}{y_2(x)}\neq k,k\text{ 为常数}\right)$,那么它们的线性组合 $C_1y_1+C_2y_2$ 就是方程(3)的通解,于是我们有

定理2(解的结构定理) 如果 y_1,y_2 是线性齐次方程

$$y''+p(x)y'+q(x)y=0$$

的两个特解,并且对任意常数 k,$y_1(x)\neq ky_2(x)$.则 y_1,y_2 的线性组合 $C_1y_1+C_2y_2$(C_1,C_2 为任意常数)是方程的通解.

通常定理2叫做线性齐次方程解的结构定理.根据这个定理可

以把求方程(3)的通解问题化成求它的两个线性无关的特解问题.

例1 已知 $y_1=\sin x, y_2=\cos x$ 都是方程 $y''+y=0$的特解,求此方程的通解.

解 由于 $y_1=\sin x, y_2=\cos x$ 是 $y''+y=0$的两个特解,且

$$\frac{y_1}{y_2}=\frac{\sin x}{\cos x}=\operatorname{tg} x \neq \text{常数},$$

所以由定理2可知,$C_1\sin x+C_2\cos x$ 是方程 $y''+y=0$的通解.

定理3 如果 y^* 是线性非齐次方程

$$y''+p(x)y'+q(x)y=f(x) \tag{4}$$

的一个特解,$Y=C_1y_1+C_2y_2$是其相应的齐次方程

$$y''+p(x)y'+q(x)y=0$$

的通解,则方程(4)的通解是

$$y=Y+y^*.$$

证明 因为 y^* 是非齐次方程的解,所以有

$$y^{*\prime\prime}+p(x)y^{*\prime}+q(x)y^*\equiv f(x).$$

又因为 $Y=C_1y_1+C_2y_2$是其相应的齐次方程通解,所以有

$$(C_1y_1+C_2y_2)''+P(x)(C_1y_1+C_2y_2)'+q(x)(C_1y_1+C_2y_2)\equiv 0.$$

下面证明 y 是(4)式的解.将 y 代入(4)式的左端,得到

$$\begin{aligned}
&y''+p(x)y'+q(x)y\\
&\quad=(Y+y^*)''+p(x)(Y+y^*)'+q(x)(Y+y^*)\\
&\quad=(Y''+p(x)Y'+q(x)Y)+(y^{*\prime\prime}+p(x)y^{*\prime}+q(x)y^*)\\
&\quad\equiv 0+f(x)=f(x).
\end{aligned}$$

这就证明了 y 是(4)的解.

因为 $Y=C_1y_1+C_2y_2$是齐次方程(3)的通解,其中含有两个任意常数 C_1与 C_2,所以 $y=Y+y^*=C_1y_1+C_2y_2+y^*$ 是非齐次方程(4)的通解.

例2 已知 $y^*=x^2-2$是 $y''+y=x^2$的一个特解.求此方程的通解.

解 由例1可知,相应于 $y''+y=x^2$的齐次方程 $y''+y=0$的通解

为 $C_1\sin x + C_2\cos x$. 而 $y^* = x^2 - 2$是非齐次方程的一个特解. 由定理3可知,非齐次方程 $y'' + y = x^2$的通解为

$$y = C_1\sin x + C_2\cos x + x^2 - 2.$$

定理4 若 y_1^*, y_2^*分别是

$$y'' + p(x)y' + q(x)y = f_1(x)$$

与

$$y'' + p(x)y' + q(x)y = f_2(x)$$

的特解,则 $y_1^* + y_2^*$是

$$y'' + p(x)y' + q(x)y = f_1(x) + f_2(x)$$

的特解.

这个定理的证明留给读者作为练习.

以上四个定理是进一步讨论线性微分方程求解问题的理论基础. 下面讨论如何找出特解来构造它们的通解. 由于微分方程是很复杂的,并不是对任何一个二阶线性方程都能找到一般解法,所以我们只讨论二阶常系数线性齐次方程与具有特殊右端的二阶常系数线性非齐次方程的解法.

6.2 二阶常系数线性齐次方程的解法——特征方程法

在§5中我们用分离变量法找出了一阶线性齐次方程 $y' + P(x)y = 0$的通解

$$y = Ce^{-\int P(x)dx}.$$

如果系数 $P(x)$为常数 p,那么方程就变成了一阶常系数线性齐次方程

$$y' + py = 0 \tag{5}$$

容易看出 $y = e^{-px}$是它的一个特解,并且它的通解可由该特解乘以任意常数 C 来得到.

下面我们从另一个角度来讨论这个问题. 根据方程(5)的形式与 e^x 的导数的特点,我们假设它的解为 $y = e^{\lambda x}$,其中 λ 为一待定常数. 将 $y = e^{\lambda x}$ 代入方程(5)中,设法确定 λ 的值:

$$y' + py = \lambda e^{\lambda x} + pe^{\lambda x}$$
$$= e^{\lambda x}(\lambda + p) = 0.$$

因为 $e^{\lambda x} \neq 0$，故 $\lambda + p = 0$，即 $\lambda = -p$. 于是方程(5)的一个特解为 $y = e^{-px}$. 这个结果与采用分离变量法所得的结果是相同的. 这种待定常数的方法摆脱了分离变量法在使用范围上的局限性，它对高阶方程也适用.

对于二阶常系数线性齐次方程

$$y'' + py' + qy = 0, \tag{6}$$

假设 $y = e^{\lambda x}$ 是它的一个特解，其中 λ 为待定常数，代入方程后得到

$$e^{\lambda x}(\lambda^2 + p\lambda + q) = 0,$$

因为 $e^{\lambda x} \neq 0$，故方程

$$\lambda^2 + p\lambda + q = 0. \tag{7}$$

因此，待定常数 λ 应是方程(7)的根. 反过来，如果 λ 是方程(7)的根，那么 $y = e^{\lambda x}$ 就一定是方程(6)的一个特解. 这样一来，我们就把求方程(6)的特解问题化成了找方程(7)的根的问题. 因此，我们称方程(7)为方程(6)的**特征方程**，它的根称为**特征根**. 显然二次方程(7)的两个根为

$$\lambda_1, \lambda_2 = \frac{-p \pm \sqrt{p^2 - 4q}}{2}.$$

下面我们分三种情况讨论.

1）当 $p^2 - 4q > 0$，λ_1, λ_2 为不等的实根时，$e^{\lambda_1 x}, e^{\lambda_2 x}$ 是方程(6)的两个特解，而且它们是线性无关的 $\left(\dfrac{e^{\lambda_2 x}}{e^{\lambda_1 x}} \neq 常数\right)$，

从而

$$y = C_1 e^{\lambda_1 x} + C_2 e^{\lambda_2 x}$$

是方程(6)的通解.

例3　求方程 $y'' - a^2 y = 0 (a > 0)$ 的通解.

解　对 $y'' - a^2 y = 0$ 的特征方程

$$\lambda^2 - a^2 = 0$$

求解，得到 $\lambda=\pm a$. 故 e^{ax}，e^{-ax} 为方程 $y''-a^2y=0$ 的两个解，而

$$\frac{e^{ax}}{e^{-ax}}=e^{2ax}\neq 常数,$$

所以方程的通解为

$$y=C_1e^{ax}+C_2e^{-ax}.$$

2）当 $p^2-4q=0$，$\lambda_1=\lambda_2=\lambda$ 时，$e^{\lambda x}$ 是方程(6)的一个特解. 如何找另一个线性无关的解呢？先看下面的例子.

例4 求方程 $y''-2y'+y=0$ 的通解.

解 解特征方程

$$\lambda^2-2\lambda+1=0,$$

得到 $\lambda=1$，则 $y_1=e^x$ 是方程的一个解. 欲求另一个线性无关的解 y_2，设 $\frac{y_2}{y_1}=u(x)$，则

$$y_2=u(x)e^x,$$

$$y_2'=u(x)e^x+e^xu'(x)=e^x[u(x)+u'(x)],$$

$$y_2''=e^x[u(x)+u'(x)]+e^x[u'(x)+u''(x)].$$

将 y_2，y_2'，y_2'' 代入原方程，得到

$$\begin{aligned}y_2''-2y_2'+y_2&=e^x[u(x)+u'(x)]+e^x[u'(x)\\&\quad+u''(x)]-2e^x[u(x)+u'(x)]+u(x)e^x\\&=e^xu''(x)=0.\end{aligned}$$

因为 $e^x\neq 0$，所以

$$u''(x)=0.$$

为方便起见令 $u(x)=x$，则

$$y_2=xe^x.$$

从而方程的通解为

$$y=C_1e^x+C_2xe^x=e^x(C_1+C_2x).$$

在一般的情况下，若方程(6)的特征根 $\lambda_1=\lambda_2=\lambda$ 时，则通解为

$$y=e^{\lambda x}(C_1+C_2x).$$

例5 求方程 $y_t''+2y_t'+y=0$ 满足条件

$$y|_{t=0}=4, y'|_{t=0}=-2$$

的特解.

解 解相应的特征方程

$$\lambda^2+2\lambda+1=0.$$

得到 $\lambda=-1$,这是重根的情况,所以方程的通解为

$$y=e^{-t}(C_1+C_2t).$$

将 $y|_{t=0}=4$代入 y 中,得到 $C_1=4$. 将 $C_1=4$及 $y'|_{t=0}=-2$代入

$$y'=-e^{-t}(C_1+C_2t)+e^{-t}C_2$$

中,得到

$$C_2=2.$$

所以

$$y=e^{-t}(4+2t)$$

为方程满足初条件的特解.

3) 当 $p^2-4q<0$, $\lambda_{1,2}=\alpha\pm i\beta$ 是一对共轭复根时,

$$y_1=e^{(\alpha+i\beta)x}, \quad y_2=e^{(\alpha-i\beta)x}$$

是方程(6)的两个线性无关解,故 $C_1y_1+C_2y_2$是方程的通解. 但这是复数形式的解. 由于我们通常需要取实数形式的解,所以还需要找两个实的线性无关解. 利用欧拉公式

$$y_1=e^{(\alpha+i\beta)x}=e^{\alpha x}(\cos\beta x+i\sin\beta x),$$

$$y_2=e^{(\alpha-i\beta)x}=e^{\alpha x}(\cos\beta x-i\sin\beta x).$$

令

$$y_3=\frac{1}{2}(y_1+y_2)=e^{\alpha x}\cos\beta x,$$

$$y_4=\frac{1}{2i}(y_1-y_2)=e^{\alpha x}\sin\beta x.$$

它们分别是复数解 $e^{(\alpha+i\beta)x}$ 的实部与虚部. 因为 $y_3/y_4=\mathrm{ctg}\beta x$ 不是常数,所以 y_3, y_4也是两个线性无关解. 因此方程(6)的通解为

$$y=e^{\alpha x}(C_1\cos\beta x+C_2\sin\beta x).$$

例6 求方程 $y''-2y'+5y=0$的通解.

解 解相应的特征方程

$$\lambda^2 - 2\lambda + 5 = 0,$$

得到

$$\lambda_{1,2} = 1 \pm 2i,$$

所以方程的通解为

$$y = e^x(C_1\cos 2x + C_2\sin 2x).$$

由上面的讨论可以看出，对于二阶常系数线性齐次方程 $y''+py'+qy=0$来说，只要找出它的特征方程的根，我们就可以直接写出它的通解. 现将它们的关系列表如下：

特征方程 $\lambda^2+p\lambda+q=0$的根	微分方程 $y''+py'+qy=0$的通解
$\lambda_1\neq\lambda_2$两个不等实根	$C_1e^{\lambda_1x}+C_2e^{\lambda_2x}$
$\lambda_1=\lambda_2=\lambda$ 重根	$(C_1+C_2x)e^{\lambda x}$
$\alpha\pm i\beta$ 共轭复根	$e^{\alpha x}(C_1\cos\beta x+C_2\sin\beta x)$

6.3 二阶常系数线性非齐次方程的解法——待定系数法

下面来讨论当非齐次项 $f(x)$是某几类函数时，二阶常系数线性非齐次方程

$$y'' + py' + qy = f(x) \tag{8}$$

的求解问题.

大家知道求齐次方程

$$y'' + py' + qy = 0$$

的通解问题在6.2中已经完全解决了. 根据定理3，为了求方程(8)的通解，只要求出方程(8)的一个特解就可以了.

1. $f(x)=P_n(x)$(x 的 n 次多项式)的情形

例7 求方程 $y''+y'-2y=x^2$的特解.

解 由于非齐次项是关于 x 的二次多项式，所以根据微分法的经验可知，方程的特解也是 x 的二次多项式. 不妨设特解

$$y^* = Ax^2 + Bx + C,$$

其中 A,B,C 是待定的系数. 将

$$y^{*\prime} = 2Ax + B, \quad y^{*\prime\prime} = 2A$$

代入原方程中,得

$$2A + (2Ax + B) - 2(Ax^2 + Bx + C) = x^2.$$

比较 x 的同次幂的系数,得到

$$\begin{cases} -2A = 1, \\ 2A - 2B = 0, \\ 2A + B - 2C = 0. \end{cases}$$

解出

$$A = -\frac{1}{2}, \quad B = -\frac{1}{2}, \quad C = -\frac{3}{4}.$$

从而方程的特解是

$$y^* = -\frac{1}{2}x^2 - \frac{1}{2}x - \frac{3}{4}.$$

例8 求方程 $y'' - y' = 2x + 1$ 的特解.

解 能否假设此方程的特解是一次多项式呢?不难看出将一次多项式代入原方程中,方程的左边为零次多项式,右边为一次式,因此,此方程的特解不可能是一次式.根据微分法的经验,此方程的特解必须是二次多项式,且常数项可以是任意的.不妨假设特解

$$y^* = x(Ax + B) = Ax^2 + Bx.$$

微商得

$$y^{*\prime} = 2xA + B,$$
$$y^{*\prime\prime} = 2A.$$

代入方程,得

$$2A - 2Ax - B = 2x + 1.$$

比较系数,有

$$\begin{cases} -2A = 2, \\ 2A - B = 1. \end{cases}$$

解此方程,得 $A = -1$, $B = -3$. 因而方程的特解为

$$y^* = -x^2 - 3x.$$

通过对例8的讨论可以看出，当方程为

$$y'' = 2x + 1$$

时，其特解 y^* 必须是三次多项式. 所以可设

$$y^* = x^2(Ax + B).$$

一般地，当非齐次项 $f(x)=P_n(x)$时，可分下面三种情况给出特解的形式：

(1) 如果0不是相应的齐次方程的特征根，那么非齐次方程的特解形如

$$y^* = W_n(x) \quad (x \text{ 的 } n \text{ 次多项式});$$

(2) 如果0是相应的齐次方程的单根那么非齐次方程的特解形如

$$y^* = xW_n(x);$$

(3) 如果0是相应的齐次方程的重根，那么非齐次方程的特解形如

$$y^* = x^2W_n(x).$$

通过类似的讨论，可以得到当非齐次方程的非齐次项为 $ae^{\alpha x}$，$a\sin\beta x$（或 $b\cos\beta x$），或 $e^{\alpha x}\{P_m(x)\cos\beta x + Q_n(x)\sin\beta x\}$ 时非齐次方程特解的一般形式.

2. $f(x) = ae^{\alpha x}$ 的情形

分下面三种情况给出特解的形式：

(1) 如果 α 不是相应的齐次方程的特征根，那么非齐次方程的特解形如

$$y^* = Ae^{\alpha x};$$

(2) 如果 α 是相应的齐次方程的单根，那么非齐次方程的特解形如

$$y^* = Axe^{\alpha x};$$

(3) 如果 α 是相应的齐次方程的重根，那么非齐次方程的特解形如

$$y^* = Ax^2e^{\alpha x}.$$

例9 求 $y'' - 2y' = 3e^{2x}$ 的特解.

解 由相应的特征方程

$$\lambda^2 - 2\lambda = 0$$

解出特征根

$$\lambda_1 = 0, \lambda_2 = 2.$$

由于 $\alpha=2$是特征根,所以设非齐次方程的特解为

$$y^* = Axe^{2x}.$$

把 y^* 代入原方程,得

$$(Axe^{2x})'' - 2(Axe^{2x})' = 2Ae^{2x} = 3e^{2x}.$$

比较系数得到

$$A = 3/2,$$

于是非齐次方程的特解为

$$y^* = \frac{3}{2}xe^{2x}.$$

3. $f(x) = a\sin\beta x$(或 $b\cos\beta x$)的情形

分下面两种情况给出特解的形式:

(1) 如果$0+\beta i$不是相应的齐次方程的特征根,那么非齐次方程的特解形如

$$y^* = A\cos\beta x + B\sin\beta x;$$

(2) 如果$0+\beta i$是相应的齐次方程的特征根,那么非齐次方程的特解形如

$$y^* = x(A\cos\beta x + B\sin\beta x).$$

例10 求 $y'' + y = \sin x$ 的特解.

解 由特征方程

$$\lambda^2 + 1 = 0$$

解出特征根为

$$\lambda = 0 \pm i.$$

由于$0+i$是特征根,所以设非齐次方程的特解为

$$y^* = x(A\cos x + B\sin x).$$

于是

$$y^{*\prime} = (A\cos x + B\sin x) + x(-A\sin x + B\cos x),$$

$$y^{*\prime\prime} = 2(-A\sin x + B\cos x) + x(-A\cos x - B\sin x).$$

将 $y^{*\prime\prime}$,y^* 代入原方程,得

$$2(-A\sin x + B\cos x) = \sin x.$$

比较系数,得到

$$A = -\frac{1}{2}, B = 0.$$

因此方程的特解为

$$y^* = -\frac{x}{2}\cos x.$$

综述1,2,3的讨论,当自由项 $f(x)$为以上三类函数乘积的形式时,即

$$f(x) = e^{\alpha x}[P_m(x)\cos\beta x + Q_n(x)\sin\beta x]$$

时(其中 $P_m(x)$为 x 的 m 次多项式,$Q_n(x)$为 x 的 n 次多项式),可分两种情况给出特解的形式:

(1) 如果 $\alpha+i\beta$ 不是相应的齐次方程的特征根,那么非齐次方程的特解形如

$$y^* = e^{\alpha x}[W_k(x)\cos\beta x + V_k(x)\sin\beta x],$$

其中 $W_k(x)$,$V_k(x)$都是 x 的 k 次多项式, $k = \max\{m,n\}$;

(2) 如果 $\alpha+i\beta$ 是相应的齐次方程的特征根,那么非齐次方程的特解形如

$$y^* = xe^{\alpha x}[W_k(x)\cos\beta x + V_k(x)\sin\beta x],$$

其中 $W_k(x)$,$V_k(x)$都是 x 的 k 次多项式, $k = \max\{m,n\}$.

例11 求方程 $y''-2y' = 3e^{2x} + x + 1$ 的通解.

这个方程不是上面我们所讲过的类型.但是根据定理4它可分成两个方程

$$y'' - 2y' = 3e^{2x} \text{ 和 } y'' - 2y' = x + 1$$

求解.

解 例9已求出 $y''-2y'=3\mathrm{e}^{2x}$ 的特解为 $y_1^*=\frac{3}{2}x\mathrm{e}^{2x}$. 再求出

$$y''-2y'=x+1$$

的特解为

$$y^*=\left(-\frac{1}{4}x-\frac{3}{4}\right)x.$$

不难看出相应的齐次方程的通解为

$$C_1+C_2\mathrm{e}^{2x}.$$

故非齐次方程的通解为

$$y=C_1+C_2\mathrm{e}^{2x}+\left(\frac{3}{2}\mathrm{e}^{2x}-\frac{1}{4}x-\frac{3}{4}\right)x.$$

习 题 六

1. 写出下列级数的前五项：

(1) $\sum_{n=1}^{\infty}\frac{1}{n(n+1)}$；　　(2) $\sum_{n=1}^{\infty}(-1)^{n-1}\frac{1}{n}$；

(3) $\sum_{n=1}^{\infty}\frac{1}{(2n-1)2^{2n-1}}$；　　(4) $\sum_{n=1}^{\infty}\frac{(-1)^{n-1}}{\sqrt{n(n+1)}}$.

2. 写出下列级数的一般项：

(1) $1+\frac{1}{3}+\frac{1}{5}+\frac{1}{7}+\cdots$；

(2) $\frac{1}{2\ln 2}+\frac{1}{3\ln 3}+\frac{1}{4\ln 4}+\cdots$；

(3) $\frac{2}{1}-\frac{3}{2}+\frac{4}{3}-\frac{5}{4}+\cdots$；

(4) $\frac{1}{2}+\frac{1\cdot 3}{2\cdot 4}+\frac{1\cdot 3\cdot 5}{2\cdot 4\cdot 6}+\cdots$.

3. 根据定义判断下列级数是否收敛：

(1) $\sum_{n=1}^{\infty}(\sqrt{n+2}-2\sqrt{n+1}+\sqrt{n})$；

(2) $\frac{1}{1\cdot 3}+\frac{1}{3\cdot 5}+\frac{1}{5\cdot 7}+\cdots$.

4. 判断下列级数是否收敛：

(1) $-\frac{8}{9}+\frac{8^2}{9^2}-\frac{8^3}{9^3}+\cdots$;

(2) $\frac{1}{3}+\frac{1}{6}+\frac{1}{9}+\frac{1}{12}+\cdots$;

(3) $\frac{1}{3}+\frac{1}{\sqrt{3}}+\frac{1}{\sqrt[3]{3}}+\frac{1}{\sqrt[4]{3}}+\cdots$;

(4) $1!+2!+3!+4!+\cdots$;

(5) $\left(\frac{1}{6}+\frac{8}{9}\right)+\left(\frac{1}{6^2}+\frac{8^2}{9^2}\right)+\left(\frac{1}{6^3}+\frac{8^3}{9^3}\right)+\cdots$;

(6) $\frac{1}{2}+\frac{1}{10}+\frac{1}{4}+\frac{1}{20}+\cdots+\frac{1}{2n}+\frac{1}{10n}+\cdots$.

5. 判断下列正项级数是否收敛.

(1) $1+\frac{1}{3}+\frac{1}{5}+\frac{1}{7}+\cdots$;

(2) $\frac{1}{2}+\frac{1}{5}+\frac{1}{10}+\frac{1}{17}+\cdots+\frac{1}{n^2+1}+\cdots$;

(3) $1+\frac{1+2}{1+2^2}+\frac{1+3}{1+3^2}+\cdots$;

(4) $\frac{1}{2\cdot 5}+\frac{1}{3\cdot 6}+\cdots+\frac{1}{(n+1)(n+4)}+\cdots$;

(5) $1+\frac{2!}{2^2}+\frac{3!}{3^3}+\cdots+\frac{n!}{n^n}+\cdots$;

(6) $\frac{3}{2}+\frac{4}{2^2}+\frac{5}{2^3}+\frac{6}{2^4}+\cdots$;

(7) $\frac{5}{1!}+\frac{5^2}{2!}+\frac{5^3}{3!}+\cdots$;

(8) $\frac{1}{10}+\frac{2!}{10^2}+\frac{3!}{10^3}+\cdots$;

(9) $\frac{3}{1\cdot 2}+\frac{3^2}{2\cdot 2^2}+\frac{3^3}{3\cdot 2^3}+\cdots$;

(10) $\sum_{n=1}^{\infty}\frac{2n\cdot n!}{n^n}$;

(11) $\frac{1}{a+b}+\frac{1}{2a+b}+\frac{1}{3a+b}+\cdots \quad (a>0,b>0)$；

(12) $\frac{1}{2}+\frac{1\cdot 2}{3\cdot 4}+\frac{1\cdot 2\cdot 3}{4\cdot 5\cdot 6}+\cdots$；

(13) $\sum_{n=1}^{\infty}\frac{n+1}{n(n+2)}$；

(14) $\sqrt{2}+\sqrt{\frac{3}{2}}+\cdots+\sqrt{\frac{n+1}{n}}+\cdots$；

(15) $\frac{1}{1001}+\frac{2}{2001}+\cdots+\frac{n}{1000n+1}+\cdots$；

(16) $\sum_{n=1}^{\infty}2^n\sin\frac{\pi}{3^n}$.

6．判断下列级数是否收敛？若收敛，是绝对收敛还是条件收敛？

(1) $1-\frac{1}{\sqrt{2}}+\frac{1}{\sqrt{3}}-\frac{1}{\sqrt{4}}+\cdots$；

(2) $1-\frac{1}{3^2}+\frac{1}{5^2}-\frac{1}{7^2}+\cdots$；

(3) $\frac{1}{\ln 2}-\frac{1}{\ln 3}+\frac{1}{\ln 4}-\frac{1}{\ln 5}+\cdots$；

(4) $\sum_{n=1}^{\infty}(-1)^{n-1}\frac{n}{3^{n-1}}$；

(5) $\sum_{n=1}^{\infty}(-1)^{n+1}\frac{2^{n^2}}{n!}$；

(6) $\frac{1}{\pi^2}\sin\frac{\pi}{2}-\frac{1}{\pi^3}\sin\frac{\pi}{3}+\frac{1}{\pi^4}\sin\frac{\pi}{4}-\cdots$；

* (7) $\sum_{n=1}^{\infty}\frac{(-1)^{n-1}}{n^p}$；

* (8) $\sum_{n=2}^{\infty}\frac{(-1)^n}{n-\ln n}$.

7．求下列级数的收敛区间，并讨论在端点处是否收敛：

(1) $\sum_{n=1}^{\infty}nx^n$；

(2) $\frac{x}{2}+\frac{x^2}{2\cdot 4}+\frac{x^3}{2\cdot 4\cdot 6}+\cdots$;

(3) $1-x+\frac{x^2}{2^2}-\frac{x^3}{3^2}+\cdots$;

(4) $\frac{x}{1\cdot 3}+\frac{x^2}{2\cdot 3^2}+\frac{x^3}{3\cdot 3^3}+\cdots$;

(5) $\sum\limits_{n=1}^{\infty}\frac{(x-5)^n}{\sqrt{n}}$;

(6) $x-\frac{x^3}{3\cdot 3!}+\frac{x^5}{5\cdot 5!}-\cdots$;

(7) $\ln x+(\ln x)^2+(\ln x)^3+\cdots$;

(8) $\sum\limits_{n=1}^{\infty}\frac{n^2}{x^n}$;

(9) $\sum\limits_{n=0}^{\infty}\frac{1}{2n+1}\left(\frac{1-x}{1+x}\right)^n$;

(10) $\frac{x-3}{1-3}+\frac{(x-3)^2}{2-3^2}+\cdots+\frac{(x-3)^n}{n-3^n}+\cdots$.

8. 利用逐项微分或逐项积分求下列各级数的和

(1) $\sum\limits_{n=1}^{\infty}\frac{x^{4n+1}}{4n+1}\quad(|x|<1)$;

(2) $\sum\limits_{n=1}^{\infty}\frac{n(n+1)}{2}x^{n-1}\quad(|x|<1)$.

9. 求下列函数的幂级数展开式和它的收敛区间：

(1) $\frac{e^x-e^{-x}}{2}$; (2) $\ln(a+x)$;

(3) a^x; (4) $\sin\frac{x}{2}$;

(5) $\cos^2 x$; (6) $\ln(1+x-2x^2)$;

*(7) $\sqrt[3]{8-x^3}$; *(8) $\arcsin x$.

10. 讨论下列微分方程的阶数，并指出是否为线性方程

(1) $x^2y'+y+1=0$;

(2) $\frac{d^3y}{dx^3}+2\cos x\frac{d^2y}{dx^2}+\sin y=0$;

(3) $y''+y\cdot y'+4=0$;

(4) $y=xy'+\frac{2}{3}(y')^{3/2}$;

(5) $\sin^2 y\mathrm{d}x+(x\sin 2y+2y)\mathrm{d}y=0$.

11. 验证下列函数是所给微分方程的通解：

(1) $y=Cx^{-3}$， $x\frac{\mathrm{d}y}{\mathrm{d}x}+3y=0$；

(2) $y=Cx+\frac{2}{3}(C)^{3/2}$， $y=xy'+\frac{2}{3}(y')^{3/2}$；

(3) $y=C_1\mathrm{e}^{2x}+C_2\mathrm{e}^{-2x}$， $y''-4y=0$；

(4) $x\sin^2 y+y^2=C$， $\sin^2 y\mathrm{d}x+(x\sin 2y+2y)\mathrm{d}y=0$.

12. 求下列各微分方程的通解：

(1) $\frac{\mathrm{d}y}{\mathrm{d}x}=\mathrm{e}^{x+y}$；

(2) $x\frac{\mathrm{d}y}{\mathrm{d}x}=y\ln y$；

(3) $(1-x)\mathrm{d}y-(1+y)\mathrm{d}x=0$；

(4) $xy\mathrm{d}x+(1+x^2)\mathrm{d}y=0$；

(5) $\frac{\mathrm{d}y}{\mathrm{d}x}=\sqrt{\frac{1-y^2}{1-x^2}}$；

(6) $y-x\frac{\mathrm{d}y}{\mathrm{d}x}=4\left(y^2+\frac{\mathrm{d}y}{\mathrm{d}x}\right)$；

(7) $\frac{\mathrm{d}y}{\mathrm{d}x}+2y=4x$；

(8) $\frac{\mathrm{d}y}{\mathrm{d}x}+y=\mathrm{e}^{-x}$；

(9) $x\frac{\mathrm{d}y}{\mathrm{d}x}-2y=2x$；

(10) $\frac{\mathrm{d}y}{\mathrm{d}x}+2xy=x\mathrm{e}^{-x^2}$；

(11) $\frac{\mathrm{d}y}{\mathrm{d}x}+\frac{1}{x}y=x^2y^6$；

(12) $x\frac{\mathrm{d}y}{\mathrm{d}x}+y=y^2\ln x$；

(13) $x\dfrac{\mathrm{d}y}{\mathrm{d}x}-x\sin\dfrac{y}{x}-y=0$;

(14) $(x+y)\mathrm{d}y=(y-x)\mathrm{d}x$;

(15) $\dfrac{\mathrm{d}y}{\mathrm{d}x}=\mathrm{e}^{\frac{y}{x}}+\dfrac{y}{x}$;

(16) $x^2y^{(4)}=-1$;

(17) $y'''=x\mathrm{e}^x$;

(18) $y'''-y''=0$;

(19) $y''-4y'-x=0$;

(20) $y''=(y')^2+1$.

13. 求下列各微分方程满足所给初始条件的特解：

(1) $\dfrac{\mathrm{d}x}{y}+\dfrac{4\mathrm{d}y}{x}=0$, $y|_{x=4}=2$;

(2) $\sin y\cos x\mathrm{d}y=\cos y\sin x\mathrm{d}x$, $y|_{x=0}=\dfrac{\pi}{4}$;

(3) $\dfrac{\mathrm{d}y}{\mathrm{d}x}-y\mathrm{tg}x=\sec x$, $y|_{x=0}=0$;

(4) $\dfrac{\mathrm{d}y}{\mathrm{d}x}-\dfrac{2y}{x}=x^2\mathrm{e}^x$, $y|_{x=1}=0$;

(5) $(y^2-3x^2)\mathrm{d}y=-2xy\mathrm{d}x$, $y|_{x=0}=1$;

(6) $\dfrac{\mathrm{d}y}{\mathrm{d}x}=\dfrac{x}{y}+\dfrac{y}{x}$, $y|_{x=-1}=2$.

14. 求下列各微分方程的通解或满足初始条件的特解：

(1) $y''-3y'=0$;

(2) $y''-y'\quad 2y=0$;

(3) $y''+3y'+2y=0$, $y|_{x=0}=0, y'|_{x=0}=1$;

(4) $y''-3y'-4y=0$, $y|_{x=0}=0, y'|_{x=0}=-5$;

(5) $4y''-20y'+25y=0$;

(6) $y''-6y'+9y=0$;

(7) $4y''+4y'+y=0$, $y|_{x=0}=2, y'|_{x=0}=0$;

(8) $y''+y=0$;

(9) $y''+6y'+13y=0$;

(10) $4y''-8y'+5y=0$;

(11) $y''+4y'+29y=0,\quad y|_{x=0}=0, y'|_{x=0}=15$;

(12) $2y''+5y'=5x^2-2x-1$;

(13) $2y''+y'-y=2e^x$;

(14) $y''-7y'+6y=\sin x$;

(15) $y''-8y'+16y=x+e^{4x}$;

(16) $y''+y=-\sin 2x,\quad y|_{x=\pi}=1, y'|_{x=\pi}=1$;

(17) $y'''-3y'-2y=0$;

(18) $y^{(4)}+2y'''-3y''-4y'+4y=0$.

附录 I　经济数量分析中常用的概念及方法简介

为了适应经济和管理类专业的需要，这里我们把经济数量分析中常用的概念及有关的数学方法简单介绍如下：

一、几个常用函数

我们知道，对于纯粹的市场经济来说，商品的市场价格取决于市场供(给)需(求)之间的关系．所谓需求量常常被理解为购买者在某一段时间内以一个可能的价格愿意并且能够购买某种商品的数量．需求不仅反映购买者的愿望，而且也反映了购买者的能力．供给量的涵义是卖方在一定时间范围内以任一可能的价格愿意并且能够出售的某种商品的数量．供给不仅与生产中的投入成本以及技术情况有关，而且与卖者对其它商品及劳务价格的估计等因素有关．下面我们分别介绍需求函数、总收益函数和供给函数．

1．*需求函数*

在所考察的时间范围内，如果把购买者的收入、偏好等都看成是不变的因素，并且与该商品有关的其它商品的价格也认为是不变的，那么我们便可以把该商品的需求量 Q 看成是其价格 p 的函数，即

$$Q = f(p)$$

称之为**需求函数**．通常我们所遇到的需求函数都是递减的，即有

$$f'(p) < 0.$$

最简单的需求函数有这样几个类型：

(1) $Q = b - ap$；

(2) $Q = \dfrac{a}{p+c} - b$；

(3) $Q = a - bp^2$;

(4) $Q = Ae^{-bp}$,

这里的 a,b,c,A 均为正常数.

2. 总收益函数

设某种商品的价格为 p,相应的需求量①为 Q,则出售这些商品所得到的总收益为 Qp,又设需求函数为 $Q = f(p)$,其反函数为 $p = p(Q)$.这样,我们便可以把该商品的总收益 R_T 看成是其需求量 Q(或价格 p)的函数,即

$$R_T = Q \cdot p(Q) \text{ (或 } R_T = f(p) \cdot p\text{)},$$

称之为**总收益函数**.

3. 供给函数

设在所考察的时间范围内,生产要素的成本以及技术水平等因素都没有变化,这样我们便可以把某种商品的供给量 Q 看成是其价格 p 的函数,即

$$Q = g(p),$$

称之为**供给函数**.

最简单的供给函数有这样两个类型:

(1) $Q = -d + cp$;

(2) $Q = \dfrac{ap - b}{cp + d}$,

这里的 a,b,c,d 为正常数.

二、边际与弹性

在经济学中,为了描述一个经济变量 y 对另一个经济变量 x 的变化关系,我们常常用到"平均"和"边际"这样两个概念.我们已经知道,平均表示每单位 x 的变化所引起 y 的变化的大小.例如,平均成本描述了总成本与总产量的变化关系,它刻划了每单位产

① 当商品供大于求时,应为销售量,以下同.

量上所需成本的大小.在经济分析中,边际表示一个经济变量 y 对另一个经济变量 x 的微小变化所作的反应.严格地讲,就是当自变量 x 的变动 (Δx) 趋向零时,用 x 的微量变化去除由它引起的因变量 y 的相应变化所得到的比率的极限.在数学上,边际可以用导数来表示,边际函数就是导函数.下面我们分别介绍边际收益与边际成本.

1. 边际收益

设某种商品的总收益 R_T 可以表示为需求量 Q 的函数,即

$$R_T = Q \cdot p(Q) \triangleq f(Q),$$

则由平均的定义可知,平均收益 R_A 就是单位需求量的收益,于是有

$$R_A = \frac{f(Q)}{Q} = p(Q).$$

可见,需求函数 $p(Q)$ 也可以称为平均收益函数.这就是说,价格 p 可以看成是从需求量 Q 上获得的平均收益.

根据边际的定义,边际收益 R_M 就是总收益 R_T 对 Q 的导数,即

$$R_M = \frac{\mathrm{d}R_T}{\mathrm{d}Q} = p(Q) + Q \cdot p'(Q).$$

例如,当需求函数为

$$p = a - bQ$$

时,总收益为

$$R_T = (a - bQ)Q,$$

于是边际收益为

$$R_M = a - 2bQ.$$

2. 边际成本

成本是指生产某种产品时消耗生产要素所支付的所有费用,而总成本则是生产一定量产品所需成本的总额,它是由固定成本(即在一定限度内不随产量变动而变化的费用)和可变成本(即随产量变动而变化的费用)两部分组成.

设某种产品的产量为 Q，于是我们可以把总成本 K_T 看成是产量 Q 的函数，即

$$K_T = f(Q).$$

最简单的成本函数有这样几种形式：

(1) $K_T = P_n(Q) + c$，

其中 c 为固定成本；$P_n(Q)$ 为可变成本，它是 Q 的一个 n 次多项式. 特别当 $n=1$ 时，即

$$K_T = aQ + c,$$

这时总成本为线性函数，其中 a 表示增加单位产量时所增加的成本；

(2) $K_T = aQ\dfrac{Q+b}{Q+d} + c$；

(3) $K_T = Q^a e^{bQ+d} + c$，

这里的 a,b,c,d 均为正常数.

由平均的定义可知，平均成本 K_A 就是指生产单位产品的成本，即

$$K_A = \frac{K_T}{Q}.$$

根据边际的定义，边际成本 K_M 可以用总成本 K_T 对 Q 的导数来表示，即

$$K_M = \frac{\mathrm{d}K_T}{\mathrm{d}Q}.$$

例如，当总成本为

$$K_T = 2Q^2 + 3Q + 5$$

时，平均成本为

$$K_A = 2Q + 3 + 5/Q,$$

而边际成本为

$$K_M = 4Q + 3.$$

由上面的讨论可以看出，边际实际上刻划了一个经济变量 y 对另一个经济变量 x 的绝对变化率. 在实际工作中讨论 y 对 x 变

动的敏感程度时，往往离不开计量单位(即量纲)，这样就很难比较使用不同量纲时 y 对 x 的敏感程度. 因此，我们必须采用不依赖于任何单位的计量法，这就是弹性. 在经济分析中，弹性 ε_{yx} 表示一个经济 y 对另一个经济变量 x 微小的百分比变动所作的反应. 严格地讲，就是当自变量 x 的变动 (Δx) 趋向零时，x 的微小变化的相对变化率去除由它引起的因变量 y 的相对变化率所得到的比率的极限. 在数学上，函数的弹性可以用导函数与平均函数的比值来表示，即

$$\varepsilon_{yx} = \frac{\mathrm{d}y}{\mathrm{d}x} \Big/ \frac{y}{x}.$$

可见，在经济上弹性又可以理解为边际函数与平均函数之比.

设需求函数为 $Q=f(p)$，则需求量 Q 对于价格 p 的弹性为

$$\varepsilon_{Qp} = f'(p)\frac{p}{Q}.$$

例如，当 $Q = b - ap$ 时，有

$$\varepsilon_{Qp} = -a\frac{P}{b-ap} = \frac{ap}{ap-b};$$

而当 $Q = A\mathrm{e}^{-bp}$ 时，有

$$\varepsilon_{Qp} = -Ab\mathrm{e}^{-bp}\frac{p}{A\mathrm{e}^{-bp}} = -bp,$$

这里，需求量 Q 对于价格 p 的弹性为 $-bp$，说明了价格增加 1% 时，需求量减少 bp%.

对于一般的可导函数 $y=f(x)$，ε_{yx} 则表示当自变量 x 变化 1% 时，函数 $f(x)$ 变化的百分数. 例如，当 $f(x)=C$ 时，由 $f'(x)=0$，得到

$$\varepsilon_{yx} = 0,$$

即常数函数的弹性为零.

三、总量函数

在经济分析中，与边际概念相对应的是总量的概念. 例如，边

际成本与总成本、边际收益与总收益、边际产出与总产出等等.

设边际函数(即总量函数的变化率)为 $f(t)$,求在区间 $[a,b]$ 上的总量 F. 这个问题我们可以利用一元积分学中的微元法来解决:

分割区间 $[a,b]$,设其中任一个小区间 $[x,x+\mathrm{d}x]$ 上的总量为 ΔF. 由于 ΔF 的线性主要部分

$$\mathrm{d}F = f(x)\mathrm{d}x,$$

故有

$$F = \int_a^b f(x)\mathrm{d}x.$$

这就是说,总量是边际函数从 a 到 b 的定积分.

例如,某种商品的边际收益为 $R_M(Q)$,则销售 N 个单位时的总收益 R_T 可以表示为

$$R_T = \int_0^N R_M(Q)\mathrm{d}Q.$$

又如,某种商品的边际成本为 $K_M(Q)$,则从产量 a 到 b 的总成本 K_T 可以表示为

$$K_T = \int_a^b K_M(Q)\mathrm{d}Q.$$

四、应用举例

例 1 生产某种产品的总成本函数 K_T(单位:元)是其产量 Q(单位:t)的函数 $K_T=10000+Q^2/4$. 试讨论

(1) 当产量 $Q=100t$ 时,总成本、平均成本和边际成本各是多少?

(2) 当产量 Q 为多少时,平均成本最小? 最小平均成本是多少?

解 设平均成本和边际成本分别为 $K_A(Q)$ 和 $K_M(Q)$,则

$$K_A(Q) = \frac{K_T}{Q} = 10000Q^{-1} + \frac{1}{4}Q,$$

$$K_M(Q) = \frac{\mathrm{d}K_T}{\mathrm{d}Q} = \frac{1}{2}Q.$$

于是,有

$$(1)\ K_T(100)=10000+\frac{1}{4}\times 100^2=12500(\text{元}),$$

$$K_A(100)=10000\times\frac{1}{100}+\frac{1}{4}\times 100=125(\text{元}),$$

$$K_M(100)=\frac{1}{2}\times 100=50(\text{元});$$

(2) 由 $(K_A)'=-10000Q^{-2}+\frac{1}{4}=0$,解得 $Q=200$. 并且 $(K_A)''\big|_{Q=200}=20000\times 200^{-3}>0$,可知当 $Q=200t$ 时,平均成本最小,其值为

$$K_A(200)=10000\times\frac{1}{200}+\frac{1}{4}\times 200$$
$$=100(\text{元}).$$

例 2 设某种商品需求量 Q 是价格 p 的函数:

$$Q(p)=1600\left(\frac{1}{4}\right)^p,$$

求需求量 Q 对于价格 p 的弹性 ε_{Qp}.

解 由

$$\frac{\mathrm{d}Q}{\mathrm{d}p}=1600\left(\frac{1}{4}\right)^p\ln\frac{1}{4}=-3200\left(\frac{1}{4}\right)^p\ln 2,$$

根据弹性定义,有

$$\varepsilon_{Qp}=\frac{\mathrm{d}Q}{\mathrm{d}p}\Big/\frac{Q}{p}=\frac{\mathrm{d}Q}{\mathrm{d}p}\cdot\frac{p}{Q}$$
$$=\frac{-3200\left(\frac{1}{4}\right)^p\ln 2}{1600(1/4)^p}\cdot p$$
$$=-2p\ln 2.$$

例 3 设生产某种产品的固定成本为 60 万元,每周生产 Q 台时,边际成本为 $K_M(Q)=0.6Q-2$(万元). 又设该产品每台销售价为 10 万元,试讨论每周生产多少台时所获得的总利润最大.

解 设总成本、总收益和总利润分别为 $K_T(Q)$、$R_T(Q)$和

$C(Q)$，则有

$$C(Q)=R_T(Q)-K_T(Q).$$

其中总成本 $K_T(Q)$ 可由边际成本 $K_M(Q)$ 通过不定积分求出：

$$\begin{aligned}K_T(Q)&=\int K_M(Q)\mathrm{d}Q\\&=\int(0.6Q-2)\mathrm{d}Q\\&=0.3Q^2-2Q+C.\end{aligned}$$

考虑到 $Q=0$ 时，企业仍需支付固定成本 60 万元，故 $K_T(0)=60$，代入上式得到 $C=60$，于是

$$K_T(Q)=0.3Q^2-2Q+60.$$

而总收益 $R_T(Q)=10Q$，因此总利润为

$$\begin{aligned}C(Q)&=10Q-(0.3Q^2-2Q+60)\\&=12Q-0.3Q^2-60.\end{aligned}$$

由 $C'(Q)=12-0.6Q$，令 $C'(Q)=0$ 解得 $Q=20$，并且 $C''(20)=-0.6<0$，可知当产量为 20 台时，总利润达到最大为 60 万元.

附录Ⅱ　简单积分表

1. 基本积分公式

1. $\int 0\,\mathrm{d}x = C$；

2. $\int x^n\,\mathrm{d}x = \frac{1}{n+1}x^{n+1} + C \quad (n \neq -1)$；

3. $\int \frac{1}{x}\,\mathrm{d}x = \ln|x| + C$；

4. $\int \mathrm{e}^x\,\mathrm{d}x = \mathrm{e}^x + C$；

5. $\int a^x\,\mathrm{d}x = \frac{1}{\ln a}a^x + C \quad (a > 0, a \neq 1)$；

6. $\int \sin x\,\mathrm{d}x = -\cos x + C$；

7. $\int \cos x\,\mathrm{d}x = \sin x + C$；

8. $\int \sec^2 x\,\mathrm{d}x = \mathrm{tg}x + C$；

9. $\int \mathrm{cosec}^2 x\,\mathrm{d}x = -\mathrm{ctg}x + C$；

10. $\int \frac{1}{1+x^2}\,\mathrm{d}x = \mathrm{arc\ tg}x + C$；

11. $\int \frac{1}{\sqrt{1-x^2}}\mathrm{d}x = \mathrm{arc\ sin}x + C$.

2. 含有 $a+bx$ 的积分

12. $\int (a+bx)^\alpha\,\mathrm{d}x = \begin{cases} \frac{(a+bx)^{\alpha+1}}{b(\alpha+1)} + C, \text{当 } \alpha \neq -1; \\ \frac{1}{b}\ln|a+bx| + C, \text{当 } \alpha = -1; \end{cases}$

13. $\int \frac{x\mathrm{d}x}{a+bx} = \frac{x}{b} - \frac{a}{b^2}\ln|a+bx| + C$;

14. $\int \frac{x^2\mathrm{d}x}{a+bx} = \frac{1}{b^3}\left[\frac{1}{2}(a+bx)^2 - 2a(a+bx) + a^2\ln|a+bx|\right] + C$;

15. $\int \frac{x\mathrm{d}x}{(a+bx)^2} = \frac{1}{b^2}\left(\frac{a}{a+bx} + \ln|a+bx|\right) + C$;

16. $\int \frac{x^2\mathrm{d}x}{(a+bx)^2} = \frac{x}{b^2} - \frac{a^2}{b^3(a+bx)} - \frac{2a}{b^3}\ln|a+bx| + C$;

17. $\int \frac{\mathrm{d}x}{x(a+bx)} = \frac{1}{a}\ln\left|\frac{x}{a+bx}\right| + C$;

18. $\int \frac{\mathrm{d}x}{x^2(a+bx)} = -\frac{1}{ax} + \frac{b}{a^2}\ln\left|\frac{a+bx}{x}\right| + C$;

19. $\int \frac{\mathrm{d}x}{x(a+bx)^2} = \frac{1}{a(a+bx)} - \frac{1}{a^2}\ln\left|\frac{a+bx}{x}\right| + C$.

3. 含有$\sqrt{a+bx}$的积分

20. $\int x\sqrt{a+bx}\,\mathrm{d}x = \frac{2(3bx-2a)(a+bx)^{3/2}}{15b^2} + C$;

21. $\int x^2\sqrt{a+bx}\,\mathrm{d}x = \frac{2(15b^2x^2-12abx+8a^2)(a+bx)^{3/2}}{105b^3} + C$;

22. $\int \frac{x\mathrm{d}x}{\sqrt{a+bx}} = \frac{2(bx-2a)\sqrt{a+bx}}{3b^2} + C$;

23. $\int \frac{x^2\mathrm{d}x}{\sqrt{a+bx}} = \frac{2(3b^2x^2-4abx+8a^2)(\sqrt{a+bx})}{15b^3} + C$;

24. $$\int \frac{\mathrm{d}x}{x\sqrt{a+bx}} = \begin{cases} \frac{1}{\sqrt{a}}\ln\frac{|\sqrt{a+bx}-\sqrt{a}|}{\sqrt{a+bx}+\sqrt{a}} + C, & \text{当 } a>0; \\ \frac{2}{\sqrt{-a}}\operatorname{arc\,tg}\sqrt{\frac{a+bx}{-a}} + C, & \text{当 } a<0; \end{cases}$$

25. $\displaystyle\int \frac{dx}{x^2\sqrt{a+bx}} = -\frac{\sqrt{a+bx}}{ax} - \frac{b}{2a}\int \frac{dx}{x\sqrt{a+bx}}$;

26. $\displaystyle\int \frac{\sqrt{a+bx}}{x}dx = 2\sqrt{a+bx} + a\int \frac{dx}{x\sqrt{a+bx}}$;

27. $\displaystyle\int \frac{\sqrt{a+bx}}{x^2}dx = -\frac{\sqrt{a+bx}}{x} + \frac{b}{2}\int \frac{dx}{x\sqrt{a+bx}}$.

4. 含有 $a^2 \pm x^2$ 的积分

28. $$\int \frac{dx}{(a^2+x^2)^n} = \begin{cases} \dfrac{1}{a}\text{arc tg}\,\dfrac{x}{a} + C, & \text{当 } n = 1; \\ \dfrac{x}{2(n-1)a^2(a^2+x^2)^{n-1}} + \dfrac{2n-3}{2(n-1)a^2}\displaystyle\int \frac{dx}{(a^2+x^2)^{n-1}}, & \text{当 } n > 1; \end{cases}$$

29. $$\int \frac{x\,dx}{(a^2+x^2)^n} = \begin{cases} \dfrac{1}{2}\ln(a^2+x^2) + C, & \text{当 } n = 1; \\ -\dfrac{1}{2(n-1)(a^2+x^2)^{n-1}} + C, & \text{当 } n > 1; \end{cases}$$

30. $\displaystyle\int \frac{dx}{a^2-x^2} = \frac{1}{2a}\ln\left|\frac{a+x}{a-x}\right| + C$.

5. 含有 $\sqrt{a^2-x^2}$ 的积分

31. $\displaystyle\int \sqrt{a^2-x^2}\,dx = \frac{x}{2}\sqrt{a^2-x^2} + \frac{a^2}{2}\text{arc sin}\,\frac{x}{a} + C$;

32. $\displaystyle\int x\sqrt{a^2-x^2}\,dx = -\frac{1}{3}(a^2-x^2)^{3/2} + C$;

33. $$\int x^2\sqrt{a^2-x^2}\,dx = \frac{x}{8}(2x^2-a^2)\sqrt{a^2-x^2} + \frac{a^4}{8}\text{arc sin}\,\frac{x}{a} + C;$$

34. $\displaystyle\int \frac{dx}{\sqrt{a^2-x^2}} = \text{arc sin}\,\frac{x}{a} + C$;

35. $\int \frac{x\mathrm{d}x}{\sqrt{a^2-x^2}} = -\sqrt{a^2-x^2}+C$;

36. $\int \frac{x^2\mathrm{d}x}{\sqrt{a^2-x^2}} = -\frac{x}{2}\sqrt{a^2-x^2}+\frac{a^2}{2}\arcsin\frac{x}{a}+C$;

37. $$\int (a^2-x^2)^{3/2}\mathrm{d}x = \frac{x}{8}(5a^2-2x^2)\sqrt{a^2-x^2} + \frac{3a^4}{8}\arcsin\frac{x}{a}+C;$$

38. $\int \frac{\mathrm{d}x}{(a^2-x^2)^{3/2}} = \frac{x}{a^2\sqrt{a^2-x^2}}+C$;

39. $\int \frac{x\mathrm{d}x}{(a^2-x^2)^{3/2}} = \frac{1}{\sqrt{a^2-x^2}}+C$;

40. $\int \frac{x^2\mathrm{d}x}{(a^2-x^2)^{3/2}} = \frac{x}{\sqrt{a^2-x^2}}-\arcsin\frac{x}{a}+C$;

41. $\int \frac{\mathrm{d}x}{x\sqrt{a^2-x^2}} = \frac{1}{a}\ln\left|\frac{a-\sqrt{a^2-x^2}}{x}\right|+C$;

42. $\int \frac{\mathrm{d}x}{x^2\sqrt{a^2-x^2}} = -\frac{\sqrt{a^2-x^2}}{a^2x}+C$;

43. $$\int \frac{\mathrm{d}x}{x^3\sqrt{a^2-x^2}} = -\frac{\sqrt{a^2-x^2}}{2a^2x^2} - \frac{1}{2a^3}\ln\left|\frac{a+\sqrt{a^2-x^2}}{x}\right|+C;$$

44. $\int \frac{\sqrt{a^2-x^2}}{x}\mathrm{d}x = \sqrt{a^2-x^2}-a\ln\left|\frac{a+\sqrt{a^2-x^2}}{x}\right|+C$;

45. $\int \frac{\sqrt{a^2-x^2}}{x^2}\mathrm{d}x = -\frac{\sqrt{a^2-x^2}}{x}-\arcsin\frac{x}{a}+C$.

6. 含有$\sqrt{x^2\pm a^2}$的积分

46. $$\int \sqrt{x^2\pm a^2}\mathrm{d}x = \frac{x}{2}\sqrt{x^2\pm a^2} \pm \frac{a^2}{2}\ln\left|x+\sqrt{x^2\pm a^2}\right|+C;$$

47. $\int x\sqrt{x^2 \pm a^2}\,\mathrm{d}x = \frac{1}{3}(x^2 \pm a^2)^{3/2} + C$;

48. $\int x^2\sqrt{x^2 \pm a^2}\,\mathrm{d}x = \frac{x}{8}(2x^2 \pm a^2)\sqrt{x^2 \pm a^2}$

$$- \frac{a^4}{8}\ln\left|x + \sqrt{x^2 \pm a^2}\right| + C;$$

49. $\int \frac{\mathrm{d}x}{\sqrt{x^2 \pm a^2}} = \ln\left|x + \sqrt{x^2 \pm a^2}\right| + C$;

50. $\int \frac{x\,\mathrm{d}x}{\sqrt{x^2 \pm a^2}} = \sqrt{x^2 \pm a^2} + C$;

51. $\int \frac{x^2\,\mathrm{d}x}{\sqrt{x^2 \pm a^2}} = \frac{x}{2}\sqrt{x^2 \pm a^2} \mp \frac{a^2}{2}\ln\left|x + \sqrt{x^2 \pm a^2}\right|$

$$+ C;$$

52. $\int (x^2 \pm a^2)^{3/2}\,\mathrm{d}x = \frac{x}{8}(2x^2 \pm 5a^2)\sqrt{x^2 \pm a^2}$

$$+ \frac{3a^4}{8}\ln\left|x + \sqrt{x^2 \pm a^2}\right| + C;$$

53. $\int \frac{\mathrm{d}x}{(x^2 \pm a^2)^{3/2}} = \pm\frac{x}{a^2\sqrt{x^2 \pm a^2}} + C$;

54. $\int \frac{x\,\mathrm{d}x}{(x^2 \pm a^2)^{3/2}} = -\frac{1}{\sqrt{x^2 \pm a^2}} + C$;

55. $\int \frac{x^2\,\mathrm{d}x}{(x^2 \pm a^2)^{3/2}} = -\frac{x}{\sqrt{x^2 \pm a^2}} + \ln\left|x + \sqrt{x^2 \pm a^2}\right| + C$;

56. $\int \frac{\mathrm{d}x}{x^2\sqrt{x^2 \pm a^2}} = \mp\frac{\sqrt{x^2 \pm a^2}}{a^2 x} + C$;

57. $\int \frac{\mathrm{d}x}{x^3\sqrt{x^2 + a^2}} = -\frac{\sqrt{x^2 + a^2}}{2a^2x^2}$

$$+ \frac{1}{2a^3}\ln\frac{a + \sqrt{x^2 + a^2}}{|x|} + C;$$

58. $\int \frac{\mathrm{d}x}{x^3\sqrt{x^2 - a^2}} = \frac{\sqrt{x^2 - a^2}}{2a^2x^2} + \frac{1}{2a^3}\arccos\frac{a}{x} + C$;

59. $\int \frac{\sqrt{x^2 + a^2}}{x}\,\mathrm{d}x = \sqrt{x^2 + a^2} - a\ln\frac{a + \sqrt{x^2 + a^2}}{|x|} + C$;

60. $$\int \frac{\sqrt{x^2-a^2}}{x}\mathrm{d}x=\sqrt{x^2-a^2}-a\ \mathrm{arc}\cos\frac{a}{x}+C;$$

61. $$\int \frac{\sqrt{x^2\pm a^2}}{x^2}\mathrm{d}x=-\frac{\sqrt{x^2\pm a^2}}{x}+\ln\left|x+\sqrt{x^2\pm a^2}\right|+C;$$

62. $$\int \frac{\mathrm{d}x}{x\sqrt{x^2+a^2}}=\frac{1}{a}\ln\frac{|x|}{a+\sqrt{x^2+a^2}}+C;$$

63. $$\int \frac{\mathrm{d}x}{x\sqrt{x^2-a^2}}=\frac{1}{a}\mathrm{arc}\cos\frac{a}{x}+C.$$

7. 含有 $a+bx+cx^2$ 的积分

64. $$\int \frac{\mathrm{d}x}{a+bx+cx^2}=\frac{2}{\sqrt{4ac-b^2}}\mathrm{arc\ tg}\frac{2cx+b}{\sqrt{4ac-b^2}}+C,$$

当 $b^2<4ac$;

$$或=\frac{1}{\sqrt{b^2-4ac}}\ln\left|\frac{\sqrt{b^2-4ac}-b-2cx}{\sqrt{b^2-4ac}+b+2cx}\right|+C,$$

当 $b^2>4ac$.

8. 含有 $\sqrt{a+bx+cx^2}$ 的积分

65. $$\int \frac{\mathrm{d}x}{\sqrt{a+bx+cx^2}}=\begin{cases}\dfrac{1}{\sqrt{c}}\ln\left|2cx+b+2\sqrt{c(a+bx+cx^2)}\right|+C, & 当\ c>0;\\ -\dfrac{1}{\sqrt{-c}}\mathrm{arc}\sin\dfrac{2cx+b}{\sqrt{b^2-4ac}}+C, & 当\ b^2>4ac, c<0;\end{cases}$$

66. $$\int \sqrt{a+bx+cx^2}\,\mathrm{d}x=\frac{2cx+b}{4c}\sqrt{a+bx+cx^2}+\frac{4ac-b^2}{8c}\int\frac{\mathrm{d}x}{\sqrt{a+bx+cx^2}};$$

67. $$\int \frac{x\mathrm{d}x}{\sqrt{a+bx+cx^2}}=\frac{1}{c}\sqrt{a+bx+cx^2}$$

$$-\frac{b}{2c}\int\frac{dx}{\sqrt{a+bx+cx^2}}.$$

9. 含有三角函数的积分

68. $\int \sin ax\,dx = -\frac{1}{a}\cos ax + C$；

69. $\int \cos ax\,dx = \frac{1}{a}\sin ax + C$；

70. $\int \operatorname{tg} ax\,dx = -\frac{1}{a}\ln|\cos ax| + C$；

71. $\int \operatorname{ctg} ax\,dx = \frac{1}{a}\ln|\sin ax| + C$；

72. $\int \sin^2 ax\,dx = \frac{x}{2} - \frac{1}{4a}\sin 2ax + C$；

73. $\int \cos^2 ax\,dx = \frac{x}{2} + \frac{1}{4a}\sin 2ax + C$；

74. $\int \sec ax\,dx = \frac{1}{a}\ln|\sec ax + \operatorname{tg} ax| + C$；

75. $\int \csc ax\,dx = -\frac{1}{a}\ln|\csc ax + \operatorname{ctg} ax| + C$；

76. $\int \sec x\operatorname{tg} x\,dx = \sec x + C$；

77. $\int \csc x\operatorname{ctg} x\,dx = -\csc x + C$；

78. $\int \sin ax\sin bx\,dx = -\frac{\sin(a+b)x}{2(a+b)} + \frac{\sin(a-b)x}{2(a-b)} + C$，　　当 $a \neq b$ 时；

79. $\int \sin ax\cos bx\,dx = -\frac{\cos(a+b)x}{2(a+b)} - \frac{\cos(a-b)x}{2(a-b)} + C$，　　当 $a \neq b$ 时；

80. $\int \cos ax\cos bx\,dx = \frac{\sin(a+b)x}{2(a+b)} + \frac{\sin(a-b)x}{2(a-b)} + C$，　　当 $a \neq b$ 时；

81. $\int \sin^n x\,dx = -\frac{1}{n}\sin^{n-1}x\cos x + \frac{n-1}{n}\int \sin^{n-2}x\,dx$；

82. $\int \cos^n x\,dx = \frac{1}{n}\cos^{n-1}x\sin x + \frac{n-1}{n}\int \cos^{n-2}x\,dx$;

83. $\int \mathrm{tg}^n x\,dx = \frac{1}{n-1}\mathrm{tg}^{n-1}x - \int \mathrm{tg}^{n-2}x\,dx$, $\quad n > 1$;

84. $\int \mathrm{ctg}^n x\,dx = -\frac{1}{n-1}\mathrm{ctg}^{n-1}x - \int \mathrm{ctg}^{n-2}x\,dx$, $\quad n > 1$;

85. $\int \sec^n x\,dx = \frac{1}{n-1}\mathrm{tg}x\sec^{n-2}x + \frac{n-2}{n-1}\int \sec^{n-2}x\,dx$, $\quad n > 1$;

86. $\int \csc^n x\,dx = -\frac{1}{n-1}\mathrm{ctg}x\csc^{n-2}x$

$$+\frac{n-2}{n-1}\int \csc^{n-2}x\,dx, \quad n > 1;$$

87. $\int \sin^m x\cos^n x\,dx = \frac{\sin^{m+1}x\cos^{n-1}x}{m+n} + \frac{n-1}{m+n}\int \sin^m x\cos^{n-2}x\,dx$

$$= -\frac{\sin^{m-1}x\cos^{n+1}x}{m+n} + \frac{m-1}{m+n}\int \sin^{m-2}x\cos^n x\,dx;$$

88. $\int \frac{dx}{a+b\cos x} = \frac{2}{\sqrt{a^2-b^2}}\mathrm{arc\ tg}\left(\sqrt{\frac{a-b}{a+b}}\mathrm{tg}\,\frac{x}{2}\right) + C$,

当 $a^2 > b^2$,

或 $= \frac{1}{\sqrt{b^2-a^2}}\ln\left|\frac{b+a\cos x+\sqrt{b^2-a^2}\sin x}{a+b\cos x}\right| + C$,

当 $a^2 < b^2$.

10. 其他形式的积分

89. $\int x^n e^{ax}dx = \frac{1}{a}x^n e^{ax} - \frac{n}{a}\int x^{n-1}e^{ax}dx$;

90. $\int x^\alpha \ln x\,dx = \frac{x^{\alpha+1}}{(\alpha+1)^2}[(\alpha+1)\ln x - 1] + C$,

当 $\alpha \neq -1$ 时;

91. $\int x^n \sin x\,dx = -x^n\cos x + n\int x^{n-1}\cos x\,dx$;

92. $\int x^n \cos x\,dx = x^n\sin x - n\int x^{n-1}\sin x\,dx$;

93. $\int e^{ax}\sin bx\,dx = \frac{e^{ax}(a\sin bx - b\cos bx)}{a^2+b^2} + C$;

94. $\int e^{ax}\cos bx\,dx = \frac{e^{ax}(a\cos bx + b\sin bx)}{a^2+b^2} + C$;

95. $\int \arcsin\frac{x}{a}dx = x\arcsin\frac{x}{a} + \sqrt{a^2-x^2} + C$;

96. $\int \arccos\frac{x}{a}dx = x\arccos\frac{x}{a} - \sqrt{a^2-x^2} + C$;

97. $\int \mathrm{arc\,tg}\frac{x}{a}dx = x\,\mathrm{arc\,tg}\frac{x}{a} - \frac{a}{2}\ln(a^2+x^2) + C$;

98. $\int x^n\arcsin x\,dx = \frac{1}{n+1}\left(x^{n+1}\arcsin x - \int\frac{x^{n+1}}{\sqrt{1-x^2}}dx\right)$;

99. $\int x^n\,\mathrm{arc\,tg}x\,dx = \frac{1}{n+1}\left(x^{n+1}\mathrm{arc\,tg}x - \int\frac{x^{n+1}}{1+x^2}dx\right)$.

11. 几个常用的定积分

100. $\int_{-\pi}^{\pi}\cos nx\,dx = \int_{-\pi}^{\pi}\sin nx\,dx = 0$;

101. $\int_{-\pi}^{\pi}\cos mx\sin nx\,dx = 0$;

102. $\int_{-\pi}^{\pi}\cos mx\cos nx\,dx = \begin{cases}0, & m\neq n,\\ \pi, & m=n;\end{cases}$

103. $\int_{-\pi}^{\pi}\sin mx\sin nx\,dx = \begin{cases}0, & m\neq n;\\ \pi, & m=n;\end{cases}$

104. $\int_0^{\pi}\sin mx\sin nx\,dx = \int_0^{\pi}\cos mx\cos nx\,dx$

$$= \begin{cases}0, & m\neq n,\\ \pi/2, & m=n;\end{cases}$$

105. $\int_0^{\frac{\pi}{2}}\sin^n x\,dx = \int_0^{\frac{\pi}{2}}\cos^n x\,dx$

$$= \begin{cases}\frac{n-1}{n}\cdot\frac{n-3}{n-2}\cdot\dots\cdot\frac{4}{5}\cdot\frac{2}{3} & (n\text{ 为奇数}),\\ \frac{n-1}{n}\cdot\frac{n-3}{n-2}\cdot\dots\cdot\frac{3}{4}\cdot\frac{1}{2}\cdot\frac{\pi}{2} & (n\text{ 为偶数}).\end{cases}$$

106. $\int_0^{\frac{\pi}{2}} \sin^{2m+1}x\cos^n x\,dx$

$$= \frac{2\cdot 4\cdot 6\cdot \cdots \cdot 2m}{(n+1)(n+3)\cdots(n+2m+1)}.$$

107. $\int_0^{\frac{\pi}{2}} \sin^{2m}x\cos^{2n}x\,dx = \frac{\pi}{2}\cdot$

$$\frac{1\cdot 3\cdot 5\cdot \cdots \cdot (2n-1)\cdot 1\cdot 3\cdot 5\cdot \cdots \cdot (2m-1)}{2\cdot 4\cdot 6\cdot \cdots \cdot (2m+2n)}.$$

习题答案

习题一

2. $\{1\},\{2\},\{3\},\{1,2\},\{1,3\},\{2,3\},\{1,2,3\},\varnothing$.

3. (1) $\{1,2,3,5\}$； (2) $\{1,3\}$；

(3) $\{1,2,3,4,5,6\}$； (4) $\varnothing$.

4. (1) $[0,3],\{1\}$； (2) $[-1,4],[2,4]$.

5. (1) $x=-1/2$； (2) $x_1=3,x_2=-1$.

7. (1) $\begin{cases}0\leqslant x\leqslant 1,\\ 0\leqslant y\leqslant 1-x;\end{cases}$ (2) $\begin{cases}1\leqslant x\leqslant 2,\\ x\leqslant y\leqslant 2x;\end{cases}$

(3) $\begin{cases}1\leqslant x\leqslant 2,\\ \dfrac{1}{x}\leqslant y\leqslant 2;\end{cases}$ (4) $\begin{cases}-2\leqslant x\leqslant 2,\\ 0\leqslant y\leqslant \sqrt{4-x^2}.\end{cases}$

8. (1) $\begin{cases}0\leqslant \theta\leqslant 2\pi,\\ 1\leqslant r\leqslant 2;\end{cases}$ (2) $\begin{cases}0\leqslant \theta\leqslant \pi,\\ 0\leqslant r\leqslant 2.\end{cases}$

9. (1) 关于 xOy 平面对称点的坐标分别是$(2,-1,-2)$，$(a,b,-c)$；关于 yOz 平面对称点的坐标分别是$(-2,-1,2)$，$(-a,b,c)$；关于 zOx 平面对称点的坐标分别是$(2,1,2)$，$(a,-b,c)$；

(2) 关于 x 轴对称点的坐标分别是$(2,1,-2)$，$(a,-b,-c)$；关于 y 轴对称点的坐标分别是$(-2,-1,-2)$，$(-a,b,-c)$；关于 z 轴对称点的坐标分别是$(-2,1,2)$，$(-a,-b,c)$；

(3) 关于原点的对称点的坐标分别是$(-2,1,-2)$，$(-a,

$-b, -c)$.

10. AB 边长为 3, BC 边长为 $\sqrt{21}$, CA 边长为 $\sqrt{14}$.

11. (1) 圆柱面； (2) 椭球面；

(3) 椭圆抛物面； (4) 抛物柱面；

(5) 椭圆抛物面； (6) 圆柱面；

(7) 圆锥面； (8) 单叶双曲面；

(9) 双叶双曲面； (10) 圆锥面.

12. (1) 圆周； (2) 圆周；

(3) 抛物线； (4) 椭圆周.

习 题 二

1. (1) 不相同，因为它们的定义域不相同；

(2) 不相同，因为它们的定义域不相同；

(3) 相同；

(4) 相同.

2. (1) $(-\infty, 0) \cup (0, 2) \cup (2, +\infty)$；

(2) $(-\infty, -2) \cup (2, +\infty)$；

(3) $[-1, 1)$；

(4) $[1, 5]$；

(5) $[-1, +\infty)$；

(6) $\{x \mid x \neq n\pi + \pi/4$ 且 $x \in \boldsymbol{R}, (n = 0, \pm 1, \pm 2, \cdots)\}$.

3. $f(0) = 2$； $f(1) = 0$； $f(-2) = 12$；

$f(-x) = x^2 + 3x + 2$； $f\left(\dfrac{1}{x}\right) = \dfrac{1}{x^2} - \dfrac{3}{x} + 2$；

$f(x + \Delta x) - f(x) = 2x \cdot \Delta x + \Delta x^2 - 3\Delta x$.

4. $f(t^2) = t^6 + 1$； $[f(t)]^2 = (t^3 + 1)^2$；

$f(x+1) = (x+1)^3 + 1$； $f(x) + 1 = x^3 + 2$.

5. (1) 偶函数； (2) 奇函数；

(3) 非奇非偶函数； (4) 非奇非偶函数；

(5) 偶函数； (6) 奇函数.

6. (1) 单调递减； (2) 单调递增；

(3) 单调递减； (4) 单调递增.

7. (1) 周期函数，$T = \frac{2}{\lambda}\pi$； (2) 周期函数，但没有最小周期；

(3) 不是周期函数； (4) 周期函数，$T = 2\pi$.

8. $f \circ f(x) = x^4$； $g \circ g(x) = 2^{2^x}$；

$f \circ g(x) = 2^{2x}$； $g \circ f(x) = 2^{x^2}$.

9. $f \circ f(x) = 1 - \frac{1}{x}$； $f \circ f \circ f(x) = x$.

10. (1) $y = \frac{1}{a}(x - b)$； (2) $y=\sqrt{x^3-4}$ $(x>\sqrt[3]{4})$；

(3) $y = \frac{1}{3}\arcsin\frac{x}{2}$ $(0 < x < 2)$； (4) $y = 10^x - 4$.

11. 设其表面积为 S，底半径为 r，$S = \pi r^2 + \frac{2V}{r}$ $(0<r<+\infty)$.

12. $$M = \begin{cases} 0 & (x < 0), \\ q & (0 \leqslant x < 1), \\ 1 & (x \geqslant 1). \end{cases}$$

14. (1) 不存在； (2) 1；

(3) 1； (4) 不存在.

15. (1) 1； (2) 不存在；

(3) 不存在； (4) 不存在.

16. (1) 无穷大量； (2) 无穷大量；

(3) 无穷小量； (4) 无穷大量；

(5) 无穷小量； (6) 无穷小量.

17. (1) 二阶； (2) $\frac{1}{2}$阶；

(3) 一阶； (4) $\frac{1}{3}$阶；

(5) 一阶； (6) 一阶.

18. 不能.

19. 不存在(提示:利用极限运算性质说明).

20. (1) 4/3； (2) 0；

(3) 3； (4) 2；

(5) 1/4； (6) 0；

(7) 1/5； (8) 0；

(9) $\frac{1}{2\sqrt{x}}$； (10) $\frac{1}{2}$；

(11) 4/3； (12) n；

(13) -1； (14) 0；

(15) 0； (16) 4；

(17) $\frac{1}{4}$； (18) $\frac{\sqrt{2}}{2}$；

(19) e^4； (20) 1/e；

(21) e； (22) ∞；

(23) 0； (24) $+\infty$；

(25) $\cos a$； (26) 0；

(27) 2； (28) 1；

(29) 4/3； (30) 1/2.

22. (1) $(-\infty, -1)$, $(-1, +\infty)$, $x=-1$, Ⅱ 类；

(2) $[1, +\infty)$； (3) $(-\infty, +\infty)$；

(4) $(-\infty, -3)$, $(3, +\infty)$；

(5) $(-\infty, 0)$, $(0, +\infty)$, $x=0$, Ⅰ 类；

(6) $(-\infty, 1)$, $(1, +\infty)$, $x=1$, Ⅱ 类；

(7) $(-\infty,0),(0,+\infty),x=0$，Ⅰ 类可去间断点，定义 $f(0)=0$；

(8) $(-\infty,1),(1,2),(2,+\infty),x=2$，Ⅱ 类；$x=1$，Ⅰ 类可去间断点，定义 $f(1)=-2$.

23. $[0,2]$，$x=1$ 为可去间断点，定义 $f(1)=1$.

24. (1) $\cos 1$； (2) $\sqrt{1/3}$.

习 题 三

1. (1) $2x+1$； (2) $-\sin(x+3)$.

2. $f'(x_0)$.

3. 当 $k=0$ 或 1 时，不可导；$k=2$ 时，可导且 $f'(0)=0$.

4. 不存在.

6. $a=2x_0$， $b=-x_0^2$.

7. (1) $-\dfrac{2}{(x-1)^2}$； (2) $30x^2+4x-15$；

(3) $(1+x)e^x$； (4) $\sec x\cdot \operatorname{tg} x$；

(5) $-\dfrac{4x}{(x^2-1)^2}$； (6) $20(x^2-2x+1)^9(x-1)$；

(7) $3\cos x-\sin 2x$； (8) $\dfrac{(x^2+1)\sec^2 x-2x\operatorname{tg} x}{(x^2+1)^2}$；

(9) $4\cos 4x$； (10) $6\cdot 10^{6x}\ln 10$；

(11) $\dfrac{1}{2}(x^2+4x+1)e^{\frac{x}{2}}$； (12) $\dfrac{1}{\sqrt{-(x^2+3x+2)}}$；

(13) $\operatorname{ctg} x$； (14) $\dfrac{3\ln^2 x}{x}$；

(15) $\dfrac{x}{(2+x^2)\sqrt{1+x^2}}$； (16) $-\dfrac{1}{|x|\sqrt{x^2-1}}$；

(17) $\dfrac{1}{\sqrt{x^2+a^2}}$；

(18) $\frac{1-\ln x}{x^2}x^{\frac{1}{x}}$;

(19) $(\sin x)^{\cos x}[\cos x \cdot \mathrm{ctg}x - \sin x \cdot \ln\sin x]$;

(20) $\frac{1}{2}\sqrt{\frac{x-1}{x(x+3)}}\left(\frac{1}{x-1}-\frac{1}{x}-\frac{1}{x+3}\right)$.

8. (1) $\frac{1-x}{y+2}$; (2) $-\frac{1+y\sin(xy)}{x\sin(xy)}$;

(3) $\frac{\mathrm{e}^y}{2-y}$; (4) $\frac{y^2-xy\ln y}{x^2-xy\ln x}$;

(5) $\frac{12\cos 3x+y^2\sin x}{2y\cos x}$; (6) $\frac{y\cos x+\sin(x-y)}{\sin(x-y)-\sin x}$.

9. 切线方程为 $y=-\frac{1}{4}(x+2)$;法线方程为 $y=4x-9$.

10. $y=2(x+1)$ 或 $y=2(x-1)$.

11. (1) $\frac{6x(2x^3-1)}{(x^3+1)^3}$; (2) $2\sin x \cdot \sec^3 x$;

(3) $2\mathrm{e}^{x^2}(3x+2x^3)$; (4) $\frac{\sin(x+y)}{[\cos(x+y)-1]^3}$;

(5) $-2\mathrm{e}^x\sin x$; (6) $x^x\left[(\ln x+1)^2+\frac{1}{x}\right]$;

(7) $-\csc^2 x$;

(8) $\frac{\mathrm{e}^{x+y}(x-y)^2}{(x-\mathrm{e}^{x+y})^3}-\frac{2(\mathrm{e}^{x+y}-y)}{(x-\mathrm{e}^{x+y})^2}$.

12. $\frac{4}{\mathrm{e}}$.

13. 207360.

14. $\frac{1}{e^2}$.

17. $\frac{1-(n+1)x^n+nx^{n+1}}{(1-x)^2}$.

18. $\Delta y=19$, $dy=12$; $\Delta y=1.261$, $dy=1.2$;
$\Delta y=0.120601$, $dy=0.12$.

19. (1) $-x^{-3}dx$; (2) $-0.5x^{-1/2}(1+x^{-1})dx$;
(3) $\sin 2x\,dx$; (4) $(1-x\ln 4)4^{-x}\,dx$;
(5) $(1+x)e^x\,dx$; (6) $x^{-n-1}(1-n\ln x)\,dx$;
(7) $5x^{5x}(\ln x+1)dx$;
(8) $(\sin x\cdot\ln x+x\cos x\cdot\ln x+\sin x)dx$.

20. (1) 2.7455; (2) −0.8747;
(3) 0.01; (4) 0.99.

21. $8\pi r\cdot\Delta r$.

22. $5.76m^2$; $0.24m^2$; 4.2%.

24. 有4个实根,它们分别位于区间(−2,−1),(−1,0),(0,1)和(1,3)内.

25. $1^3-0^3=3x_0^2(1-0)$; $x_0=\sqrt{3}/3$.

29. (1) $\frac{1}{n}$; (2) $\frac{\ln 2}{\ln 3}$;
(3) 1; (4) ∞;
(5) 0; (6) 1/3;
(7) 1; (8) $\ln a$;
(9) 1/2; (10) 0.

30. (1) 1,不能使用; (2) 0,不能使用.

31. (1) 在(−∞,−2)和(1,+∞)内单调递增,在(−2,1)内单调递减;
(2) 在(−∞,0)内单调递增,在(0,+∞)内单调递减;

(3) 在$(-\infty,+\infty)$内单调递增；

(4) 在$(-1,0)$内单调递减，在$(0,+\infty)$内单调递增.

32. (1) 极大值 $f(0)=0$，极小值 $f(1)=-1$；

(2) 极小值 $f(e^{-1/2})=-\dfrac{1}{2e}$；

(3) 没有极值；

(4) 极小值 $f\left(-\dfrac{\ln 2}{2}\right)=2\sqrt{2}$.

33. (1) 最大值 $f(1)=2$，最小值 $f(-1)=-12$；

(2) 最大值 $f(-1)=e$，最小值 $f(0)=0$.

34. $(1,2)$，$(1,-2)$.

35. 底半径 $R=\sqrt[3]{\dfrac{150}{\pi}}$，高 $h=2\sqrt[3]{\dfrac{150}{\pi}}$.

36. 250 个.

37. $x=\dfrac{1}{n}\sum_{i=1}^{n}x_i$.

38. (1) $(-\infty,+\infty)$内是凹弧，没有拐点；

(2) 在$(-\infty,2-\sqrt{2})$和$(2+\sqrt{2},+\infty)$内是凹弧，在$(2-\sqrt{2},2+\sqrt{2})$内是凸弧，拐点是$(2-\sqrt{2},2(3-2\sqrt{2})e^{-(2-\sqrt{2})})$和$(2+\sqrt{2},2(3+2\sqrt{2})\cdot e^{-(2+\sqrt{2})})$；

(3) 在$(-1,1)$内是凹弧，在$(-\infty,-1)$和$(1,+\infty)$内是凸弧，拐点是$(-1,\ln 2)$和$(1,\ln 2)$；

(4) 在$(-\infty,-\sqrt{3}/3)$和$(\sqrt{3}/3,+\infty)$内是凹弧，在$(-\sqrt{3}/3,\sqrt{3}/3)$内是凸弧，拐点是$(-\sqrt{3}/3,3/4)$和$(\sqrt{3}/3,3/4)$.

39. $a=-\dfrac{3}{2}$，$b=\dfrac{9}{2}$.

习 题 四

2. $y=\frac{5}{2}x^2-\frac{37}{2}.$

3. (1) $\frac{1}{5}x^5+C$；　(2) $\frac{2}{5}x^{\frac{5}{2}}+C$；

(3) $\ln|x|+\frac{4^x}{\ln 4}+C$；　(4) $\frac{1}{2}x^2-\sqrt{2}x+C$；

(5) $\operatorname{tg}x-x+C$；　(6) $2x+\operatorname{arc\,tg}x+C$；

(7) $\sin x-\cos x+C$；　(8) $\operatorname{tg}x+\sin x+C$；

(9) $\frac{3^x e^x}{1+\ln 3}+C$；　(10) $2x+\frac{5\left(\frac{2}{3}\right)^x}{\ln 2-\ln 3}+C.$

4. (1) $\frac{1}{33}(3x-2)^{11}+C$；　(2) $\frac{2}{9}(2+3x)^{\frac{3}{2}}+C$；

(3) $\frac{2}{1-2x}+C$；　(4) $\frac{1}{3}\ln|3x+5|+C$；

(5) $\frac{1}{3}(x^2+3)^{3/2}+C$；　(6) $-\frac{1}{3}\cos 3x+C$；

(7) $\frac{1}{5}\operatorname{arc\,sin}5x+C$；　(8) $\frac{1}{3}\operatorname{arc\,tg}3x+C$；

(9) $\frac{1}{2}\ln(x^2+1)+C$；　(10) $\ln(x^2-3x+8)+C$；

(11) $\frac{1}{2}x+\frac{1}{4}\sin 2x+C$；　(12) $-\frac{1}{3}\ln|2-3e^x|+C$；

(13) $\frac{1}{6}(e^x+2)^6+C$；　(14) $\frac{\sqrt{2}}{2}\operatorname{arc\,tg}\frac{x+1}{\sqrt{2}}+C$；

(15) $\frac{1}{8}\ln\left|\frac{x-4}{x+4}\right|+C$；　(16) $\frac{10^{2x}}{2\ln 10}+C$；

(17) $\ln|\ln x| + C$;　(18) $\frac{2}{3}\sqrt{(\ln x)^3} + C$;

(19) $2\sqrt{\operatorname{tg} x} + C$;　(20) $-\frac{1}{\arcsin x} + C$;

(21) $\frac{1}{4}\sin 2x - \frac{1}{16}\sin 8x + C$;　(22) $\sin x - \frac{1}{3}\sin^3 x + C$;

(23) $\frac{1}{3}\operatorname{tg}^3 x + \operatorname{tg} x + C$;　(24) $\frac{1}{3}\operatorname{tg}^3 x - \operatorname{tg} x + x + C$;

(25) $\frac{x}{\sqrt{1-x^2}} + C$;　(26) $\frac{1}{3}\arcsin\frac{3}{2}x + C$;

(27) $\sqrt{x^2+1} + \frac{1}{\sqrt{x^2+1}} + C$;

(28) $\ln\left|\frac{\sqrt{1+x^2}}{x} - \frac{1}{x}\right| + C$;

(29) $\frac{1}{9}\frac{\sqrt{x^2-9}}{x} + C$;

(30) $\sqrt{x^2-4} - 2\arccos\frac{2}{x} + C$.

5. (1) $\frac{1}{4}\sin 2x - \frac{1}{2}x\cos 2x + C$;

(2) $-(x+1)e^{-x} + C$;

(3) $x\arccos x - \sqrt{1-x^2} + C$;

(4) $x\operatorname{arc\,tg} x - \frac{1}{2}\ln(1+x^2) + C$;

(5) $\frac{1}{2}(x^2\operatorname{arc\,tg} x - x + \operatorname{arc\,tg} x) + C$;

(6) $x\ln^2 x - 2x(\ln x - 1) + C$;

(7) $x(\arcsin x)^2 + 2\sqrt{1-x^2}\arcsin x - 2x + C$;

(8) $\frac{1}{3}(x^3+1)\ln(1+x) - \frac{x^3}{9} + \frac{x^2}{6} - \frac{x}{3} + C$;

(9) $(x^2+1)e^x + C$;

(10) $-\frac{1}{x}(\ln^3 x+3\ln^2 x+6\ln x+6)+C$.

6. (1) $\int_0^1 x^2 \mathrm{d}x \geqslant \int_0^1 x^3 \mathrm{d}x$;

(2) $\int_1^2 x^2 \mathrm{d}x \leqslant \int_1^2 x^3 \mathrm{d}x$;

(3) $\int_1^2 \ln x \mathrm{d}x \geqslant \int_1^2 \ln^2 x \mathrm{d}x$;

(4) $\int_{-1}^1 f(x)\mathrm{d}x \leqslant \int_{-1}^1 g(x)\mathrm{d}x$.

7. 24.5.

9. $\frac{\sqrt{2}}{2}$;

10. $-\sqrt{1+x^2}\mathrm{d}x$.

11. $\frac{2x}{1+x^2}$;

12. $\frac{2x}{\sqrt{1-x^4}}-\frac{1}{\sqrt{1-x^2}}$.

13. (1) 20;

(2) $4\frac{2}{3}$;

(3) -2;

(4) $-\frac{1}{12}\ln 5$;

(5) $\mathrm{e}-1$;

(6) $3\ln 2-1$.

14. $\frac{1}{3}+\mathrm{e}^{-1}-\mathrm{e}^{-\frac{3}{2}}$, $-\frac{1}{3}$.

15. (1) $\frac{7}{72}$;

(2) $\frac{3}{2}$;

(3) $\frac{1}{5}(\mathrm{c}-1)^5$,

(4) $\ln\frac{2\mathrm{e}}{1+\mathrm{e}}$;

(5) $\frac{\pi}{2}$;

(6) $\ln\frac{3}{2}$;

(7) $\frac{3}{16}\pi$;

(8) $\frac{a^4}{16}\pi$;

(9) $\frac{1}{4}(\pi-2)$;

(10) $\frac{1}{4}(1+\mathrm{e}^2)$;

(11) $\frac{1}{2}(1-\ln 2)$； (12) $\pi(\pi^2-6)$；

(13) 1； (14) $\frac{1}{2}(e^{\frac{\pi}{2}}-1)$；

(15) $2(1-\frac{1}{e})$； (16) $e-\sqrt{e}$.

20. $\frac{1}{3}$. **21.** $\frac{1}{2}\left(1-\frac{1}{e}\right)$.

22. $\frac{1}{2}\pi^2$. **23.** $\frac{3}{10}\pi$.

24. $e(e-1)$.

25. (1) π； (2) 1；

(3) $2+\pi/2$； (4) 1.

27. (1) 1； (2) 发散；

(3) $2\frac{2}{3}$； (4) 发散.

习 题 五

1. (1) $\begin{cases}-\infty<x<+\infty,\\ 0\leqslant y<+\infty;\end{cases}$ (2) $\begin{cases}x\geqslant 0,\\ y\geqslant 0,\end{cases}$ 或 $\begin{cases}x\leqslant 0,\\ y\leqslant 0;\end{cases}$

(3) $\begin{cases}-\infty<x<+\infty,\\ -x<y<+\infty;\end{cases}$

(4) $\begin{cases}-1\leqslant x\leqslant 1,\\ -\infty<y\leqslant -2,\end{cases}$ 或 $\begin{cases}-1\leqslant x\leqslant 1,\\ 2\leqslant y<+\infty;\end{cases}$

(5) $\begin{cases} -3 \leqslant x \leqslant 3, \\ -2\sqrt{1-\dfrac{x^2}{9}} \leqslant y \leqslant 2\sqrt{1-\dfrac{x^2}{9}}; \end{cases}$

(6) $\begin{cases} -2 \leqslant x \leqslant 2, \\ -\sqrt{4-x^2} \leqslant y \leqslant \sqrt{4-x^2}. \end{cases}$

2. $\dfrac{2}{5}$; $\dfrac{2}{5}$.

3. 1; $1+2\ln 2$.

4. $\dfrac{3}{2}$.

5. (1) $\dfrac{\partial z}{\partial x} = 3x^2y^2$, $\dfrac{\partial z}{\partial y} = 2x^3y$;

(2) $\dfrac{\partial z}{\partial x} = 4x^3$, $\dfrac{\partial z}{\partial y} = 3y^2$;

(3) $\dfrac{\partial z}{\partial x} = -\dfrac{1}{x}$, $\dfrac{\partial z}{\partial y} = \dfrac{1}{y}$;

(4) $\dfrac{\partial z}{\partial x} = \dfrac{y^2}{(x+y)^2}$, $\dfrac{\partial z}{\partial y} = \dfrac{x^2}{(x+y)^2}$;

(5) $\dfrac{\partial z}{\partial x} = (e^{xy}+2x)y$, $\dfrac{\partial z}{\partial y} = (e^{xy}+x)x$;

(6) $\dfrac{\partial u}{\partial x} = \dfrac{x}{u}$, $\dfrac{\partial u}{\partial y} = \dfrac{y}{u}$, $\dfrac{\partial u}{\partial z} = \dfrac{z}{u}$;

(7) $\dfrac{\partial u}{\partial x} = \dfrac{z}{y}x^{\frac{z}{y}-1}$, $\dfrac{\partial u}{\partial y} = -\dfrac{z}{y^2}x^{\frac{z}{y}}\ln x$,

$\dfrac{\partial u}{\partial z} = \dfrac{1}{y}x^{\frac{z}{y}}\ln x$;

(8) $\dfrac{\partial u}{\partial x} = -\dfrac{y}{x^2}+\dfrac{1}{z}$, $\dfrac{\partial u}{\partial y} = -\dfrac{z}{y^2}+\dfrac{1}{x}$,

$\dfrac{\partial u}{\partial z} = -\dfrac{x}{z^2}+\dfrac{1}{y}$.

6. (1) $dz = 2xy\,dx + x^2\,dy$;

(2) $\mathrm{d}z=\dfrac{1}{2\sqrt{xy}}\mathrm{d}x-\dfrac{\sqrt{xy}}{2y^2}\mathrm{d}y$;

(3) $\mathrm{d}z=\dfrac{2}{(x-y)^2}(x\mathrm{d}y-y\mathrm{d}x)$;

(4) $\mathrm{d}u=\dfrac{2}{x^2+y^2+z^2}(x\mathrm{d}x+y\mathrm{d}y+z\mathrm{d}z)$.

7. -0.6; -0.62. **8.** 0.075; 0.0714.

9. (1) $\dfrac{\partial^2 z}{\partial x^2}=12x^2+6y$, $\dfrac{\partial^2 z}{\partial x\partial y}=6x$, $\dfrac{\partial^2 z}{\partial y^2}=6y$;

(2) $\dfrac{\partial^2 z}{\partial x^2}=\dfrac{x+2y}{(x+y)^2}$, $\dfrac{\partial^2 z}{\partial x\partial y}=\dfrac{y}{(x+y)^2}$,

$\dfrac{\partial^2 z}{\partial y^2}=-\dfrac{x}{(x+y)^2}$;

(3) $\dfrac{\partial^2 z}{\partial x^2}=\dfrac{xy^3}{\sqrt{(1-x^2y^2)^3}}$, $\dfrac{\partial^2 z}{\partial x\partial y}=\dfrac{1}{\sqrt{(1-x^2y^2)^3}}$,

$\dfrac{\partial^2 z}{\partial y^2}=\dfrac{x^3y}{\sqrt{(1-x^2y^2)^3}}$;

(4) $\dfrac{\partial^2 z}{\partial x^2}=18\cos2(3x+2y)$, $\dfrac{\partial^2 z}{\partial x\partial y}=12\cos2(3x+2y)$,

$\dfrac{\partial^2 z}{\partial y^2}=8\cos2(3x+2y)$.

12. 2; 2; 0; 0.

13. (1) $\dfrac{\mathrm{d}z}{\mathrm{d}x}=\dfrac{u}{\sqrt{u^2+v^2}}\cos x+\dfrac{v}{\sqrt{u^2+v^2}}\mathrm{e}^x$;

(2) $\dfrac{\partial z}{\partial x}=\dfrac{2x}{y^2}\ln(3x-2y)+\dfrac{3x^2}{(3x-2y)y^2}$,

$\dfrac{\partial z}{\partial y}=-\dfrac{2x^2}{y^3}\ln(3x-2y)-\dfrac{2x^2}{(3x-2y)y^2}$;

(3) $\dfrac{\mathrm{d}z}{\mathrm{d}x}=-(\mathrm{e}^x+\mathrm{e}^{-x})$;

(4) $\dfrac{\partial z}{\partial x}=2uv^3+3u^2v^2$, $\dfrac{\partial z}{\partial y}=4uv^3-3u^2v^2$;

(5) $\dfrac{\partial z}{\partial x}=-2xf'(u)$, $\dfrac{\partial z}{\partial y}=1+2yf'(u)$;

(6) $\dfrac{\mathrm{d}z}{\mathrm{d}x}=\mathrm{e}^y+x\mathrm{e}^y\varphi'(x)$;

(7) $\frac{\partial z}{\partial x}=2xf'_u+ye^{xy}f'_v$, $\frac{\partial z}{\partial y}=-2yf'_u+xe^{xy}f'_v$;

(8) $\frac{\partial u}{\partial x}=f'_1+yf'_2+yzf'_3$, $\frac{\partial u}{\partial y}=xf'_2+xzf'_3$,

$\frac{\partial u}{\partial z}=xyf'_3$.

15. (1) $\frac{dy}{dx}=-\frac{y+2x}{x+2y}$; (2) $\frac{dy}{dx}=\frac{y^2}{1-xy}$;

(3) $\frac{dy}{dx}=\frac{y^2-e^x}{\cos y-2xy}$; (4) $\frac{dy}{dx}=\frac{x+y}{x-y}$.

16. (1) $\frac{\partial z}{\partial x}=\frac{yz}{e^z-xy}$, $\frac{\partial z}{\partial y}=\frac{xz}{e^z-xy}$;

(2) $\frac{\partial z}{\partial x}=\frac{yz-x^2}{z^2-xy}$, $\frac{\partial z}{\partial y}=\frac{xz-y^2}{z^2-xy}$;

(3) $\frac{\partial z}{\partial x}=\frac{\cos(x+y-z)-1}{1+\cos(x+y-z)}$, $\frac{\partial z}{\partial y}=\frac{\cos(x+y-z)}{1+\cos(x+y-z)}$;

(4) $\frac{\partial z}{\partial x}=\frac{z}{x+z}$, $\frac{\partial z}{\partial y}=\frac{z^2}{y(x+z)}$.

17. $dz=-\frac{1}{\sin 2z}(\sin 2x\,dx+\sin 2y\,dy)$.

18. (1) 当 $x=-1,y=1$ 时,函数有极小值为 0;

(2) 当 $x=2,y=-2$ 时,函数有极大值为 8;

(3) 当 $x=1,y=2$ 时,函数有极小值为 $7-10\ln 2$;

(4) 当 $x=\frac{1}{2},y=-1$ 时,函数有极小值为 $-\frac{e}{2}$.

19. (1) 当 $x=\frac{1}{2},y=\frac{1}{2}$ 时,函数有极大值为$\frac{1}{4}$;

(2) 当 $x=\frac{18}{13},y=\frac{12}{13}$ 时,函数有极小值为$\frac{36}{13}$;

(3) $x=\frac{k}{2}\pi+\frac{\pi}{8},y=\frac{k}{2}\pi-\frac{\pi}{8}(k=0,\pm 1,\pm 2,\cdots)$,当 k 为偶数时,函数有极大值为 $1+\frac{\sqrt{2}}{2}$,当 k 为奇数时,函数有极小值为 $1-\frac{\sqrt{2}}{2}$;

(4) 当 $x=-\frac{1}{3}, y=\frac{2}{3}, z=-\frac{2}{3}$ 时,函数有极小值为-3,

当 $x=\frac{1}{3}, y=-\frac{2}{3}, z=\frac{2}{3}$ 时,函数有极大值为 3.

20. 当两直角边均为 $2\sqrt{2}$ 时,其周长最大.

21. 当长和宽为 $\frac{2}{\sqrt{3}}a$,高为 $\frac{1}{\sqrt{3}}a$ 时,体积最大.

22. 最大体积为 $\frac{S}{36}\sqrt{6S}$.

23. 生产甲种 120 件、乙种 80 件时所获利润最大.

24. (1) $\int_0^1 \mathrm{d}y \int_{e^y}^{e} f(x,y)\mathrm{d}x$;

(2) $\int_0^1 \mathrm{d}y \int_{-\sqrt{1-y^2}}^{\sqrt{1-y^2}} f(x,y)\mathrm{d}x$;

(3) $\int_0^1 \mathrm{d}x \int_x^{\sqrt{2-x^2}} f(x,y)\mathrm{d}y$;

(4) $\int_1^2 \mathrm{d}y \int_1^y f(x,y)\mathrm{d}x + \int_2^3 \mathrm{d}y \int_1^2 f(x,y)\mathrm{d}x$

$+ \int_3^6 \mathrm{d}y \int_{\frac{y}{3}}^2 f(x,y)\mathrm{d}x$.

25. (1) 3; (2) $\pi-2$;

(3) 1; (4) $2\frac{1}{4}$;

(5) 4; (6) 80/3;

(7) $\frac{1}{3}\left(1-\frac{\sqrt{2}}{2}\right)$; (8) 18π;

(9) $\pi\left(1-\frac{1}{e}\right)$; (10) $-6\pi^2$.

26. (1) 2;　　(2) $4\frac{1}{2}$;

(3) $\frac{\pi^2}{2}-2$;　　(4) $\frac{\pi}{2}$.

27. (1) $\frac{1}{6}$;　　(2) $\frac{5}{6}$;

(3) 2π;　　(4) 32.

习　题　六

1. (1) $\frac{1}{2}+\frac{1}{2\cdot 3}+\frac{1}{3\cdot 4}+\frac{1}{4\cdot 5}+\frac{1}{5\cdot 6}+\cdots$;

(2) $1-\frac{1}{2}+\frac{1}{3}-\frac{1}{4}+\frac{1}{5}+\cdots$;

(3) $\frac{1}{2}+\frac{1}{3\cdot 2^3}+\frac{1}{5\cdot 2^5}+\frac{1}{7\cdot 2^7}+\frac{1}{9\cdot 2^9}+\cdots$;

(4) $\frac{1}{\sqrt{1\cdot 2}}-\frac{1}{\sqrt{2\cdot 3}}+\frac{1}{\sqrt{3\cdot 4}}-\frac{1}{\sqrt{4\cdot 5}}+\frac{1}{\sqrt{5\cdot 6}}+\cdots$.

2. (1) $\frac{1}{2n-1}\ (n=1,2,\cdots)$;

(2) $\frac{1}{n\ln n}\ (n=2,3,\cdots)$;

(3) $(-1)^{n-1}\frac{n+1}{n}\ (n=1,2,\cdots)$;

(4) $\frac{(2n-1)!!}{(2n)!!}\ (n=1,2,\cdots)$.

3. (1) 收敛;(2) 收敛.

4. (1) 收敛;(2) 发散;(3) 发散;(4) 发散;(5) 收敛;(6) 发散.

5. (1) 发散;(2) 收敛;(3) 发散;(4) 收敛;(5) 收敛;(6) 收敛;(7) 收敛;(8) 发散;(9) 发散;(10) 收敛;(11) 发散;(12) 收敛;(13) 发散;(14) 发散;(15) 发散;(16) 收敛.

6. (1) 条件收敛;(2) 绝对收敛;(3) 条件收敛;(4) 绝对收敛;(5) 发散;(6) 绝对收敛;(7) 当 $p\leqslant 0$ 时,发散;当 $0<p\leqslant 1$

时，条件收敛；当 $p>1$ 时，绝对收敛；(8) 条件收敛.

7. (1) $(-1,1)$； (2) $(-\infty,+\infty)$；

(3) $[-1,1]$； (4) $[-3,3)$；

(5) $[4,6)$； (6) $(-\infty,+\infty)$；

(7) (e^{-1},e)； (8) $(-\infty,-1),(1,+\infty)$；

(9) $(0,+\infty)$； (10) $(0,6)$.

8. (1) $\frac{1}{4}\ln\frac{1+x}{1-x}+\frac{1}{2}\operatorname{arc\,tg}x-x$；

(2) $\frac{1}{(1-x)^3}$.

9. (1) $\sum_{n=0}^{\infty}\frac{x^{2n+1}}{(2n+1)!}\ (-\infty,+\infty)$；

(2) $\ln a+\sum_{n=1}^{\infty}(-1)^{n-1}\frac{1}{n}\left(\frac{x}{a}\right)^n(-a,a]$；

(3) $\sum_{n=0}^{\infty}\frac{(x\ln a)^n}{n!}\ (-\infty,+\infty)$；

(4) $\sum_{n=0}^{\infty}\frac{(-1)^n}{(2n+1)!}\left(\frac{x}{2}\right)^{2n+1}(-\infty,+\infty)$；

(5) $1+\sum_{n=1}^{\infty}(-1)^n\frac{(2x)^{2n}}{2\cdot(2n)!}\ (-\infty,+\infty)$；

(6) $\sum_{n=1}^{\infty}\frac{(-1)^{n-1}2^n-1}{n}x^n\left(-\frac{1}{2},\frac{1}{2}\right]$；

(7) $2\left[1-\frac{x^3}{24}-\sum_{n=2}^{\infty}\frac{2\cdot5\cdot\cdots\cdot(3n-4)}{3^n\cdot n!}\left(\frac{x}{2}\right)^{3n}\right][-2,2]$；

(8) $x+\sum_{n=1}^{\infty}\frac{(2n)!}{(n!)^2}\frac{2}{2n+1}\left(\frac{x}{2}\right)^{2n+1}[-1,1]$.

10. (1) 一阶，线性微分方程.

(2) 三阶，非线性微分方程.

(3) 二阶，非线性微分方程.

(4) 一阶，非线性微分方程.

(5) 当 x 为自变量时，方程为一阶非线性的；当 y 为自变量时，方程为一阶线性的.

12. (1) $e^x + e^{-y} = C$； (2) $y = e^{Cx}$；

(3) $y = \dfrac{C}{1-x} - 1$； (4) $y\sqrt{1+x^2} = C$；

(5) $\arcsin y - \arcsin x = C$； (6) $y = (1-4y)(4+x)C$；

(7) $y = 2x - 1 + Ce^{-2x}$； (8) $y = (x + C)e^{-x}$；

(9) $y = Cx^2 - 2x$； (10) $y = \left(\dfrac{x^2}{2} + C\right)e^{-x^2}$；

(11) $y^{-5} = Cx^5 + \dfrac{5}{2}x^3$； (12) $(1 + \ln x + Cx)y = 1$；

(13) $y = 2x \operatorname{arc\,tg}(Cx)$； (14) $\sqrt{x^2 + y^2} = Ce^{-\operatorname{arctg}\frac{y}{x}}$；

(15) $\ln Cx = -e^{-y/x}$；

(16) $y = \dfrac{x^2}{2}\ln x + C_1x^3 + C_2x^2 + C_3x + C_4$；

(17) $y = xe^x - 3e^x + C_1x^2 + C_2x + C_3$；

(18) $y = C_1e^x + C_2x + C_3$；

(19) $y = -\dfrac{1}{8}x^2 - \dfrac{1}{16}x + C_1 + C_2e^{4x}$；

(20) $y = -\ln\cos(x + C_1) + C_2$.

13. (1) $x^2 + 4y^2 = 32$； (2) $\cos x - \sqrt{2}\cos y = 0$；

(3) $y\cos x = x$； (4) $y = x^2(e^x - e)$；

(5) $y^3 = y^2 - x^2$； (6) $y^2 = 2x^2(\ln x + 2)$.

14. (1) $y = C_1 + C_2e^{3x}$； (2) $y = C_1e^{-x} + C_2e^{2x}$；

(3) $y = e^{-x} - e^{-2x}$； (4) $y = e^{-x} - e^{4x}$；

(5) $y=(C_1+C_2x)e^{\frac{5}{2}x}$;　　(6) $y=(C_1+C_2x)e^{3x}$;

(7) $y=(2+x)e^{-\frac{x}{2}}$;　　(8) $y=C_1\cos x+C_2\sin x$;

(9) $y=e^{-3x}(C_1\cos 2x+C_2\sin 2x)$;

(10) $y=e^{x}\left(C_1\cos\frac{x}{2}+C_2\sin\frac{x}{2}\right)$;

(11) $y=3e^{-2x}\sin 5x$;

(12) $y=C_1+C_2e^{-\frac{5}{2}x}+\frac{1}{3}x^3-\frac{3}{5}x^2+\frac{7}{25}x$;

(13) $y=C_1e^{\frac{x}{2}}+C_2e^{-x}+e^{x}$;

(14) $y=C_1e^{x}+C_2e^{6x}+\frac{5}{74}\sin x+\frac{7}{74}\cos x$;

(15) $y=e^{4x}\left(\frac{x^2}{2}+C_1x+C_2\right)+\frac{x}{16}+\frac{1}{32}$;

(16) $y=\frac{1}{3}\sin 2x-\cos x-\frac{1}{3}\sin x$;

(17) $y=C_1e^{-x}+C_2xe^{-x}+C_3e^{2x}$;

(18) $y=(C_1+C_2x)e^{x}+(C_3+C_4x)e^{-2x}$.